Harald Fritzsch
Die verbogene Raum-Zeit

Zu diesem Buch

Einsteins Theorie der Gravitation, seine Allgemeine Relativitätstheorie, berührt Grundfragen unserer Existenz. Die Materie, so Einstein, kann nicht unabhängig von Raum und Zeit existieren. Sie ist sogar in der Lage, die Struktur des Raums und den Fluß der Zeit zu verändern – nämlich zu verkrümmen. Die Schwerkraft erweist sich nicht als eigentliche physikalische Kraft, sondern als eine Folge der Geometrie von Raum und Zeit. Der Apfel, der vom Baum fällt, folgt den Verbiegungen von Zeit und Raum. Erneut läßt Harald Fritzsch die Physiker Isaac Newton, Albert Einstein und Adrian Haller – eine fiktive Figur – miteinander diskutieren, in Einsteins Sommerhaus in Caputh bei Berlin oder in Pasadena und am Mount Wilson. In diesen unterhaltsam erklärenden Gesprächen stellt Isaac Newton die Fragen, die der Leser stellen würde.

Harald Fritzsch, geboren 1943 in Zwickau, Physikstudium in Leipzig, Promotion in München, 1972 bis 1976 Fakultätsmitglied des Caltech in Pasadena. 1977/78 Professor an der Universität Wuppertal, 1978 bis 1980 Ordinarius für theoretische Physik an der Universität Bern, seit 1980 Professor für theoretische Physik an der Universität München und Gastprofessor am Max-Planck-Institut für Physik und Astrophysik in München; Gastprofessor am CERN, Genf, und am California Institute of Technology, Pasadena. Von Harald Fritzsch sind im Piper Verlag außerdem erschienen: »Quarks«, »Vom Urknall zum Zerfall«, »Eine Formel verändert die Welt« und »Flucht aus Leipzig«.

Harald Fritzsch

Die verbogene Raum-Zeit

Newton, Einstein und die Gravitation

Mit 109 Abbildungen

Piper München Zürich

Zeichnungen: Dieter Krahl, nach Vorlagen von
Gabriele Bodenmüller

Von Harald Fritzsch liegen in der Serie Piper außerdem vor:
Eine Formel verändert die Welt (1325)
Quarks (1655)

Ungekürzte Taschenbuchausgabe
November 1997
© 1996 Piper Verlag GmbH, München
Umschlag: Büro Hamburg
Simone Leitenberger, Susanne Schmitt, Annette Hartwig
Umschlagabbildung: Image Bank
Foto Umschlagrückseite: Karl-Heinz Stein
Satz: Graphic Design Studio Krahl, Zorneding
Druck und Bindung: Clausen & Bosse, Leck
Printed in Germany   ISBN 3-492-22546-2

Die im nachfolgenden dargelegte Theorie bildet die denkbar weit-gehendste Verallgemeinerung der heute allgemein als »Relativi-tätstheorie« bezeichneten Theorie; die letztere nenne ich im folgenden zur Unterscheidung von der ersteren »spezielle Relativitätstheorie« und setze sie als bekannt voraus. Die Verallgemeinerung der Relativitätstheorie wurde sehr erleichtert durch die Gestalt, welche der speziellen Relativitätstheorie durch Minkowski gegeben wurde, welcher Mathematiker zuerst die for-male Gleichwertigkeit der räumlichen Koordinaten und der Zeitkoordinate klar erkannte und für den Aufbau der Theorie nutzbar machte.

Albert Einstein
(Anfang seiner Arbeit zur Grundlegung der
Allgemeinen Relativitätstheorie, in:
»Annalen der Physik«, 4. Folge 1916)

Inhalt

Vorwort   9

 1. Einleitung 11
 2. Mit Einstein und Newton in Caputh 25
 3. Raffiniert ist der Herrgott 35
 4. Teilchen und ihre Massen 55
 5. Hallers Vortrag: Das Vakuum und die moderne Physik . . 75
 6. Masse – was ist das? 99
 7. Ist die Schwerkraft eine Kraft? 113
 8. Das verbogene Licht 129
 9. Die krumme Flachwelt 141
10. Krummer Raum und kosmische Faulheit 163
11. Die verbogene Zeit 179
12. Materie in Raum und Zeit 203
13. Ein Stern verbiegt Raum und Zeit 213
14. Der Friedhof der Sterne 229
15. Die Mauer der gefrorenen Zeit 243
16. Im Vorhof der Hölle 255
17. Monster der Raum-Zeit 267
18. Kosmische Schwebungen 287
19. Einsteins Eselei und das dynamische Universum 301
20. Die Entdeckung auf dem Mount Wilson 321
21. Echo des Urknalls 333
22. Die ersten Sekunden 353
23. Ein kosmisches Märchen 363
Epilog 389

Anhang:

Die Grundideen der Speziellen Relativitätstheorie 391

Glossar 397

Nachweis der Zitate 407

Personen- und Sachregister 409

Vorwort

Anfang der 20er Jahre fragte ein Journalist den für seine Bonmots bekannten englischen Astronomen und Astrophysiker Arthur Eddington, ob es wahr sei, daß nur drei Menschen auf der Welt die Allgemeine Relativitätstheorie verstehen würden. Als Eddington mit der Antwort zögerte, interpretierte dies der Journalist als übertriebene Bescheidenheit und wiederholte seine Frage. Darauf sagte Eddington: »Ich überlege nur, wer der dritte sein könnte.«

Zweifellos hat Eddington stark untertrieben, denn zu jener Zeit haben sich zumindest einige Dutzend Physiker und Mathematiker mit Einsteins Theorie intensiv beschäftigt. Heute sind die Grundzüge der Allgemeinen Relativitätstheorie den meisten Physikern zumindest in ihren groben Umrissen bekannt. Jedoch kann man kaum davon reden, daß die neue Interpretation, die Einstein im Rahmen seiner Theorie dem Phänomen der Schwerkraft, der Zeit und dem Raum gab, einem größeren Publikum vertraut ist.

Die von Einstein entwickelten Vorstellungen über die Struktur von Raum und Zeit wie auch einige der Konsequenzen seiner Ideen, etwa bezüglich der kosmologischen Entwicklung, sollten jedoch Teil des allgemeinen Kulturguts sein. Künftige Generationen werden sie zu den wichtigsten Erkenntnissen unseres auslaufenden Jahrtausends zählen. Dieses Buch möge mit dazu beitragen, daß Einsteins Ideen nicht nur von einem kleinen Teil von Fachleuten verstanden, sondern Teil der Allgemeinbildung werden. Bei der Eröffnung der Funkausstellung in Berlin im Jahre 1930 begann Albert Einstein seine Rede mit den Worten: »Sollen sich alle schämen, die gedankenlos sich der Wunder der Wissenschaft und Technik bedienen und nicht mehr davon erfaßt haben, als eine Kuh von der Botanik der Pflanzen, die sie mit Wohlbehagen frißt.«[1]

Die ersten Kapitel dieses Buches wurden während eines Freisemesters, das ich am CERN in Genf verbrachte, geschrieben. Den Kollegen der CERN-Theorieabteilung sei für die freundliche Hospitalität gedankt. Die letzten Kapitel des Buches wurden anläßlich eines Forschungsaufenthalts am California Institute of Technology in Pasadena konzipiert. Den Kollegen des Physik-Departments des Caltech gilt mein Dank für die gewährte Unterstützung und für stimulierende Diskussionen, ebenso Mrs. Helen Tuck für die Hilfe beim Beschaffen von Abbildungen. Ferner danke ich Ulrich Petzold, Hanns Polanetz, Jochen Schörken und Dr. Klaus Stadler vom Piper Verlag für viele nützliche Hinweise bei der Fertigstellung des Buches.

München, Februar 1996 *Harald Fritzsch*

1

Einleitung

> Dem Zauber dieser Theorie wird sich
> kaum jemand entziehen können, der sie
> wirklich erfaßt hat.
>
> *Albert Einstein*[1.1]

Bereits gegen Ende des 19. Jahrhunderts deuteten sich die großen weltpolitischen Veränderungen an, die letztlich zu einer Neugestaltung der politischen Strukturen in Europa nach dem Ersten Weltkrieg führen sollten. Etwa um dieselbe Zeit nahm auch eine revolutionäre Umgestaltung der Naturwissenschaften ihren Anfang. So entwickelte der eher konservativ eingestellte deutsche Physiker Max Planck die ersten Ideen zur Quantentheorie, die letztlich zu einem radikalen Umbau der Physik und, mehr noch, der Fundamente der Naturwissenschaften führten. Kurz nach dem Beginn des neuen Jahrhunderts gab ein junger Beamter des Eidgenössischen Patentamtes in Bern, Albert Einstein, den seit dem ausgehenden Mittelalter festgefügten Begriffen von Raum und Zeit eine neuartige Interpretation, indem er um 1905 die Grundlagen der Relativitätstheorie, genauer der Speziellen Relativitätstheorie, schuf.

Zur Zeit des ausgehenden 19. Jahrhunderts war die klassische Physik das Modell und Vorbild für die Naturwissenschaften schlechthin. Sie war von der klassischen Mechanik Isaac Newtons (1643–1727) beherrscht. Die Gesetze der Mechanik interpretierte man als eherne Naturgesetze, die universell im Kosmos ihre Gültigkeit hatten, ganz gleich, ob man die Bewegung von Körpern auf der Erde untersuchte oder aber den Bewegungsablauf der

Planeten und Sterne im Weltraum. Der Kosmos wurde als ein riesiges Uhrwerk betrachtet, dessen Bewegungsabläufe von der klassischen Physik bestimmt wurden. Die Grundpfeiler der Newtonschen Mechanik waren die Stabilität und Unveränderlichkeit von Raum, Zeitablauf und Materie im Kosmos.

Mit Einsteins Spezieller Relativitätstheorie erfuhren diese Begriffe eine neue Deutung, die überraschende Konsequenzen nach sich zog. So erwiesen sich Raum und Zeit als Phänomene, die vom Zustand des Beobachters abhängig sind. Auch von der Universalität der Masse, einem wichtigen Aspekt der Newtonschen Physik, mußte man Abschied nehmen: Masse konnte sich unter gewissen Bedingungen in Energie verwandeln und umgekehrt, entsprechend der Einsteinschen Gleichung $E = mc^2$, eine Folge der Speziellen Relativitätstheorie. Diese Relation besagt, daß jedem Stück Materie eine enorme Energie entspricht, die man erhält, wenn man die entsprechende Masse mit dem Quadrat der Lichtgeschwindigkeit c (c = 300000 km/s) multipliziert. Allerdings läßt sich diese Energie nur in Ausnahmefällen freisetzen, etwa bei Kernreaktionen oder bei der Explosion eines Sterns im Kosmos (»Supernova«).

Eine der interessanten Konsequenzen der Speziellen Relativitätstheorie, deren Grundlagen Einstein im Jahre 1905 konzipiert hatte, ist die Vereinheitlichung von Raum und Zeit. Es erwies sich, daß es nicht möglich ist, Raum und Zeit als zwei völlig getrennte Phänomene zu betrachten, wie es einst Newton gelehrt hatte. In Einsteins Theorie verschmolzen Raum und Zeit zu einer Einheit, zur Raum-Zeit. Eine der Folgen dieser Einheit ist die Abhängigkeit des Ablaufs der Zeit vom Bewegungszustand. In einem schnell bewegten System läuft die Zeit langsamer ab als in einem ruhenden, was beispielsweise zum sogenannten Zwillingsparadoxon führt – zwei Zwillinge, der eine in Ruhe auf der Erde, der andere in schneller Bewegung etwa in einem Raumschiff im Weltraum, altern verschieden rasch.

Diese und andere Konsequenzen der Relativitätstheorie scheinen im Widerspruch zur Erfahrung zu stehen, zu den intuitiven Vorstellungen über den uns umgebenden Raum und den anscheinend universell dahinfließenden Strom der Zeit, die in jedem Menschen von Geburt an entwickelt sind. Aus diesem Grunde spricht man oft auch davon, daß die Relativitätstheorie zu einem radikalen Umsturz der Begriffe von Raum und Zeit führte. Dies ist jedoch nicht der Fall: Vielmehr handelt es sich vornehmlich um eine Erweiterung dieser Begriffe für Situationen, die man im täglichen Leben praktisch nicht antrifft – für Prozesse, bei denen sich Körper, etwa Atomkerne oder Elementarteilchen, mit Geschwindigkeiten bewegen, die der Geschwindigkeit des Lichtes von etwa 300 000 Kilometer pro Sekunde nahekommen.

Eines aber hatte die Spezielle Relativitätstheorie mit der Newtonschen Lehre von Raum und Zeit gemeinsam: Raum und Zeit waren nach Newtons Vorstellungen fest vorgegebene Erscheinungen – sie waren die Bühne, auf der die dynamischen Prozesse der Welt stattfanden. Nichts vermochte die Struktur des Raumes und den Ablauf der Zeit zu beeinflussen. In der Speziellen Relativitätstheorie werden Raum und Zeit durch die Einheit von Raum und Zeit – die Raum-Zeit – ersetzt. Aber auch bei letzterer handelt es sich um einen festgefügten, ehernen Rahmen, unwandelbar und unbeeinflußbar durch äußere Einflüsse.

Zwei Jahre nach seiner ersten Arbeit über die Spezielle Relativitätstheorie, im Herbst 1907, beschäftigte sich Einstein erstmals damit, das Phänomen der Schwerkraft, also der Gravitation, auf der Grundlage der von ihm geschaffenen neuen Interpretation des Raumes und der Zeit näher zu verstehen. Bald wurde ihm klar, daß die Relativitätstheorie einer beträchtlichen Erweiterung bedurfte, um die Gravitation mit einzubeziehen.

Als universelle physikalische Kraft war die Gravitation im Jahre 1666 von dem damals 23 Jahre alten Isaac Newton in seinem Heimatort Woolsthorpe entdeckt worden. Der Überlieferung nach war es ein vom Obstbaum in seinem Garten auf den Erdboden fallender Apfel, der Newton zu der Überlegung führte, daß diejenige Kraft, die den Apfel nach unten zieht, dieselbe Kraft sein muß wie die, welche den Mond auf seine Bahn um die Erde zwingt, oder die Kraft, die von der Sonne auf die Erde ausgeübt wird, damit sie ihre jährlichen Kreise um die Sonne zieht. Aus dieser Idee entstand das

Newtonsche Gravitationsgesetz, nach dem jeder massive Körper auf einen anderen eine anziehende Kraft ausübt, die um so stärker ist, je größer die Masse des Körpers ist.

Newton hat seine Theorie der Gravitation in seinem Hauptwerk »Philosophiae naturalis principia mathematica« (»Mathematische Prinzipien der Naturlehre«), meist kurz »Principia« genannt, dargelegt, das im Jahre 1687 erschienen war. Mit seinem Werk legte Newton die Fundamente der physikalischen Wissenschaften, insbesondere der klassischen Mechanik. Im Vorwort der »Principia« schildert Newton seine Methode zur Beschreibung der physikalischen Erscheinungen kurz so: »Aus den Erscheinungen der Bewegung die Kräfte der Natur zu erforschen und hierauf durch die Kräfte die übrigen Erscheinungen zu erklären«. Die dreihundert Jahre seit dem Erscheinen der »Principia« bezeugen den bemerkenswerten Erfolg dieser Forschungsmethode Newtons.

Die Gravitation behandelt Newton im dritten Buch seiner »Principia«, das den Titel »Vom Weltsystem« trägt; es ist vor allem den astronomischen Erscheinungen gewidmet. Newton gibt hier seine berühmte Erklärung der Bewegungen der Planeten um die Sonne auf der Grundlage der universellen Massenanziehung, also der Gravitation. Die damit begründete Mechanik der Himmelskörper erlaubte es Newton, alle Einzelheiten der Planetenbewegungen zu beschreiben und zu erklären. Insbesondere konnte er ableiten, warum sich die Planeten um die Sonne auf Ellipsen bewegen, was bereits von Johannes Kepler (1571–1630) entdeckt worden war. Auf diese Weise beeindruckte er seine Zeitgenossen wie kein anderer Naturforscher der Weltgeschichte, mit Ausnahme Einsteins.

Einen bemerkenswerten Erfolg feierte die Newtonsche Theorie mehr als ein Jahrhundert nach dessen Tod. Für einige Zeit sah es so aus, als wäre es nicht möglich, die Bahn des Planeten Uranus mit Hilfe der Newtonschen Gravitationstheorie zu beschreiben. Beim genauen Vermessen der Uranusbahn entdeckte man kleine Abweichungen, die im Widerspruch zur Newtonschen Theorie standen, und einige Astronomen und Physiker dachten bereits über Modifizierungen des Gravitationsgesetzes nach. Im Jahre 1846 bemerkten jedoch die Astronomen Urbain Jean Joseph Le Verrier und John

Couch Adams unabhängig voneinander, daß man die Unstimmigkeiten der Uranusbahn erklären konnte, wenn man annahm, daß sich jenseits des Uranus noch ein weiterer Planet befindet, dessen Gravitationswirkungen die Bahn des Uranus beeinflussen. Sie konnten zudem die Position des neuen Planeten einigermaßen genau angeben. Noch im selben Jahr wurde der neue Planet, der den Namen »Neptun« erhielt, von dem Berliner Astronomen Johann Gottfried Galle entdeckt. Aus einem Problem für die Newtonsche Theorie der Gravitation war letztlich ein triumphaler Erfolg geworden.

Le Verrier entdeckte im Jahre 1859 einen anderen Schönheitsfehler in der Newtonschen Himmelsmechanik, diesmal bei dem sonnennächsten Planeten Merkur. Zwar bewegt sich Merkur auf einer Ellipsenbahn um die Sonne, jedoch handelt es sich beim genaueren Beobachten nicht um eine stationäre Ellipse, wie man es im Rahmen der Newtonschen Theorie erwarten würde, vielmehr verändert sich die Ellipse stetig, wobei der sonnennächste Punkt der Bahn, das sogenannte Perihel der Ellipse, langsam um die Sonne wandert. Genaugenommen ist also die Bahn des Merkur gar keine richtige Ellipse; sie sieht eher wie eine Rosette aus. Allerdings ist der Unterschied zu einer stationären Ellipse nicht sehr groß. Das Perihel verändert sich beim Merkur pro Jahrhundert nur um etwa 43 Bogensekunden (genau 43,11"). Trotz dieses geringen Effekts stellte die Periheldrehung des Merkur ein ernsthaftes Problem für die Newtonsche Gravitationstheorie dar. Eine Erklärung auf der Grundlage der Existenz eines neuen Planeten schied hier aus, da es innerhalb der Erdbahn nur zwei Planeten gibt, nämlich Merkur und Venus. Erst im 20. Jahrhundert entdeckte man, daß auch die Bahn der Venus eine wenn auch sehr kleine Drehung des Perihels zeigt, und zwar um 8,4" in 100 Jahren.

Zurück zu Einstein und der Relativitätstheorie. Einstein brauchte fast acht Jahre, um die Schwerkraft in sein Gedankengebäude der Relativität einzubauen. Die ersten Ideen zur Gravitation formulierte er im Jahre 1907, als Beamter am Patentamt in Bern. Als er später Professor in Zürich, Prag und wieder in Zürich war, publizierte er eine Reihe von Arbeiten zur Gravitation. Im Jahre 1914 übersiedelte Einstein nach Berlin und wurde Mitglied der Preußischen Akademie der Wissenschaften. Die endgültige Theorie legte er am 25. November 1915 in Berlin der Akademie vor. Es handelte sich nicht um eine Ergänzung seiner Relativitätstheorie von 1905, sondern um eine tiefgreifende Erweiterung und eine neue Sicht der Struktur von Raum und Zeit, die mit Recht die Bezeichnung »Allgemeine Relativitätstheorie« erhielt.

War der Hauptzug der »alten« Theorie, der Speziellen Relativitätstheorie, die Einheit von Raum und Zeit, so war der wesentliche neue Gedanke jetzt die Einheit von Raum, Zeit und Materie. Die Materie – so Einsteins Hypothese – konnte man nicht unabhängig von Raum und Zeit sehen. Sie war in der Lage, die Struktur des Raumes und der Zeit zu verändern, zu »verkrümmen«. Das Resultat dieser Verkrümmung war unter anderem die Gravitationskraft, die nach Einsteins Interpretation keine eigentliche Kraft war, wie etwa die elektrische Anziehungskraft zwischen zwei entgegengesetzt geladenen Metallkugeln, sondern eine Folge der Geometrie der Raum-Zeit. Ein Apfel fällt, so Einstein, nicht etwa vom Baum zum Erdboden, weil er von der Erde angezogen wird, sondern weil durch die Gegenwart der Erde die Struktur des Raumes und der Zeit derart verändert wird, daß der Apfel in dem Moment, in dem er sich vom Baum löst, gar nicht anders kann, als der vorgegebenen Verbiegung der Raum-Zeit zu folgen. Er fällt zum Erdboden wie ein Zug, dem nichts anderes übrig bleibt, als sich auf dem durch den Schienenstrang vorgezeichneten Weg zu bewegen.

Mit seiner Idee der Krümmung von Raum und Zeit, oder besser der Raum-Zeit, betrat Einstein im Jahre 1915 physikalisches Neuland, wobei jedoch nicht unerwähnt bleiben sollte, daß das Fundament für diesen wichtigen Schritt schon von einigen Mathematikern in der ersten Hälfte des 19. Jahrhunderts gelegt worden war.

Einsteins Idee bedeutete einen weiteren Schritt in einer Entwicklung, deren Wurzeln bereits im Altertum zu finden sind. Damals nahm man weithin an, daß die Oberfläche der Erde eine Scheibe darstellte, versehen mit einem Rand, dem man sich jedoch besser nicht nähern sollte. Erst die Weltumseglungen zur Zeit des ausgehenden Mittelalters belegten auf überzeugende Weise, daß die Erdoberfläche in guter Näherung durch die Oberfläche einer Kugel beschrieben werden kann, also in sich gekrümmt ist und keine Ränder besitzt. Trotzdem ging man davon aus, daß die Geometrie unserer Welt durch die Gesetze bestimmt ist, die die griechischen Philosophen und Mathematiker bereits im Altertum aufgestellt hatten. In den »Elementen« des Euklid (um 325 v. Chr.) wurden diese Gesetze systematisch formuliert, und für mehr als 2000 Jahre war dieses Buch nicht nur die Grundlage der Mathematikausbildung, sondern nach der Bibel das am weitesten verbreitete Werk der abendländischen Geistesgeschichte.

Euklids Geometrie ist die Geometrie unserer unmittelbaren Erfahrung. Eine Ebene ist flach, ohne Krümmungseigenschaften. Auch der dreidimensionale Raum ist »flach«, also ohne innere Struktur – ein Raum ohne Eigenschaften. Eine Gerade in diesem unendlich ausgedehnten Raum verhält sich, wie man es naiv von einer Geraden erwartet: Sie ist unendlich lang, zwei parallele Geraden schneiden sich nie. Ein Kreis besitzt einen Umfang, dessen Verhältnis zum Radius durch 2π gegeben ist.

Der Raum der Allgemeinen Relativitätstheorie, also der Raum Einsteins, ist nicht der Raum, der den Gesetzen der euklidischen Geometrie folgt: Er ist nichteuklidisch, in sich gekrümmt, besitzt eine innere Struktur, die eng mit den dynamischen Gesetzen der Physik verknüpft ist. Der Raum, nach Euklid ein strukturloses Gebilde von drei Dimensionen, wird zu einem physikalischen Medium, das eine eigene von der Materie festgelegte Dynamik besitzt.

Bei der Aufstellung seiner »Allgemeinen Relativitätstheorie« hatte Einstein sich wiederum, wie schon 1905 bei der Speziellen Theorie, als Meister in der kritischen Analyse von Begriffen gezeigt. So schrieb er im Jahre 1916 über seine Methode des Forschens, die sich wie eine Aufforderung zur Ungehorsamkeit liest: »Begriffe, welche sich bei der Ordnung der Dinge als nützlich erwiesen haben, erlangen über uns leicht eine solche Autorität, daß wir ihres irdischen Ursprungs vergessen und sie als unabänderliche Gegebenheiten hinnehmen. Sie werden dann zu ›Denkgewohnheiten‹, ›Gegebenen a priori‹ usw. gestempelt. Der Weg des wissenschaftlichen Fortschritts wird durch solche Irrtümer oft für lange Zeit ungangbar gemacht. Es ist deshalb durchaus keine müßige Spielerei, wenn wir darin geübt werden, die längst geläufigen Begriffe zu analysieren und zu zeigen, von welchen Umständen ihre Berechtigung und Brauchbarkeit abhängt, wie sie im einzelnen aus den Gegebenheiten der Erfahrung herausgewachsen sind. Dadurch wird ihre allzu große Autorität gebrochen. Sie werden entfernt, wenn sie sich nicht ordentlich legitimieren können, korrigiert, wenn ihre Zuordnung zu den gegebenen Dingen allzu nachlässig war, durch andere ersetzt, wenn sich ein neues System aufstellen läßt, das wir aus irgendwelchen Gründen vorziehen.«[1.2]

Für die Aufstellung seiner Gravitationstheorie gilt auch, was Einstein einem Kollegen schrieb:»Wenn ich mich frage, woher es kommt, daß gerade ich die Relativitätstheorie gefunden habe, so scheint es an folgendem Umstand zu liegen: Der Erwachsene denkt nicht über die Raum-Zeit-Probleme nach. Alles, was darüber nachzudenken ist, hat er nach seiner Meinung bereits in seiner früheren Kindheit getan. Ich dagegen habe mich so langsam entwickelt, daß ich erst anfing, mich über Raum und Zeit zu wundern, als ich bereits erwachsen war. Naturgemäß bin ich dann tiefer in die Problematik eingedrungen als ein gewöhnliches Kind.«[1.3]

Einsteins Gravitationstheorie war nicht etwa nur eine neue Interpretation der Massenanziehung, wie sie von Newton eingeführt worden war. Sie unterschied sich von Newtons Theorie in einer ganzen Reihe von Konsequenzen. Eine dieser Konsequenzen war die Drehung des Perihels der Planetenbahnen. Nach Einsteins Theorie wird der Raum um die Sonne durch deren Gravitation etwas verkrümmt. Ein Resultat dieser Krümmung ist eine kleine Abweichung der Planetenbahnen von der genauen Ellipsenform, die sich in einer Drehung des Perihels der Bahn äußert. Allerdings ist dieser Effekt nur in der Nähe der Sonne signifikant, mithin bei den sonnennächsten Planeten, während er bei den weiter entfernten Planeten kaum noch zu beobachten ist. Für die Drehung der Bahn des Merkur errechnete Einstein einen Wert, der mit der Beobachtung gut übereinstimmte. Heutige Berechnungen ergeben einen Wert von 43,03", in sehr guter Übereinstimmung mit Einsteins Theorie. Für die Venusbahn errechnet man 8,6", wiederum in guter Übereinstimmung mit der Theorie.

Auch die Bahn der Erde wird nach Einsteins Theorie von der Raumkrümmung durch die Sonne beeinflußt. Man erhält für die Drehung des Perihels der Erdbahn 3,8" pro hundert Jahre. Die Messungen ergeben 5,0", wobei sich die Abweichung von der Einsteinschen Theorie durch die Beeinflussung der Erdbahn durch die anderen Planeten, insbesondere Merkur und Venus, erklären läßt. Man erwartet in Einsteins Theorie, daß nicht nur massive Körper der Gravitation unterliegen, weil ihre Bewegung notgedrungen der Krümmung der Raum-Zeit folgen muß; auch die Ausbreitung von Licht wird durch die Verzerrung der Raum-Zeit beeinflußt. So ergibt sich, daß Lichtstrahlen durch ein Schwerefeld, etwa das der Sonne, abgelenkt werden. Das Licht eines Sterns wird zum Beispiel, wenn es auf seinem Weg zur Erde knapp an der Sonnenoberfläche vorüberstreicht, nach Einsteins Theorie um etwa 1,7 Bogensekunden abgelenkt.

Die Überprüfung der Lichtablenkung durch die Gravitation der Sonne erfolgte bei der am 29. Mai 1919 stattfindenden Sonnenfinsternis durch zwei englische Forschergruppen, die das Königliche Greenwich-Observatorium in England an zwei verschiedene Orte in der Zone der totalen Verfinsterung in den Tropen gesandt hatte. Die Bekanntgabe der Ergebnisse erfolgte am 6. November 1919 auf einer speziell anberaumten Sitzung der Royal Society, der ältesten wissenschaftlichen Gesellschaft der Welt, und der Royal Astronomical Society in London. Beide Beobachtergruppen fanden einen Wert, der innerhalb der unvermeidlichen Fehler mit Einsteins Voraussage von 1,74 Bogensekunden verträglich war. (Später stellte sich allerdings heraus, daß die Fehler der Messungen von den beteiligten Astronomen nicht richtig abgeschätzt worden waren. Man fand, daß der Fehler genauso groß wie der von Einstein vorausgesagte Effekt war, so daß man rückblickend nicht von einer vollen Bestätigung der Einsteinschen Theorie sprechen kann. Nachfolgende Messungen der Lichtablenkung ergaben jedoch eine gute Übereinstimmung zwischen Experiment und Theorie.)

Bis zum November 1919 war Einstein nur einem Fachpublikum bekannt gewesen. Nach der Bekanntgabe der Lichtablenkung änderte sich dies jedoch schlagartig. Über Nacht stieg er zum bekanntesten lebenden Wissenschaftler auf. Seine Popularität hält bis zum heutigen Tage an, obwohl nur eine kleine Anzahl von Fachwissenschaftlern die Einsteinschen Forschungsergebnisse übersehen und richtig einordnen können.

Es ist das Hauptziel des vorliegenden Buches, die Leser zumindest mit den Grundideen der Allgemeinen Relativitätstheorie und den wichtigsten Konsequenzen, insbesondere im Hinblick auf die Astrophysik und die Kosmologie, vertraut zu machen.

Dem Beispiel meines früheren Buches »Eine Formel verändert die Welt« (München 1988, ⁵1996) über die Spezielle Relativitätstheorie folgend, habe ich für die vorliegende Darstellung die Form fiktiver Gespräche zwischen Isaac Newton, Albert Einstein und einer dritten, frei erfundenen Person, dem Berner Physikprofessor

Abb. 1–1 Albert Einstein um 1930. (Albert Einstein Archives Jerusalem)

Abb. 1–2 Isaac Newton (Gemälde von Jean-Leon Huens).

Adrian Haller, gewählt. Ebenso wie im ersten Buch können solche Dialoge nur frei erfunden sein, da sich die beteiligten Personen selbstverständlich nie begegnet sind, noch sich je hätten begegnen können. Zudem sollen die Personen »Newton« und »Einstein«, wie sie im Buch auftreten, nicht etwa mit den historischen Persönlichkeiten identifiziert werden. Die Schauplätze des Buches orientieren sich aber an wichtigen Stationen im Leben Einsteins. Ich beschreibe nur mögliche Handlungen und Aussagen von Newton und Einstein, wenn man sie heute veranlassen könnte, zu den mittlerweile vorliegenden Einsichten und Erkenntnissen der Physik Stellung zu nehmen.

Wie im Buch über die Spezielle Relativitätstheorie habe ich die Dialogform gewählt, weil sie eine kontrastreiche Gegenüberstellung der Meinungen erlaubt. Die Schwierigkeiten bei der Vermittlung der Ideen der Allgemeinen Relativitätstheorie sind vor allem begrifflicher Natur. In den Gesprächen wird sich der Leser oft mit der Person Newtons identifizieren, der sich zunächst weigert, die Ideen seiner Partner zu akzeptieren, aber nach eingehenderen Diskussionen von den neuen und überraschenden Einsichten sehr angetan ist.

Die Person Albert Einstein, die im Buch als Diskussionspartner von Isaac Newton auftritt, soll den Einstein im Sommer des Jahres 1930 repräsentieren. Einstein war damals 51 Jahre alt. Es war der erste Sommer, den er in seinem im Jahre 1929 fertiggestellten Sommerhaus in Caputh bei Potsdam westlich von Berlin verbrachte. (Das Dorf Caputh liegt am Übergang des Templiner Sees in den Schwielowsee – beide durchfließt die Havel.) Die Aufstellung seiner Allgemeinen Relativitätstheorie lag damals 14 Jahre zurück, und die Theorie hatte ihre ersten Bestätigungen durch astronomische Messungen erfahren. Die Entdeckung der Rotverschiebung der fernen Galaxien durch den Amerikaner Edwin Hubble und seine Mitarbeiter, die ein Hinweis auf die Expansion des Kosmos darstellt, war gerade erfolgt.

Einsteins Diskussionspartner Isaac Newton soll dem historischen Newton kurz nach dem Erscheinen seines Hauptwerks, der »Principia« im Jahre 1687, entsprechen. Newton war zu jener Zeit 45 Jahre alt. Im Buch tritt er als kritischer, aber konzilianter Diskussionspartner von Einstein und Haller auf. Bewußt habe ich es vermieden, den im Buch auftretenden Newton zu sehr mit der historischen Persönlichkeit des großen Physikers in Einklang zu bringen, denn dann müßten auch durchaus unangenehme Seiten von Newtons Charakter zum Ausdruck kommen, die aber die Diskussion nur unnötig belasten und nichts zur Sache beitragen würden.

Partner von Einstein und Newton ist wieder der fiktive Berner Physikprofessor Adrian Haller, der die Meinungen der heutigen Physiker und Astronomen vertritt. Vorbild für diese Person und insbesondere für die Wahl des Namens war der Berner Naturforscher, Philosoph und Dichter Albrecht von Haller (1708–1777), der im Jahre 1736 als Professor für Medizin und Botanik nach Göttingen berufen wurde und von 1753 an wieder in seiner Heimatstadt Bern tätig war. Haller war einer der letzten großen

Universalgelehrten. – In »Eine Formel verändert die Welt« war es Haller, der bei einem Aufenthalt in Cambridge, der Wirkungsstätte Newtons, die Bekanntschaft des großen englischen Physikers machte. Zusammen fahren sie nach Bern in die Schweiz, wo sie den 30jährigen Albert Einstein (den Einstein in der Zeit um 1908/09) treffen. Schließlich besuchen die drei Physiker das CERN bei Genf.

Die Gespräche des Buches beginnen also in Caputh, im heute noch existierenden Sommerhaus von Albert Einstein. Dort treffen sich Einstein, Newton und Haller, um über die Grundlagen der Allgemeinen Relativitätstheorie zu sprechen, beginnend mit Gesprächen über die fundamentalen Begriffe von Raum, Zeit und der Materie. Hierbei berühren die Diskussionen auch die heutige Forschung auf dem Gebiet der Physik der Elementarteilchen und der Kosmologie, etwa die Bestrebungen, mit Hilfe des im Bau befindlichen Genfer Beschleunigers LHC (»Large Hadron Collider«) herauszufinden, warum die meisten elementaren Teilchen eine Masse besitzen. Letztere ist die Quelle der Gravitation im Universum und bestimmt die großräumige Struktur des Kosmos.

Nachdem Newton (und hoffentlich auch die Leser) von Einstein und Haller mit den Grundlagen der Gravitationstheorie Einsteins vertraut gemacht worden ist und sich dabei in einen überzeugten Vertreter von Einsteins Ideen verwandelt hat, wechselt der Ort der Handlung. Im zweiten Teil des Buches treffen sich die inzwischen fast unzertrennlichen Physiker in Pasadena bei Los Angeles, dem Ort der Entdeckung der Expansion des Kosmos durch Edwin Hubble am Ende der zwanziger Jahre. Sowohl Einstein wie auch Haller kennen sich am California Institute of Technology, der technischen Hochschule Südkaliforniens, und den damit verbundenen Observatorien gut aus – in der zweiten Hälfte der zwanziger Jahre hatte Einstein das Caltech regelmäßig besucht. Hier drehen sich die Gespräche vor allem um die Erkenntnisse der heutigen Astrophysik und Kosmologie, um Schwarze Löcher, Gravitationswellen und die Prozesse, die sich vor etwa 12 Milliarden Jahren unmittelbar nach dem »Urknall« abspielten.

Im vorliegenden Buch kommen verschiedentlich Aspekte der Speziellen Relativitätstheorie zur Sprache. Ich habe jedoch versucht, jene so zu diskutieren, daß ein Leser, der das Buch über die Spezielle Relativitätstheorie (»Eine Formel...«) nicht gelesen hat und auch sonst nicht mit ihren Grundideen vertraut ist, trotzdem der Diskussion folgen kann. Das Gedankengebäude der Speziellen Relativitätstheorie wird im Anhang kurz umrissen. »Die verbogene Raum-Zeit« sollte also, ungeachtet derselben »Akteure«, nicht als bloße Fortsetzung von »Eine Formel verändert die Welt« verstanden werden. Zwar ist die Allgemeine Relativitätstheorie historisch gesehen eine Fortentwicklung der Speziellen Relativitätstheorie, hat aber nur bedingt etwas mit letzterer zu tun. Sie ist eine eigenständige Theorie der Gravitationsphänomene, während die Spezielle Relativitätstheorie »nur« ein neues Gerüst darstellt, mit dessen Hilfe die bekannten physikalischen Phänomene und Kräfte auf neuartige Weise beschrieben werden.

2

Mit Einstein und Newton in Caputh

Seht die Sterne, die da lehren
Wie man soll den Meister ehren
Jeder folgt nach Newtons Plan
Ewig schweigend seiner Bahn.
Albert Einstein[2.1]

Pünktlich um sieben Uhr abends war die kleine Swissair-Maschine auf dem Genfer Flughafen Cointrin gestartet, und etwa eineinhalb Stunden später endete der Flug Nr. 1215 auf dem Flugplatz Berlin-Tempelhof. Während die Maschine ausrollte, schaute Professor Adrian Haller aus Bern versonnen auf das nach modernen Maßstäben recht kleine Flugfeld, das in der wechselvollen Geschichte der deutschen Hauptstadt eine so große Rolle gespielt hatte. Von Juni 1948 bis Mai 1949 stellte es die wichtigste Verbindung zum Westen Deutschlands dar, nachdem Stalin die Blockade des Westteils der Stadt angeordnet hatte. Das Luftbrückendenkmal vor dem Flughafengebäude erinnert noch heute an jene bedrückende Zeit, in der der Kalte Krieg einen seiner Höhepunkte erreichte.

Haller folgte einer Einladung der Humboldt-Universität und eines Potsdamer Forschungsinstituts. Vom Flughafen Tempelhof nahm er die U-Bahn zum Bahnhof Zoo im Westen der Stadt, um dort in die S-Bahn umzusteigen. Ein Stunde später war Haller bereits in Caputh, einem Dorf südlich von Potsdam, wo der Templiner See und der Schwielowsee ineinander übergehen. Dort, in der Waldstraße nicht weit vom See, lag das Haus, in dem Haller als Gast des Potsdamer Instituts wohnen sollte.

Der Taxifahrer hatte Mühe, die angegebene Adresse in der Waldstraße zu finden. »Zu Beginn der dreißiger Jahre wäre das wohl leichter gewesen«, dachte Haller insgeheim, denn damals war das Haus in der Caputher Waldstraße eine der berühmtesten Adressen im Berliner Raum. Im Herbst des Jahres 1929 bezog Albert Einstein mit seiner zweiten Frau Elsa das von ihm erbaute Sommerhaus, ein nach damaligen Maßstäben sehr modernes und ganz aus Holz errichtetes Landhaus, und bald mußten sich die überraschten Dorfbewohner an einen Strom illustrer Besucher Einsteins gewöhnen. So kam der indische Dichter und Philosoph Rabindranath Tagore im wallenden weißen Gewand mit einem ganzen Gefolge nach Caputh, um mit Einstein philosophische Gespräche zu führen. Neben Einsteins Physikerkollegen erschienen auch viele Künstler, so die Graphikerin Käthe Kollwitz, der Maler Max Liebermann oder die Schriftsteller Gerhart Hauptmann und Heinrich Mann.

Abb. 2–1 Einstein am Fenster seines Sommerhauses in Caputh bei Potsdam, um 1930. (Albert Einstein Archives Jerusalem)

Abb. 2–2 Außenansicht der Südseite des Landhauses von Einstein um 1930. (Foto Konrad Wachsmann)

Abb. 2–3 Außenansicht von Einsteins Sommerhaus im Jahre 1995.

Einstein, der ein begeisterter Segler war und nicht weit von seinem Haus seinen Jollenkreuzer vertäut hatte, entwickelte schon bald nach seinem Einzug eine Vorliebe für das Landleben in Caputh, so daß er nur noch selten in seiner Stadtwohnung im Zentrum von Berlin anzutreffen war. Lange konnte Einstein jedoch die Annehmlichkeiten seines neuen Heimes nicht genießen. Angesichts des immer stärker werdenden Antisemitismus in Deutschland und der zunehmend wahrscheinlich werdenden Machtübernahme durch die Nationalsozialisten entschloß er sich, Berlin und das Land seiner Geburt zu verlassen. Am 10. Dezember 1932 verließ er mit seiner Frau Berlin und traf, nach einem Zwischenaufenthalt in Belgien, im darauffolgenden Jahr mit dem amerikanischen Dampfer »Westernland« in New York ein. Sein Haus in Caputh sollte er niemals wiedersehen. Es wurde 1934 von den Nationalsozialisten beschlagnahmt und diente im 2. Weltkrieg als Domizil für Offiziere der Luftwaffe. Nach dem Krieg wurde es zur Unterbringung von Flüchtlingen benutzt. Seit 1979 steht es für wissenschaftliche Veranstaltungen zur Verfügung, und 1990, nach der Vereinigung Deutschlands, ging es ins Eigentum der Hebrew University in Jerusalem über.

Erst nach mehrfachen Telefongesprächen hatte Haller erreicht, daß die Kollegen in Potsdam seinen Wunsch erfüllten, für die Zeit seines Aufenthalts in Potsdam in Einsteins Sommerhaus zu wohnen. Das Haus, das den Krieg gut überstanden hatte, diente in der DDR-Zeit als Gedenkstätte für den großen Physiker, verwaltet von der Akademie der Wissenschaften. Eine Nachbarin aus Caputh, die das Haus betreute, zeigte Haller die Räume. Nachdem er sich in einem der Schlafzimmer im Obergeschoß einquartiert hatte, wo er ein gemachtes Bett vorfand, begab sich Haller auf einen Rundgang durch das Haus.

Das Gebäude, ein vornehmlich aus Holz bestehendes Fertighaus, war nach Plänen des Architekten Konrad Wachsmann im Herbst 1929 von einer Firma aus der Lausitz errichtet worden. Es besteht aus einem Flachbau mit einem großen Wohnraum, der Küche und einer großen Terrasse, an den sich ein zweigeschossiger Komplex mit Bad und zwei Zimmern sowie darüber drei weiteren

Zimmern anschließt. Der größere Raum im Erdgeschoß diente Einstein als Büro und Schlafzimmer zugleich. Auffällig sind die Fenster des Hauses, die nach französischem Stil bis zum Boden reichen – ein spezieller Wunsch des Bauherrn, ebenso der große, mit hellem Marmor verkleidete Kamin im Wohnzimmer.

Es war kurz nach 22 Uhr, als Haller sich schließlich in sein Schlafzimmer zurückzog. Am nächsten Morgen sollte er um 9 Uhr abgeholt werden, und so stellte er seinen Wecker eine Stunde früher. Schon nach kurzer Zeit war er eingeschlafen. Höchstens zwei Stunden mochten vergangen sein – Haller war plötzlich hellwach, als er Stimmen hörte, die ihm bekannt vorkamen. Waren das nicht ...? Er sprang auf, kleidete sich schnell an und lief die Treppe hinunter zum Wohnzimmer, aus dem die Stimmen nach oben drangen. Langsam öffnete er die Tür und schaute hinein.

»Da ist er ja – Professor Haller, willkommen in Caputh«, schallte es ihm entgegen. In einem Sessel vor dem brennenden Kamin saß, die qualmende Pfeife in der Hand, Albert Einstein, der sich nunmehr erhob und ihn begrüßte.

»Es ist ja schon einige Monate her, daß wir uns das letzte Mal gesehen haben, damals in Genf. Als wir uns verabschiedeten, wollte ich es Ihnen noch nicht sagen, aber mir war da schon klar, daß wir uns bald wiedersehen würden. Auch unser alter Freund Sir Isaac ist wieder mit von der Partie. Er kam bereits gestern früh hier an, und wir beide haben sogar schon eine kleine Segelpartie auf dem Templiner See unternommen.«

Bei diesen Worten hatte sich nun auch die zweite Person erhoben und zur Begrüßung die Hand ausgestreckt. Überrascht sah Haller Isaac Newton vor sich stehen, etwa 45 Jahre alt, so wie er ihn vor einigen Monaten auf dem Genfer Flughafen verabschiedet hatte. Nur Einstein war älter geworden. Langes, graues Haar umrahmte sein Gesicht mit den großen Augen. Er schien Hallers aufmerksamen Blick zu deuten:

»Newton und Sie, Haller, sind ganz die alten geblieben, nur bei mir hat die Zeitmaschine gearbeitet. Ja, es stimmt – ich bin jetzt 51, gute 20 Jahre älter als bei unserer letzten Begegnung. Aber das hat seine guten Seiten. Zwischendurch habe ich doch einiges geschafft.

Meine Allgemeine Relativitätstheorie der Gravitation hat sich mittlerweile von einem vorwitzigen Kind zu einer attraktiven jungen Dame entwickelt, die zu besten Hoffnungen Anlaß gibt, und meine alte Relativitätstheorie, die wir das letzte Mal nach allen Seiten hin durchgekaut haben, kommt langsam in die besseren Jahre. Aber nehmen Sie doch erst mal Platz, lieber Herr Kollege. Ich nehme an, das wird eine lange Nacht für Sie, denn wenn ich die Situation richtig einschätze, wird Newton uns Löcher in den Bauch fragen, wie es nun um die Gravitation steht.«

Haller, der es schon aufgegeben hatte, bald wieder ins Bett zurückkehren zu können, setzte sich in den Sessel vor dem Kamin. Newton brachte eine dampfende Kanne mit frischem Kaffee aus der Küche nebenan und setzte sich ebenfalls. Schließlich nahm er Haller ins Visier und begann das Gespräch:

»Also noch einmal: Willkommen, Mr. Haller. Jetzt, wo unsere alte Akademie Olympia wieder komplett ist, würde ich vorschlagen, daß wir in gewohnter Manier fortfahren. Einstein hat es ja schon anklingen lassen. Bei unseren Unterredungen vor einiger Zeit haben wir das Problem der Gravitation immer schön aus der Diskussion herausgehalten.«

Einstein: Gott sei Dank, denn damals, mit einunddreißig, hatte ich wirklich noch keine oder zumindest fast keine Ahnung, wie man diese Nuß knacken könnte.

Newton: Gemach, lieber Einstein. So sicher bin ich nicht, daß Sie in der Zwischenzeit die Nuß wirklich geknackt haben, wobei ich nicht einmal sicher bin, ob es da wirklich eine Nuß gibt. Jedenfalls schlage ich vor, daß ich gewissermaßen zur Einleitung zuerst einige allgemeine Wort über das Problem sage.

Einstein: Schießen Sie los, Sir Isaac. Ich bin gespannt. Schon beim Lesen Ihrer »Principia« in meiner Züricher Zeit habe ich das Gefühl gehabt, daß Sie sich über die Gravitation schon mehr den Kopf zerbrochen hatten, als Sie zugeben wollten.

Newton: Erlauben Sie mir zuerst ein paar allgemeine Bemerkungen zu Raum und Zeit. Wir wissen, daß Raum und Zeit unabhängig von der Materie im Kosmos existieren. Sie sind gewissermaßen das Gefäß, in das die Materie eingebettet ist. Der Raum hat drei

Dimensionen, die Zeit eine. Dies bedeutet, daß wir eine Position im Raum immer durch die Angabe von drei Zahlen, den drei Koordinaten, beschreiben können, während eine Zahl ausreicht, um die Zeit eindeutig zu fixieren.

Einstein: Was Sie gerade sagten, gilt sowohl für Ihre Mechanik als auch für meine Relativitätstheorie. Jedoch möchte ich schon jetzt darauf aufmerksam machen, daß wir bald Probleme mit Ihrer Bemerkung haben werden, daß Raum und Zeit unabhängig von der Materie existieren. Gerade dies ist in meiner Allgemeinen Relativitätstheorie nicht der Fall.

Newton: Sie meinen also ernsthaft, die Materie könnte die Struktur des Raumes und den Zeitablauf...

– Newton schwieg plötzlich, entschuldigte sich und verschwand aus dem Zimmer.

Einstein (der versonnen an seiner Pfeife zog): Dachte ich mir doch, daß Newton darauf anspringt.

Haller: Sie meinen, Newton hat insgeheim auch schon mit dem Gedanken gespielt, daß die Materie den Raum und die Zeit beeinflussen könnte, was ja in Ihrer Allgemeinen Relativitätstheorie tatsächlich der Fall ist?

Einstein: Lesen Sie doch einmal seine »Principia« genau, ich meine, so zwischen den Zeilen. Ich bin mir ziemlich sicher, daß er zumindest eine Ahnung in diese Richtung hatte, mehr wohl aber auch nicht. Immerhin, Hut ab – das war vor 300 Jahren.

Newton (zurückkehrend): Entschuldigen Sie die kurze Unterbrechung, aber ich brauchte etwas Zeit, um meine Gedanken zu ordnen. Also weiter im Text. Raum und Zeit sind homogen, das heißt, es gibt keine ausgezeichneten Punkte im Raum oder keine ausgezeichneten Zeitpunkte im Ablauf der Zeit. Dies bedeutet auch, daß der Raum unendlich ausgedehnt ist und daß der Fluß der Zeit im Kosmos schon immer stattfand und auch in alle Zukunft stattfinden wird. Ein Koordinatensystem im Raum, das wir zur Beschreibung des Raumes benutzen, kann man beliebig verschieben. Alle solchen Systeme sind gleichberechtigt. Raum und Zeit haben also eine völlig demokratische Struktur – wenn Sie mir diesen aus der Politik entlehnten Ausdruck gestatten.

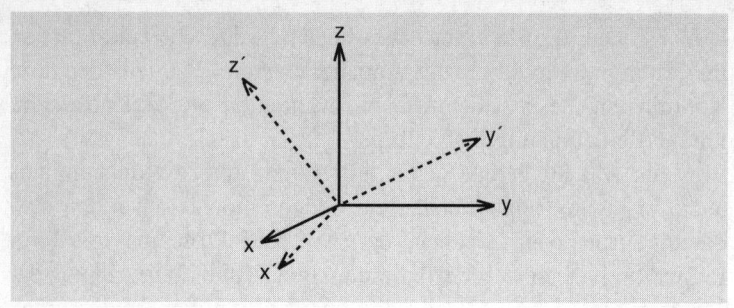

Abb. 2–4 Der dreidimensionale Raum wird durch drei Koordinaten-achsen aufgespannt, die aufeinander senkrecht stehen und beliebig gedreht werden können.

Haller: Man kann auch noch weiter gehen. Ein Koordinatensystem im Raum läßt sich auch beliebig verdrehen. Die Richtungen der Koordinatenachsen sind ja durch nichts festgelegt. Es gibt keine ausgezeichneten Richtungen im Raum – alle sind gleichwertig. Der Raum ist isotrop.

Newton: Also gut. Der Raum ist homogen und isotrop, der Zeitablauf ist homogen. Jetzt zur Bewegung von Materie. Ein Stück Materie, sagen wir der Einfachheit halber ein Massenpunkt oder – etwas weniger abstrakt – eine kleine Eisenkugel, bewegt sich im Universum auf einer geraden Linie und mit gleichförmiger Geschwindigkeit, wenn es nicht von irgendwelchen Kräften beeinflußt wird. Wir können immer ein Koordinatensystem finden, das sich mit derselben Geschwindigkeit bewegt wie die Kugel selbst. In diesem Fall ist letztere in Ruhe. Dies bedeutet: Es spielt überhaupt keine Rolle, ob ich nun die Bewegung eines Körpers im Raum von einem bewegten Koordinatensystem aus verfolge oder von einem ruhenden, vorausgesetzt, das bewegte System bewegt sich mit konstanter Geschwindigkeit durch den Raum. Alle diese Systeme sind vom physikalischen Standpunkt aus völlig gleich-wertig.

Einstein: Dies bedeutet unter anderem auch, daß es eine absolute Bewegung im Kosmos nicht gibt. Alle Bewegungen sind relativ, also abhängig vom jeweiligen Bezugssystem. Dinge bewegen sich nicht absolut, sondern nur in Bezug aufeinander.

Haller: Bei unseren Diskussionen vor einiger Zeit haben wir dies ja schon einmal besprochen. Dabei möchte ich daran erinnern, daß wir auf diese Weise die Inertialsysteme eingeführt hatten, also auf deutsch »Trägheitssysteme«. Das sind alle jene Bezugssysteme, in denen ein Stück Materie sich frei und ungehindert auf einer geraden Bahn und mit konstanter Geschwindigkeit bewegt. Das ist natürlich ein idealisierter Grenzfall. Ein Stück Materie, sagen wir ein Raumschiff, bewegt sich im allgemeinen im Kosmos nicht frei und ungehindert, da es der Massenanziehung, also der Gravitation der Himmelskörper unterliegt. Es müßte also schon weit weg von solchen sein.

Newton: Im Grunde ist ja solch ein Intertialsystem ein Phantasieprodukt der Physiker, mit dem sich zwar gut leben und vor allem rechnen läßt, das aber in reiner Form in der Natur eigentlich nicht existiert. Außerdem fand ich es schon immer etwas seltsam, daß die Beschleunigung eines Körpers in einem Intertialsystem eine absolute, vom Bezugssystem unabhängige Bedeutung besitzt, nicht aber seine Geschwindigkeit, die ja nur relativ zu einem Bezugssystem angegeben werden kann. Kurzum – die Geschwindigkeit ist relativ, Beschleunigung ist absolut.

Haller: Deshalb beobachtet man ja auch in einem beschleunigten Bezugssystem, sagen wir in einem Auto, das rasch schneller wird, eine ganze Reihe merkwürdiger Eigenschaften: Der Fahrer wird in seinen Sitz gedrückt, Gegenstände, die nicht befestigt sind, fliegen nach hinten, und so weiter. Kurz, in einem beschleunigten Bezugssystem wirken Kräfte, die es in einem Trägheitssystem nicht gibt und die deshalb von den Ingenieuren und Physikern häufig Trägheitskräfte genannt werden, weil sie eine Folge der Trägheit der Körper sind. Letztere wollen nicht die vom System aufgezwungene beschleunigte Bewegung mitmachen, sondern in ihrem alten Trott verbleiben. Sie sträuben sich – die Folge ist eine Kraft, die vom Bezugssystem, im oben genannten Beispiel vom Auto, ausgeht und die Körper zwingt, die Beschleunigung mitzumachen – eine Kraft, die übrigens um so größer ist, je größer die Masse des

Körpers ist. Aber ich denke, daß wir uns mit diesen Kraftwirkungen noch oft beschäftigen müssen, nicht wahr, Professor Einstein?

Einstein (auf die Uhr schauend): Das kann man wohl sagen. Jahrelang habe ich darüber gebrütet, bis ich schließlich den wahren Jakob fand. Aber das werden wir heute nicht mehr betrachten können.

Haller: Dem kann ich nur zustimmen. Ich für meinen Teil, der ja eine Reise aus der Schweiz hinter sich hat, fühle mich jetzt nicht mehr in der Lage, einigermaßen sinnvoll an der Diskussion teilzunehmen. Ich ziehe mich zurück und schlage vor, daß wir morgen früh unser Gespräch fortsetzen.

Einstein: Gute Idee. Schlafen Sie gut in meinem Sommerhäuschen. Ich finde es wunderbar ruhig hier draußen – ganz wie in den dreißiger Jahren. Also bis morgen früh, meine Herren.

Damit war die Dreierrunde aufgehoben. Auch Einstein und Newton zogen sich in ihre Räume zurück.

3

Raffiniert ist der Herrgott

> Raffiniert ist der Herrgott, aber boshaft
> ist er nicht… Die Natur verbirgt ihr Ge-
> heimnis durch die Erhabenheit ihres
> Wesens, aber nicht durch List.
>
> *Albert Einstein*[3.1]

Kurz nach 7 Uhr stand Haller auf. Das Klappern von Geschirr aus der Küche hatte ihn aufgeweckt. Dort wurde das Frühstück für die Gäste zubereitet. Eine halbe Stunde später saßen Einstein und Haller am Tisch im Wohnzimmer. Einstein erinnerte sich an die vielen angenehmen Tage, die er vor langer Zeit hier verbracht hatte.

»Das Beste war das Segeln, vor allem, wenn man von aller Welt gesucht wurde. Am liebsten hatte ich es, wenn der Wind für Stunden ausblieb und ich mit dem Boot irgendwo auf dem Wasser trieb, unerreichbar. Dann hatte ich alle Zeit der Welt zum Nachdenken.«

»Ich würde vorschlagen, daß wir unsere Diskussion irgendwann auch mal beim Segeln durchführen«, sagte Newton, der mittlerweile in der Tür erschienen war.

»Ok – wollen wir das mal vormerken. Aber jetzt nehmen Sie erst mal Platz. Wir können ja schon beim Frühstück mit unserem Geschäft anfangen. Schießen Sie los, Sir Isaac – es geht heute um Raum, Zeit und Gravitation.«

Newton: Wie ich kürzlich las, behaupten Sie ja, daß es möglich ist, die Gravitation mit Hilfe Ihrer Relativitätstheorie zu verstehen, Mr. Einstein. Dann müßte man doch eigentlich sagen: Raum-Zeit und Gravitation, denn schließlich werden Raum und Zeit im Rahmen Ihrer Relativitätstheorie zu einer Einheit zusammengefügt, und ich darf wohl annehmen, daß Sie dies nicht wieder rückgängig machen wollen.

Einstein: Also gut, wenn Sie wollen, können wir durchaus auch Raum-Zeit oder Zeit-Raum sagen, aber das ist im Grunde gar nicht so wichtig. Worauf es mir ankommt: Raum, Zeit und Gravitationskraft sind so eng miteinander verknüpft, daß man diese drei Aspekte unseres Universums fast als drei verschiedene Seiten ein und desselben Sachverhalts ansehen kann.

Newton (erhob sich kopfschüttelnd und warf Einstein einen mißbilligenden Blick zu): Nicht so schnell, Herr Kollege. In Ihrer Relativitätstheorie, genauer in der, wie man wohl heute sagt, Speziellen Relativitätstheorie, haben Sie ja gezeigt, daß es einen absoluten Raum und eine absolute Zeit in unserem Universum nicht gibt, nicht geben kann. Vielmehr hängen der Zeitablauf und die Eigenschaften des Raumes vom Bezugssystem ab, also vom jeweiligen Beobachter. Zwei verschiedene Beobachter, die sich relativ zueinander mit gleichförmiger Geschwindigkeit bewegen, beobachten zwei Ereignisse im Raum ja in verschiedener Weise. Beispielsweise stellen sie fest, daß der zeitliche Abstand zwischen

Abb. 3–1   Einstein am Ruder seines Bootes »Tümmler«. (Foto Hermann Landshoff, 1930)

zwei Ereignissen für sie beide nicht gleich ist. Das alles habe ich ja akzeptiert, auch wenn es mich, wie Sie wissen, viel Mühe und Überwindung gekostet hat, meine Ideen des absoluten Raumes und der absoluten Zeit über Bord zu werfen. Ich weiß auch, daß die Relativitätstheorie neue Aspekte der Kräfte in der Natur beleuchtet. So kann man, wie wir gesehen haben, die elektrischen und die magnetischen Kräfte nicht als losgelöst voneinander betrachten, wie das am Anfang der Entwicklung der Elektrizitätslehre der Fall gewesen war – relativistisch gesehen gibt es nur eine, die elektrodynamische Kraft.

Haller: Richtig – ein elektrisches Kraftfeld, etwa das einer elektrisch geladenen Metallkugel, ist kein reines elektrisches Feld mehr, wenn man es von einem bewegten Bezugssystem aus betrachtet, sondern wird von einem magnetischen Kraftfeld begleitet.

Newton: Ja, das habe ich mir mittlerweile auch klargemacht. Ein elektrischer Strom, der durch einen Draht fließt, erzeugt um den Draht ein magnetisches Kraftfeld, das letztlich von der Tatsache herrührt, daß der elektrische Strom aus vielen Elektronen besteht, die sich in dem Draht bewegen. Durch diese Bewegung wird ein magnetisches Feld erzeugt. Es ist also letztlich eine Folge der Relativitätstheorie. Was ich jedoch meine, ist die Tatsache, daß elektrische und magnetische Felder in der Natur vorgegebene Kraftfelder sind, die zunächst einmal nichts mit der Relativitätstheorie zu tun haben. Die Physiker im letzten Jahrhundert konnten ja mit den elektrischen und magnetischen Erscheinungen ganz gut umgehen, auch wenn sie keine Ahnung von der Relativitätstheorie hatten. Betrachten wir zwei elektrisch geladene Kugeln, die eine positiv, die andere negativ. Ungleichnamige Ladungen ziehen sich an, also herrscht zwischen den beiden Kugeln eine attraktive Kraft, deren Stärke davon abhängt, wie groß der Abstand zwischen den beiden Kugeln ist. Je größer der Abstand, um so schwächer die Kraft, die ja mit dem Quadrat des Abstandes abnimmt – verdopple ich die Distanz, nimmt die Kraft um das Vierfache ab. Dieses einfache Kraftgesetz ist selbstverständlich keine direkte Folge der Relativitätstheorie, auch wenn letztere die elektrische Kraft in einem, wie ich meine, neuen und interessanten Licht beleuchtet.

Für die Gravitationskraft könnte dies jedoch ebenso zutreffen.

Um das gerade zitierte Beispiel mit den zwei Kugeln zu verwenden: Wenn wir die Ladungen auf den beiden Kugeln entfernen, gibt es zwischen ihnen selbstverständlich keine elektrische Anziehung mehr, jedoch bleibt die Gravitation, also die Massenanziehung zwischen den beiden Kugeln, erhalten. Beide ziehen sich an, wobei die Kraft um so stärker ist, je größer die Massen der Metallkugeln sind. Auch bei der Massenanziehung gilt ja, wie wir wissen: Je größer der Abstand, um so geringer die Kraft, die auch hier mit dem Quadrat der Entfernung abfällt. Mein Kraftgesetz der Gravitation ist ja ganz ähnlich dem Kraftgesetz der Elektrizitätslehre: Man ersetze einfach die Ladungen durch die Massen...

Haller: ... wobei allerdings noch die Gravitationskonstante G eine Rolle spielt, die Sie in die Physik eingeführt haben.

Newton: Selbstverständlich ist die Kenntnis der Masse allein nicht genug. Meine Gravitationskonstante drückt aus, wie groß die Massenanziehung zwischen zwei Körpern in der Entfernung von einem Meter ist, wenn beide Körper die Masse von einem Kilogramm besitzen. Übrigens war zu meiner Zeit diese Konstante noch mit einer großen Ungenauigkeit behaftet. Was ist denn der heutige Zahlenwert?

Haller: Im Vergleich zu anderen Naturkonstanten ist die Newtonsche Gravitationskonstante auch heute noch nicht sehr genau bekannt. Der heutige Wert ist $6{,}67259 \cdot 10^{-11}\,\mathrm{m^3 kg^{-1} s^{-2}}$. Dies bedeutet, daß die Massenanziehung zwischen den beiden von Ihnen erwähnten Körpern eine gegenseitige Beschleunigung der Körper von $6{,}67259 \cdot 10^{-11}\,\mathrm{ms^{-2}}$ verursacht. In einer Sekunde nimmt also die relative Geschwindigkeit der Körper um nur etwas mehr als 60 Billionstel Meter pro Sekunde zu. Im Vergleich dazu ist die Zunahme der Geschwindigkeit desselben Körpers im Schwerefeld der Erde in der Sekunde fast 10 Meter pro Sekunde.

Newton: Ich möchte noch daran erinnern, daß die elektrische Kraft eine Folge der Existenz des elektrischen Kraftfeldes ist, das jeden elektrisch geladenen Körper umgibt, das aber sonst ein eigenständiges Gebilde ist, also eine Eigenschaft des Raumes, die den gela-

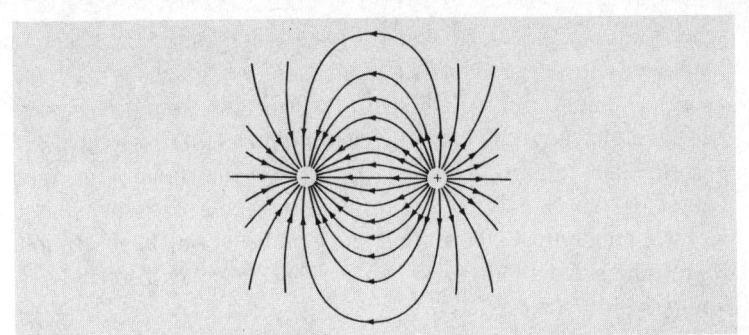

Abb. 3–2 Zwei ungleichnamig geladene Körper ziehen sich an. Dies ist die Folge der elektrischen Kraftfelder, die die Körper umgeben. Gezeigt ist hier der Verlauf der Feldlinien. Die beiden Körper ziehen sich zusätzlich durch ihre Gravitation an. Letztere ist jedoch viele Größenordnungen schwächer als die elektrische Kraft. Beide Kraftwirkungen haben aber eines gemeinsam: Die Stärke der Kräfte nimmt mit dem Quadrat des Abstandes ab.

denen Körper umgibt, ihm gewissermaßen eine zusätzliche Eigenschaft verleiht. Ein Punkt im Raum ist also nicht nur ausgezeichnet durch seine Koordinaten bezüglich Raum und Zeit, sondern auch durch die Angabe der Stärke des elektrischen Feldes. Ein Raumgebiet, das von elektrischen Feldern angefüllt ist, ist reicher an Struktur, sozusagen weniger leer, als ein Raumgebiet ohne Feld.

Mit der Gravitation könnte es ja ganz ähnlich sein. Ein Körper ist umgeben von seinem Gravitationsfeld, das dann eine ganz ähnliche Rolle wie das elektrische Feld spielt. In einem Buch las ich, daß im vorigen Jahrhundert diese Analogie zwischen Gravitation und Elektrizität benutzt wurde, um Vermutungen über das elektrische Kraftgesetz anzustellen. Bevor man das vom Experiment her wußte, hat man also bereits spekuliert, daß sich die elektrische Kraft ebenso wie die Gravitationskraft verhält, also mit dem Quadrat des Abstandes schwächer wird. Für mich heißt das: Elektrische und gravitative Felder sind vermutlich völlig analog.

Haller: Nicht ganz – vergessen Sie nicht die Tatsache, daß die Massenanziehung im allgemeinen doch viel schwächer als die elektrische Kraft ist, geradezu winzig. Dies hängt natürlich von den Ladungen ab. Aber wenn wir einmal die elektrische Anziehung zwischen einem Proton und einem Elektron im Atom des Wasserstoffs vergleichen mit der gravitativen Anziehung zwischen den beiden, dann ergibt sich, daß die Massenanziehung um einen Faktor 10^{38} mal schwächer ist als die elektrische Anziehung, also so viel wie hundertmal eine Billion mal eine Billion mal eine Billion. Man kann also die Gravitation im Vergleich zur elektrischen Kraft vorerst völlig vergessen.

Daß dies makroskopisch augenscheinlich nicht der Fall ist, liegt ja nur daran, daß die makroskopischen Körper, etwa diese Tasse hier, nach außen hin elektrisch neutral sind. Aber selbst bei elektrisch aufgeladenen makroskopischen Körpern ist die elektrische Ladung immer sehr klein im Vergleich zu den vielen elektrisch geladenen Atomteilchen im Innern des Körpers. Wäre dies nicht so, dann würden die elektrischen Kräfte enorm stark sein. Denken Sie an einen Uranatomkern, der 92 elektrisch geladene Protonen enthält. Die elektrischen Abstoßungskräfte im Uran sind so stark, daß sie die wirkenden Kernkräfte fast genau aufheben. Ein kleiner Stoß von außen, etwa durch die Kollision eines Teilchens mit dem Kern, und schon fliegt der Urankern auseinander – ein Prozeß, der ja in einem Kernreaktor zur Energieerzeugung technisch ausgenutzt wird.

Die Tatsache, daß die elektrische Kraft so viel stärker als die Gravitation ist, könnte durchaus ein Hinweis sein, daß die Gravitation ein qualitativ anderes Phänomen ist als die Elektrizität, und genau diese Idee wird in Einsteins Theorie der Gravitation realisiert, wie wir wohl bald sehen werden.

Einstein: Noch etwas, Sir Isaac. Es gibt einen wichtigen Unterschied zwischen der elektrischen Kraft und der Gravitationskraft. Bei den elektrischen Kräften gibt es sowohl Anziehung wie Abstoßung, je nachdem, ob gleichnamige Ladungen oder ungleichnamige vorliegen, bei der Gravitation gibt es das nicht. Massen ziehen sich immer nur an. Eine Abstoßung, also eine Art Antigravitation, existiert nicht, auch wenn dies in irgendwelchen »Science fiction«-Büchern oftmals behauptet wird.

Newton: Wenn Sie schon dieses seltsame Wort Antigravitation ins Spiel bringen – so sicher bin ich mir nicht, ob es nicht doch so etwas gibt. Als wir vor einiger Zeit am CERN bei Genf zusammentrafen, war von Antiteilchen die Rede. Zu jeder Teilchenart in der Natur gibt es ein Antiteilchen, etwa das Antiproton zum Proton. Wie steht es denn mit der Gravitation bei den Antiteilchen? Es könnte doch sein, daß sich ein Proton und ein Antiproton gravitativ nicht anziehen, sondern abstoßen. In meiner Gravitationstheorie würden die Antiteilchen gewissermaßen mit negativer Masse erscheinen, dem Analogon der negativen elektrischen Ladung. Dann hätten wir eine Antigravitation neben der üblichen Gravitation. Da die normale Materie aus Teilchen besteht und nicht aus Antiteilchen, würde sich für die normalen gravitativen Erscheinungen im Kosmos keine Änderung ergeben, wohl aber genau dann, wenn Antimaterie ins Spiel kommt. Zwei Sterne, der eine aus Materie, der andere aus Antimaterie, würden sich also nicht anziehen, sondern abstoßen – das wäre ein imposantes Schauspiel im Kosmos.

Einstein: Das würde mich denn schon wundern. Jedenfalls wäre dies im Rahmen meines Zugangs zur Gravitation unmöglich.

Newton: Ihre Theorie in Ehren, aber sie könnte ja, mit Verlaub, auch falsch oder zumindest nur für die normale Materie gültig sein. Wir reden hier schließlich nicht über Politik oder Kunst, sondern über Physik – das letzte Wort hat immer das Experiment, und das ist am Ende immer eindeutig. Das ist ja das Gute in unserer Wissenschaft – faule Kompromisse gibt es nicht, und schwammige oder irreführende Begriffe werden über kurz oder lang eliminiert. Also, was weiß man vom Experiment hierzu, Mr. Haller? Entweder fallen die Antiteilchen nach oben oder nach unten, tertium non datur.

Haller: Sie treffen da eine wunde Stelle – leider ist die Physik in diesem Punkt nicht ganz so eindeutig, wie Sie sich das wohl wünschen. Am CERN, von wo ich gerade herkomme, gibt es zwar eine Menge Antiprotonen, mit denen man eine ganze Reihe von Experimenten anstellt. Aber was ihre Gravitation anbelangt – viel weiß man da leider nicht, genaugenommen gar nichts. Es gibt

Pläne, ein Fallexperiment mit Antiprotonen durchzuführen, aber ob es in absehbarer Zeit dazu kommen wird, vermag ich nicht zu sagen. Die Schwierigkeiten sind groß, denn Antiprotonen leben bei Experimenten nicht lange, da sie leicht mit der umgebenden Materie in Reaktion treten können und auf diese Weise vernichtet werden.

Allerdings gibt es indirekte theoretische Argumente, die dagegen sprechen, daß bei den Antiteilchen eine Antigravitation wirksam werden könnte. Man weiß nämlich, daß die Masse der Protonen sich aus mehreren Teilen zusammensetzt, darunter einem Teil, der mit den Antiteilchen zu tun hat, genauer gesagt mit Antiquarks. Die Quarks sind die kleinsten Teilchen der subnuklearen Materie und agieren als die Bausteine der Kernteilchen. Im Proton gibt es vornehmlich Quarks, im Antiproton vornehmlich Antiquarks. Jedoch ist es seit den siebziger Jahren bekannt, daß im Proton auch Antiquarks vorkommen, übrigens eine Folge der sehr starken Kräfte zwischen den Quarks und von Einsteins Spezieller Relativitätstheorie. Aus diesem Grunde rührt ein Teil der Masse des Protons – man schätzt etwa 10 Prozent – von Antiquarks her, ist also Masse von Antimaterie. Nun weiß man aber, daß es die Gesamtmasse des Protons ist, die die Massenanziehung bestimmt, also auch in Ihre Gravitationsgleichung eingeht, einschließlich der Masse, die von der Antimaterie im Innern des Protons herrührt. Damit ist es im Grunde nicht möglich, daß die Antimaterie andere Gravitationseigenschaften haben könnte als die normale Materie.

Trotzdem – das Argument ist indirekt, und mir wäre wohler, wenn man direkt beobachten würde, daß Antimaterie im Schwerefeld der Erde ebenso fällt wie normale Materie und nicht etwa von der Erde abgestoßen wird. Nichtsdestotrotz – wir können wohl mit einiger Sicherheit davon ausgehen, daß es abstoßende Kräfte bei der Gravitation nicht gibt. Für Sie, Einstein, kann das nur gut sein, denn eine Antigravitation der Antiteilchen wäre das Ende Ihrer Theorie; denn ich wüßte nicht, wie man diese in Ihre Vorstellungen einbauen könnte – warum das so ist, wird bald klarwerden, denke ich.

Einstein: Mehr noch – ich bin ziemlich sicher, in Kürze werden

Sie, Mr. Newton, die Antigravitation genau so unerquicklich finden wie ich. Übrigens hat Lichtenberg, der große Göttinger Experimentalphysiker, in seinen Vorlesungen gern betont, daß das elektrische Kraftgesetz allgemeiner ist und auch auf das menschliche Verhalten übertragen werden kann: Personen, die sich einst als ungleichnamig sehr stark angezogen haben, stoßen sich zuweilen einander heftig ab, sobald sie gleichnamig geworden sind – also nach einer Heirat. Gottlob scheint dies bei der Gravitation nicht der Fall zu sein. Gravitativ zu heiraten ist also viel lobenswerter und aussichtsreicher als auf elektrischem Wege.

Newton: Das ist ja das Besondere an meinem Gravitationsgesetz: Es gibt eben nur eine Anziehung, wenn es nur positive Massen gibt. Wenn es in der Tat keine Antigravitation gibt – das wollen wir mal jetzt voraussetzen, denn Hallers Argument bezüglich der Antiquarks im Proton hat mich zwar nicht völlig überzeugt, scheint mir aber sehr plausibel –, dann liegt das einfach daran, daß es nur eine Art Masse gibt. Massen sind eben immer positiv, auch die Massen der Antiteilchen. Aber abgesehen von dieser Tatsache, die zweifellos einen wesentlichen Unterschied zwischen der Gravitation und der Elektrizität beschreibt, sind die elektrischen und die gravitativen Kräfte einander ähnlich. Deswegen denke ich, daß die Relativitätstheorie zwar neue, interessante Aspekte des Gravitationsphänomens aufzudecken vermag, wie sie es bei den elektrischen und magnetischen Erscheinungen ja auch getan hat, jedoch nichts grundsätzlich Neues beisteuern kann. Elektrische Ladungen und Massen gibt es schließlich auch ohne die Relativitätstheorie.

Deshalb verwahre ich mich dagegen, lieber Kollege Einstein, wenn Sie, wie vorhin getan, wie selbstverständlich von einer Art Einheit von Raum, Zeit und Gravitation reden, so als sei die Gravitation eine Folge der Raum-Zeit-Struktur. Die elektrischen Phänomene haben schließlich auch nichts mit der Raum-Zeit-Struktur zu tun.

– Einstein erhob sich, ging ans Fenster und blickte eine Weile nachdenklich auf den nahen Havelsee. Nach einer kurzen Pause drehte er sich um, ging auf Newton zu und schaute ihn mit seinen großen Augen aufmerksam und wohlwollend an.

Einstein: Lieber Freund, halten Sie sich jetzt ganz fest. Es stimmt – die Gravitation ist tatsächlich das, was Sie gerade selbst sagten: eine Manifestation der Struktur von Raum und Zeit. Die gravitative Kraft zwischen massiven Körpern ist im Gegensatz zur elektrischen Kraft keine selbständige Naturkraft, sondern ein Ausfluß der Geometrie von Raum und Zeit. Dies und nichts anderes ist die Quintessenz meiner Allgemeinen Relativitätstheorie, die ich hier in Berlin im Jahre 1915 vollendete.

– Noch während Einstein sprach, war Newton aufgesprungen und unruhig im Zimmer auf- und abgegangen. Er war sichtlich erregt.

Newton: Aber das ist doch völlig absurd. Wie können Sie behaupten, daß eine physikalische Kraft, die wir alle zu jeder Zeit spüren, die uns hier auf dem Fußboden hält, etwas mit der Geometrie der Raum-Zeit zu tun hat? Raum ist Raum, und Kraft ist Kraft, Einstein, beide sind so verschieden wie Feuer und Wasser.

– Newton nahm einen Apfel, der in einer Schale auf dem Tisch lag, und ließ ihn auf den Holzboden fallen.

Newton: Hier sehen Sie es selbst. Der Apfel fällt nach unten, weil er von der Erde angezogen wird – eine Konsequenz des Gravitationsgesetzes. Sie können doch nicht behaupten, lieber Herr Kollege, daß diese Kraft nicht real sei, sondern eine Einbildung – eine Folge der Struktur von Raum und Zeit – welch eine Absurdität. Wollen Sie vielleicht behaupten, der Apfel fällt nach unten, weil es durch eine komplizierte Struktur von Raum und Zeit so erzwungen wird? Wie wir wissen, ist Ihre Relativitätstheorie ja nur relevant, wenn die Geschwindigkeiten der beteiligten Objekte nahe der Lichtgeschwindigkeit c liegen. Dies ist ja hier nicht der Fall – der Apfel fiel gerade nach unten mit einer im Vergleich zu c geradezu lächerlich kleinen Geschwindigkeit von nur einigen Metern in der Sekunde, und wir selbst, die wir den Vorgang beobachtet haben, waren in Ruhe. Für solche Situationen gelten meine Gesetze, aufgeschrieben in den »Principia«. Also was soll dann Ihr Gerede von der Relativitätstheorie, sei es nun die Spezielle oder die Allgemeine!

Einstein: Genau wie Sie jetzt, Newton, so haben sich seinerzeit meine Kollegen in Berlin verhalten, als ich am 15. November 1915 meine Allgemeine Relativitätstheorie, also meine Theorie der Gravitation, der Akademie vorstellte. Vermutlich haben einige von ihnen insgeheim gedacht, der Einstein sei diesmal ganz verrückt geworden, aber die meisten dachten sicherlich, ich befände mich auf dem Holzweg und würde meinen Irrtum bald einsehen.

Newton: Nun gut – wollen wir also zu Ihren Gunsten annehmen, daß dem nicht so ist, denn irgendwas wird an Ihrer Theorie doch wohl dran sein. Ich schlage vor, wir gehen die Dinge etwas systematischer an. Zurück zur Elektrizität. Wie wir gesehen haben, spielen Masse und elektrische Ladungen analoge Rollen in unserem physikalischen Drama. Trotzdem scheint mir diese Analogie etwas vordergründig zu sein. Die Masse eines Körpers und seine elektrische Ladung sind zwei recht verschiedene Dinge, so wie ich das sehe. Wird nicht die Ladung von speziellen Ladungsteilchen getragen, während die Masse schlichtweg eine Eigenschaft aller Teilchen ist, zumindest aller derjenigen Teilchen, die überhaupt eine Masse besitzen?

Haller: Da haben Sie vollkommen recht. Jeder Körper besteht aus Atomen, die ihrerseits aus Atomkernen und aus Elektronen in den Atomhüllen bestehen. Die Elektronen sind elektrisch geladen. Jedes Elektron besitzt die gleiche elektrische Ladung, die man als negativ bezeichnet. Übrigens ist diese Bezeichnung willkürlich eingeführt worden, und zwar schon im 18. Jahrhundert von dem amerikanischen Naturforscher Benjamin Franklin. Er hätte sie ebenso als positiv bezeichnen können, was sogar im nachhinein vernünftiger gewesen wäre – aber danach ist man immer klüger. Was bemerkenswert ist: Die Größe dieser Ladung ist eine Naturkonstante, die allgemein einfach als die elektrische Elementarladung bezeichnet wird. Alle elektrisch geladenen Objekte, die in der Natur vorkommen, besitzen eine Ladung, die ein ganzzahliges Vielfaches der Elementarladung darstellt.

Newton: Hm. Hat denn die elektrische Ladung der Atomkerne, die ja dann positiv ist, auch etwas mit den Elektronen und deren Ladung zu tun?

Haller: Eigentlich nicht, die Atomkerne bestehen ja aus Protonen und Neutronen. Die Protonen sind positiv geladen, die Neutronen

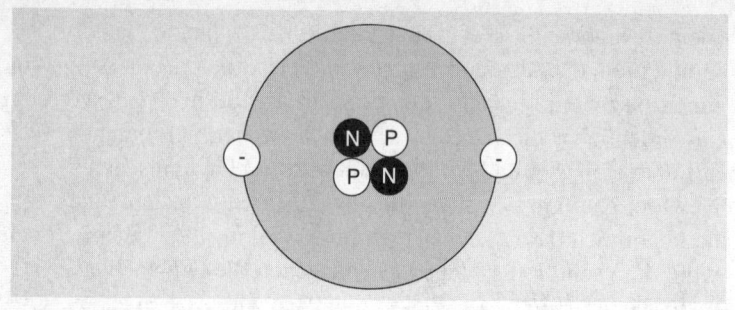

Abb. 3–3 Schematisches Bild eines Heliumatoms. Der Atomkern besteht aus zwei Protonen und zwei Neutronen, die Hülle aus zwei Elektronen. Das Atom ist als Ganzes elektrisch neutral.

sind neutral, haben also keine Ladung. Nach außen hin sind die Atome elektrisch neutral, da die positive Ladung des Kerns von der negativen Ladung der Elektronen in der Hülle aufgehoben wird. Zum Beispiel besteht das einfachste Atom, also das des Wasserstoffs, aus einem Proton als Kern und einem Elektron in der Hülle. Die Ladung des Protons ist genauso groß wie die Elektronladung, nur ist erstere eben positiv, die andere negativ.

Newton: Moment mal. Sie behaupten, die Kernladung, also beim Wasserstoff die Protonladung, hat nichts mit der Elektronladung zu tun?

Einstein: Aber nein. Protonen und Elektronen sind ja ganz verschiedene Teilchen.

Newton: Ist es dann nicht merkwürdig, daß ihre Ladungen gleich sind? Vielleicht sind ihre Ladungen doch etwas verschieden, sagen wir ein Prozent oder sogar weniger. Dann würden die Atome eine wenn auch kleine elektrische Ladung besitzen. Wie gut weiß man denn, daß die Ladungen beider Teilchen, abgesehen vom Vorzeichen, wirklich gleich sind?

Haller: Da muß ich Sie enttäuschen, Sir Isaac. Sie haben aber durchaus recht – im Prinzip könnte es sehr wohl sein, daß die elektrischen Ladungen des Protons und des Elektrons etwas verschieden sind. Das hätte aber geradezu katastrophale Folgen, denn dann müßten sich die Atome, die eine wenn auch kleine Ladung besäßen, gegenseitig abstoßen. Die Folge wäre, daß sich größere Materieansammlungen, etwa Sterne oder Planeten, gar nicht bilden könnten. Würde plötzlich, sagen wir im Bruchteil einer Sekunde, die Protonladung etwas kleiner als die Elektronladung, wären die Folgen katastrophal. Alle Körper würden explodieren. Unsere Erde würde sich sofort in einen riesigen Gasball verwandeln, der sich nach allen Richtungen schnell ausbreitet.

Newton: Natürlich – hätte ich mir denken können. Damit ist klar – die Stabilität der Stoffe unserer makroskopischen Welt macht es unabdingbar –, daß Proton- und Elektronladung völlig gleich sind.

Einstein: Seltsam – das kann doch wohl kein Zufall sein. Sie beschäftigen sich doch auch mit den Elementarteilchen, Haller. Können Sie mir sagen, woher ein Proton weiß, daß seine elektrische Ladung genauso groß sein muß wie die eines Elektrons, abgesehen vom Vorzeichen natürlich? Beide Teilchen haben ja wohl kaum etwas miteinander zu tun, zumal das Proton auch noch aus Quarks besteht, im Gegensatz zum Elektron. Sie unterscheiden sich also mindestens so wie Äpfel und Blaubeeren.

Haller: Also gut, wenn Sie schon auf diesem Punkt herumreiten wollen: Protonen und Elektronen haben zunächst einmal wirklich nichts miteinander zu tun. Es ist legitim zu fragen, warum denn dann ihre elektrischen Ladungen genau gleich sind. Diese, ich gebe zu, merkwürdige Eigenschaft hat heute einen eigenen Namen. Man bezeichnet sie als die Universalität der Ladung – manchmal redet man auch etwas gezierter von der Quantisierung der elektrischen Ladung.

Einstein: Dem Ding einen Namen zu geben ist eine Sache, es zu verstehen eine andere. Also raus mit der Sprache, Haller. Wißt ihr nun, warum die Ladungen gleich sind, oder wißt ihr es nicht?

Haller: Wenn Sie mich schon so direkt fragen – man weiß es heute auch nicht. Es war und ist ein Rätsel. Die meisten Teilchenforscher nehmen an, daß die Protonen und Elektronen letztlich doch miteinander verwandt sind, obwohl sie sich vordergründig als so verschieden darstellen. Die Universalität der Ladung wäre dann sozusagen das äußere Kennzeichen dieser Verwandtschaft, der gemeinsame Ehering, der sie verbindet.

Einstein (zu Newton): Sie sehen also, die Physiker kochen heute auch nur mit Wasser. Bis heute kennen sie nicht den genauen Grund, warum das Wasserstoffatom keine Ladung besitzt – ist das nicht ein Skandal?

Haller: Es tut mir leid, daß ich nicht mit einer befriedigenden Lösung aufwarten kann. Aber ich kann Ihnen versichern, es handelt sich hier um eine besonders harte Nuß, die der Herrgott uns da zum Knacken gegeben hat.

Einstein: Ist schon gut, Haller. Es ist ja auch ganz schön zu wissen, daß man noch nicht alles weiß. Irgendwann wird man den wahren Grund erfahren. Sie wissen ja, raffiniert ist der Herrgott, aber boshaft ist er nicht. Es ist nur schade, daß Newton und ich da nicht mitspielen können. Aber gut – lassen wir das jetzt auf sich beruhen – gottlob spielt das Ladungsproblem für die Gravitation vordergründig erst mal keine wichtige Rolle.

Newton: Die elektrische Ladung eines Objekts, falls es überhaupt eine solche trägt, ist gewissermaßen die Quelle der elektrischen Kraft, die von dem Objekt ausgeht. Wie wir jetzt wissen, sind diese Quellen die Ladungen der Elektronen oder Protonen, aus denen sich das Objekt zusammensetzt. Analog ist die Quelle der Gravitationskraft die Masse des Objekts, also im Falle eines Elektrons die Masse des Elektrons.

Haller: Man könnte die Masse eines Teilchens durchaus als die Gravitationsladung des Teilchens bezeichnen.

Newton: Genau. Nur gibt es im Fall der Gravitation aber nicht die im Grunde unverstandene Universalität der Ladung, von der wir gerade sprachen. Ein Elektron hat eine bestimmte Masse...

Einstein: Wenn man die Masse in Energieeinheiten ausdrückt, etwa in Megaelektronenvolt, entsprechend meiner Gleichwertigkeit von Masse und Energie, dann sind das 0,511 MeV.

Newton: Und das Proton ist fast genau 1836mal schwerer als das leichte Elektron – es hat die Masse von 938 MeV. Das heißt dann, daß im Gravitationsfeld auf einem Proton eine Kraft wirkt, die 1836mal stärker ist als im Falle eines Elektrons. Von einer Art Universalität der Gravitationskraft analog zum elektrischen Fall kann also keine Rede sein. Die Kraft auf ein Teilchen hängt von der

Masse ab, und da die verschiedenen Teilchen verschiedene Massen haben, sind die einzelnen Kraftwirkungen auch ganz verschieden. Was ist die Ursache dieses seltsamen Phänomens? Was ist überhaupt die Ursache dafür, daß sich Körper mit Masse gegenseitig anziehen?

– Einstein hatte sich während dieser Worte Newtons erhoben und war zum Bücherschrank gegangen. Er nahm ein Buch zur Hand und schlug es auf.

Einstein: Sehr verehrter Herr Kollege Newton, genau diese Frage habe ich mir im Jahre 1906 gestellt, übrigens, wie ich meine, ganz auf Ihren Spuren wandelnd. Ich erlaube mir, Sie aus Ihren »Principia« zu zitieren. Gegen Ende Ihres Buches schreiben Sie: »Ich habe bisher die Erscheinungen der Himmelskörper und die Bewegungen des Meeres durch die Kraft der Schwere erklärt, aber ich habe nirgends die Ursache der letzteren angegeben. Diese Kraft rührt von irgendeiner Ursache her, welche bis zum Mittelpunkt der Sonne und der Planeten dringt, ohne irgend etwas von ihrer Wirksamkeit zu verlieren. Sie wirkt nicht nach Verhältnis der Oberfläche derjenigen Teilchen, worauf sie einwirkt (wie die mechanischen Ursachen), sondern nach Verhältnis der Menge fester Materie, und ihre Wirkung erstreckt sich nach allen Seiten hin, bis in ungeheure Entfernungen, indem sie stets im doppelten Verhältnis der letzteren abnimmt. Die Schwere gegen die Sonne ist aus der Schwere gegen jedes ihrer Teilchen zusammengesetzt, und sie nimmt mit der Entfernung von der Sonne genau im doppelten Verhältnis der Abstände ab... Ich habe noch nicht dahin gelangen können, aus den Erscheinungen den Grund dieser Eigenschaften der Schwere abzuleiten, und Hypothesen erdenke ich nicht.«[3.2]

Sie schreiben also, daß Sie keine Hypothesen machen, aber in diesem Punkt, lieber Newton, traue ich Ihnen nicht. Ich bin sicher, daß Sie damals kräftig an Hypothesen gedrechselt haben.

Newton: Jetzt braucht es ja kein Geheimnis mehr zu bleiben – in der Tat, Hypothesen habe ich ersonnen, nur waren die meiner Meinung nach nicht recht befriedigend. Wenn ich Sie kürzlich recht verstanden haben, ist Ihre Allgemeine Relativitätstheorie ja auch so etwas. Das Problem, an dem ich immer scheiterte, war die

Tatsache, daß die Ursache der Gravitation, falls man von einer solchen überhaupt sprechen kann, wie ich schrieb, überall präsent ist, also ohne weiteres bis ins Innere der Sonne oder der Planeten vordringen kann. Nachdem ich jetzt einiges über elektrische Phänomene weiß, ist dies noch seltsamer. Elektrische Kräfte kann man ja ohne weiteres abschirmen, wie man weiß, aber die Gravitation durchdringt alles, wie der Raum selbst.

Einstein: Ich hoffe schon, daß meine Theorie mehr als eine Hypothese ist. Immerhin wird sie heutzutage als die Theorie der Gravitation bezeichnet.

Newton: Da wollen wir doch erst einmal abwarten. Solange ich nicht weiß, was die Grundgedanken Ihrer Theorie sind, kann ich dem nicht zustimmen.

Haller: Seien Sie nicht so skeptisch, Mr. Newton – in ein paar Tagen werden Sie, dessen bin ich mir sicher, ganz anders über Einsteins Theorie reden. Übrigens sagten Sie gerade etwas sehr Interessantes: Sie sagten, die mögliche Ursache der Gravitation durchdringt alles, wie der Raum selbst. Wenn es gelänge, die Struktur des Raumes für die Gravitation verantwortlich zu machen, oder vielleicht die Struktur von Raum und Zeit, dann könnte man leicht verstehen, warum die Gravitation nicht abzuschirmen ist,

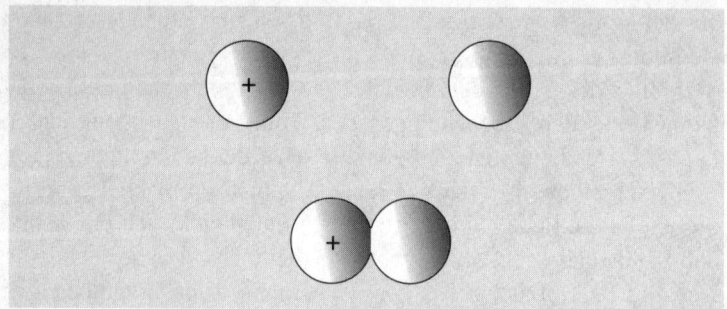

Abb. 3–4 Ein Proton und ein Neutron verbinden sich als Folge der starken Kernkraft zu einem Deuteron, dem Atomkern des schweren Wasserstoffs. Die Masse des gebundenen Kernsystems ist etwas geringer als die Summe des Protons und des Neutrons.

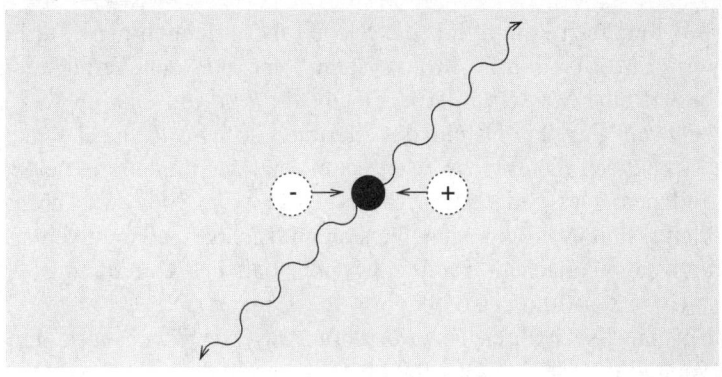

Abb. 3–5 Die Zerstrahlung von Elektron und Positron in zwei Photonen.

denn der Raum oder die Zeit lassen sich nicht abschirmen. Genau dies ist in Einsteins Theorie der Fall, wie wir bald sehen werden.

Aber zurück zu der Analogie zwischen Masse und Ladung, über die wir vorher sprachen. Es gibt noch einen wichtigen Unterschied zwischen beiden Begriffen, den wir bisher noch nicht erwähnt haben. Bei jedem physikalischen Prozeß bleibt die elektrische Ladung unverändert – sie ist streng erhalten. Dies gilt jedoch nicht für die Masse. Bei vielen physikalischen Prozessen, insbesondere bei den Prozessen der Kern- und der Teilchenphysik, ist die Gesamtmasse der beteiligten Teilchen oder Kerne nicht erhalten.

Newton: Sie haben recht – das ist in der Tat ein wichtiger Unterschied. Wenn wir ein Proton und ein Neutron zu einem Atomkern zusammenfügen, also zum Atomkern des schweren Wasserstoffs, dann ist die Masse des neu entstandenen Kerns etwas kleiner als die Summe der Massen von Proton und Neutron.

Haller: Noch eindrucksvoller sieht man das bei der Vernichtung von Materie und Antimaterie. Wenn wir ein Elektron und sein Antiteilchen, das Positron, zusammenbringen, zerstrahlen die beiden Teilchen in zwei Photonen. Die Ausgangsteilchen in diesem Prozeß besaßen eine Gesamtmasse von etwa einem MeV – nach der Zerstrahlung findet man nur die beiden Photonen vor, die selbst keine Ruhemasse besitzen.

Newton: Jetzt kommt mir die Sache aber reichlich merkwürdig vor. Ein Elektron-Positron-System kurz vor der Vernichtung besitzt eine Masse von etwa einem MeV, erzeugt also in seiner Nähe ein Gravitationsfeld, das allerdings so schwach ist, daß man es praktisch nicht nachweisen kann. Jetzt zerstrahlen die beiden Teilchen. Das bedeutet: Die Masse ist weg. Alles, was übrigbleibt, sind zwei Photonen, die sich mit Lichtgeschwindigkeit auf und davon machen. Das heißt doch, daß das Gravitationsfeld auch verschwunden ist, oder?

Einstein: Nach Ihrer Theorie schon, Sir Isaac, denn nach Ihrer Vorstellung ist das Gravitationsfeld unmittelbar an die Masse gekoppelt. Nur – Sie werden mir zugeben, es ist schon etwas seltsam, wenn das Gravitationsfeld bei der Zerstrahlung ganz plötzlich nicht mehr da ist. Finden Sie nicht?

Newton: Sehr merkwürdig. Ehrlich gesagt, ich bin etwas verwirrt. Zwar bin ich schon der Meinung, daß mit dem Gravitationsfeld, das von dem Elektron-Positron-System ausgeht, etwas passiert, nur sollte es nicht so abrupt verschwinden. Ich denke, daß hier etwas mit meiner Theorie nicht ganz stimmen kann.

Einstein: Endlich, Mr. Newton. Mit diesem Beispiel der Zerstrahlung haben wir sozusagen die Achillesferse Ihrer Theorie getroffen. Wir werden später sehen, daß in meiner Theorie die Sache nicht ganz so dramatisch abläuft.

Newton: Sie machen das ja ganz spannend, lieber Herr Kollege. Ich gebe also zu, daß meine Theorie der Gravitation offensichtlich nicht so perfekt funktionieren kann, sobald exotische Phänomene wie die Zerstrahlung von Materie und Antimaterie betrachtet werden, von denen ich beim Schreiben der »Principia« nichts wußte. Vermutlich ist es noch zu früh, die Diskussion dieser Angelegenheit zu einem Ende zu bringen. Aber ich merke mir es vor – später müssen wir unbedingt darauf zurückkommen.

Einstein: Und ob. Sie werden staunen, wie einfach die Sache in meiner Theorie sein wird.

Haller (auf die Uhr schauend): Meine Herren, Mittag nähert sich. Ich glaube, für den Augenblick haben wir genug Probleme gewälzt. Ich schlage vor, wir setzen unsere Diskussion nach dem Mittagessen fort.

Kurze Zeit später konnte man die drei Physiker beobachten, die Einsteins Haus verließen, hinunter zum See gingen und ein nahe gelegenes Fischrestaurant betraten.

4

Teilchen und ihre Massen

> Wenn ich in den Grübeleien eines lan-
> gen Lebens etwas gelernt habe, so ist es
> dies, daß wir von einer tiefen Einsicht
> in die elementaren Vorgänge viel weiter
> entfernt sind als die meisten Zeitgenos-
> sen glauben.
>
> *Albert Einstein*[4.1]

Im Restaurant saßen die drei Physiker bei einem Glas Berliner
Weiße, einem trüben, etwas säuerlich schmeckenden Bier, das
Einstein bestellt hatte, Newton aber sichtlich nicht besonders mun-
dete, und warteten auf das Essen. Newton brachte die Diskussion
wieder auf das Fach:

»Das ist schon frappierend – Masse erzeugt ein Gravitationsfeld
um sich herum, und die elektrische Ladung erzeugt ein elektrisches
Feld. Aber was ist eigentlich Ladung, was ist Masse? Mr. Haller,
Sie haben vorhin schon gesagt, daß die Ladung in der Natur nur in
ganz bestimmten Einheiten vorkommt, in Vielfachen der elektrischen Elementarladung. Manche Teilchen besitzen eine Ladung,
andere, wie etwa das Neutron, haben keine Ladung. Atomkerne
können recht große Ladungen besitzen, etwa der Kern des Urans,
dessen Ladung +92 beträgt. Jedem Objekt kann man also seine
Ladung zuordnen, gut und schön, nur hat das nach meiner
Einschätzung mehr mit der Arbeit eines Buchhalters zu tun als mit
der eines Naturforschers. Was die Ladung genauer ist, versteht man
damit auch nicht, ganz zu schweigen von der Tatsache, daß die
Ladung immer in diesen seltsamen elementaren Einheiten vorkommt. Ich frage Sie, was die Ladung ist, und Sie antworten, die

elektrische Ladung sei eins, oder zwei, oder auch null – das ist doch keine Physik.«

Haller: Hm, das mit dem Buchhalter will ich überhört haben, aber in einer Hinsicht haben Sie recht. Unser derzeitiges Verständnis der elektrischen Ladung ist nicht befriedigend. Wir werden jedoch später darauf zurückkommen, und vielleicht kann ich dann eine Lösung anbieten, die Ihrer Kritik standhält.

Einstein: Auch ich denke, daß diese buchhalterische Zuordnung der Ladung ohne tieferes Verständnis letztendlich nicht der wahre Jakob sein wird, aber ich kann damit zunächst einmal leben. Schließlich können wir nicht alles auf einen Schlag verstehen.

Newton: Gut, so sei es denn. Aber jetzt zur Masse. Das Elektron hat also eine Masse von 0,511 MeV, die des Protons ist 1836mal größer als die Elektronmasse. Mithin ist also das Gravitationsfeld um ein Proton 1836mal stärker als jenes um ein Elektron. Man beachte dieses Verhältnis – und ich möchte daran erinnern, daß das elektrische Feld um ein Proton und dasjenige um ein Elektron die gleiche Stärke besitzen. Gibt es eigentlich Teilchen, die noch eine größere Masse als das Proton besitzen – ich meine, richtige Teilchen, keine Teilchenpakete wie die Atomkerne?

Haller: Und ob – aber das läßt sich nicht in zwei Sätzen sagen.

Einstein: Macht nichts. Schießen Sie los. Was sind denn die schwersten Elementarteilchen, die man bis heute gefunden hat?

Haller: Im Grunde führt uns dies auf das Jahr 1896 zurück. In diesem Jahr fand, wie Sie wissen, der französische Physiker Henri Becquerel, daß der Atomkern von Uran nicht stabil ist, sondern im Laufe der Zeit zerfällt, wobei andere Atomkerne entstehen.

Einstein: Aha, das ist die Radioaktivität. Aber was hat denn das mit den Massen von Teilchen zu tun?

Haller: In den fünfziger Jahren unseres Jahrhunderts kam den Physikern die Ahnung, daß die schwache Wechselwirkung in den Atomkernen, die man für die radioaktiven Prozesse verantwortlich machte, eine neue fundamentale Naturkraft ist, die durch neue, schwere Teilchen vermittelt wird. Manche Physiker vermuteten sogar, daß diese neue Kraft auch etwas mit der elektrischen Wechselwirkung zu tun hat. Da die beobachteten Manifestationen der schwachen Wechselwirkung viel schwächer als die der elektrischen Kräfte waren, nahm man an, daß die Vermittler der schwachen Wechselwirkung sogar sehr schwer sind – nur dann nämlich sind die von ihnen vermittelten Effekte sehr klein.

Einstein: Aha, diese neuen Kraftteilchen würden also eine ähnliche Rolle spielen wie meine Photonen, die als Mittler der elektromagnetischen Kraft auftreten.

Newton: Was denn? Diese neuen schweren Teilchen hätten dann auch etwas mit dem Photon zu tun, das masselos ist? Das wäre doch wohl eine seltsame Verwandtschaft.

Haller: Das wäre genau dann nicht so merkwürdig, wenn man einen Grund finden würde, warum das Photon masselos ist, die anderen Teilchen aber nicht. Genau dies hat man aber im Sinn.

Einstein: Machen Sie es nicht so spannend, Haller. Also, was sind das für neue Teilchen?

– In diesem Moment begann der Ober das Essen zu servieren. Für eine Weile war die Diskussion unterbrochen, bis sie schließlich wieder aufflammte.

Haller: Ich will es kurz machen und nur diejenigen Aspekte erwähnen, die für unser Thema von Bedeutung sind. Man entdeckte um 1973 am CERN eine Reihe von auffälligen Eigenschaften der schwachen Kräfte, die den Schluß zuließen, daß man es mit indirekten Manifestationen von genau drei verschiedenen Teilchen zu tun hat, die man als W^+, W^- und Z bezeichnete. Die W-Teilchen stellen dabei ein Teilchen-Antiteilchen-Paar dar; das W^- ist also das Antiteilchen zum W^+ und umgekehrt. Wie der Index schon sagt, sind diese Objekte elektrisch geladen. Das Z-Teilchen ist elektrisch neutral, wie das Photon auch.

Einstein: Kann man sagen, daß das Z eine Art »schwerer Bruder« des Photons ist?

Haller: Durchaus. Es vermittelt eine Kraft zwischen den Teilchen, die ähnlich der elektrischen Kraft ist, nur eben viel schwächer – eine Folge der großen Masse dieses Teilchens.

Newton: Wieso hat denn die Masse eines Teilchens mit der Stärke einer Kraft zu tun?

Haller: Nehmen wir einmal an, das Photon hätte ein Masse. Nach den Gesetzen der Quantenphysik, auf die ich hier nicht weiter eingehen möchte, würde dies bedeuten, daß die elektrische Kraft bei sehr kleinen Distanzen sich genau so verhält wie im Normalfall, also im Fall der Masse null für das Photon. Die elektrische Kraft kommt ja durch den Austausch von Photonen zwischen den elektrisch geladenen Objekten zustande – sie pendeln gewissermaßen zwischen den geladenen Teilchen hin und her und vermitteln dabei eine Kraft. Bei großen Abständen zwischen den Teilchen spielt jedoch die Masse eine Rolle. Ist eine Masse vorhanden, dann wird der Teilchenaustausch erschwert, und die Kraft wird sehr schnell sehr schwach.

Newton: Ich verstehe – die Tatsache, daß die elektromagnetische Kraft über große Distanzen hinweg wirksam werden kann, ist also eine Konsequenz der Masselosigkeit des Photons.

Haller: Genau. Hätten die Photonen eine wenn auch nur sehr kleine Masse, dann sähe unsere Welt ganz anders aus. Jedenfalls gäbe es dann keine elektromagnetischen Kraftwirkungen über große Entfernungen hinweg, also auch keine Elektromotoren oder Radiosender.

Einstein: Ich entnehme Ihren Worten, daß die Kräfte, die durch die W- und Z-Teilchen vermittelt werden, also die schwachen

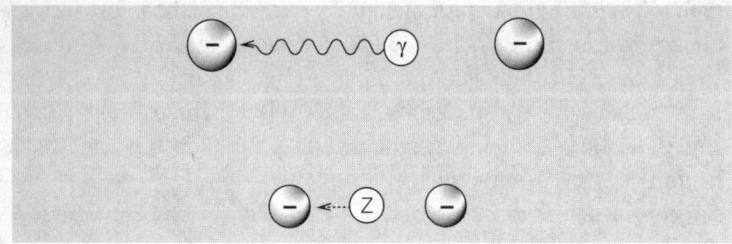

Abb. 4–1   Kraftwirkungen werden durch vermittelnde Kraftteilchen übertragen. So kommt die elektrische Abstoßung zwischen zwei Elektronen durch den Austausch eines Photons (Gammaquant) zustande. Da die Photonen keine Masse besitzen, wirkt die elektrische Kraft auch über große Abstände. Die durch das Z-Boson übertragene Kraft wirkt jedoch nur auf sehr kleinen Distanzen, da dieses Kraftteilchen eine große Masse besitzt.

Naturkräfte, im Grunde etwa so stark sind wie die elektrischen Kräfte, dies aber nur bei sehr kleinen Distanzen. Bei großen Distanzen werden sie sehr schnell sehr schwach, und dies ist der Grund für die beobachtete Tatsache, daß die schwachen Wechselwirkungen eben schwach sind.

Haller: Genau dies war die Idee. Aus der Beobachtung der Stärke der schwachen Kraft kann man dann etwas über die Masse aussagen. Sie muß in der Tat groß sein, nämlich von der Größenordnung von 100 GeV – 100 Gigaelektronvolt! –, also etwa 100mal so groß wie die Protonenmasse.

Newton: Wirklich? Das wäre ja etwa 200 000mal soviel wie die Masse eines Elektrons – was für eine gigantische Masse! Und Sie glauben, solche Teilchenmonster gibt es wirklich?

Haller: Um zu prüfen, ob die W- und Z-Objekte wirklich existieren, hat man um 1980 am CERN einen speziellen Beschleuniger gebaut, der in der Lage war, diese Teilchen zu erzeugen, und zwar in Kollisionen von Protonen und Antiprotonen bei hoher Energie.

Newton: Also, infolge von Einsteins Beziehung $E = mc^2$ hat sich die Energie der kollidierenden Teilchen in die Masse eines der neuen schweren Teilchen umgewandelt?

Haller: Nicht ganz – nur ein Teil der Energie hat sich auf diese Weise umgewandelt. Als man das Experiment durchführte, entdeckte man kurz hintereinander sowohl die W- als auch das Z-Teilchen. Die W-Teilchen besaßen eine Masse von etwa 80 GeV, das Z-Teilchen eine Masse von etwa 90 GeV. Heute kennt man die Massen recht genau: Die W-Masse ist 80,2 GeV, die Z-Masse 91,2 GeV.

Einstein: Das muß ich erst mal in Ruhe verdauen. Teilchen mit Massen von fast 100 GeV. Kaum vorstellbar!

Haller: Natürlich existieren diese Teilchen nicht als stabile Objekte. Sie werden bei den Kollisionen erzeugt, und unmittelbar nach ihrer Erzeugung zerfallen sie bereits wieder. Um die Zerfälle des Z-Teilchens näher zu studieren, hat man am CERN um 1990 einen Beschleuniger fertiggestellt, der in der Lage ist, die Z-Teilchen in großen Mengen zu erzeugen, und zwar mit Hilfe kollidierender Elektronen und Positronen.

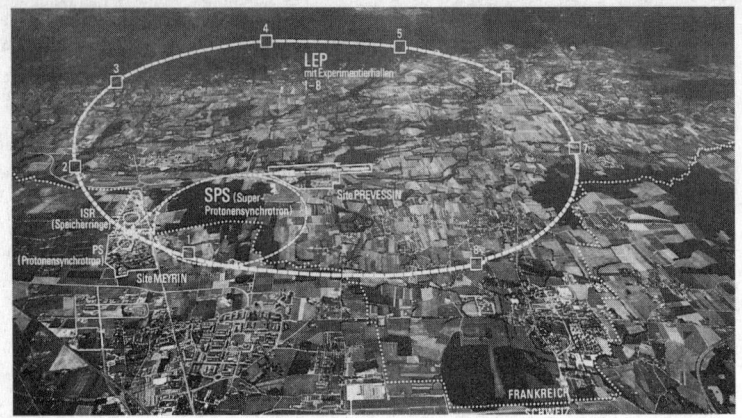

Abb. 4–2 Der Beschleuniger LEP im Genfer Becken. Der ringförmige Beschleuniger befindet sich unter der Erdoberfläche in einem Tunnel. (Foto CERN)

Abb. 4–3 Schematisches Bild einer Teilchenkollision am LEP. Elektron (Materie) und Positron (Antimaterie) prallen frontal aufeinander und zerstrahlen. Bei einer solchen Reaktion kann ein Z-Teilchen erzeugt werden, das kurz nach der Erzeugung wieder zerfällt. (Graphik CERN)

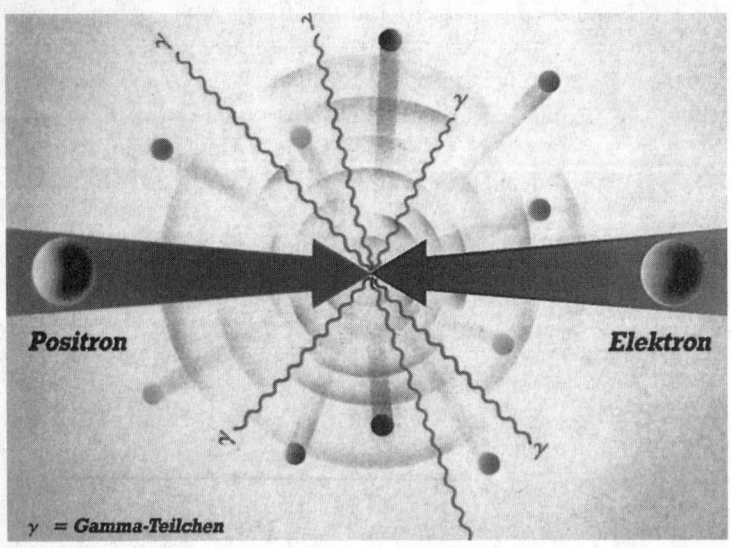

Positron   *Elektron*

γ = *Gamma-Teilchen*

Abb. 4–4 Der Tunnel von LEP, der einen Umfang von 27 km besitzt. (Foto CERN)

Newton: Ein Elektron und ein Positron fliegen also gegeneinander und erzeugen ein Z? Wenn ich Einsteins Relation benutze, dann müßten das Elektron und das Positron jeweils die Energie der halben Z-Masse besitzen, also etwa 45,6 GeV.

Haller: Das tun sie auch. Die Maschine LEP – die Abkürzung steht für »Large Electron Positron Collider« – ist ein großer ringförmiger Beschleuniger, der in der Lage ist, Elektronen und Positronen gegeneinander auf hohe Energien zu beschleunigen. Im Tunnel des LEP, tief unter der Erde, rasen die Elektronen und Positronen – beide fast lichtschnell – frontal aufeinander zu. Die Bahnen sind so berechnet, daß die beiden Teilchenarten in den tief unter der Erdoberfläche liegenden Experimentierhallen zur Kollision kommen. Materie und Antimaterie vernichten sich, und es entsteht, wie Phönix aus der Asche, ein Z-Teilchen. Auf diese Weise hat man bisher einige Millionen von Z-Teilchen erzeugt.

Einstein: Alle Achtung! Elektron und Positron treffen sich in einem winzigen Punkt im Raum, und daraus wird ein Z mit solch einer gigantischen Masse. Welch eine riesige Energiedichte muß da vorhanden sein – ein regelrechtes kosmisches Inferno, allerdings auf kleinstem Raum.

Haller: Sie haben völlig recht – noch nie wurden auf kleinstem Raum solche Energiedichten erzeugt wie bei den LEP-Kollisionen. In einem Raumgebiet etwa von der Größe eines Tausendstel eines Atomkerns erzeugt man Verhältnisse, wie sie bei der Entstehung des Kosmos geherrscht haben, kurz nach dem Urknall.

Newton: Also genug jetzt, Mr. Haller. Sie behaupten ernsthaft, daß die Welt in einem Knall entstanden sei, so wie ein Z am CERN in einem kleinen kosmischen Knall gemacht wird? Das kann doch wohl nicht Ihr Ernst sein – schließlich existiert die Welt so wie Zeit und Raum schon immer und ewig. Lesen Sie meine »Principia«!

Haller: Pardon, Sir Isaac, ich verstehe Ihren Einwand, aber wir werden später sehen, daß die Möglichkeit einer Entstehung der Welt in einer gigantischen kosmischen Explosion durchaus ins Kalkül gezogen werden sollte. Zumindest ist dies eine der Schlußfolgerungen, die man aus Einsteins Theorie der Gravitation ziehen kann, wie wir später sehen werden.

Abb. 4–5   Der Detektor Aleph am CERN, einer der vier großen Teilchendetektoren, mit deren Hilfe man die Zerfälle des Z-Teilchens untersucht. – Zweiter von links: Nobelpreisträger Jack Steinberger. (Foto CERN)

Einstein: Mir geht diese Diskussion jetzt entschieden zu weit. Meine Theorie ist eine Theorie der Schwerkraft, keine Theorie der Weltentstehung. Wenn sie dazu etwas beizutragen weiß, dann nur nebenbei, und auch das nur mit einem gewissen Fragezeichen. – Ich schlage vor, wir unterbrechen jetzt für das Dessert, und kein Wort mehr zur kosmischen Physik, bis wir wieder zu Hause sind.

Im nahegelegenen Wald unternahmen die drei Physiker noch einen längeren Spaziergang, bei dem sich Newton recht schweigsam hinter Einstein und Haller hielt. Einstein gab Anekdoten aus seiner Berliner Zeit zum besten – ein, wie es schien, fast unerschöpfliches Thema. Schließlich, gegen drei Uhr nachmittags, kamen sie wieder in Einsteins Haus in Caputh an, wo sie von der Haushälterin, die alles für die Teestunde hergerichtet hatte, schon erwartet wurden.

Newton: Also zurück zur Masse. In den Kollisionen am LEP wird also dieses Monstrum, das Z-Teilchen, zur Welt gebracht. Was passiert aber dann? Wie lange lebt dann dieses Ding?
Haller: Nun – lange hält es das Z nicht auf dieser Welt aus. Es zerfällt praktisch sofort.
Einstein: Im Grunde kann ja dieses Objekt genauso zerfallen, wie es erzeugt wurde, also in ein Elektron und in ein Positron.
Haller: Dies macht es auch. Manchmal zerfällt das Z in der Tat in ein Elektron und ein Positron, aber eben nur manchmal, nicht einmal besonders häufig. Es kann auch in andere Teilchen zerfallen, zum Beispiel in ein Myon und sein Antiteilchen.
Newton: Aha – die Myonen, waren das nicht jene merkwürdigen Elementarteilchen, die auch instabil sind und die man zum Nachweis der Zeitdilatation – eine der Folgen von Einsteins Spezieller Relativitätstheorie – benutzt hat?
Haller: Ganz recht. Die Myonen sind schwere Brüder der Elektronen. Was das Z-Teilchen betrifft, so werden sie im Zerfall genauso oft erzeugt wie die Elektronen. Die Tatsache, daß die Myonen etwa 200mal so schwer sind wie die Elektronen, spielt da keine Rolle. Aber das Z-Teilchen kann auch noch anders zerfallen, zum Beispiel in Protonen und deren Antiteilchen samt einer Reihe von

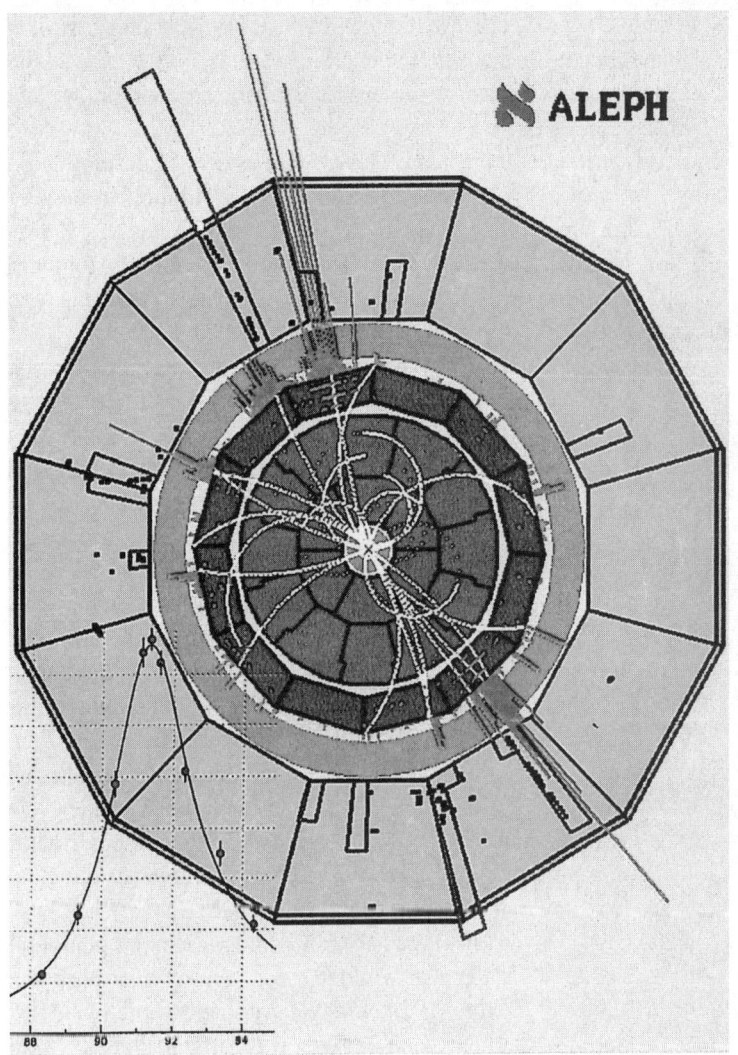

Abb. 4-6 Computergraphik eines Querschnitts durch den Detektor Aleph. Die nachgewiesenen Teilchenbahnen gehen von der Mitte des Detektors aus, dem Ort des zerfallenden Z-Teilchens. Es zerfällt in eine Reihe von Teilchen, wobei die Summe der Energien der Teilchen genau der Masse des Z entspricht. (Mit Erlaubnis von CERN)

sogenannten Mesonen, etwa den π-Mesonen. Bei solchen Zerfällen können Dutzende von Teilchen erzeugt werden.

Einstein: Wie schnell geht dieser Zerfall vor sich? Wie lange lebt also das Z?

Haller: Von lange kann keine Rede sein. Es lebt nicht einmal so lange wie ein Myon, dessen Lebensdauer immerhin in der Größenordnung von einer Millionstel Sekunde liegt. Das Z lebt gerade so lange, wie ein Lichtstrahl braucht, um einen Atomkern zu durchqueren – ein Billionstel eines Billionstels einer einzigen Sekunde.

Newton: Und so was nennt man heutzutage ein Teilchen? Das ist ja nicht einmal mehr das Phantom eines Teilchens – fast ein glattes Nichts.

Haller: Das sehe ich doch etwas anders. Solche kurzen Zeiten sind für die moderne Teilchenphysik nichts Ungewöhnliches. Es ist auch nicht besonders schwierig, solche Lebensdauern zu messen, allerdings nur indirekt.

Einstein: Schon gut – lassen wir das. Ich möchte lieber kurz zur Gravitation zurückkehren. Das Z-Teilchen ist ja ansehnlich schwer. In dem Moment, in dem es am CERN produziert wird, kommt auch die Gravitation zum Tragen – es wird ein Gravitationsfeld um das Z-Teilchen aufgebaut. Allerdings eben nur für eine kurze Zeit, dann bricht es auch schon wieder zusammen, da das Z zerfällt.

Newton: Ein Gravitationsfeld, das entsteht und gleich wieder verschwindet – welch merkwürdiges Gebilde. Also in meiner Gravitationstheorie gibt es so etwas zumindest nicht – entweder das Feld ist da, oder es ist nicht da. Tertium non datur.

Haller: Kein Wunder, in Ihrer Mechanik war es ja auch gang und gäbe, daß sich Wirkungen in wundersamer Weise sofort über den ganzen Raum ausbreiten. Einsteins wichtige Erkenntnis war, daß es schneller als mit Lichtgeschwindigkeit nicht geht. Jedes Signal im Universum, sei es ein Lichtblitz oder was auch immer, breitet sich mit einer Geschwindigkeit aus, die in jedem Fall nicht schneller als die Lichtgeschwindigkeit ist, also 300 000 Kilometer pro Sekunde. Schneller läuft nichts. Nehmen wir einmal an, daß jemand in der Lage wäre, den Mond plötzlich verschwinden zu lassen.

Newton: Gut – dann verschwindet er, und damit sein Gravitations-feld. Moment – Sie meinen, daß das Feld nicht so ohne weiteres verschwinden kann?

Haller: Sicher nicht. Eine Sekunde braucht das Licht, um vom Mond hierher zu uns zu gelangen. Es ist kein großes Problem, die Wirkung der Gravitation des Mondes auf der Erde nachzuweisen. Nehmen wir an, der Mond verschwindet heute genau um Mitternacht.

Newton: Ich verstehe. Genau um Mitternacht wird es das Gravitationsfeld des Mondes hier auf der Erde noch geben, auch noch kurz danach. Erst genau eine Sekunde nach Mitternacht wird es verschwunden sein.

Haller: Das Gravitationsfeld des Mondes wird nicht urplötzlich im gesamten Raum verschwinden können. Es wird nach und nach abgebaut, mit Lichtgeschwindigkeit. Für einen Newton, der das Trägheitsprinzip der Mechanik erkannt hat, dürfte dies nichts Ungewöhnliches sein. Der Abbau geschieht übrigens in Gestalt einer gravitativen Schockwelle, die sich kugelförmig vom ehemaligen Standort des Mondes mit Lichtgeschwindigkeit ausbreitet, ganz ähnlich einer Welle, die erzeugt wird, wenn man einen Stein in einen Teich wirft. Nach acht Minuten erreicht diese Schockwelle die Sonne, nach etwas mehr als fünf Stunden den Planeten Pluto am Rand unseres Sonnensystems.

Einstein: Als ich meine Spezielle Relativitätstheorie entwickelte, war mir klar, daß das Gravitationsfeld sich nicht qualitativ anders verhalten kann als etwa das elektrische Feld. Es ist eben auch ein Feld, was ja bedeutet, daß eine Gravitationswirkung, die wir irgendwo messen, eine Eigenschaft desjenigen Raumgebietes ist, wo wir sie messen – es ist eine lokale Angelegenheit. Die Sonne zieht die Erde an, weil die Sonne in der Umgebung der Erde den Raum verändert hat, also ein Feld aufgebaut hat, nicht weil sie auf eine große Distanz hin auf die Erde einwirkt – das kann sie gar nicht.

Die Erde bewegt sich in dem gravitativen Kraftfeld der Sonne, aber dieses Kraftfeld hat eine Eigenständigkeit. Es ist primär eine Eigenschaft des Raumes, in dem sich die Erde bewegt, auch wenn es letztlich ein Anhängsel der Sonne ist. Man kann es nicht plötzlich abschalten, sondern eben nur »relativ langsam«, mit Lichtgeschwindigkeit. Bei dem Z-Teilchen, über das wir vorhin sprachen, ist es ganz ähnlich. Im Moment seiner Erzeugung wird ein Gravitationsfeld aufgebaut, das allerdings kurz danach, beim Zerfall, wieder in sich zusammenbricht.

Newton: Weit kommt diese Gravitationswirkung allerdings nicht – mit Mühe erreicht es die Größe eines Atomkerns.

Einstein: Das macht nichts, es kommt mir jetzt nur auf das Prinzip an. Den Mond können wir ja nicht so plötzlich verschwinden lassen oder neu erzeugen. Mit einem Z-Teilchen geht das jedoch. Als ich meine Theorie entwickelte, hier in Berlin, wußte ich nichts von all diesen merkwürdigen Elementarteilchen. Unsere Diskussion über das Z hat mich jedoch nachdenklich gemacht, und zwar bezüglich des Begriffs der Masse. Hier haben wir ein so schweres Objekt, hundertmal so schwer wie ein Proton – ein wahres Monstrum an Masse, Masse pur sozusagen. Das wäre doch die Gelegenheit. Kann man das Z nicht einmal näher untersuchen, um herauszufinden, was das eigentlich ist, Masse? Masse, das wissen wir bereits, ist die Quelle der Gravitation. Damit wissen wir, daß Masse etwas bewirkt, aber wir wissen noch nicht, was sie wirklich ist. Wie kommt sie zustande? Was gibt dem Z seine exorbitante Masse?

Haller: Um es gleich vorwegzunehmen: Ich wollte, ich könnte Ihre Frage beantworten, aber es geht nicht. Wir wissen bis heute nicht, was Masse wirklich ist. Das Ganze wird noch mysteriöser, wenn man bedenkt, daß das Z-Teilchen nicht das schwerste elementare Objekt ist, das man bislang entdeckt hat. Wie schon erwähnt, sind die Atomkernteilchen nicht elementare, also strukturlose Teilchen, sondern sie bestehen aus den Quarks, noch kleineren Strukturen. Allerdings lassen sich letztere nicht mehr als freie Teilchen beobachten, weil die Kräfte zwischen Quarks so groß sind, daß sie sich nicht von anderen Quarks isoliert darstellen lassen. Im Innern des Nukleons kann man sie jedoch ohne Probleme beobachten. Die Quarks besitzen auch eine Masse – in dieser Beziehung verhalten sie sich wie ganz normale Teilchen.

Abb. 4–7 Luftbild des Fermi National Accelerator Laboratory westlich von Chicago. Der deutlich sichtbare Ring ist das Tevatron, der zur Zeit stärkste Beschleuniger der Welt. (Foto FNAL)

Die Quarks, aus denen die normale Kernmaterie besteht, haben eine kleine Masse, die man für viele Belange überhaupt vernachlässigen kann. Es gibt jedoch auch exotische Quarks, die eine größere Masse besitzen. Das schwerste Quark, das t-Quark, hat man im Jahre 1994 entdeckt, und zwar in den Kollisionen von Protonen und Antiprotonen am Fermi-Laboratorium bei Chicago. Dort ist man in der Lage, Protonen und Antiprotonen mit einer Energie von insgesamt 1000 GeV zur frontalen Kollision zu bringen. Manchmal, wenn auch recht selten, passiert es, daß dabei ein t-Quark und das entsprechende Antiquark erzeugt werden.

Newton: Wie groß ist denn nun die Masse des t-Quarks?

Haller: Wie schon gesagt – es handelt sich um das schwerste Objekt, das man bislang gefunden hat. Seine Masse ist etwa 180 GeV, doppelt so groß wie die Z-Masse – eine enorme Masse, die die Physiker vor ein Rätsel stellt. Während man bei den Z- und W-Bosonen bereits vor der experimentellen Entdeckung ungefähr die

Masse abschätzen konnte, war dies beim t-Quark nicht möglich. Zwar wußte man bereits vor der Entdeckung, daß das t-Quark existieren würde, aber alle Schätzungen hinsichtlich der Masse lagen im Bereich zwischen 15 und 50 GeV, also arg daneben.

Einstein: Ich nehme an, daß das t-Quark ebenso wie das Z-Boson instabil ist, also sofort nach seiner Erzeugung wieder in andere Teilchen zerfällt?

Haller: Seine Lebensdauer ist etwas, aber nicht viel weniger als die Lebensdauer der Z- und W-Bosonen.

Einstein: Ist es nicht erstaunlich, daß die Masse des t-Quarks doppelt so groß wie die Z-Masse ist? Das könnte doch ein Hinweis sein, daß es da irgendwelche Zusammenhänge gibt. Dieses ganze System der superschweren Teilchen, also W, Z und t, könnte der

Abb. 4–8 Der Detektor, mit dessen Hilfe das t-Quark entdeckt wurde. (Foto FNAL)

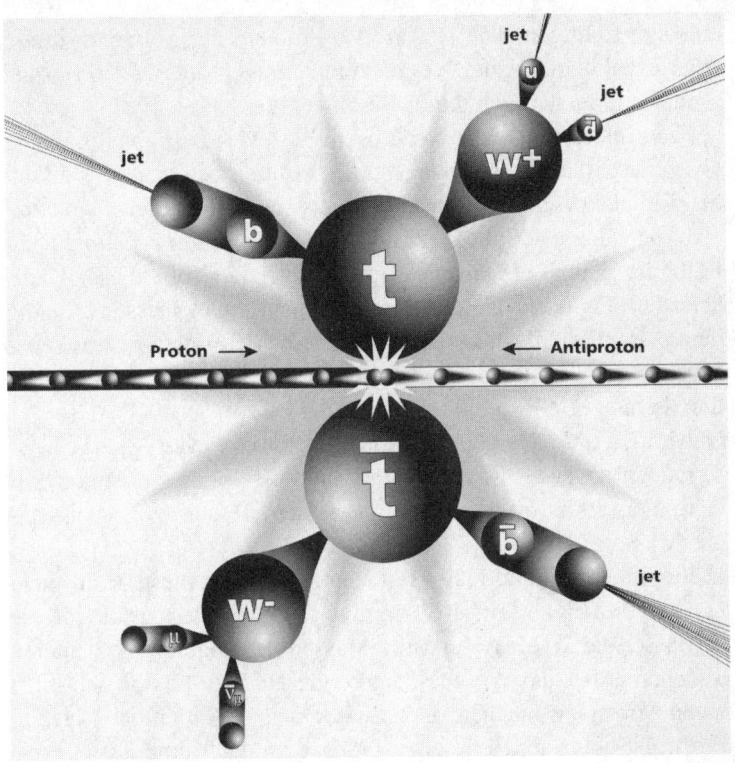

Abb. 4–9 Das Schema der Erzeugung eines t-Quarks und eines Anti-t-Quarks in der Proton-Antiproton-Kollision. Das t-Quark zerfällt unmittelbar nach seiner Erzeugung in ein weiteres Quark, genannt b, und ein W-Teilchen.

gordische Knoten des Massenproblems sein. Man bräuchte ihn nur aufzulösen, aber wie? Hat man da eine Ahnung? So genau will ich es ja gar nicht wissen. Mir reicht es schon, wenn ich ungefähr eine Idee bekomme.

Haller: Sie machen es mir nicht leicht. Also – wir verstehen es bis heute nicht. Ich wäre schon froh, wenn ich auch nur eine leise Ahnung hätte, warum etwa das Massenverhältnis von Z-Masse und t-Masse etwa 2 ist. Trotzdem denken wir, daß die Forschung heute auf dem richtigen Weg ist, um das Problem der Masse zu lösen. Aber es ist kein leichter Weg, und man braucht hierzu den Einsatz großer und leider auch teurer Beschleuniger.

Eine interessante Idee zur Lösung des Massenproblems ist die Hypothese, daß Masse etwas mit der Struktur des Vakuums zu tun hat. Ein elektrisches Feld beispielsweise beeinflußt ja das Vakuum, also den leeren Raum, gerade so, daß in dem betrachteten Raumpunkt eine elektrische Kraft wirkt. Die Größe dieser Kraft, also die elektrische Feldstärke, kann man leicht messen. Analog denkt man sich, daß die Masse eines Teilchens, etwa die Elektronmasse, auch eine Eigenschaft des Vakuums darstellt, das durch ein spezielles Feld beschrieben wird.

Newton: Würde das heißen, daß der ansonsten leere Raum gewissermaßen angefüllt ist durch ein Feld, dessen einzige Aufgabe es wäre, dem Elektron oder von mir aus dem t-Quark zu sagen, welche Masse es haben soll?

Haller: Ja, so könnte man es nennen. Nur wäre dieses Feld nicht nur für die Elektronmasse verantwortlich, sondern auch für die Z-Masse, die W-Masse und die Massen der anderen elementaren Teilchen. Aber das ist eine längere Geschichte. Lassen Sie mich einen Vorschlag machen: Der Zweck meines Aufenthalts hier in Berlin ist unter anderem, einen Vortrag an der Humboldt-Universität zu halten, bei dem auch das Massenproblem zur Sprache kommt. Dieser Vortrag findet, wie ich gestern schon andeutete, heute abend statt, und ich möchte vorschlagen, daß Sie mich begleiten. Morgen können wir dann über die Sache weiter diskutieren.

Am späten Nachmittag nahmen sie von Potsdam aus die S-Bahn zum Bahnhof Zoo. Es war ein schöner Sommerabend, Tausende waren auf dem Kurfürstendamm unterwegs. Einstein genoß sichtlich das Wiedersehen mit der Stadt, in der er die Jahre seiner größten wissenschaftlichen Erfolge verbracht hatte. Die drei Physiker spazierten den Boulevard entlang. In der Höhe der Konstanzer Straße bogen sie nach links ab. Nach kurzer Zeit erreichten sie die Wittelsbacher Straße. Hier an der Kreuzung, in Nr. 13, hatte

Einstein zu Beginn seiner Berliner Zeit in einer kleinen Wohnung gewohnt. Das Haus war im Zweiten Weltkrieg zerstört worden. Mehrere Minuten stand Einstein schweigend da und versuchte, sich an Details zu erinnern, bis Haller sagte:

»Das hier ist also der Ort, an dem die Allgemeine Relativitätstheorie im Jahre 1915 das Licht der Welt erblickte, gewissermaßen das allgemeinrelativistische Analogon zum Haus Kramgasse Nr. 49 in Bern.«

Newton bemerkte, nicht ohne Ironie: »Wäre das Haus nicht im Krieg zerstört worden, wäre hier jetzt wohl auch eine Gedenktafel am Haus zu sehen wie in Bern.«

Einstein erwiderte: »Wenn Sie wollen, können wir es so ausdrücken, und was die Gedenktafel anbelangt, da bin ich ja gerade noch einmal davongekommen. Allerdings war, wie Sie wissen, die Entstehung meiner Theorie eine schwere Zangengeburt, die sich über mehrere Jahre hinzog, und auf dem Wege dahin gab es auch noch einige Fehlgeburten. Von einer plötzlichen Erleuchtung kann

Abb. 4–10 Eingang zur Humboldt-Universität in Berlin, in der Einstein während seiner Berliner Zeit seine Vorlesungen hielt. (Foto Humboldt-Universität)

also keine Rede sein. Aber kommen Sie – es gibt nicht mehr viel, was mich mit dieser Straße hier verbindet. Ich schlage vor, wir genehmigen uns im Café Kranzler einen kleinen Imbiß, bevor wir uns zu Hallers Vortrag aufmachen.«

Eine Stunde später sah man Einstein in Begleitung seiner beiden Freunde schnellen Schrittes den Tiergarten in Richtung Brandenburger Tor durchqueren. Am Pariser Platz erreichten sie die alte Prachtstraße von Berlin »Unter den Linden«, und in wenigen Minuten gelangte die kleine Gruppe zum Eingang der Humboldt-Universität. Hier hatte Einstein während seiner Berliner Zeit Vorlesungen abgehalten. In den 20er Jahren gehörten diese Vorlesungen zu den Attraktionen der Weltstadt Berlin. Auch die ersten Vorträge über seine Theorie der Gravitation hatten in den Räumen der Humboldt-Universität stattgefunden. Einstein kannte sich in dem großen Gebäude gut aus, und so führte er seine Begleiter zum Hörsaal im ersten Stock, in dem Hallers Vortrag stattfinden sollte.

5

Hallers Vortrag:
Das Vakuum und die moderne Physik

> Das Schönste, was wir erleben können,
> ist das Geheimnisvolle. Es ist das
> Grundgefühl, das an der Wiege von
> wahrer Kunst und Wissenschaft steht.
> *Albert Einstein*[5.1]

Meine Damen und Herren!

Wir schreiben das Jahr 1654. In Regensburg findet der Reichstag statt, ein Treffen nicht nur der deutschen Herrscherhäuser, sondern auch vieler bürgerlicher Standesvertreter. So kam aus Magdeburg Otto von Guericke (1602–1686), der in seiner Stadt das Amt des Bürgermeisters versah. Aber Guericke war nicht nur Bürgermeister, sondern auch ein ausgezeichneter Naturforscher – einer der ersten, die sich mit dem Phänomen Luft näher befaßten. In den Geschichtsbüchern der Technik ist er als der Erfinder der Luftpumpe verzeichnet.

Vor den Besuchern des Regensburger Reichstags führte Guericke ein Experiment aus, das ebenfalls in die Geschichte der Naturwissenschaften und der Technik eingehen sollte. Er fügte zwei hohle Halbkugeln, die genau aufeinander paßten, zusammen und pumpte die Luft aus der so entstandenen Hohlkugel heraus. Die Halbkugeln, die sich unter normalen Bedingungen leicht trennen ließen, wurden nun durch den Luftdruck aufeinander gepreßt und ließen sich nicht mehr mittels Menschenkraft, sondern nur noch durch den Einsatz von acht Pferden voneinander trennen.

Guericke war es, der als erster auf der Erde ein Vakuum herstellte, zumindest ein angenähertes. Vakuum – dies bedeutet luftleerer Raum, also Raum, in dem sich keinerlei Luftmoleküle befinden. Einen solchen völlig luftleeren Raum konnte bis heute niemand auf der Erde herstellen; selbst die besten Vakuumpumpen erlauben es nur, die Dichte der Luftmoleküle auf einen allerdings sehr kleinen Bruchteil der auf der Erdoberfläche üblichen Dichte zu reduzieren. Aber selbst bei einem Ultrahochvakuum hat man es noch mit mindestens 100 Millionen Molekülen pro Kubikzentimeter zu tun.

Um ein fast ideales Vakuum zu erleben, etwa einen Raum, in dem es weniger als ein Molekül pro Kubikzentimeter gibt, müßte man sich weit von der Erde wegbewegen, in die Raumgebiete zwischen den Galaxien, die extragalaktischen Räume. Aber heute wissen wir, daß auch jene entfernten Räume nicht völlig leer sind, sondern voll mit Photonen, den Teilchen des Lichts.

Im Gegensatz zu den Materieteilchen, wie den Protonen oder den Elektronen, sind die Photonen masselos. Sie bewegen sich deshalb ständig mit Lichtgeschwindigkeit durch den Raum, wobei sie Energie transportieren. Im Weltall findet man im Mittel etwa 400 Photonen in einem Kubikzentimeter. Im Vergleich zur Dichte der

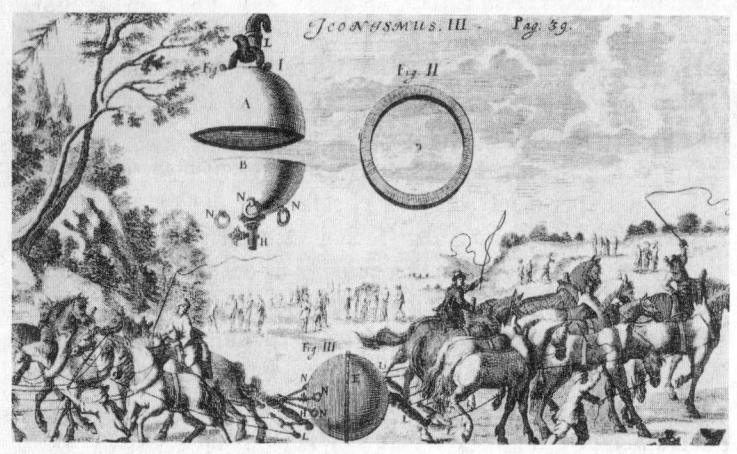

Abb. 5–1 Das Experiment mit den Magdeburger Halbkugeln, ausgeführt auf dem Reichstag zu Regensburg von Otto von Guericke im Jahre 1654 (zeitgenössische Abbildung).

Abb. 5–2 Die Andromeda-Galaxie im Sternbild Andromeda. Diese Galaxie von mehr als 100 Milliarden Sternen ist die unserer Galaxie am nächsten gelegene Galaxie, etwa 2 Millionen Lichtjahre von der Erde entfernt. Der intergalaktische Raum zwischen der Erde und der Andromeda-Galaxie ist insbesondere mit Photonen angefüllt, den Teilchen elektromagnetischer Wellen vornehmlich im Radiowellenlängenbereich.

Luftmoleküle auf der Erdoberfläche ist dies wenig, verglichen mit der mittleren Dichte der Atome im Universum jedoch sehr viel. Würde man alle Atome der Planeten und Sterne im Weltraum gleichmäßig verteilen, so würde man nur etwa ein Atom pro Kubikmeter erhalten. Die Photonen sind also die im Weltraum am häufigsten vertretenen Teilchen. Es gibt etwa zehn Milliarden mal mehr Photonen als Atome.

Die moderne Kosmologie findet hierauf eine einfache Antwort. Bei der Photonenstrahlung, die den Weltraum gleichmäßig ausfüllt, handelt es sich um die Überreste des Urknalls, also jener Explosion, bei der vor vermutlich etwa 10–15 Milliarden Jahren das Weltall, zumindest der heute von uns beobachtete Teil des Weltraums, entstanden ist. Kurz nach dem Urknall war die Materie sehr heiß, und ein großer Teil der Energiedichte des Kosmos lag in Gestalt von elektromagnetischer Strahlungsenergie, also als Photonenstrahlung vor. Durch die fortwährende Ausdehnung des Kosmos wurde auch die Photonenstrahlung »ausgedehnt« und dabei abgekühlt. Heute hat sie nur noch eine Temperatur von etwa 2,7 Grad über dem absoluten Nullpunkt.

Wenn wir also ein Raumgebiet außerhalb unseres Sternensystems, unserer Galaxie, näher untersuchen würden, müßten wir feststellen, daß es sich strenggenommen auch nicht um ein Vakuum handelt, sondern um einen Raum, der mit einem Photonengas gefüllt ist. Im Prinzip zumindest ist es jedoch möglich, die Photonen zu entfernen. Der von uns betrachtete Raum müßte nur mit einem Metallmantel umgeben werden, der die Photonen davon abhält, ins Innere einzudringen. Damit dort keine Photonen mehr vorhanden sind, müßte man allerdings das Metall noch auf den absoluten Nullpunkt abkühlen, was zwar theoretisch denkbar, in der Praxis aber unmöglich ist. Doch damit haben wir immer noch kein absolutes Vakuum geschaffen. Die moderne Kosmologie sagt nämlich voraus, daß es im Weltraum im Mittel nicht nur etwa 400 Photonen pro Kubikzentimeter gibt, sondern auch etwa 500 Neutrinos. Das sind Teilchen, die mit dem Baustein der Atomhülle, dem Elektron, verwandt sind, im Gegensatz zum Elektron jedoch keine elektrische Ladung tragen, also neutral sind.

Es gibt genau drei verschiedene Arten von Neutrinos. Das erste ist ein Partner des Elektrons in der schwachen Wechselwirkung, also derselben Wechselwirkung, die für die Radioaktivität verantwortlich ist, und wird deswegen Elektron-Neutrino genannt. Das zweite Neutrino ist der Partner des Myons, es wird deshalb als Myon-Neutrino bezeichnet. Das dritte schließlich ist der neutrale Partner eines weiteren Bruders des Elektrons, des τ-Leptons, dessen Masse fast 20mal so groß wie die Masse des Myons ist.

Die Neutrinos besitzen entweder keine Masse oder bestenfalls eine Masse, die nur ein winziger Bruchteil der Masse des Elektrons sein kann. Bis heute ist es nicht gelungen, den Neutrinos eine Masse nachzuweisen, und bis zum Beweis des Gegenteils gelten sie als masselose Teilchen.

Wegen ihrer Neutralität gehen die Neutrinos nur sehr selten eine Wechselwirkung mit Materie ein. Ein Neutrino kann ohne weiteres die ganze Erde durchqueren, ohne mit einem der Teilchen in den Atomen und Molekülen der Erdmaterie in Wechselwirkung zu treten. Photonen kann man abschirmen, Neutrinos nicht. Dies bedeutet: Unser oben erwähntes abgeschirmtes Raumgebiet enthält zwar weder Atome noch Photonen, wohl aber Neutrinos – es wird ständig von ihnen durchströmt.

Es ist prinzipiell unmöglich, diesen überall präsenten Neutrinostrom zu unterbinden. Damit ist es im Grunde unmöglich, ein wirkliches Vakuum, also einen völlig leeren Raum, auf der Erde oder sonstwo im Weltraum herzustellen. Wir können uns diesen letztlich nur als theoretische Konstruktion vorstellen, als ein abstraktes Gebilde, das man zwar nie wirklich realisieren kann, das aber für zahlreiche Überlegungen immerhin recht hilfreich ist.

In der modernen Physik beschreibt man die Materie mit Hilfe von Teilchen, die sich im Vakuum, im leeren Raum, bewegen. Der Raum hat gewissermaßen die Funktion eines Behälters, in dem die Materieteilchen, etwa Elektronen, eingebettet sind. Wenn sich in einem Raumgebiet, sagen wir einem Kubikzentimeter, zehn Elektronen befinden, so ist es leicht möglich, ein weiteres Elektron hinzuzufügen oder eines zu entfernen. Am Raum selbst ändert sich dabei nichts. Deswegen können wir uns im Prinzip zumindest vorstellen, daß wir ein vollkommenes Vakuum, also einen völlig leeren Raum, herstellen können, indem wir Schritt für Schritt alle Teilchen, die sich im fraglichen Raumgebiet befinden, Elektronen, Photonen oder Neutrinos, entfernen. Das Ergebnis dieser theoretischen Konstruktion nennt man dann den Raum an sich, das vollkommene Vakuum. Das so erreichte Vakuum entspricht etwa der Idee des leeren Raumes, die bereits von den griechischen Mathematikern wie Euklid vor mehr als zwei Jahrtausenden entwickelt wurde, also unseren Raum mit seinen drei Dimensionen.

Wir haben oben bei der schrittweisen Annäherung an das ideale Vakuum jedoch vergessen, daß es in der Physik neben Teilchen noch etwas anderes gibt, nämlich physikalische Felder. So können wir mit einem Magnetfeld, das wir etwa mit einer Spule erzeugt haben, die Flugbahn eines bewegten Elektrons beeinflussen. Das Magnetfeld durchsetzt den Raum – genauer, es ist eine physikalische Eigenschaft des Raumes. Um ein ideales Vakuum herzustellen, müssen wir also sicher sein, daß das betrachtete Raumgebiet nicht nur frei von Teilchen ist, sondern auch frei von Feldern. Auch dies läßt sich, zumindest im Prinzip, durch eine geeignete Abschirmung erreichen. Das ideale Vakuum ist also ein Raumgebiet, in dem es weder Teilchen noch Felder gibt.

Man könnte nun denken, daß dieses mit viel Mühe konstruierte Vakuum ein Objekt ist, das letztlich nur noch mathematische Eigenschaften besitzt, eben die, drei Dimensionen zu besitzen, aber keinerlei physikalische Eigenschaften. Genau dies war auch die Vorstellung, die von den Physikern bis etwa zu Beginn der dreißiger Jahre unseres Jahrhunderts gehegt wurde. Mit der Entwicklung der Quantentheorie, genauer der Vereinigung der Quantentheorie und der Einsteinschen Theorie der Relativität von Raum und Zeit, änderte sich dies jedoch sehr schnell. Es zeigte sich, daß die Interpretation des Vakuums als eines passiven leeren Raumes, eines Behälters, in den man die Materieteilchen nur einzubringen hat, nicht haltbar war. Diese Neuorientierung bezüglich des Phänomens Vakuum ist eng mit dem Namen von Paul Dirac verbunden, eines Physikers, der Anfang der dreißiger Jahre im englischen Cambridge lebte und später dort den Lehrstuhl für

Abb. 5–3 Paul Dirac, der dem leeren Raum neue Eigenschaften verlieh. (Foto Cambridge University)

Naturwissenschaften erhielt, den einst Sir Isaac Newton innehatte.

Dirac versuchte etwa im Jahre 1928, die in Deutschland insbesondere von Heisenberg und Schrödinger entwickelte Quantenmechanik, die zum ersten Mal eine genaue Beschreibung der physikalischen Prozesse innerhalb der Atome gestattete, mit Einsteins Relativitätstheorie zu verbinden. Es stellte sich bald heraus, daß eine solche Verknüpfung gar nicht ohne weiteres möglich war.

Die typischen Geschwindigkeiten der Teilchen innerhalb der Atome sind viel kleiner als die Lichtgeschwindigkeit von ungefähr 300 000 km/s. Aus diesem Grunde spielen die Effekte der Relativitätstheorie in der Atomphysik auch keine oder nur eine untergeordnete Rolle. Dirac kam es deshalb nicht auf eine neue Sicht der Physik in den Atomen an, sondern auf das Prinzip. Er wollte die neu entwickelte Quantentheorie auf Prozesse verallgemeinern, bei denen die Geschwindigkeiten der Teilchen fast so groß wie die Lichtgeschwindigkeit sind. Dabei ahnte er nicht, daß die Physiker heute, also etwas mehr als 50 Jahre später, in der Lage sind, Teilchen auf Geschwindigkeiten zu beschleunigen, die der Lichtgeschwindigkeit sehr nahe kommen.

Ein wichtiges Merkmal der Einsteinschen Relativitätstheorie ist, daß es in ihr keinen wesentlichen Unterschied zwischen Raum und

Zeit mehr gibt, ein Unterschied, der in der klassischen Physik sehr ausgeprägt ist. In gewisser Weise lassen sich sogar Raum und Zeit ineinander umwandeln. In der Relativitätstheorie kann man jedenfalls nicht mehr genau zwischen Raum und Zeit trennen. Es existiert nur noch eine Einheit von Raum und Zeit, die Einsteinsche Raum-Zeit.

Dirac gelang es im Jahre 1928, eine mathematische Gleichung abzuleiten, die sowohl die Quantentheorie als auch die Relativitätstheorie in sich vereinigte. Das erste Resultat, das Dirac mit seiner Gleichung erzielte, war ein beeindruckender Erfolg. Es gelang ihm auch, die genaue Stärke der Wechselwirkung von Elektronen, also den Teilchen der Atomhülle, mit magnetischen Feldern abzuleiten. Damit war klar, daß er mit seiner Gleichung, der später nach ihm benannten Dirac-Gleichung, einen wichtigen Schritt in Richtung eines tieferen Verständnisses der Elementarteilchen getan hatte.

Dirac bemerkte recht bald nach Aufstellung seiner Gleichung, daß er mit den Lösungen der Gleichung nicht nur die Eigenschaften der Elektronen in den Atomen beschreiben konnte. Eben weil in seiner Gleichung ebenso wie in der Relativitätstheorie Raum und Zeit als gleichberechtigte Partner auftreten, erhielt er nicht nur Lösungen positiver Energie, die er mit den Elektronen identifizierte, sondern auch solche negativer Energie. Diese bereiteten erhebliche Kopfschmerzen. In der Quantentheorie ist es nämlich die Regel, daß ein atomphysikalischer Zustand nach einer gewissen Zeit in einen anderen Zustand übergeht, der eine niedrigere Energie besitzt, falls dies innerhalb der geltenden Naturgesetze möglich ist.

Das Leuchten eines Fernsehschirms in einem dunklen Zimmer nach Abschalten des Apparats beruht beispielsweise auf dieser Eigenschaft. Durch die Elektronenstrahlen, die das Bild auf dem Fernsehschirm erzeugen, werden die Atome des Bildschirms angeregt, also in atomphysikalische Zustände höherer Energie versetzt. Nach dem Ausschalten gehen diese Atome mehr oder weniger schnell in den Zustand der niedrigsten Energie über, wobei sie elektromagnetische Strahlung, darunter auch sichtbares Licht, abstrahlen. Dieses Phänomen kann man mehrere Minuten lang beobachten.

Ein Elektron, das sich in Ruhe befindet und durch die Diracsche Gleichung beschrieben wird, besitzt die Energie E = mc², entsprechend der berühmten Einsteinschen Beziehung zwischen Masse und Energie. In Einsteins Theorie ist die Energie eines Teilchens immer positiv, nicht jedoch in der von Dirac, in der es auch Objekte mit negativer Energie gibt. Mehr noch – für jedes Teilchen, das Dirac mit seiner Gleichung beschreiben konnte, gab es ein anderes Teilchen, das genau die entsprechende negative Energie besaß. Da Masse und Energie einander äquivalent sind, könnte man auch von einer negativen Masse sprechen.

Dirac versuchte zunächst, die Teilchen mit negativer Energie einfach zu ignorieren, merkte jedoch sehr bald, daß dies letztlich nicht möglich war. Entsprechend seiner Gleichung könnte sich ein ruhendes Elektron durch Abstrahlung von Energie, genau der Energie von 2mc², in ein Elektron mit der Energie –mc² verwandeln. Wie man sieht, ist die Energie bei einem solchen Prozeß erhalten. Die Anfangsenergie ist mc², die Endenergie ebenfalls: mc² = 2mc² – mc². Man kann sogar berechnen, wie schnell ein solcher Umwandlungsprozeß ablaufen sollte. Er würde nur etwa ein Hundertmillionstel einer Sekunde dauern. Dies ist natürlich Unsinn, denn wir wissen, daß ein freies Elektron in Ruhe keine solchen Abenteuer unternimmt – es verbleibt in seinem Zustand beliebig lange.

Dirac war also in einem Dilemma. Zum einen feierte seine Gleichung große Erfolge in der Atomphysik, zum anderen führte sie zu unsinnigen Resultaten bei der Beschreibung der Elektronen im Vakuum. Es gab nur zwei Möglichkeiten: Entweder war die Gleichung falsch, oder man mußte eine andere Interpretation der Resultate der Gleichung finden. Schon aus eigenem Interesse entschloß sich Dirac, das letztere zu versuchen. Das Resultat war eine völlig neue Interpretation des Vakuums, also des leeren Raumes.

Das Verhalten der Elektronen in den Atomen kann man nur verstehen, wenn man annimmt, daß zwei Elektronen niemals zur gleichen Zeit an ein und demselben Ort sein können. Dieses wichtige Prinzip der Atomphysik wurde von Wolfgang Pauli etwa Mitte der zwanziger Jahre vorgeschlagen und hat sich bestens bewährt. In der Physik ist es seither unter dem Namen »Pauli-Prinzip« wohlbekannt.

Wenn man sich die Elektronen wie kleine Metallkügelchen vorstellt, ist das Pauli-Prinzip leicht zu verstehen. Wo ein Stück Materie ist, kann nicht gleichzeitig ein anderes Stück Materie sein. In der Atomphysik, die durch die Quantentheorie beschrieben wird, ist dies jedoch in keiner Weise selbstverständlich. In der Quantenphysik kann man für ein Teilchen nämlich nicht mehr mit absoluter Genauigkeit angeben, wo es sich befindet. Man kann nur noch sagen, daß es sich mit einer gewissen Wahrscheinlichkeit, sagen wir mit 50 % Wahrscheinlichkeit, in einem bestimmten Raumgebiet aufhält. Dies ist eine Folge der von Heisenberg entdeckten Unschärferelation. Sie gibt an, daß in der Quantenmechanik absolut genaue Aussagen weder über den Ort noch über die Geschwindigkeit eines Teilchens gemacht werden können.

Aus diesem Grunde könnte es durchaus sein, daß an ein und demselben Ort gleichzeitig zwei Elektronen sind, das eine eben mit einer bestimmten Wahrscheinlichkeit, das andere mit einer anderen Wahrscheinlichkeit. Für manche Teilchen, beispielsweise für die Photonen, die Teilchen des Lichtes, ist dies auch der Fall. Bei den Elektronen wird diese Möglichkeit jedoch durch das Pauli-Prinzip verhindert. Es sagt genauer aus, daß zwei Elektronen sich niemals in ein und demselben Quantenzustand befinden können; wo ein Elektron bereits ist, darf kein zweites sein.

Genaugenommen ist das Pauli-Prinzip der Grund für die Tatsache, daß zwei Materiestücke, etwa ein Stück Holz und ein Stück Eisen, sich nicht gegenseitig durchdringen können. Eigentlich wäre dies ohne weiteres möglich, denn normale, aus Atomen aufgebaute Materie ist nicht besonders dicht gepackt. Zwar stoßen die Atome bei einem festen Körper aufeinander, aber der Raum im Innern der Atome ist im Grunde leer, da die Atomkerne viel kleiner als die Atome selbst sind. Das gegenseitige Durchdringen einzelner Atome wird jedoch dank dem Pauli-Prinzip verhindert. Wenn wir mit dem Kopf gegen eine Wand stoßen und dies mit Schmerz registrieren, so ist die tiefere Ursache hierfür nicht etwa eine zwischen Kopf und Wand direkt wirkende abstoßende physikalische Kraft, sondern das Pauli-Prinzip.

Dirac entdeckte, daß seine Gleichung durchaus akzeptabel wäre, wenn man annimmt, daß das Vakuum seine passive Rolle, die es in der klassischen Physik spielt, aufgibt. Da wegen des Pauli-Prinzips kein Elektron dorthin gelangen kann, wo schon eines ist, nahm er an, daß die negativen Energiezustände der Elektronen, die durch seine Gleichung beschrieben werden, zwar durchaus existieren, aber bereits durch Elektronen völlig aufgefüllt sind. Ein Elektron mit einer positiven Energie würde zwar gern durch Aussenden elektromagnetischer Strahlung in einen Zustand mit einer negativen Energie überwechseln, kann dies aber nicht, weil die Platzkarten aller zur Verfügung stehenden Zustände bereits vergeben sind.

Dies ist nur möglich, wenn man das Vakuum völlig neu interpretiert. Es ist dann genau dasjenige quantenphysikalische Gebilde – die Physiker nennen es den Quantenzustand des Vakuums –, in dem alle Elektronenzustände mit negativer Energie besetzt sind. Man spricht in diesem Zusammenhang auch vom Vakuum als von einem »See« negativer Energiezustände. Betrachten wir hingegen ein einzelnes Elektron, etwa ein Elektron in Ruhe mit der Energie, die seiner Ruhemasse entspricht (etwa 0,5 MeV), so ist dies nach Dirac mehr als ein Zustand, der sich nur auf das Elektron bezieht. Es ist ein Zustand, bei dem alle Zustände negativer Energie besetzt sind und zusätzlich ein Elektronzustand mit positiver Energie existiert.

Wir sehen sofort, was diese neue Interpretation des Vakuums von Dirac bedeutet: Das Vakuum gibt seine Rolle als »Nichts« auf. Es erhält plötzlich eine Reihe interessanter physikalischer Eigenschaften – das Vakuum erhält ein Eigenleben. Nehmen wir beispielsweise einmal an, daß wir einem solchen Vakuumzustand eine bestimmte Energie zuführen, sagen wir die Energie von etwa einem MeV, also der Energie, die dem Doppelten der Masse des Elektrons entspricht. Nun kann es passieren, daß eines der unendlich vielen Elektronen des »Dirac-Sees«, sagen wir eines mit der Energie −0,5 MeV, diese Energie aufgreift. Es wird, wie man sagt, angeregt und verwandelt sich in ein Elektron mit der positiven

Energie 0,5 MeV. Dies wäre dann ein Elektron in Ruhe. Der Zustand, den wir damit erreicht haben, ist aber nicht ein einzelnes Elektron. Wir müssen bedenken, daß wir dem Vakuum durch die Energiezufuhr ein Elektron entrissen haben. Dieses fehlt jetzt. Das Vakuum hat, wie man sagt, ein Loch. Es handelt sich dann nicht mehr um ein normales Vakuum, sondern um einen Zustand, dem ein Elektron fehlt. Die Situation ist ganz analog zu einem Bankkonto. Der Zustand mit dem Elektron entspricht dem Konto mit, sagen wir, 100 DM Guthaben. Das eigentliche Vakuum entspricht dem Konto mit Null DM Guthaben und der Lochzustand dem Konto mit 100 DM Schuld.

Verglichen mit dem normalen Vakuum ist dieses »Lochvakuum« ein Gebilde, dessen elektrische Ladung um eine Elektronenladung abgesenkt ist. Gleichzeitig ist seine Energie um genau 0,5 MeV größer als die des normalen Vakuums. Dieses merkwürdige Gebilde sieht im Grunde aus wie ein Teilchen, und zwar ein Teilchen mit einer Ladung, die genauso groß ist wie die elektrische Ladung des Elektrons, nur mit dem anderen, also positiven Vorzeichen. Es handelt sich hierbei um ein Positron, um das Antiteilchen des Elektrons. Man sollte sich nicht daran stören, daß ausgerechnet der »Lochzustand« eine positive Ladung besitzt und nicht, wie man vielleicht erwarten könnte, eine negative. Die Zuordnung »positiv« und »negativ« wurde im achtzehnten Jahrhundert eingeführt, von dem amerikanischen Naturforscher Benjamin Franklin. Zu seiner Zeit wußte man nicht, daß elektrische Ströme durch bewegte Elektronen erzeugt werden. Andernfalls hätte man die Vorzeichen der Ladung anders definiert und dem Elektron als dem Hauptakteur der elektrischen Phänomene eine positive Ladung zuerkannt. Dann wäre das Positron negativ geladen. Im heutigen Licht wäre dies vernünftiger gewesen, aber hinterher ist man immer klüger. Trotzdem – die Zuordnung des Vorzeichens der Ladung ist willkürlich, und so können wir heute auch mit Franklins »falscher« Zuordnung gut leben.

Wir sehen also: Durch die Energiezufuhr von einem MeV haben wir das Vakuum in einen Zustand verwandelt, in dem sich sowohl

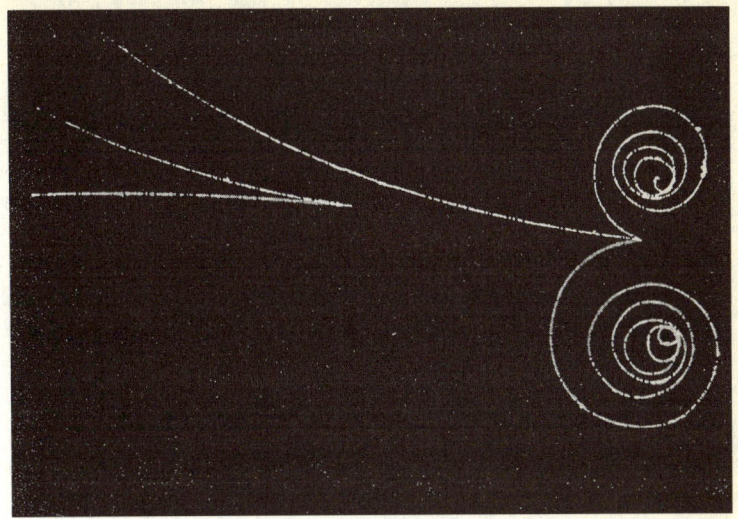

Abb. 5–4 Paarerzeugung eines Elektron-Positron-Paares im Vakuum. Die unterschiedlichen Ladungen der beiden erzeugten Teilchen sind an den entgegengesetzten Krümmungen der Bahnen im Magnetfeld zu sehen. (Foto CERN)

ein Elektron wie das zugehörige Loch, also ein Positron, befinden. Wir haben also ein Paar von Teilchen, genauer ein Teilchen, das Elektron, und sein Antiteilchen erzeugt. Dieser Prozeß wird Paarerzeugung genannt.

Wir erwarten dann auch, daß sich der entstandene Zustand, bestehend aus einem Teilchen und seinem Antiteilchen, wieder in den ursprünglichen Vakuumzustand verwandeln kann, wobei Energie abgestrahlt wird. Neben der Paarerzeugung gibt es also auch eine Paarvernichtung. So können sich ein Elektron und ein Positron, die sich einander annähern, gegenseitig vernichten, wobei die Energie der beiden Teilchen in Gestalt elektromagnetischer Strahlung abgeführt wird. Bei diesem Prozeß springt gewissermaßen das Elektron in das »Loch« des Dirac-Sees zurück – das Guthaben und die Schuld auf unserem Konto gleichen sich aus.

Bislang haben wir die Konsequenzen beschrieben, die Dirac aus seiner neuen Ansicht des Vakuums ziehen mußte. Seine interessanteste Folgerung war: Zum Elektron muß es ein Antiteilchen geben, dessen Masse genauso groß ist wie die Elektronmasse, das aber eine positive elektrische Ladung trägt. Seit dem Jahre 1932 wissen wir, daß es dieses Teilchen, das Positron, in der Tat gibt. Damals wurde das Positron von Carl Anderson bei der Analyse der kosmischen Strahlung am California Institute of Technology in Pasadena entdeckt. Damit wurde ein neues Tor in den Naturwissenschaften aufgestoßen, das Tor zur Welt der Antimaterie. Heute kennt man die Antiteilchen zu allen beobachteten Teilchen, etwa die Antiprotonen oder die Antineutronen.

Die Prozesse der Paarerzeugung und Paarvernichtung sind heute in der Physik wohlbekannt. Immer dann, wenn es gelingt, in einem Punkt des Vakuums eine genügend große Energiemenge zu konzentrieren, kann es zu einer spontanen Paarerzeugung kommen, wobei es nicht möglich ist vorauszusagen, wie die erzeugten Teilchen sich genau verhalten, nach welcher Richtung sie etwa davonfliegen.

Merkwürdig ist jedoch die Tatsache, daß ein Elektron und sein Antiteilchen im Augenblick ihrer Geburt mit ihrer richtigen Masse erscheinen. Beispielsweise können wir ein Elektron-Positron-Paar durch die Kollision zweier Lichtteilchen, zweier Photonen, aus dem Vakuum »herausholen«. Im Augenblick der Kollision der beiden Lichtquanten wird dem »Vakuum« die erforderliche Energie, die größer als das Doppelte der Elektronenmasse, also mehr als 1 MeV, sein muß, zugeführt. Sofort erscheinen die beiden Teilchen aus dem »Nichts«.

Man könnte sich fragen, woher das Vakuum eigentlich weiß, wie groß die Massen des Elektrons und seines Antiteilchens sein müssen, die da aus dem »Nichts« erzeugt werden. Die Theorie von Dirac gibt hier eine einfache Antwort. Da das Vakuum letztlich ein See von Teilchen ist, enthält es natürlich alle Informationen über die Elektronen und Positronen. Die gesamte Physik dieser Teilchen ist bereits im Vakuum enthalten. Das Diracsche Vakuum ist also weit mehr als das Vakuum der klassischen Physik, etwa das Vakuum des Otto von Guericke. Die physikalischen Gesetze, die für das Elektron von Wichtigkeit sind, und alle Eigenschaften des Elektrons, etwa seine Masse, seine Ladung, sind im Vakuum bereits angelegt, nicht als aktuelle Realität, sondern als virtuelle Möglichkeit. Es ist damit ein physikalisches Medium, auf jeden Fall viel mehr als jener eigenschaftslose materiefreie Raum, der das Vakuum der klassischen Physik charakterisiert.

Das von Dirac entworfene Bild des Vakuums besitzt eine unattraktive Eigenschaft. Da das Vakuum letztlich einen See von Elektronzuständen mit negativer Energie darstellt, würde man erwarten, daß die elektrische Ladung des Vakuums unendlich groß ist. Da wir es bei physikalischen Prozessen immer nur mit Differenzen von elektrischen Ladungen der Teilchen im Vergleich zum Vakuum zu tun haben, ist dies zwar kein unmittelbares Problem, denn Unendlichkeiten treten in der Physik durchaus manchmal auf, aber immerhin bedeutet es eine Unsymmetrie zwischen den Teilchen und den Antiteilchen. Im Diracschen Bild spricht man deswegen von einem Elektronensee und nicht von einem Positronensee. Die Elektronen erhalten mithin eine Vorzugsbehandlung.

Diese Unsymmetrie wurde jedoch durch die Weiterentwicklung der Diracschen Theorie im Laufe der dreißiger Jahre beseitigt, und zwar durch die Entwicklung einer Theorie, in der die Relativitätstheorie und die Quantenmechanik endgültig miteinander verschmolzen wurden: der Quantenfeldtheorie. Die Entwicklung dieser Theorie ist vor allem den Physikern Werner Heisenberg und Wolfgang Pauli zu verdanken.

Wenn man die Diracsche Gleichung im Rahmen der Quantenfeldtheorie näher untersucht, erweist es sich, daß man für die Beschreibung der Positronen, die im Diracschen Vakuum als Löcher im Dirac-See in Erscheinung treten, wiederum eine mathematische Gleichung aufstellen kann. Diese Gleichung erweist sich als identisch mit der Diracschen Gleichung, wenn man in ihr die Elektronen durch die Positronen ersetzt und entsprechend das Vorzeichen der elektrischen Ladung umkehrt. Dirac hätte also seine Untersuchungen ebenso mit dieser Gleichung beginnen können. Allerdings wäre er dann nicht auf die Idee gekommen, das Vakuum als einen See von Elektronen negativer Energie zu interpretieren, sondern als einen See von Positronen negativer Energie. Das Elektron wäre dann ein Loch im See der Positronen.

In der Quantenfeldtheorie vereinigt man nun beide Bilder, indem man das Vakuum nicht nur durch einen See von Elektronen- oder von Positronenzuständen negativer Energie charakterisiert, sondern durch einen See von Elektronen *und* Positronen. Hiermit wird das Problem der elektrischen Ladung des Vakuums sofort gelöst. Da es sowohl positiv geladene Positronen als auch negativ geladene Elektronen im See gibt, ist das Vakuum im Mittel elektrisch neutral. Zwischen Teilchen und Antiteilchen herrscht jetzt eine völlige Symmetrie.

Der See von Elektronen und Positronen negativer Energie im Vakuum ist nicht etwa nur ein Bild, das man für eine mathematisch konsistente Beschreibung der Teilchen benötigt, sondern führt zu handfesten physikalischen Konsequenzen. Nehmen wir einmal an, wir bringen ein Elektron in dieses Vakuum hinein. Das Elektron besitzt eine negative elektrische Ladung. Diese wirkt nun auf die Elektronen und Positronen im Dirac-See. Die Elektronen werden abgestoßen, die Positronen werden angezogen. Damit verursacht das eingebrachte Elektron eine Verzerrung des Vakuums – man spricht von einer Polarisation des Vakuums. Die Positronen, die das Elektron umlagern, schirmen dessen Ladung zumindest teilweise ab, so daß die elektrische Ladung des Elektrons bei genügend großen Abständen nun kleiner als vorher erscheint. Man beschreibt diesen Sachverhalt, indem man sagt, die »nackte« Ladung des Elektrons, also die Ladung, die das Elektron ohne den Dirac-See hätte, ist größer als die tatsächlich gemessene Ladung.

Diesen Effekt kann man beobachten, indem man zum Beispiel die Ablenkung zweier Elektronen mißt, wenn sie dicht aneinander vorbeifliegen. Bei sehr kleinen Abständen kann man den Effekt des Dirac-Sees zumindest teilweise ignorieren. In der Tat findet man, daß die elektrische Ladung der Elektronen bei Abständen, die mindestens 10 000mal kleiner sind als der Radius des Wasserstoffatoms, etwas größer ist als bei großen Distanzen. Der Effekt der Zunahme der elektrischen Ladung läßt sich genau berechnen. Die Ergebnisse der Messungen stimmen bestens mit den theoretischen

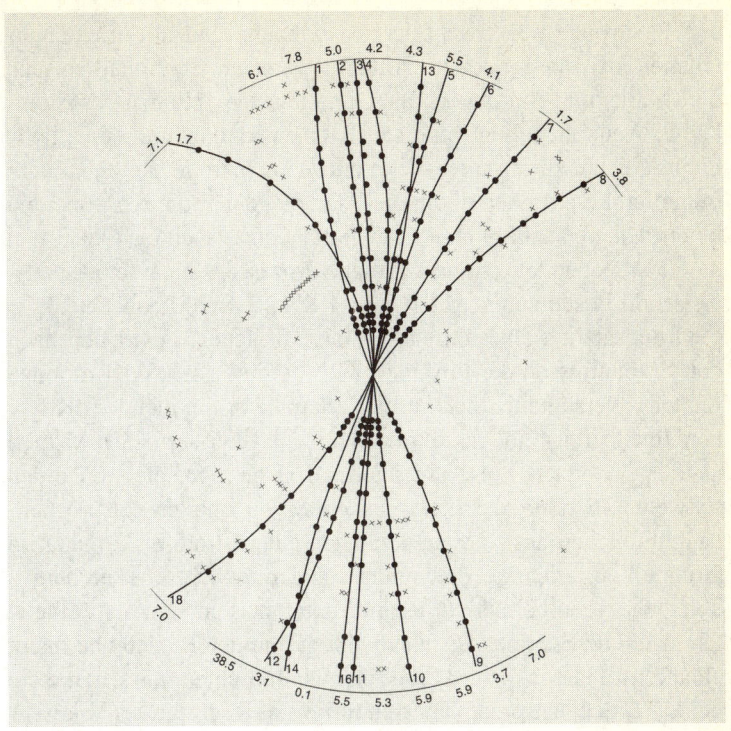

Abb. 5–5   Die Erzeugung eines Quarks und eines Antiquarks aus Energie, die durch die Vernichtung eines Elektrons und eines Positrons entsteht, die vorher mittels des Hamburger Beschleunigers PETRA stark
beschleunigt wurden. Die beiden Quarks fliegen praktisch mit Lichtgeschwindigkeit voneinander weg und erzeugen dabei zwei Teilchenjets,
die man mit Hilfe eines Teilchendetektors beobachten kann. (DESY,
Hamburg)

Voraussagen überein. Damit können wir sagen, daß der Dirac-See
von Elektronen und Positronen nicht etwa nur eine abstrakte
Erfindung der theoretischen Physiker ist, sondern eine physikalische Realität besitzt.

In der modernen Elementarteilchenphysik gehen die Physiker
sogar viel weiter als Dirac mit seinem Elektron-Positron-Vakuum.
Das Vakuum der heutigen Physik enthält nicht nur die Elektronen

und Positronen negativer Energie, vielmehr sind alle Elementarteilchen im Vakuum bereits virtuell vorhanden. So enthält es auch die Quarks und Antiquarks, also die kleinsten Teilchen der Atomkerne. Wenn es gelingt, in einem kleinen Raumbereich eine hohe Energiedichte zu erzeugen, dann entstehen hieraus nicht nur Elektronen und Positronen durch die Paarerzeugung, die wir oben diskutiert haben, sondern man erzeugt manchmal auch ein Quark und das entsprechende Antiquark. Solche Prozesse kann man beispielsweise am Beschleuniger LEP des CERN bei Genf beobachten.

Grundsätzlich sind alle elementaren Teilchen, aus denen nach den Erkenntnissen der Physiker die Materie besteht oder die man für das Verständnis der in der Natur vorkommenden Kräfte benötigt, bereits im Vakuum vorhanden, gewissermaßen virtuell angelegt. Wenn wir also ein solches Teilchen, beispielsweise den schweren »Bruder« des Elektrons, ein Myon, und das entsprechende Antiteilchen aus Energie erzeugen, dann ist dieser Vorgang im Grunde keine richtige Erzeugung aus dem »Nichts« – die beiden Teilchen waren bereits vorher im Vakuumzustand da, als virtuelle Objekte. Die Energie, die man benötigt, um den Prozeß überhaupt ablaufen zu lassen, ist der Preis, den wir entrichten müssen, um die beiden Teilchen aus dem unerschöpflichen Reservoir des Vakuums hervorzuholen.

Mehr noch: Nicht nur die Teilchen sind im Vakuum bereits vorhanden, auch die wesentlichen Eigenschaften unserer Welt, insbesondere die Naturgesetze, die den dynamischen Ablauf der Naturprozesse festlegen, sind im Vakuum schon vorgegeben. Die Naturgesetze, die wir durch die Beobachtung der sichtbaren Materie in der Welt ableiten, sind also nicht an diese Materie gebunden, sondern sind letztlich Eigenschaften des Vakuums, des scheinbar leeren Raumes.

Diese Erkenntnis, die sich erst im Verlauf der letzten Jahrzehnte bei den Physikern durchgesetzt hat, ist auch wichtig für das Verständnis astrophysikalischer und kosmologischer Probleme. So wissen wir, daß ein Elektron in einer fernen Galaxie genau dieselben Eigenschaften besitzt wie ein Elektron hier auf der Erde. Würden wir physikalische Experimente in einer fernen Galaxie durchführen, etwa die Paarerzeugung eines Elektrons und eines Positrons, so würden wir dort dasselbe beobachten wie auf der Erde. Dies wäre schwer zu verstehen, wenn die physikalischen Gesetze nicht eine Eigenschaft des leeren Raumes, also des Vakuums, wären.

Die Physiker sind allerdings nicht auf dieser Stufe der Erkenntnis stehengeblieben. Die Idee des mit Teilchen und Antiteilchen angefüllten Diracschen Vakuums erklärt nämlich nicht, warum die Elementarteilchen, etwa die Elektronen oder auch die Quarks, eine Masse besitzen. Entsprechend der Einsteinschen Relation zwischen Masse und Energie $E = mc^2$ läßt sich zwar die Masse eines Teilchens unter gewissen Umständen, beispielsweise bei der Paarvernichtung, in Strahlungsenergie umwandeln. Daraus folgt jedoch nicht, daß ein Teilchen überhaupt eine Masse besitzt. Es könnte nämlich ohne weiteres auch masselos sein, wie das Lichtteilchen, das Photon, oder möglicherweise die Neutrinos.

Theoretische Physiker, die sich ja oft neben der realen Welt auch eine ideale vorstellen, in der die Naturgesetze etwas weniger kompliziert sind als in der Realität, betrachten oft den Fall, in dem die Teilchen masselos sind. Dann lassen sich nämlich viele Prozesse leichter berechnen, weil man die lästigen Massen der Teilchen nicht zu berücksichtigen hat. Seit etwa 1970 hat sich herausgestellt, daß man eine einheitliche Beschreibung der Elementarteilchen und ihrer Wechselwirkungen erreichen kann, wenn man die Massen der Teilchen erst einmal ignoriert und sie dann später, gewissermaßen bei der zweiten Lesung der Naturgesetze, als kleine Störungen einführt.

Allerdings ist dieser Schritt nicht ohne weiteres möglich. Man benötigt hierzu eine weitere Naturkraft neben den bekannten Kräften des Elektromagnetismus, der starken und schwachen Kraft in den Atomkernen und der Gravitation. Diese neue Kraft – wie könnte es anders sein – wird ebenfalls durch ein Teilchen vermittelt, das man allerdings bis heute nicht im Experiment entdeckt hat. Es handelt sich um das sogenannte »Higgs«-Teilchen, benannt nach dem englischen Physiker Peter Higgs, der das Verfahren neben anderen englischen Physikern in den sechziger Jahren

»erfunden« hat. Nach dieser bis heute nicht bestätigten Hypothese ist die Masse eines Elementarteilchens nichts weiter als eine Manifestation der Stärke, mit der die neue »Higgs«-Kraft auf das Teilchen einwirkt.

Speziell für das Vakuum ist die »Higgs«-Kraft von entscheidender Bedeutung. Man stellt sich nämlich vor, daß sie als einzige der in der Natur vorkommenden Kräfte das Vakuum direkt beeinflussen kann: Das der »Higgs«-Kraft zugeordnete Feld, also das »Higgs«-Feld, besitzt auch im Vakuum einen bestimmten Wert, der dann die Massen der Teilchen festlegt. Nach den Vorstellungen der Physiker kommt dieser Wert auf eine eigentümliche Art zustande, die sich durch das folgende Beispiel aus der Mechanik veranschaulichen läßt:

Wir betrachten eine Kugel, die sich im Zentrum eines Gebildes befindet, das die Gestalt eines mexikanischen Huts besitzt. Die Kugel befindet sich in einem labilen Gleichgewicht. Bei der geringsten Erschütterung wird sie ihre zentrale Position A verlassen und in das sie umgebende Tal hinunterrollen. Dort wird sie schließlich an einem Punkt B zur Ruhe kommen. Sie befindet sich dann in einem stabilen Zustand. Man beachte, daß die Kugel jetzt einen gewissen Abstand vom Mittelpunkt besitzt. Die ursprüngliche Kreissymmetrie der Anordnung ist nicht mehr gegeben.

Was hat dieses einfache mechanische Beispiel mit dem »Higgs«-Feld zu tun? Das Beispiel verdeutlicht ein Phänomen, das in der Physik häufig vorkommt, nämlich die spontane Brechung einer Symmetrie, meist kurz »Spontane Symmetriebrechung« genannt. Im Punkt A ist die Metallkugel im Mittelpunkt des Systems. Sein Abstand vom Symmetriezentrum ist Null. In dem Moment, in dem die Kugel herunterrollt, wird die Symmetrie der Anordnung gebrochen. Ist die Kugel im Punkt B angekommen, ist die Symmetrie der Anordnung zerstört. Interessant ist nun die Tatsache, daß die unsymmetrische Anordnung einer stabilen Lage entspricht, die symmetrische jedoch labil ist.

Man stellt sich vor, daß das »Higgs«-Feld im Vakuum ein ähnliches Verhalten zeigen kann. Einmal kann es sich in einer labilen, aber symmetrischen Anordnung befinden. Dann sind alle Teilchen

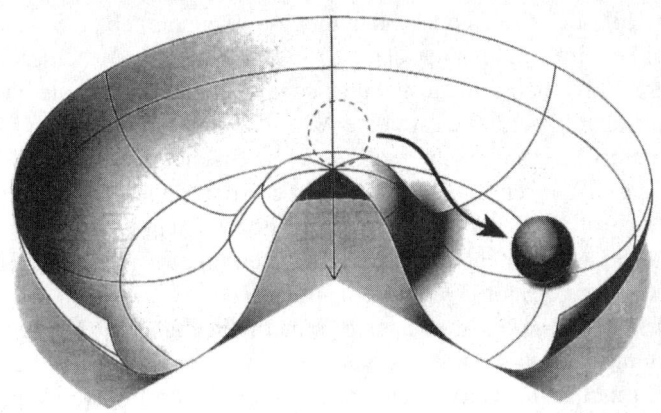

Abb. 5–6 Ein mechanisches Modell für eine Symmetriebrechung. Eine Kugel befindet sich im Zentrum eines »mexikanischen Huts« im labilen Gleichgewicht. Bei der geringsten Erschütterung rollt sie vom Zentrum A weg, hinunter in das sie umgebende Tal B.

masselos, und die Welt ist besonders einfach, nämlich von hoher Symmetrie – für die Physiker ein Idealzustand. Nun wird diese Symmetrie gebrochen, indem das »Higgs«-Feld im Vakuum einen bestimmten Wert annimmt (dieser entspricht in unserem Beispiel dem Abstand der Kugel vom Zentrum). Die Teilchen, etwa das Elektron, erhalten jetzt ihre Massen, die mithin eine Folge der Symmetriebrechung ist.

Wir nehmen also an, daß der Vakuumzustand in unserer Welt einem unsymmetrischen, dafür aber stabilen Gleichgewichtszustand entspricht (dem Punkt B in unserem Beispiel). Das »Higgs«-Feld hat dann überall im Kosmos denselben Vakuumwert, und dies erklärt, warum etwa die Masse eines Elektrons in einer fernen Galaxie denselben Wert wie bei uns auf der Erde hat.

Wie bereits erwähnt, wissen wir bis heute nicht, ob diese einfache Idee einer spontanen Symmetriebrechung wirklich dem Mechanismus der Massenerzeugung zugrunde liegt. Eventuell wird man in absehbarer Zeit eine Antwort haben, denn das »Higgs«-Teilchen könnte sich beispielsweise bei den Experimenten mit Hilfe der Teilchenbeschleuniger zu erkennen geben. So sucht man seit Inbetriebnahme des LEP-Beschleunigers am CERN im Jahre 1989 nach diesem hypothetischen Teilchen, bis heute allerdings ohne Erfolg. Nun sind die Aussichten, das Teilchen am LEP zu entdecken, nicht sehr groß, da es wahrscheinlich ist, daß das »Higgs«-Teilchen, falls es überhaupt existiert, eine Masse besitzt, die so groß ist, daß man es am LEP nicht erzeugen kann. Günstiger sind die Aussichten für den im Bau befindlichen Beschleuniger LHC (»Large Hadron Collider«) am CERN.

Die Methode der spontanen Symmetriebrechung zur Massenerzeugung schreibt also dem Vakuum eine weitere wichtige Rolle zu. Es ist nicht nur, wie von Dirac betont, ein Platz, in dem sich die Teilchen und Antiteilchen, versehen mit negativer Energie, nach Belieben tummeln können, sondern es ist auch das Medium, das für die Brechung der Symmetrie und damit für die Erzeugung der Massen der Elementarteilchen verantwortlich zeichnet.

Man könnte sich fragen, ob es nicht möglich sei, daß sich das »Higgs«-Feld auch in der symmetrischen Anordnung befindet. In unserer vorliegenden Welt ist dies sicher nicht der Fall, aber man würde erwarten, daß sich der symmetrische Fall einstellt, wenn eine sehr große Energiedichte vorliegt. Dann würde die Symmetriebrechung gewissermaßen dahinschmelzen. Es scheint unmöglich, dieses »Schmelzen« des Vakuums mit Hilfe eines Teilchenbeschleunigers zu bewerkstelligen, da man hierzu eine Energiedichte benötigen würde, die ein Vielfaches größer ist als die Energie, die man mit Hilfe von Beschleunigern erreichen kann. Eine interessante Möglichkeit jedoch bietet sich an, und zwar in der Kosmologie.

Vor Milliarden von Jahren wurde die Materie im Kosmos durch die Urexplosion erzeugt. Kurz nach dem Urknall war die Energiedichte so hoch, daß sich die symmetrische Vakuumkonfiguration einstellte. Dies hat nun interessante Konsequenzen für die Kosmologie. In der symmetrischen Konfiguration besitzt das Vakuum selbst eine nahezu ungeheuerliche Energiedichte, so daß sich das Weltall sehr schnell aufbläht. Dieser Prozeß läuft so schnell ab, daß man nicht mehr von einer Expansion des Weltraums spricht, sondern von einer Inflation. Eine interessante Folge dieser Inflation wäre, daß alle etwa vorhandenen Ungleichmäßigkeiten im Kosmos, etwa in der Energieverteilung, nahezu beseitigt werden – sie werden einfach über sehr große Bereiche »verschmiert«. Dies könnte die Erklärung für das bemerkenswerte Phänomen sein, daß zumindest der Teil des Universums, den die Astronomen heute beobachten können, sehr homogen ist. Beispielsweise zeigt die bereits erwähnte Photonenstrahlung, die das Universum ausfüllt, eine perfekte Symmetrie. Die Idee einer Inflation des Kosmos kurz nach der Urexplosion ist eine plausible Erklärung hierfür.

Beim Übergang vom symmetrischen Vakuum zum unsymmetrischen, der nach den Vorstellungen der Experten kurz nach dem Urknall geschehen sein muß, wurde eine gewaltige Energie freigesetzt, die »Schmelzwärme« des Vakuums. Die Kosmologen vermuten, daß bei diesem Umwandlungsprozeß die heute vorliegende Materie entstanden ist. Die Teilchen, die die Galaxien, Sterne und Planeten aufbauen, sind also die Reste des Übergangs von einem Vakuumzustand zum anderen, der kurz nach dem Urknall die Brechung der Symmetrie veranlaßte und bei dem die Massen der Elementarteilchen erzeugt wurden.

Sollte es sich erweisen, daß diese Idee, die inzwischen von vielen auf dem Gebiet der Kosmologie tätigen Physikern verfolgt wird, richtig ist, dann wären wir selbst, genauer die Materie, aus der wir bestehen, das Produkt des Vakuums. Letzteres hat also im Laufe der Entwicklung der Naturwissenschaften eine interessante Karriere hinter sich gebracht. Es startete als ein Ausdruck für das »Nichts«, für den leeren Raum ohne Eigenschaften. Heute ist das Vakuum ein physikalisches Phänomen, das wohl als das wichtigste und interessanteste in der gesamten Physik gelten kann.

Ich danke für Ihre Aufmerksamkeit.[5.2]

6

Masse – was ist das?

Ich bin einer, der viel gegrübelt hat,
aber nichts gelernt hat.

Albert Einstein[6.1]

Am Morgen nach dem Vortrag in Berlin traf sich Haller mit
Einstein und Newton im Wohnzimmer des Caputher Hauses.
Diesmal begann Newton das Gespräch:

»Mr. Haller, über Ihren Vortrag gestern abend hätte ich einiges
zu bemerken und nachzufragen, aber das möchte ich bei anderer
Gelegenheit tun. Nur eines: Die Erfolge der heutigen Physiker in
Ehren, aber haben Sie gestern abend dem Vakuum nicht etwas zu
viel zugemutet? Für mich war das Vakuum früher die vollkommene
Leere, der absolute Raum an sich, ein Nichts, oder, wenn Sie so
wollen, ein Ding ohne Eigenschaften. Gut, ich habe mich wohl
geirrt, denn nach Ihrem Vortrag zu urteilen, ist das Vakuum überhaupt das komplizierteste Nichts, das man sich denken kann, voll
von diesen merkwürdigen virtuellen Teilchen und angefüllt mit
einer ganzen Bibliothek von Naturgesetzbüchern. Am Ende behaupten Sie wohl auch noch, daß die Gravitation eine Eigenschaft
des Vakuums ist?«

Einstein: Das behauptet er nicht nur, sondern das ist so. Da werden
Sie staunen, lieber Newton, wenn wir erst hinsichtlich der Gravitation in medias res gehen werden.

Haller: Gemach, meine Herren, so kommen wir nicht weiter. Also
zunächst zu Ihrer Bemerkung, Sir Isaac. Ich gebe zu, von Ihrer
Warte aus ist das nicht so leicht zu akzeptieren – der leere Raum,
ausgestattet mit einer Menge physikalischer Prädikate. Aber ange-

sichts der Einsichten, die wir heute gewonnen haben, bleibt uns keine andere Wahl. Betrachten Sie zum Beispiel einmal die Erzeugung eines Myons und seines Antiteilchens in der Kollision eines Elektrons mit seinem Antiteilchen, also in der Vernichtung dieses Teilchenpaares. Vorausgesetzt, die Energie ist hoch genug, dann können bei der Kollision ein Myon und sein Antiteilchen entstehen. Die Masse des Myons ist etwa 200mal so groß wie die Masse eines Elektrons. Das Myon wird zusammen mit seinem Antiteilchen am Punkt der Kollision erzeugt – vorher war dort nichts. Wie kommt es, daß das Myon mit genau der Masse erzeugt wird, die es nun einmal besitzt? Es kommt auch nicht darauf an, wo die Erzeugung stattfindet, ob nun hier auf der Erde oder weit weg in der Andromeda-Galaxie – immer wird das Myon mit seiner Masse von 107 MeV aus dem »Nichts« herausgeholt, zusammen mit seinem Antiteilchen. Wer sagt es denn dem Myon, das da spontan erzeugt wird, welche Masse es bitte zu haben hat, wenn nicht das Vakuum?

Newton: Sie haben vielleicht recht – es ist schon merkwürdig, diese spontane Erzeugung von Materie aus dem Nichts. Man könnte direkt denken, das Vakuum wüßte schon im voraus, was sich da plötzlich abspielen kann.

Haller: Wir können nicht darum herum – die Naturgesetze sind im Vakuum schon vollkommen angelegt – nur diese, nicht die Materie selbst; die Naturgesetze sind es, die letztlich das Verhalten der Materie festlegen.

Einstein: Sie meinen also, das Vakuum weiß irgendwie, was die Masse des Myons ist oder die irgendeines anderen Elementarteilchens, das in einer Kollision erzeugt wird? Das erscheint mir doch etwas merkwürdig – ein Gesetz ist ein Gesetz, also etwas Qualitatives – entweder man hat es, oder eben nicht –, aber die Masse eines Teilchens ist nur eine Zahl, etwa die 107 MeV der Myonmasse. Unsere Welt würde doch wohl kaum anders aussehen, wenn die Masse des Myons stattdessen 87 MeV wäre, oder?

Haller: Damit kommen Sie auf einen schwierigen Punkt – bis heute wissen wir ja nicht, was der Mechanismus ist, der letztlich die Massen der Teilchen bestimmt. Gestern sprach ich von einem hypothetischen Feld, das überall im Vakuum präsent ist und das für die Erzeugung der Massen verantwortlich ist – wie gesagt, eine Hypothese. Noch kennen wir nicht die Einzelheiten des Mechanismus, der für die Massenerzeugung verantwortlich ist, aber ich kann mir durchaus vorstellen, daß dieser Mechanismus eben nur erlaubt, daß die Myonmasse 107 MeV ist, und eben nicht 87 MeV. Mit anderen Worten: Eine Welt, in der die Myonmasse 87 MeV ist, diese Welt gibt es dann einfach nicht – die Naturgesetze erlauben es nicht.

Einstein: Als Sie von diesem merkwürdigen Massenfeld sprachen, mußte ich unwillkürlich an den Äther denken und an das unglückliche Schicksal, das ihm meine Relativitätstheorie letztlich bereitet hat. Vielleicht erleidet Ihr Massenfeld ein ähnliches Schicksal – aber bitte, das ist nur eine wohl etwas wackelige Vermutung.

Haller: Ganz und gar nicht! Ich wäre sofort damit einverstanden, wenn Sie mir einen besseren Mechanismus zur Massenerzeugung vorschlügen.

Einstein: Hm – bescheiden sind Sie nicht gerade mit Ihren Forderungen.

Newton: Nehmen wir einmal an, es gibt wirklich so ein »Massenfeld«. Was gibt es denn für Möglichkeiten, das herauszufinden, ich meine, durch Experimente?

Haller: Man vermutet, daß der Mechanismus, der die Massen der Teilchen hervorzaubert, mit Energien zu tun hat, die im Bereich von einigen 100 GeV liegen, also durchaus vergleichbar mit der Masse des t-Quarks. Im einfachsten Fall denkt man an ein richtiges Teilchen, das sozusagen das »Massenfeld«, von dem wir vorhin sprachen, repräsentiert.

Einstein: Sie meinen, diese Teilchen repräsentieren dann das »Massenfeld« in ähnlicher Weise wie die Photonen, die das elektromagnetische Feld repräsentieren?

Haller: Ja, nur handelt es sich jetzt um ein Teilchen, das mit den anderen Teilchen in Wechselwirkung tritt und ihnen auf diese Weise eine Masse, genauer ihre Masse gibt. Übrigens, beim Photon passiert auch etwas Ähnliches. Es besitzt eine Wechselwirkung mit den elektrisch geladenen Teilchen, sagen wir, mit dem Elektron.

Streng genommen ist die elektrische Ladung eines Teilchens weiter nichts als die Erlaubnis, eine Wechselwirkung mit dem Photon einzugehen. Die Stärke dieser Wechselwirkung beschreibt dann die Größe dieser Ladung.

Einstein: Das ist mir schon klar. Nur sehe ich einen wesentlichen Unterschied zwischen der elektrischen Ladung und der Masse eines Teilchens. Die elektrische Ladung gibt es immer in ganz bestimmten Quantitäten – entweder ist sie null, wie bei einem Neutron, oder sie ist von der Größe der Elektronladung oder ein ganzzahliges Vielfaches davon – kleiner geht es nicht. In Bayern gilt etwas Ähnliches für das Bier in den Biergärten: Entweder man nimmt eine ganze Maß, oder man bekommt nichts. Was für die Maß gilt, stimmt nicht für die Masse. Elektron und Myon, beispielsweise, haben dieselbe elektrische Ladung, aber die Massen stehen in dem recht krummen Verhältnis von etwa eins zu 207.

Haller: Dem kann ich nicht widersprechen – in der Tat scheint die Masse eines Teilchens etwas qualitativ anderes zu sein als seine elektrische Ladung. Trotzdem könnte es sein, daß es das erwähnte »Massenfeld« gibt, mit einem dazugehörigen Teilchen, das übrigens einen ganz speziellen Namen besitzt – es wird oftmals das »Higgs«-Teilchen genannt, wie ich gestern ausführte. Dieses Teilchen müßte selbst eine bestimmte Masse besitzen – es hat also selbst eine Masse und gibt allen anderen Teilchen ihre Masse.

Newton: Eine seltsame Logik – erst will man die Massen durch die Wechselwirkung mit einem Feld erklären, dann sagt man, daß das zum Feld gehörige Teilchen wieder eine Masse hat. Ich muß schon sagen, eine merkwürdige Sache: Masse wird durch Masse erklärt! Das ist etwa so wie bei Ihrem deutschen Baron von Münchhausen, der sich an den eigenen Haaren aus dem Sumpf zieht und dabei auch noch mein Gravitationsgesetz ignoriert. Also wenn Sie mich fragen – ich halte das für äußerst dubios.

Haller: Ganz so einfach kann man das nicht abtun, Sir Isaac. Das »Massenfeld« ist schon ein besonderes Feld, und auch die Masse des »Higgs«-Teilchens ist dann etwas ganz Spezielles. Alle anderen Massen sind sozusagen nur eine Folgeerscheinung der Masse des »Higgs«-Teilchens. Man vermutet, daß diese Masse etwa im

Abb. 6–1 Ein Modell des LHC-Beschleunigers im LEP-Tunnel am CERN. (Foto CERN)

Bereich zwischen 80 und 1000 GeV liegt. Das Teilchen wäre also mehr als 80mal so schwer wie ein Proton, kaum aber schwerer als 1000 Protonen.

Einstein: Es ist also auch kaum leichter als das Z-Teilchen, von dem wir bereits sprachen. Da man letzteres in Kollisionen von Protonen mit Antiprotonen entdeckt hat, könnte man vermuten, daß man das »Higgs«-Teilchen auch so findet.

Haller: Im Prinzip ja, nur reicht hierzu die Energie der zur Verfügung stehenden Beschleuniger vermutlich nicht aus, auch nicht der Beschleuniger am Fermi-Laboratorium in den USA. Deshalb ist man dabei, am CERN einen neuen Protonenbeschleuniger zu bauen, genannt LHC – »Large Hadron Collider« –, der im Tunnel des LEP-Beschleunigers installiert wird. Mit Hilfe des LHC wird man künftig Protonen auf Energien von etwa 7000 GeV beschleunigen und dann zur Kollision bringen. Manchmal, allerdings nicht sehr oft, würde dann ein »Higgs«-Teilchen erzeugt (falls es das überhaupt gibt), und man könnte es indirekt an seinen Zerfallsprodukten beobachten.

Einstein: Bei diesen Kollisionen hat man es mit riesigen Energien zu tun, was auch bedeutet, daß viele Teilchen erzeugt werden können. Wie will man denn da dieses »Masseteilchen« herausfinden? Das ist ja wohl kaum leichter als die Suche nach der Stecknadel im Heuhaufen.

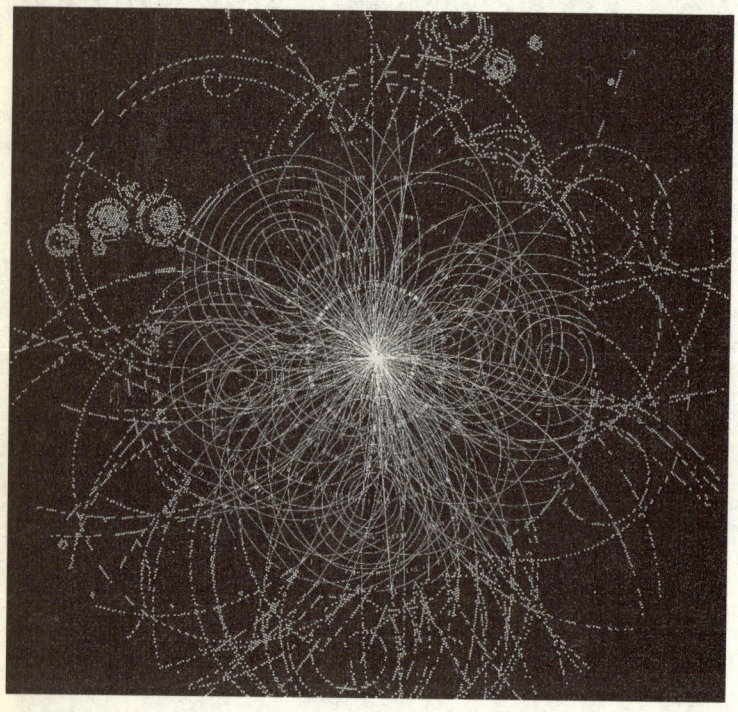

Abb. 6–2 Computersimulation einer Proton-Proton-Kollision am LHC. Neben vielen anderen Teilchen wird ein »Higgs«-Teilchen erzeugt, das in zwei Z-Teilchen zerfällt. Diese wiederum zerfallen in Elektronen oder Myonen (insgesamt vier Teilchen, hier angedeutet), die man vergleichsweise leicht registrieren kann. Man hofft, auf diese Weise das »Higgs«-Teilchen erstmalig zu beobachten, falls es existiert. (CERN)

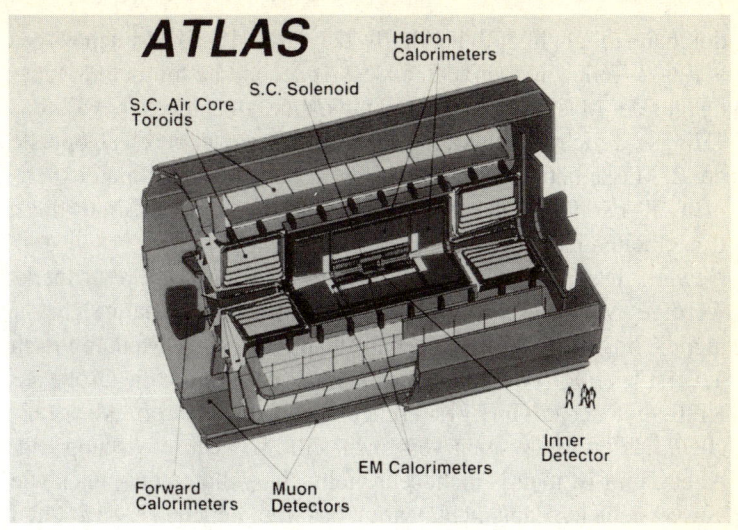

Abb. 6–3 Schematische Darstellung von ATLAS, einem der beiden großen Teilchendetektoren, die am LHC-Beschleuniger im Einsatz sein werden. (CERN)

Haller: Ganz so schlimm ist es nicht. Das »Higgs«-Teilchen steht mit den normalen Teilchen in einer Wechselwirkung, übt also auf diese eine Kraft aus, und diese Kraft ist um so größer, je größer die Masse des Teilchens ist.

Einstein: Ah – ich verstehe. Da die Masse des Z-Teilchens so enorm ist, wird also das »Higgs«-Teilchen vornehmlich in ein Z-Teilchen zerfallen, und das kann man besonders gut nachweisen.

Haller: Man erwartet, daß ein »Higgs«-Teilchen oft in zwei Z-Teilchen zerfällt und nichts anderes – dies setzt allerdings voraus, daß es eine Masse besitzt, die mindestens so groß ist wie zweimal die Masse des Z, also etwa 180 GeV. Da jedes Z Teilchen in ein Elektron-Positron-Paar oder in ein Myon-Paar zerfallen kann, muß man demnach nach Kollisionen suchen, bei denen Elektronen oder Myonen mit großer Energie abgestrahlt werden, wobei die Summe der Energien der verschiedenen Teilchenpaare jeweils den Energien der beiden Z-Teilchen entspricht. Technisch ist dies durchaus möglich, und man hofft, bei den LHC-Experimenten das »Higgs«-Teilchen oder auch andere Teilchen, die mit dem Mechanismus der Massenerzeugung zu tun haben, zu entdecken. Falls das »Higgs«-Teilchen eine Masse besitzt, die weniger als das Doppelte der Z-Masse beträgt, gibt es andere Zerfallsarten, die man experimentell beobachten kann – aber es hat keinen Sinn, diese Einzelheiten jetzt hier zu besprechen.

Newton: Das meine ich auch, denn die Chance, daß dieser merkwürdige Massenerzeugungsmechanismus stimmt, halte ich für nicht sehr groß. Überhaupt erklärt man das meiner Meinung nach äußerst wichtige Phänomen der Masse einfach durch die Größe der Kraft, mit der das »Higgs«-Teilchen mit dem betreffenden Teilchen, dessen Masse man verstehen will, in Wechselwirkung tritt. Aber damit ist man ja nicht sehr viel weitergekommen – nach wie vor verstehe ich dann nicht, warum das Myonteilchen etwa 200mal schwerer ist als das Elektron oder das Proton etwa 2000mal schwerer ist als das Elektron. Also ich hoffe, dieser merkwürdige Mechanismus der Massenerzeugung ist nicht, wie Einstein sagen würde, der wahre Jakob, der hinter dem Phänomen der Masse steht.

Haller: Sir Isaac, Ihrem Skeptizismus möchte ich nicht direkt widersprechen. Vielleicht haben Sie recht, und die heutigen Physiker sind auf einem Holzweg.

Übrigens gibt es noch einen zweiten Weg, eine Masse zu erzeugen, der nicht direkt etwas mit dem »Higgs«-Feld zu tun hat.

Einstein: Aha – also doch. Ich dachte mir gleich, daß da noch etwas existiert.

Haller: Also es geht um die Masse des Protons oder, wenn Sie wollen, die Massen der Atomkerne.

Newton: Immerhin sind das die Massen, die für die Schwerkraft von besonderer Bedeutung sind, denn fast die gesamte Masse eines Körpers ist ja nukleare Masse, also Atomkernmasse; nur etwas weniger als ein Zehntel Prozent ist Masse, die mit den Elektronen zu tun hat. Wie steht es mit der nuklearen Masse?

Haller: Wenn ich vorhin gesagt habe, daß heute ein tieferes Verständnis des Massenphänomens fehlt, so stimmt das nicht ganz, jedenfalls nicht für das Proton, das Neutron und überhaupt für die

Abb. 6–4   Drei Quarks als die elementaren Bausteine des Protons. Die Quarks werden im Inneren des Protons durch den Austausch von Gluonen zusammengehalten. Die gluonischen Kräfte sind die stärksten Kräfte, die in der Natur existieren. Sie verhindern, daß die Quarks selbst als isolierte Teilchen in der Natur auftreten.

Atomkerne. Das Proton ist kein elementares Teilchen – es besteht aus noch kleineren Objekten, den bereits erwähnten Quarks. Genau drei Quarks benötigt man, um ein Proton aufzubauen. Zwischen ihnen bestehen sehr starke Kräfte, vermittelt übrigens durch spezielle Kraftteilchen, die man Gluonen nennt. Das Proton ist also im Grunde ein recht kompliziertes dynamisches System, bestehend aus Quarks und aus Gluonen – es sieht aus wie eine kleiner

Fußball, angefüllt mit Quarks und Gluonen, mit einem Radius von 10^{-13} cm – etwa dem hunderttausendsten Teil eines Atomradius.

Newton: Quarks und Gluonen sind also die eigentlichen Bausteine der Atomkerne, und die gesamte Dynamik der Atomkernphysik läßt sich auf die Physik der Quarks und Gluonen zurückführen, analog zur Atomphysik, die sich ja auch auf die Dynamik der Atomkerne und der Elektronen in der Hülle der Atome reduzieren läßt. Kann man das so pauschal sagen?

Haller: Durchaus. Es soll aber hier nicht unsere Aufgabe sein, in die Details der Atomkernphysik einzusteigen.

Einstein: Trotzdem eine Frage hierzu: Wenn ich Sie recht verstehe, sind die Quarks in den Atomkernen gewissermaßen das Analogon zu den Elektronen in den Atomhüllen und die Gluonen das Analogon zu den Photonen. Die Gluonen sorgen für den Zusammenhalt der Quarks in den Kernen, die Photonen für den Zusammenhalt der Elektronen und Kerne in den Atomen. Nun aber haben die Elektronen ja eine Masse. Wie steht es denn diesbezüglich mit den Quarks und den Gluonen?

Haller: Bei den Gluonen ist es ganz einfach, sie sind masselos wie die Photonen. Der wesentliche Unterschied zwischen Photonen und Gluonen besteht darin, daß die Gluonen auch mit sich selbst in Wechselwirkung treten können – zwischen zwei Gluonen wirkt also eine Kraft, die so stark ist wie die Kraft, die zwischen einem Quark und einem Gluon wirkt.

Einstein: Ich verstehe – diese intergluonischen Kräfte sind offensichtlich ganz wesentlich für die Dynamik der Quarks und Gluonen. Bei den Photonen gibt es ja diese Kräfte nicht, Licht tritt nur mit normaler Materie in Wechselwirkung, nicht mit sich selbst.

Haller: Gott sei Dank – wenn es eine solche Kraft gäbe, sähe die Welt ganz anders aus. Ein Laserstrahl könnte nicht existieren, da sich die Photonen des Strahls gegenseitig anziehen würden. Die Sonnenstrahlen würden sich gegenseitig beeinflussen und gar nicht bis zur Erde vordringen können – kurz, wir haben allen Grund, dankbar zu sein, daß es direkte Kraftwirkungen zwischen Photonen nicht gibt. Was die Quarks anbelangt, habe ich schon erwähnt, daß sie eine Masse besitzen, wie etwa das t-Quark. Diejenigen Quarks, die sich im Innern der Protonen befinden – ich sage bewußt »diejenigen«, denn es gibt in der Natur ja noch andere Quarks, die jedoch nicht als Bausteine der Protonen auftreten, sondern von anderen, sehr instabilen Teilchen –, besitzen eine wenn auch im Vergleich zur Protonenmasse sehr kleine Masse, die man aber in guter Näherung vernachlässigen kann.

Einstein: Was heißt hier »vernachlässigen«? Wenn ich dies wirklich mache, besteht also das Proton aus masselosen Quarks und Gluonen. Woher kommt denn dann die Masse des Protons, immerhin fast 1000 MeV?

Haller: Jetzt kommen wir zum Witz der ganzen Angelegenheit. Die heute vorliegende Theorie der Quarks und Gluonen ist eine Theorie, die ebenso klar formuliert ist wie die Theorie der Elektrodynamik, die immerhin die Grundlage für die gesamte Atomphysik darstellt. Sie legt fest, daß sich das Proton aus masselosen Quarks und Gluonen aufbauen läßt. Das Proton erhält somit seine Masse als Folge der Wechselwirkung, sozusagen rein dynamisch. Man spricht deshalb auch von einer dynamischen Massenerzeugung.

Newton: Das gefällt mir schon besser. Wenn ich also ein Proton näher anschaue, dann müßte ich im Innern masselose Quarks und Gluonen beobachten, die faktisch mit Lichtgeschwindigkeit hin und her sausen. Ich könnte mir dann vorstellen, daß die Masse eines Protons nichts weiter ist als die Folge der Tatsache, daß die Quarks und die Gluonen durch die herrschenden Kräfte auf kleinem Raum eingesperrt sind. Die Masse des Protons wäre also nichts weiter als eine Art Bewegungsenergie der Quarks und Gluonen im Innern des Protons.

Haller: So kann man es ausdrücken, nur sprechen wir heute in der Teilchenphysik nicht von der Bewegungsenergie der Quarks und Gluonen, sondern von deren Feldenergie.

Einstein: Wenn ich auch mal was dazu sagen darf – wenn ich Sie recht verstehe, Herr Haller, dann muß ich mir das Proton als ein kleines Bündel von Quarks und Gluonen vorstellen, gewissermaßen als eine Art quark-gluonischen Kugelblitz, ausgestattet mit einer bestimmten Feldenergie, die summiert die Masse des Protons ausmacht ganz entsprechend meiner Beziehung $E = mc^2$ zwischen Energie und Masse des Protons.

Das erinnert mich an meine Jugendzeit. Als ich meine alte Formel $E = mc^2$ ableitete, betrachtete ich ein elektromagnetisches Strahlungsfeld und zeigte, daß dieses sich so verhält wie ein materieller Körper mit einer Masse, gegeben durch die Energie, geteilt durch das Quadrat der Lichtgeschwindigkeit. Hier ist es offensichtlich ganz ähnlich. Jedenfalls klingt das sehr einleuchtend. Endlich haben wir nun eine Situation, bei der man explizit sehen kann, wie eine Masse zustande kommt. Für mich ist jetzt klar – der wahre Jakob der Massen der Atomkerne ist die Feldenergie der Quarks und Gluonen. Damit hat man den Ursprung der nuklearen Masse doch ganz gut verstanden. Ich für meinen Teil jedenfalls kann damit gut leben und bin zufrieden.

Haller: Leider muß ich dieses Bild trotzdem ein wenig zurechtrücken. Ich sagte vorhin, daß ich das Ganze betrachtet habe, ohne die Massen der Quarks explizit zu berücksichtigen. Wenn ich das nun in der Folge mache, ändert sich das Bild ein wenig. Die Massen der Quarks sind nämlich von der Größenordnung von etwa 5 MeV. Bei drei Quarks im Proton bedeutet das: Nur ungefähr 2 % der Masse des Protons haben etwas mit der Masse der Quarks zu tun.

Einstein: Wenn ich sie nicht schon hätte, würde ich mir wegen dieser 2 % keine grauen Haare wachsen lassen. Qualitativ ändert sich doch nichts: Etwa 98 % der Massen der Atomkerne und damit des weitaus größten Teils der Materie, die wir im Kosmos beobachten – in Gestalt von Sternen, Planeten, Gaswolken und dergleichen –, kann man auf dynamische Art verstehen, wohlgemerkt, ohne dieses ominöse Massenfeld einzuführen oder dieses »Higgs«-Teilchen. Die fehlenden 2 % würden also von dem »Higgs«-Feld herrühren. Einverstanden – vielleicht ist es so, aber ich muß schon darauf hinweisen, daß ich kein gutes Gefühl dabei habe. Die Masse eines Steins von einem Kilogramm könnte ich also aufteilen in etwa 980 g dynamischer Masse, herrührend von den Quarks und Gluonen, und 20 g »Higgs«-Masse. Kommt Ihnen das nicht etwas komisch vor, Herr Haller?

Haller: Das brauchen Sie mir nicht explizit zu sagen, Professor Einstein. Auch ich bin kein Freund dieser Massenaufteilung, aber ausschließen kann ich diese Möglichkeit nicht. Immerhin ist es ja beim Atom ähnlich. Der Hauptteil der Atommasse ist die Kernmasse, ein kleiner Teil rührt von den Elektronen her. Also läßt sich hier die Masse auch aufteilen. Es gibt heute aber auch konkrete Vorstellungen, wie man die Masse der Elektronen, Quarks und übrigens auch der W- und Z-Bosonen durch rein dynamische Effekte erklären kann. Nur weiß niemand, ob diese stimmen. Dies herauszufinden ist nicht zuletzt die Hauptaufgabe des neuen Beschleunigers LHC, der am CERN im Aufbau ist. Ich bitte zu bedenken, daß wir jetzt an die vordere Front der heutigen Forschung vorgedrungen sind.

Einstein: Also gut, da müssen wir abwarten. Ich denke, wir sollten die weitere Diskussion über das Massenproblem aufschieben, bis man da Näheres weiß. Bei unserer nächsten Zusammenkunft, sagen wir im Jahr 2010, können wir ja dann darüber befinden...

Ich schlage jetzt vor, daß wir uns endlich dem eigentlichen Thema zuwenden, der Gravitation – allerdings nicht gleich. Heute habe ich im Hotel drüben am Schwielowsee einen Tisch bestellt, und es ist Zeit, aufzubrechen.

Und so geschah es. Die drei Physiker machten sich zu Fuß auf den Weg. Einstein kannte die Abkürzung über einen schmalen Weg vorbei an einem südlich von Caputh gelegenen kleinen See, dem Caputher See, zum Schwielowsee. Nach einem kurzen Spaziergang erreichten sie das »Haus am See«, ein Hotel und Restaurant unmittelbar am Ufer des Schwielow.

7

Ist die Schwerkraft eine Kraft?

> Aber das ahnungsvolle, Jahre währende
> Suchen im Dunkeln mit seiner gespann-
> ten Sehnsucht, seiner Abwechslung von
> Zuversicht und Ermattung und seinem
> endlichen Durchbrechen zur Wahrheit,
> das kennt nur, wer es selbst erlebt hat.
> *Albert Einstein*[7.1]

Nach einem ausgiebigen Mittagessen im »Haus am See«, in dem
es vorzüglichen Fisch aus dem nahen Schwielowsee gab, und nach
zwei Flaschen Weißwein von der Unstrut, den selbst Newton nicht
verschmäht hatte, begaben sich die Herren in guter Stimmung auf
den Heimweg. Sie beschlossen, einen kleinen Umweg in Kauf zu
nehmen, und wanderten am Ufer des Sees zum kleinen Ort Ferch.

»Der Schwielow ist breit, behaglich, sonnig und hat die
Gemütlichkeit aller breit angelegten Naturen«, so schrieb Theodor
Fontane einst in seinen »Wanderungen durch die Mark Branden-
burg«. Einstein zitierte Fontane, um gleich darauf hinzuweisen,
daß es dafür einen tieferen Grund gibt. Die Havel, aus dem nahegelegenen Potsdam kommend, passiert den Templiner See, staut
sich dann im engen Caputher Gemünde und kann sich dann endlich
im behäbigen Schwielowsee ausbreiten. Einstein mochte deshalb
den Schwielowsee besonders, und in den Jahren seiner mehrmona-
tigen Sommeraufenthalte in Caputh segelte er, wann immer er
konnte, hinunter zum Schwielowsee.

In Ferch verließen sie das Ufer des Schwielowsees und wanderten durch den Wald zurück nach Caputh, vorbei an den beiden
kleinen Lienewitzer Seen. Auf einer Lichtung machten sie Rast.

113

Einstein ging zu einem Baum mit einem breiten Ast, zog sich daran mehrmals in die Höhe und ließ sich dann fallen.

Newton schaute belustigt zu und nahm mit einer scherzhaften Bemerkung den Gesprächsfaden wieder auf: »Sie wollen wohl prüfen, ob die Gravitationskraft noch eingeschaltet ist, Mr. Einstein?« Einstein: Sie werden vermutlich erstaunt sein über das, was ich jetzt sage – es gibt überhaupt keine Gravitationskraft. Und von Ausschalten kann keine Rede sein.

Newton: Professor Einstein, ich gehe doch wohl richtig in der Annahme, daß Sie meine »Principia« gelesen haben? Also sollten Sie wissen, was die Gravitation ist – eine universelle, alles durchdringende Kraft, die Sie gerade wieder zum Erdboden zurückbefördert hat.

Einstein: Daß die Gravitation alles durchdringt und universell ist, das bestreite ich ja nicht, aber eine Kraft? Das habe ich auch mal geglaubt, aber dann kamen mir Zweifel. Es muß so um das Jahr 1907 gewesen sein, ich schrieb damals gerade an einem Übersichtsartikel über die Spezielle Relativitätstheorie. Mir wurde dabei klar, daß ich im Rahmen meiner Theorie alle bekannten Naturgesetze und alle Kräfte, etwa die elektrodynamischen Kräfte, beschreiben konnte, mit Ausnahme der Gravitation. Und wissen Sie, was mich schließlich auf die richtige Fährte zur Lösung des Gravitationsproblems gebracht hat? Ein Gedankenexperiment, ähnlich meinem Fallexperiment, das ich gerade vorführte. Ich saß auf meinem Stuhl im Patentamt in Bern, als mir plötzlich der Gedanke kam: Das Gewicht deines Körpers, das da auf den Stuhl drückt, würdest du nicht spüren, wenn du jetzt nach unten frei fallen würdest. Zu jener Zeit hatte ich einmal ein Gespräch mit einem Handwerker, der bei einer Dachreparatur von einem der hohen Dächer in der Berner Innenstadt gefallen war. Glücklicherweise war der Unfall glimpflich verlaufen. Er berichtete mir, daß er während des Falls keinerlei Erdschwere verspürte.

Haller: Das Phänomen der Schwerelosigkeit, von dem Einstein gerade sprach, ist heute jedem bekannt, der das Fernsehen verfolgt. Dort sieht man oft das etwas merkwürdig anmutende Hantieren von Astronauten in der Kabine eines Erdsatelliten, der sich im frei-

Abb. 7–1   Die Astronautin und Physikerin Sally Ride im schwerelosen Raum. Mit dem linken Arm drückt sie sich gegen den »Boden« der Raumkapsel, weil sie sonst in der Kapsel schweben würde. (Foto NASA)

en Fall um die Erde befindet und in dem mithin die Schwerkraft deshalb nicht mehr existiert.

Newton: Also doch – habe ich mir doch gedacht, daß da etwas nicht stimmt mit der Masse.

Haller: Was soll das heißen: »nicht stimmt«?

Newton: Es gibt, wie Sie wissen, zwei verschiedene Arten von Massen. Wenn ich diesen Stein hier aufnehme und ihn plötzlich schnell beschleunige, spüre ich einen Widerstand. Der Stein will nicht beschleunigt werden – er wehrt sich dagegen. Die Größe dieses Widerstandes ist die Masse, genauer: die träge Masse des Steines.

Jedoch ist der Stein auch die Quelle eines Gravitationsfeldes. Er wirkt auf alle ihn umgebenden Körper, insbesondere auch auf die Erde. Das Resultat ist die Anziehung des Steins durch die Erde beziehungsweise die Anziehung der Erde durch den Stein. Beide Effekte sind ja gleich. Wenn ich den Stein jetzt loslasse und er zu Boden fällt, dann ist dies die Folge dieser Gravitationskraft. Das Gewicht des Steins ist deshalb ein Maß für die Stärke der wirkenden Gravitation, und die hat erst einmal überhaupt nichts mit der trägen Masse des Steins zu tun. Deshalb sollte man träge Masse und Gewicht oder schwere Masse tunlichst unterscheiden.

Bei der elektrischen Kraft ist dies selbstverständlich. Eine elektrisch geladene Stahlkugel, die sich in einem elektrischen Kraftfeld befindet, unterliegt der elektrischen Kraftwirkung, besitzt aber auch eine träge Masse. Die Stärke der elektrischen Kraft wird durch die Ladung beschrieben, die Stärke der Trägheit durch die träge Masse. Analog sollte man eigentlich die Stärke der Einwirkung der Schwerkraft, also das Gewicht einer solchen Stahlkugel, durch eine Art Gravitationsladung beschreiben, und das ist eben die schwere Masse.

Erstaunlich ist nun, daß schwere und träge Masse genau gleich sind, oder besser: genau proportional. Wenn ich zwei Stahlkugeln miteinander vergleiche, wobei die träge Masse der einen genau doppelt so groß ist wie die der anderen, dann stellt sich heraus, daß die Gravitationskraft auf die eine Kugel auch genau doppelt so stark einwirkt wie auf die andere. Die Konsequenz kennen Sie:

Alle Körper fallen im Schwerefeld gleich schnell, unabhängig von ihrer Masse. Auf die größere Kugel wirkt die Schwerkraft zwar doppelt so stark, jedoch ist auch die Trägheitswirkung doppelt so stark, und deshalb fallen beide gleich schnell – ein Sachverhalt, der schon von Galilei beschrieben worden ist.

Wenn Sie die »Principia« genau lesen, werden Sie feststellen, daß mich diese Gleichheit der beiden im Grunde verschiedenen Massen sehr erstaunt hat. Beide sind so unterschiedlich wie Äpfel und Birnen, und doch sind sie exakt proportional, so daß die meisten Menschen Mühe haben, überhaupt den Unterschied zwischen den beiden Begriffen zu registrieren. Nun – ich habe mich hierin nicht täuschen lassen, sondern habe sogar Experimente durchgeführt. Die Gleichheit der trägen und der schweren Masse führt ja dazu, daß die Schwingungsdauer eines Pendels nicht vom Material abhängt, aus dem das Pendel besteht. Eine Pendeluhr, deren Pendel aus Eisen besteht, zeigt dieselbe Zeit an wie eine Uhr, bei der das Pendel aus Kupfer ist, vorausgesetzt, daß beide Pendel gleich lang sind. So habe ich die Schwingungsdauer eines Pendels aus Holz mit der eines Pendels aus Gold verglichen. Später experimentierte ich mit Silber, Blei und Glas; auch mit Pendeln, deren Hauptmasse aus Wasser bestand, arbeitete ich.

Schließlich kam ich zu der Schlußfolgerung, daß träge und schwere Masse einander mindestens bis zu einer Genauigkeit von eins zu tausend gleich sein müssen. Meine ursprüngliche Hoffnung, doch eine Abweichung zu sehen, erfüllte sich nicht, und ich begann mich zu wundern, warum träge und schwere Massen überhaupt einander proportional sind.

Haller: Übrigens waren Sie nicht der einzige, der sich über diese Gleichheit gewundert hat. Heinrich Hertz, der Entdecker der elektromagnetischen Wellen, hat nach Ihnen gegen Ende des vergangenen Jahrhunderts darüber nachgedacht, und auch Ernst Mach, der große Wiener Physiker. Roland von Eötvös, der ungarische Physiker, führte Ende des vergangenen Jahrhunderts mit Hilfe von speziell konstruierten Waagen Experimente durch, die die Äquivalenz von träger und schwerer Masse mit einer Präzision von fünf zu einer Milliarde zeigten.

Erst in den 60er Jahren ist es gelungen, die Genauigkeit der Experimente von Eötvös noch zu überbieten. In einem sehr aufwendigen Experiment zeigte der amerikanische Physiker Robert Dicke, daß Aluminium und Gold bis zu einer Präzision von eins zu hundert Milliarden im Schwerefeld gleichschnell beschleunigt werden, so daß ihre schweren und trägen Massen innerhalb der genannten Fehler, also mit einer Genauigkeit von 10^{-11}, gleich sein müssen. Es handelt sich hier um einen der am genauesten bekannten Sachverhalte in den Naturwissenschaften.

Newton: Mit einer Präzision von einem Hundertmilliardstel? Unglaublich, und selbst dann findet man noch keinen Unterschied? Die beiden Massen sind also wirklich identisch, als gäbe es ein geheimnisvolles Prinzip, das diese Gleichheit sozusagen erzwingt. Warum, in Gottes Namen, fallen denn nun alle Körper, ganz egal wie groß deren Masse ist, in einem Gravitationsfeld gleich schnell? Das kann kein Zufall sein. Einstein – können Sie sich einen Reim darauf machen?

Einstein: Meine Theorie der Gravitation gibt darauf schon eine Antwort, nur denke ich, um diese gebührend zu würdigen, müssen wir etwas systematischer vorgehen. Schließlich habe ich selbst 10 Jahre gebraucht, um eine zumindest mich befriedigende Antwort zu finden. Also – wie Sie wissen, baut meine Spezielle Relativitätstheorie ebenso wie Ihre Mechanik auf der Tatsache auf, daß Bezugssysteme, die sich relativ zueinander in Ruhe befinden oder sich gleichmäßig und geradlinig zueinander bewegen, völlig gleichwertig sind, vorausgesetzt, es handelt sich dabei um Trägheitssysteme oder, wie man oft etwas gelehrter sagt, Inertialsysteme. Ein solches ist gegeben, wenn sich in ihm ein Körper, auf den keine Kräfte wirken, unter dem Einfluß seiner Trägheit geradlinig und mit gleichförmiger Geschwindigkeit bewegt. Strenggenommen läßt sich ein solches System ja auf der Erde oder in der Umgebung der Erde nicht realisieren, wegen der allgegenwärtigen Schwerkraft. Am besten geht es noch im Weltraum, weit entfernt von irgendwelchen Himmelskörpern, etwa in einem Raumschiff in der Mitte zwischen unserer Galaxie und der benachbarten Andromeda-Galaxie.

Newton: Auch da geht es nur approximativ, denn selbst ein Raumschiff, das weitab von Sternen und Planeten durch das All vagabundiert, wird immer noch etwas von den fernen Himmelskörpern beeinflußt. Aber ich gebe zu, je weiter wir uns von denen entfernen, um so besser sollte es werden. Jedoch wird es niemals möglich sein, die störenden Einflüsse der Gravitation ganz auszuschließen – mit anderen Worten: Inertialsysteme sind im Grunde Erfindungen unserer Einbildungskraft.

Einstein: Sicher, wie viele Begriffe in den Wissenschaften stellt auch der des Trägheitssystems einen idealisierten Grenzfall dar, der sich in der Realität eben nur approximativ verwirklichen läßt. Immerhin – selbst ein Auto, das mit gleichmäßiger Geschwindigkeit geradeaus auf der Autobahn fährt, stellt in guter Näherung ein Inertialsystem bezüglich seiner Bewegung auf der Straße dar, wenn man einmal von der Tatsache absieht, daß die Schwerkraft auch in einem fahrenden Auto voll wirksam ist.

Newton: Erinnern Sie sich noch an unsere eingehende Diskussion bezüglich meines alten Begriffs des absoluten Raums? Zwar wurde dieser von Ihrer Speziellen Relativitätstheorie sozusagen auf die Müllhalde der Physikgeschichte gekippt, aber ganz aufgeben kann ich die Idee doch nicht, daß es mit dem Raum oder von mir aus mit der Raum-Zeit etwas Besonderes auf sich hat. Es gibt ja zur Beschreibung der Naturphänomene alle möglichen Bezugssysteme, nicht nur die Inertialsysteme. Letztere sind offensichtlich besonders ausgezeichnet. Wenn ich eines kenne, dann ist jedes andere System, das sich zum ersteren gleichförmig und geradlinig bewegt, auch wieder ein Inertialsystem. Wenn Sie mir gestatten, so werde ich jetzt eine neue Version meines absoluten Raumes einführen, sozusagen eine absolute Raum-Zeit.

Einstein: Ich kann mir schon denken, was jetzt kommt – Sie legen einfach fest: Die absolute Raum-Zeit ist weiter nichts als die Gesamtheit aller Inertialsysteme.

Newton: Genau! Jedes der unendlich vielen Inertialsysteme ist sozusagen eine Sprache, mit der man die physikalischen Sachverhalte beschreiben kann. Geht man zu einem anderen System über, ändert man nicht die Realität, sondern nur die Beschreibung, so wie man dasselbe Ereignis in Englisch, Französisch oder Deutsch beschreiben kann. An der Realität ändert dies nichts. In jedem Punkt des Kosmos, der weitab von den störenden Einflüssen der Himmelskörper liegt, kann ich ein solches System einführen, gewissermaßen anheften, und die Möglichkeit, daß ich das tun kann, das ist ein Fingerzeig, daß die Raum-Zeit, übrigens ganz im Sinne Ihrer Speziellen Relativitätstheorie, in unserer Welt nicht etwas ganz Beliebiges darstellt, sondern besonders einfach ist.

Haller: Auf einen Punkt möchte ich besonders hinweisen – die Tatsache, daß Trägheitssysteme einander gleichwertig sind, gilt nicht nur für mechanische Prozesse, sondern für die gesamte Physik, etwa auch für elektrische und magnetische Phänomene. Sie gilt ja auch, wie wir wissen, für die Lichtgeschwindigkeit, die in jedem Bezugssystem dieselbe ist, also ungefähr 300 000 km/s, was unmittelbar zur Speziellen Relativitätstheorie führt. Eine Folge ist auch, daß es nicht möglich ist, eine absolute Geschwindigkeit zu messen. Geschwindigkeiten sind immer relativ, niemals absolut. Ein Astronaut, der in einer geschlossenen Kapsel durch den Weltraum fliegt, ist nicht in der Lage, aufgrund von Beobachtungen innerhalb der Kapsel festzustellen, welche Geschwindigkeit seine Kapsel, also sein Bezugssystem hat. Wie könnte er auch, denn dann müßte er erst einmal darlegen, worauf sich die Angabe der Geschwindigkeit beziehen sollte, etwa relativ zur Erde oder zur Sonne oder zur Galaxie?

Dies gilt jedoch nicht für Beschleunigungen. Sobald der Astronaut ein Triebwerk einschaltet, treten Trägheitskräfte auf, die zur Folge haben, daß er an die Wand der Kapsel gedrückt wird oder daß kleine, nicht befestigte Gegenstände durch den Raum fliegen. Denselben Effekt verspürt auch jeder Autofahrer, der seinen Wagen schnell beschleunigt oder abbremst. In einem beschleunigten System bewegen sich Körper auch nicht mehr gleichförmig auf geraden Bahnen, sondern im allgemeinen auf krummen Bahnen. Die aufgrund der Beschleunigung auftretenden Kräfte sind leicht meßbar, haben also eine vom Bezugssystem unabhängige Bedeutung. Man kann sie zum Beispiel benutzen, um die vorliegende Beschleunigung zu messen. Der Astronaut kann schon allein durch

Abschätzung der Kraft, mit der er in seinen Sitz gedrückt wird, die vorliegende Beschleunigung abschätzen, während er über die Geschwindigkeit nichts sagen kann. Beschleunigung ist also absolut, Geschwindigkeit relativ.

Newton: Das ist es ja, was ich meinte, als ich vorhin von einer absoluten Raum-Zeit sprach. Letztere muß existieren, denn Beschleunigungen sind absolut, Geschwindigkeiten jedoch nur relativ. Als ich mich beim Schreiben der »Principia« mit dem Problem der absoluten Beschleunigung auseinandersetzte, betrachtete ich folgendes Beispiel, das ebenfalls ein Hinweis darauf ist, daß der Begriff eines absoluten Raumes – genauer, einer absoluten Raum-Zeit, Mr. Einstein – sinnvoll sein muß. Betrachten wir einen Wassereimer, halb gefüllt mit Wasser. Versetze ich ihn in Rotation, dann krümmt sich die Wasseroberfläche konkav, das heißt, das Wasser steigt am Rand. Jetzt versetze ich mich in den Zustand eines Beobachters, der mit dem Wassereimer rotiert. Für diesen ist der Wassereimer in Ruhe, nur wundert er sich vermutlich, daß die Wasseroberfläche nicht eben ist, aber nur so lange, bis er registriert, daß das gesamte Universum, einschließlich der Erdoberfläche, um ihn herum rotiert. Dann wird er schließen, daß sich sein Wassereimer eben doch nicht in Ruhe befindet, sondern rotiert – das Ganze sich also in einem rotierenden Bezugssystem abspielt, mithin nicht in einem Inertialsystem.

Einstein: Alles schön und gut, Mr. Newton. Ich schlage jetzt vor, wir machen zwei einfache Gedankenexperimente. Wir nehmen zwei Raumstationen, die wir mit allerlei physikalischem Gerät ausstatten, die jedoch keine Fenster haben sollen. In jeder der beiden Raumstationen soll sich ein Astronaut befinden. Beide sind miteinander in Funkkontakt und können sich über den Ausgang von Experimenten verständigen. Die eine Raumkapsel plazieren wir weitab im Weltraum, die zweite auf der Erdoberfläche aufliegend. Jetzt zum ersten Experiment:

Beide Astronauten machen Fallversuche. Der Astronaut im Weltraum wird festellen, daß es in seinem System keine Schwerkraft gibt – er befindet sich in einem Inertialsystem. Alle Körper sind entweder in Ruhe oder in gleichförmiger Bewegung.

Ein Schraubenschlüssel, vom Astronauten im Raum »abgelegt«, verharrt dort, schwebt also in der Luft. Der Astronaut in der auf der Erde verbliebenen Station wird feststellen, daß Gegenstände nach unten beschleunigt werden, daß also in seinem System eine Schwerkraft existiert – sein System ist kein Inertialsystem – ein Schraubenschlüssel fällt nach unten. Jetzt schaltet der Astronaut im Weltraum sein Triebwerk ein, und letzteres soll sich mit einer Beschleunigung bewegen, die genau der Beschleunigung entspricht, die ein Körper auf der Erdoberfläche erfährt, das heißt eine Geschwindigkeitszunahme von 9,81 m/s in jeder Sekunde. Was wird der Astronaut bemerken?

Newton: Jetzt ist der Astronaut nicht mehr in einem Inertialsystem, der Schraubenschlüssel »fällt« nach unten, genauer: in die Rich-

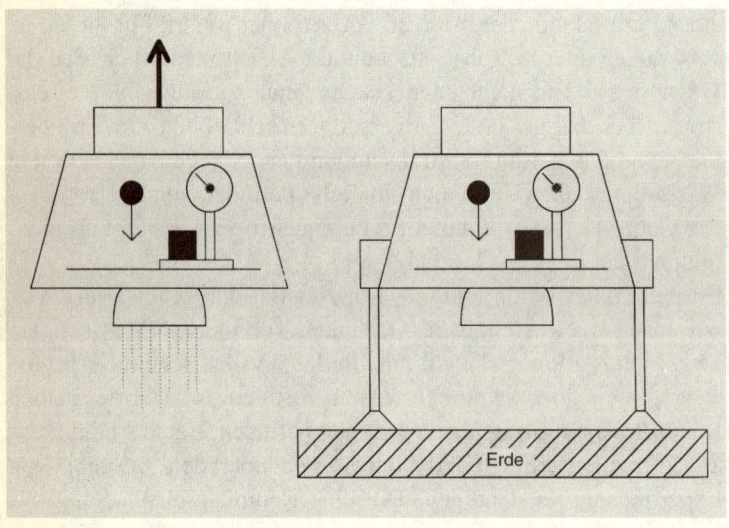

Abb. 7–2   Ein Gravitationsfeld und ein beschleunigtes Bezugssystem sind identisch. Auf der linken Seite ist ein Raumschiff im freien Weltraum zu sehen, das mit der Beschleunigung g beschleunigt wird, rechts ein ähnliches Raumschiff, das auf dem Erdboden ruht. Beide Systeme lassen sich nicht unterscheiden; in beiden fallen massive Körper nach unten oder besitzen ein Gewicht.

tung entgegengesetzt zur vorliegenden Beschleunigung. Genaugenommen bewegt sich der Schraubenschlüssel jedoch überhaupt nicht, da er die Beschleunigung nicht mitmacht, solange er dazu nicht gezwungen wird, etwa durch den Astronauten, der ihn nach dem Einschalten der Triebwerke festhält, sondern bleibt an seinem Ort, aber der Astronaut bewegt sich beschleunigt von ihm weg.

Einstein: Der Schraubenschlüssel »fällt« nach unten. Newton – ist Ihnen klar, was das bedeutet? Der Astronaut verspürt plötzlich eine Schwere wie sein Kollege auf der Erde oder wie ich auf meinem Bürosessel im Berner Patentamt. Wenn der Astronaut nicht wüßte, daß er sich mitten im Weltraum befindet und daß seine Triebwerke arbeiten – nehmen wir an, er hätte die ganze Zeit seit der Abreise von der Erde geschlafen und würde gerade aufwachen –, dann müßte er unweigerlich denken, er befinde sich immer noch auf der Erde. Mit anderen Worten: Wir haben künstlich eine Art Schwerkraft erzeugt, einfach durch die Beschleunigung unseres Bezugssystems.

Newton: Und Sie glauben tatsächlich, daß es dem Astronauten nicht möglich ist herauszufinden, ob er sich in einem beschleunigten System befindet oder auf der Erde?

Einstein: Wie denn? Es wäre ein leichtes, wenn es einen wenn auch von mir aus kleinen Unterschied zwischen der trägen und der schweren Masse eines Objekts gäbe, dann ja. Dann würde der Astronaut auf der Erde mit Hilfe einer Waage eben die gravitative Masse messen, der andere die träge Masse. Aber da es keinen Unterschied zwischen den beiden Massen gibt, besteht keine Möglichkeit herauszufinden, wer im Schwerefeld ist und wer sich nur im beschleunigten System befindet, oder können Sie eine angeben?

Haller: Da Einstein dies noch nicht explizit erwähnt hat, möchte ich es hier tun. Was wir gerade bemerkt haben, ist eine Art Äquivalenz zwischen einer Beschleunigung und einem Gravitationsfeld. Einstein behauptet, daß in dem beschleunigten Raumschiff im Weltraum alle Experimente genauso ablaufen wie in dem ruhenden Raumschiff auf der Erdoberfläche, nicht nur mechanische Experimente, sondern auch Experimente mit elektromagnetischen

Erscheinungen, mit Licht, mit radioaktiven Substanzen, selbst chemische Reaktionen oder Lebensprozesse. Und er hat dies zu einem Prinzip erhoben – wir nennen es heute allgemein das Äquivalenzprinzip. Es ist das Fundament, auf dem sich die ganze Allgemeine Relativitätstheorie aufbaut.

Newton: Moment mal! Heißt das, Sie beide wollen mir jetzt einreden, daß man durch eine einfache Beschleunigung ein ganzes Gravitationsfeld simulieren kann? Daß Beschleunigungen und Gravitation völlig äquivalent sind?

Einstein: Sie sind vollkommen identisch – das behaupte ich. Zumindest gilt das lokal, also für einen kleinen Raumbereich, etwa im Innern unseres Raumschiffs. Ich verstehe, lieber Newton, daß Ihnen dieser Gedanke gegen den Strich geht. Im Grunde habe ich jedoch nur konsequent zu Ende gedacht, was man aus der Gleichheit der beiden Massen schließen muß.

Es ist ähnlich wie beim Äther. Sie wissen, daß die Experimente gegen Ende des vergangenen Jahrhunderts ergaben, daß es keine Manifestation des Äthers gibt, in dem sich die elektromagnetischen Erscheinungen ausbreiten. Ich zog den Schlußstrich unter diese Debatte mit meiner Behauptung, daß es nicht nur keine solche Manifestation gibt, sondern daß es den Äther selbst überhaupt nicht gibt. Die Konsequenz war die Spezielle Relativitätstheorie, wie Sie wissen.

Mit der Gravitation verhält es sich ähnlich. Die Gleichheit zwischen träger und schwerer Masse sagt aus, daß Gravitation und Trägheit identisch zu sein scheinen. Ich sage: Es scheint nicht nur so, sondern sie sind gleich. Trägheit und Gravitation – das sind zwei Seiten derselben Münze. Die Konsequenz ist die Allgemeine Relativitätstheorie.

In einem Schwerefeld fallen alle Körper gleich schnell, Mr. Newton. Das ist der entscheidende Fingerzeig. Dreihundert Jahre lang stand dieser im Raum, seit der Veröffentlichung Ihrer »Principia«. Niemand hat ihn ernst genommen, aber ich behaupte, daß er ernst genommen werden muß. Er gibt die Richtung an, in die wir gehen müssen, wenn wir das Rätsel der Gravitation aufklären wollen.

Newton: Professor Einstein, das ist ein harter Brocken für mich, und Sie werden mir verzeihen, daß ich da Verdauungsschwierigkeiten bekomme. Die Gravitation ist ja nicht etwas, was man ohne weiteres ein- und abschalten kann, so wie das Licht am Abend mit dem Lichtschalter. Aber genau das tun Sie. Sie behaupten, daß im Innern des beschleunigten Raumschiffs ein Gravitationsfeld existiert, vom Standpunkt des Astronauten aus betrachtet. Wir, die wir das Raumschiff von außen betrachten, sehen deutlich, daß dies eine Illusion ist, denn der Astronaut bewegt sich mit seinem Raumschiff beschleunigt. Also gibt es im Raumschiff kein Gravitationsfeld, bestenfalls die Illusion eines solchen. Mir scheint, Sie beide verwechseln Illusion und Wirklichkeit.

Einstein: Bevor wir weiter streiten, lassen Sie uns ein weiteres Gedankenexperiment durchführen. Wir nehmen unsere Raumkapsel, plazieren sie auf einem hohen Turm und lassen sie nach unten fallen. Damit die Kapsel nicht am Boden zerschellt, werden kurz vor dem Erreichen des Bodens die Triebwerke eingeschaltet, so daß sie sanft aufsetzen kann. Betrachten wir diesen Vorgang zunächst von der Warte eines Beobachters aus, der auf dem Boden steht und den Fall der Raumkapsel beobachtet. Er sieht, daß die Kapsel durch die Erdschwere angezogen wird und sich beschleunigt nach unten bewegt, ebenso der in der Kapsel befindliche Astronaut samt allen Gegenständen in der Kapsel. Kurz vor Erreichen des Bodens zünden die Triebwerke, und es findet eine starke Beschleunigung nach oben statt, so daß der Fall der Kapsel abgebremst wird. Nach kurzer Zeit kommt sie auf dem Boden zum Stillstand.

Newton: Lassen Sie mich jetzt beschreiben, wie das Ganze vom Standpunkt des Astronauten in der Kapsel aussieht. Solange sich die Kapsel auf dem Turm befindet, registriert er in seiner Kapsel ein Gravitationsfeld, das nach unten gerichtet ist. In dem Moment, in dem die Kapsel vom Turm gestoßen wird, wird das Gravitationsfeld durch die Beschleunigung kompensiert – es gibt also scheinbar in der Kapsel jetzt keine Gravitation mehr. In dem Moment, in dem die Triebwerke eingeschaltet werden, scheint plötzlich ein starkes Gravitationsfeld aufzutreten, das stärker ist als die übliche

Gravitation auf der Erde. Nach kurzer Zeit verschwindet das starke Feld jedoch, und es herrscht die übliche Erdgravitation. Ich betone jedoch, daß ich sagte, daß ein Gravitationsfeld aufzutreten scheint – in Wirklichkeit ist es keines, sondern nur ein Scheineffekt als Folge der Beschleunigung.

Einstein: Nein, Mr. Newton, damit lasse ich Sie nicht davonkommen. Das letztere stimmt nicht. Sie sagten, beim freien Fall gibt es in der Kapsel scheinbar keine Gravitation mehr. Ich sage: In der Kapsel gibt es nicht nur scheinbar keine Gravitation mehr, sondern es gibt sie überhaupt nicht. Durch den Effekt der Beschleunigung wurde die Gravitation eliminiert – sie ist weg, auf und davon. Die Gravitation ist eben ein Phänomen, das vom Bezugssystem abhängt. In dem einen System ist sie da, im andern nicht. So gesehen ist die Gravitationskraft also keine wirkliche Kraft, sondern eine Scheinkraft. Der Astronaut im frei fallenden Raumschiff wird in keiner Weise herausfinden können, daß er frei im Schwerefeld der Erde fällt. Er hat überhaupt keine Möglichkeit, das Gravitationsfeld der Erde zu messen. Für ihn existiert es einfach nicht. Was man nicht messen kann, gibt es nicht.

Newton: Halt! Sie sagen, es gibt im frei fallenden System also gar kein Schwerefeld mehr. Würde das bedeuten, daß alle Experimente, die der Astronaut in seiner fallenden Kapsel durchführt, zu genau denselben Resultaten führen wie die seines Kollegen im Weltraum, der sich in seinem Inertialsystem befindet? Ich meine jetzt wirklich alle möglichen Experimente, also auch elektromagnetische oder chemische Experimente, ja sogar biologische.

Haller: Einstein behauptet in der Tat, daß es keine Möglichkeit gibt, zwischen beiden Systemen zu unterscheiden. Das frei fallende System ist also ebenfalls ein Inertialsystem. Im Grunde ist dies eine feine Sache, denn wir haben ja schon verschiedentlich betont, wie schwierig es ist, ein richtiges Inertialsystem zu finden, da die Effekte der alles durchdringenden Gravitation nicht ohne weiteres ausgeschaltet werden können. Einsteins Prinzip der Äquivalenz gibt dafür eine einfache Lösung. Selbst hier auf der Erde kann man zumindest im Prinzip leicht ein Inertialsystem konstruieren, wie das Beispiel der frei fallenden Raumkapsel zeigt. Es muß auch

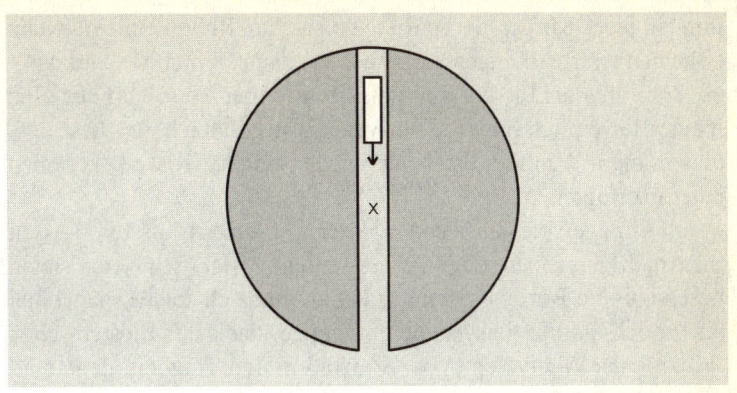

Abb. 7–3 Eine Kabine bewegt sich frei im Schwerefeld der Erde in einem Schacht, der durch den Erdmittelpunkt verläuft. Sie pendelt zwischen den beiden Schachtöffnungen hin und her. Im Inneren der Kabine ist kein Schwerefeld nachweisbar – das System ist ein Inertialsystem, obwohl es sich relativ zur Erde beschleunigt bewegt. Die Effekte der Luftreibung wurden vernachlässigt.

keine Raumkapsel sein – ein frei fallender Fahrstuhl ist ebenso ein Inertialsystem, allerdings nur für die kurze Zeit des freien Falls. Bei manchen diffizilen Experimenten, die man nur im schwerefreien Raum machen kann, behilft man sich heutzutage manchmal damit, daß man solche Experimente in einem frei fallenden Flugzeug durchführt, in dem man zumindest für einige Minuten eine Schwerelosigkeit herstellen kann.

Einstein: Dieses Problem ließe sich zumindest im Prinzip dadurch lösen, daß man durch die Erde einen Schacht gräbt, mitten durch den Mittelpunkt und bis zur gegenüberliegenden Erdoberfläche. Eine Kabine, die in einem solchen Schacht immer zwischen den beiden Schachtöffnungen hin- und herpendelt, wäre ein Inertialsystem, vorausgesetzt, wir vernachlässigen die auftretenden Reibungseffekte und den unvermeidlichen Luftwiderstand.

Newton: Merkwürdig – ein System, das einer ständigen Beschleunigung ausgesetzt ist, und es ist nach Ihren Worten trotzdem ein Trägheitssystem. Wenn man ein solches danach beurteilt, daß in ihm ein jeder Körper, der in Ruhe ist, auch in Ruhe verbleibt, wenn er keinen Kraftwirkungen ausgesetzt ist, dann stimmt es allerdings – es wäre in der Tat ein Inertialsystem. Aber entschuldigen Sie, meine Herren. Ich bitte Sie um Verständnis, daß ich Zeit benötige, dies in mein Weltbild, das heute wieder ein paar Risse bekommen hat, einzufügen.

Ich schlage vor, wir beenden vorerst unsere Diskussion. Lassen Sie mich nur noch eine Frage stellen. Wenn wir jetzt schon beschleunigte Bezugssysteme zulassen und sich solche manchmal auch noch als Inertialsysteme entpuppen, dank des Einsteinschen Prinzips der Äquivalenz von Gravitation und Trägheit, dann sind wir ja schon nahe daran, praktisch alle Bezugssysteme, auch wenn sie sich noch so wild im Raum bewegen, als Bezugssysteme zuzulassen. Nun gilt ja Ihre Spezielle Relativitätstheorie nur für die alten Inertialsysteme, also die wirklichen, die sich im freien Weltraum befinden, weit weg von allen Körpern, die eine Gravitation verursachen. Wenn wir jetzt alle möglichen Bezugssysteme zulassen, was passiert dann mit Ihrer Theorie?
Einstein: Das ist eine ausgezeichnete Frage, Sir Isaac. Offensichtlich müssen wir einen Weg finden, die physikalischen Phänomene in allen Bezugssystemen zu beschreiben, nicht nur in den alten Inertialsystemen. Insbesondere müssen wir meine Theorie der Relativität verallgemeinern für alle Bezugssysteme, und das ist genau das, was ich mir in den Jahren nach 1907 vorgenommen hatte. Das ist leicht gesagt, aber schwer zu tun, wie ich erfahren mußte. Erst im Jahre 1915 habe ich dann herausgefunden, wie das der Alte mit der Gravitation wirklich gemeint hat. Die Verallgemeinerung auf alle Bezugssysteme ist wirklich möglich – sie ist nichts anderes als meine Allgemeine Relativitätstheorie, die sich aber dann wegen des Prinzips der Äquivalenz von Schwerkraft und Trägheit gleichzeitig als eine Theorie der Gravitation entpuppt. Aber das wird uns noch einige Zeit beschäftigen.

8

Das verbogene Licht

Das Aufgeben gewisser bisher als fun-
damental behandelter Begriffe über
Raum, Zeit und Bewegung darf nicht
als freiwillig aufgefaßt werden, sondern
nur als bedingt durch beobachtete
Tatsachen.

Albert Einstein[8.1]

Am Nachmittag trafen sich die drei Physiker auf der großen Terrasse. Einstein hatte irgendwo eine alte Tafel aufgetrieben und pla-
zierte sie auf einem Stativ vor dem Fenster. Nach dem Kaffee
begann Haller die Diskussion: »Heute mittag sprachen wir von der
Tatsache, daß man im Rahmen der Speziellen Relativitätstheorie
zwar von einer absoluten Beschleunigung sprechen kann, nicht
aber von einer absoluten Geschwindigkeit. Erstere läßt sich leicht
messen, letztere nicht. Wenn wir jetzt dazu übergehen, auch
beschleunigte Bezugssysteme oder überhaupt alle nur denkbaren
Bezugssysteme zuzulassen, heißt das: Wir müssen auch die Idee
der absoluten Beschleunigung aufgeben. Das Prinzip der Äquivalenz von Gravitation und Trägheit zwingt uns dazu, denn wenn wir
uns in einem Gravitationsfeld bewegen, kann keine Rede mehr
davon sein, daß Beschleunigung absolut meßbar sei. Im frei fallenden Fahrstuhl ist es eben nicht möglich, eine Beschleunigung
festzustellen, und wenn wir irgendwo eine Beschleunigung messen, wissen wir nicht, ob wir uns in einem beschleunigten System
bewegen oder ob wir uns in einem Gravitationsfeld befinden.«
Newton: Ich kann es noch nicht glauben, daß von nun an auch der
Begriff der absoluten Beschleunigung im Orkus der Physikge-

schichte verschwinden soll. Geschwindigkeit relativ, Beschleunigung absolut – das sind die Grundeigenschaften der Speziellen Relativitätstheorie, und wir sprachen heute morgen davon, daß dieser Sachverhalt genutzt werden kann, um eine Art absolute Raum-Zeit festzulegen. Jetzt verlangen Sie von mir, daß ich dies aufgebe? Zudem sehe ich nicht, wie durch eine geeignete Beschleunigung ein vorliegendes Gravitationsfeld völlig eliminiert werden kann, wie es das Äquivalenzprinzip anscheinend verlangt. Ein Gravitationsfeld läßt sich zwar nicht anfassen, aber es ist trotzdem ein handfestes physikalisches Phänomen – das kann man nicht so ohne weiteres zum Verschwinden bringen, noch dazu durch eine rein kinematische, man kann auch sagen, subjektive Operation, durch eine Beschleunigung. Ein Gravitationsfeld, das ist schließlich keine Geometrie, das ist Physik, Professor Einstein.

Einstein: Vielleicht haben Geometrie und Physik doch etwas miteinander zu tun, Sir Isaac. Im übrigen hat niemand behauptet, daß durch den Übergang zu einem beschleunigten Bezugssystem das gesamte Gravitationsfeld, etwa das der Erde, eliminiert werden kann. Das geht nur lokal, also etwa in unserem fallenden Aufzug, dessen Dimensionen klein gegenüber der Erde und deren Gravitationsfeld sind. Wenn wir die Dimension unseres Fahrstuhls sehr groß machen, natürlich nur in einem Gedankenexperiment, etwa 100 km in der Breite, dann macht sich die Erdkrümmung bemerkbar, und die Eliminierung des Gravitationsfeldes gelingt nur in der Mitte des Fahrstuhls, nicht am Rande. Mit anderen Worten: Wir können das Gravitationsfeld immer nur an einem Ort ausschalten, also lokal, im allgemeinen jedoch nicht global.

In diesem Sinne gibt es einen wichtigen Unterschied zwischen einem wirklichen Gravitationsfeld, etwa dem der Sonne, und dem Gravitationsfeld, das man künstlich erzeugt, wenn man von einem Inertialsystem zu einem beschleunigten System übergeht, etwa im Fall unseres Beispiels des beschleunigten Raumschiffs, in dem es wie auf der Erde zugeht, also Dinge zu Boden fallen und so weiter. Letzteres läßt sich wieder völlig, also nicht nur lokal, eliminieren, wenn man zu einem System übergeht, das nicht mehr beschleunigt ist.

Newton: Sie meinen, ein richtiges Gravitationsfeld, etwa das Schwerefeld unserer Erde, ist in der Lage, die Geometrie des Raumes, oder von mir aus die Geometrie der Raum-Zeit, zu beeinflussen? Das erscheint mir interessant. Damit könnte ich mich versöhnen. Gravitation als Folge der Struktur der Raum-Zeit – das klingt gut. Dazu benötigten wir eine Theorie der Gravitation mit der Eigenschaft, daß man das Gravitationsfeld in jedem Punkt durch ein geeignetes Bezugssystem eliminieren kann – vielleicht gibt es das.

Haller: Mr. Newton, ich staune über Ihre Fähigkeit, den richtigen Weg zum Ziel zu finden. Denn genau so ist Einstein vorgegangen, wenn ich mich nicht täusche.

Einstein: Es war etwa im Jahre 1911, als mir klar wurde, daß sich vermutlich die richtige Theorie nur finden läßt, wenn man das Pferd sozusagen von hinten aufzäumt. Man sucht nach einer Theorie der Gravitation, bei der das Äquivalenzprinzip nicht der Ausgangspunkt ist, sondern sozusagen als Nebenprodukt abfällt. Ich muß allerdings gestehen, daß ich zu dieser Suche ungebührlich lang gebraucht habe und noch länger gebraucht hätte, wenn mir nicht ein befreundeter Mathematiker erheblich geholfen hätte. Vor allem mußte ich erkennen, daß die geometrischen Konzepte, die ich zur Realisierung der Idee brauchte, bereits von den Mathematikern des 19. Jahrhunderts entwickelt worden waren, von Gauß, Riemann und anderen. Daß eine Geometrisierung der Gravitation nötig war, ergab sich schließlich auch, als ich fand, daß das Äquivalenzprinzip zur Folge hat, daß Lichtstrahlen im Schwerefeld abgelenkt werden.

Newton: Sie meinen, daß ein Lichtstrahl, der nahe an der Sonne vorbeiläuft, etwa von einem fernen Stern kommend, durch das Gravitationsfeld der Sonne beeinflußt wird, also etwa angezogen wird wie ein Komet, der in der Nähe der Sonne vorbeifliegt? Das klingt nicht unvernünftig, denn ein Lichtstrahl bedeutet Energie, und Energie ist nach Ihrer Relativitätstheorie gleichbedeutend mit Masse – die jedoch unterliegt der Gravitation. Im übrigen möchte ich Sie darauf aufmerksam machen, daß ich schon in meinem Buch »Opticks« auf diese Möglichkeit hingewiesen habe. Dort schrieb ich: »Üben die Körper auf das Licht nicht eine Fernwirkung aus, die zu einer Krümmung der Strahlen führt, und ist diese Wirkung nicht in der geringsten Entfernung am stärksten?«[8.2]

Haller: Aber auf eines möchte ich hinweisen: Ein Lichtstrahl folgt immer dem kürzesten Weg zwischen zwei Punkten, und das ist im normalen Raum die gerade Linie. Wenn es sich also herausstellt, daß ein Lichtstrahl durch ein Gravitationsfeld gekrümmt wird, dann heißt dies: Die kürzeste Linie zwischen zwei Punkten im Raum ist nicht eine gerade Linie. Also ist etwas passiert mit der Geometrie.

Newton: Damit können Sie mich nicht beeindrucken, Mr. Haller. Im ersten Augenblick klingt dies zwar merkwürdig, jedoch sieht man schon an einem einfachen Beispiel aus der Geometrie, daß in gekrümmten Räumen eben andere Verhältnisse vorliegen als im normalen Raum, an den wir uns gewöhnt haben und der ja keine Krümmung aufweist. Wenn wir die Erdoberfläche betrachten, so ist diese in guter Näherung die Oberfläche einer Kugel, also ein zweidimensionaler Raum. Die kürzeste Verbindungslinie zweier Punkte in diesem Raum, also auf der Erdkugeloberfläche – zwischen Berlin und London beispielsweise –, ist ein Kreisbogen, also keine gerade Linie. Wenn die Gravitation den Raum irgendwie krümmt, müßte man ebenso erwarten, daß die Lichtstrahlen dieser Krümmung folgen. Der Teufel liegt wohl hier eher im Detail.

Einstein: Das kann man in der Tat sagen. Ich muß gestehen, daß ich bei der Aufstellung meiner Theorie ganz schöne Böcke geschossen habe, bis ich schließlich im November des Jahres 1915 den richtigen Dreh fand. Aber damit werden wir uns später noch beschäftigen müssen.

Um den Effekt der Gravitation auf Licht zu illustrieren, möchte ich ein kleines Gedankenexperiment vorschlagen. Diesmal brauchen wir kein Raumfahrzeug – ein einfacher Aufzug in einem Hochhaus tut es auch. Zunächst wollen wir den Aufzug irgendwo, sagen wir im 10. Stock, fixieren. Er befindet sich also im Schwerefeld der Erde. Von einem in ihm befindlichen Beobachter lassen wir jetzt ein Experiment durchführen. Er bohrt auf der einen Seite des Aufzugs ein kleines Loch, so daß Licht von außen in den

Aufzug eindringen kann. Dann bohrt er genau gegenüber ein zweites Loch in der gleichen Höhe. Außen, unmittelbar vor dem ersten Loch, wird eine starke Lichtquelle montiert, die einen Lichtstrahl, am besten einen Laserstrahl, in den Aufzug schickt, und zwar genau in horizontaler Richtung. Jetzt macht unser Experimentator etwas, das nur im Reich der Phantasie möglich ist – er stellt das Gravitationsfeld für kurze Zeit ab, das heißt, er stellt Bedingungen her, wie sie nur fernab im Weltraum herrschen. Sein Bezugssystem ist jetzt ein Inertialsystem.

Newton: Ich verstehe – er schaltet jetzt das Licht ein, und das geht durch das erste Loch hinein und kommt zum zweiten Loch wieder heraus, da letzteres genau gegenüber ist.

Einstein: Jetzt kommt die Preisfrage: Was passiert, wenn nun das Schwerefeld wieder eingeschaltet wird?

Newton: Gut gefragt ist halb geantwortet. Wenn Sie mich vor einer Stunde gefragt hätten, wäre meine Antwort wohl gewesen, daß das Licht selbstverständlich zum einen Loch herein- und zum anderen herauskommt. Aber jetzt, nach unserer Diskussion über die Krümmung, bin ich unsicher geworden – ich würde vermuten, daß das Schwerefeld die Bahn des Lichtes irgendwie beeinflußt, denn sonst hätten Sie wohl das Gedankenexperiment nicht ins Spiel gebracht.

Ich schlage vor, wir betrachten erst einmal ein etwas leichteres Gedankenexperiment. Ich schalte die Gravitation wieder aus, bewege aber jetzt den Aufzug beschleunigt nach oben, sofern man von »oben« in der Abwesenheit der Gravitation überhaupt sprechen kann. Sobald sich der Aufzug in Bewegung setzt, soll der Lichtstrahl durch das erste Loch in die Aufzugskabine eintreten. Das Licht durchquert die Kabine und erreicht nach kurzer Zeit die Rückwand. Wäre die Kabine in Ruhe, dann würde das Licht durch das Loch in der Rückwand nach außen austreten können. Da sich jedoch der Aufzug beschleunigt nach oben bewegt, verfehlt das Licht das Loch und trifft unterhalb des Loches auf die Rückwand. Mithin sieht ein Beobachter, der sich im Aufzug befindet, daß der Lichtstrahl sich in seinem System nicht geradlinig bewegt, sondern gekrümmt ist. Bei einer genaueren Untersuchung wird er feststellen, daß der Lichtstrahl eine Parabel beschreibt, allerdings mit

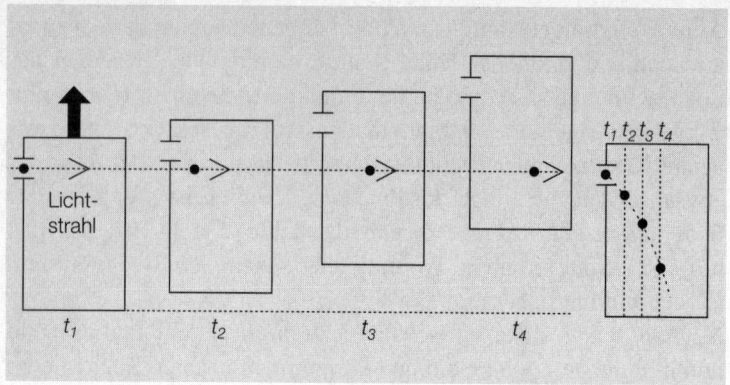

Abb. 8–1 Ein Lichtstrahl bewegt sich im schwerelosen Raum geradlinig (relativ zu einem ruhenden Beobachter) durch einen Kasten, der sich beschleunigt in eine Richtung fortbewegt. Die Positionen des Lichtstrahls zu bestimmten Zeiten t_1, t_2, t_3, t_4 sind angegeben. Im beschleunigten Bezugssystem beschreibt der Lichtstrahl eine Parabel, deren Krümmung um so größer ist, je größer die Beschleunigung ist. (Der Effekt ist stark übertrieben dargestellt.)

einer winzigen Krümmung. Diese Krümmung der Bahn des Lichtes ist jedoch nur ein Scheineffekt, denn ein ruhender Beobachter, der sich die Bahn des Lichtes von außen betrachtet, sieht, daß sich das Licht im Aufzug geradlinig ausbreitet. Die Krümmung ergibt sich als Folge der beschleunigten Bewegung des Aufzugs.

Einstein: Jetzt ist klar, was der nächste Schritt ist. Jetzt lassen wir den Aufzug in Ruhe, schalten aber das Schwerefeld wieder ein.

Newton: Da letzteres nach Ihrem Prinzip gleichwertig zu einer Beschleunigung ist, muß sich das Licht ebenfalls auf einer krummen Bahn bewegen. Einstein – Sie haben gewonnen! Ich bin jetzt mit Ihnen einer Meinung – Lichtstrahlen sind im Gravitationsfeld gekrümmt. Aber, wie gesagt, mich überrascht das nicht allzu sehr, da ich schon vor mehr als dreihundert Jahren darüber spekuliert habe, allerdings von einer ganz anderen Warte aus.

Haller: Übrigens kann man das eben diskutierte Gedankenexperiment auch etwas anders machen, ohne daß man das Schwerefeld ein- und ausschalten muß, was ja eigentlich nicht möglich ist. Nehmen wir einmal an, ich lasse den Aufzug in dem Moment fallen, also sich beschleunigt nach unten bewegen, in dem das Licht eingeschaltet wird. Für eine kurze Zeit nur soll er frei fallen und dann wieder gebremst werden, damit unser Experimentator im Aufzug die Sache heil übersteht.

Newton: Aha, ich verstehe. Nach der Äquivalenz von Schwere und Beschleunigung ist der Aufzug nach dem Einschalten des Lichts ein Inertialsystem. Es liegen also dieselben Bedingungen vor wie bei der Abwesenheit von Schwere. Mit anderen Worten: Der Lichtstrahl müßte sich quer durch den Aufzug wieder zum anderen Loch hin bewegen und durch letzteres austreten, was im vorigen Fall des ruhenden Aufzugs nicht möglich war. Nur – der Lichtstrahl kommt ja einen Moment später an, und in diesem Moment ist der Aufzug etwas nach unten gefallen.

Einstein: Stellen wir uns vor, daß der Aufzug aus Glas besteht und daß jemand von außen hineinschauen und den Laserstrahl beobachten kann. Was sieht er? Für ihn bewegt sich der Aufzug beschleunigt nach unten. Das zweite Loch ist im Moment des Auftreffens des Lichtstrahls tiefer als das erste – also ist der Lichtstrahl gewissermaßen auch gefallen. Seine Bahn ist im Schwerefeld also gekrümmt. Die Beschleunigung des Lichtstrahls in Richtung Erdmittelpunkt ist identisch mit der Beschleunigung eines fallenden Steins – pro Sekunde nimmt die Geschwindigkeit um 9,81 m/s zu.

Haller: Ich möchte allerdings nicht verhehlen, daß der gerade geschilderte Effekt winzig ist. Wenn wir annehmen, daß der Abstand zwischen den beiden Löchern 3 m sei, dann braucht das Licht zur Durchquerung des Aufzugs nur eine hundertmilliardstel Sekunde, also 10^{-8} s. In dieser kurzen Zeit ist der Aufzug nur eine winzige Strecke nach unten gefallen, nämlich etwas weniger als 10^{-14} m, das ist etwa so viel wie der Durchmesser eines großen Atomkerns.

Einstein: Mir war klar, daß diese Strecke nur im Prinzip, nicht aber in der Realität meßbar ist. Aber immerhin – wenn wir eine Distanz auf der Erde von 3000 km betrachten, dann braucht das Licht zur Überwindung dieser Distanz eine Zeit von 0,01 Sekunden. In die-

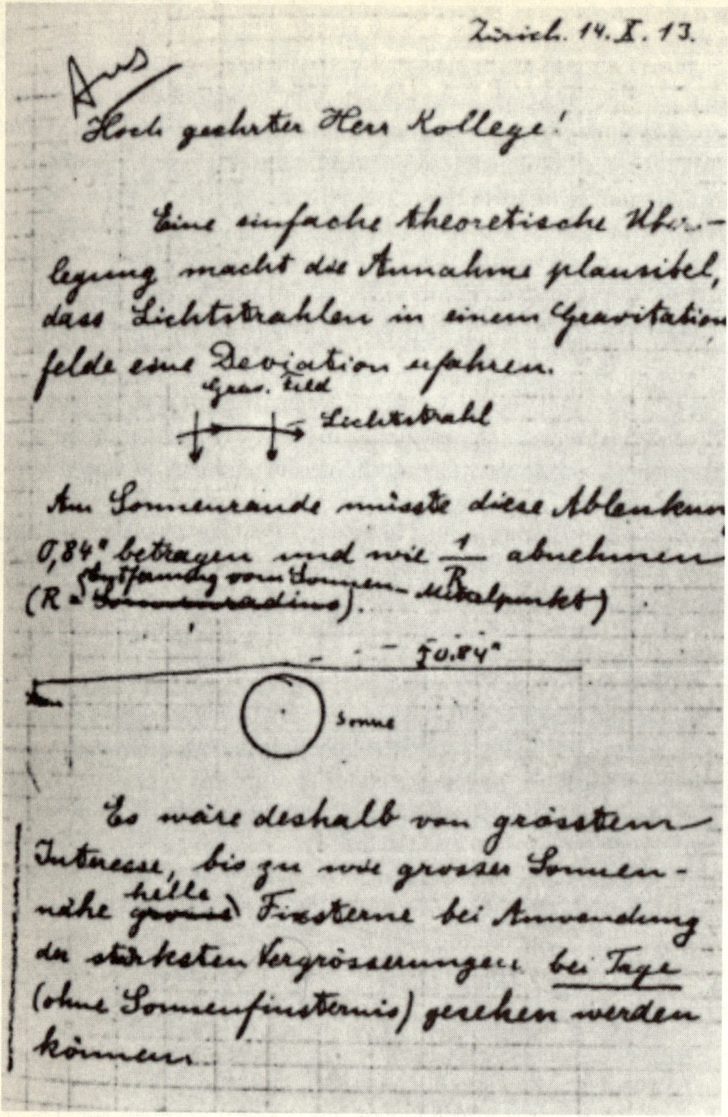

Zürich. 14. X. 13.

Hoch geehrter Herr Kollege!

Eine einfache theoretische Überlegung macht die Annahme plausibel, dass Lichtstrahlen in einem Gravitationsfelde eine Deviation erfahren.

Grav. Feld — Lichtstrahl

Am Sonnenrande müsste diese Ablenkung 0,84° betragen und wie $\frac{1}{R}$ abnehmen (R = Entfernung vom Sonnenmittelpunkt). Sonnenradius

0.84°

Sonne

Es wäre deshalb von grösstem Interesse, bis zu wie grosser Sonnennähe helle Fixsterne bei Anwendung der stärksten Vergrösserungen bei Tage (ohne Sonnenfinsternis) gesehen werden können.

Abb. 8–2 Brief Einsteins an George Hale, den Direktor des Mount-Wilson-Observatoriums, zur Ablenkung von Lichtstrahlen im Gravitationsfeld der Sonne. (Albert Einstein Archives Jerusalem)

ser Zeit fällt der Lichtstrahl um eine Distanz von einem halben Millimeter – keine große Strecke fürwahr, aber immerhin eine vorstellbare Größe. Wenn wir das Experiment auf einem fernen Himmelskörper durchführen würden, auf dem die Gravitation 1000mal stärker ist, dann wäre diese Distanz schon ein halber Meter, also leicht meßbar.

Im Jahre 1911 habe ich, ausgehend von der oben diskutierten Fragestellung, die Ablenkung berechnet, die das Licht eines Sterns erfährt, wenn es am Sonnenrand vorbeistreift und anschließend auf der Erde beobachtet wird. Es handelt sich um 0,84 Bogensekunden – zugegeben ein kleiner Wert, der aber durchaus meßbar erschien, natürlich nur bei einer totalen Sonnenfinsternis. Jedenfalls schrieb ich diesbezüglich auch einen Brief an den Astronomen George Hale, den Direktor des Mount-Wilson-Observatoriums in Pasadena, ohne allerdings je eine Antwort zu bekommen.

Haller: Übrigens habe ich hier ein Zitat aus Ihrer Arbeit in den »Annalen der Physik« aus dem Jahre 1911, die mit den Worten endet: »Es wäre dringend zu wünschen, daß sich Astronomen der hier aufgerollten Frage annähmen, auch wenn die im vorigen gegebenen Überlegungen ungenügend fundiert oder gar abenteuerlich erscheinen sollten. Denn abgesehen von jeder Theorie muß man sich fragen, ob mit den heutigen Mitteln ein Einfluß der Gravitationsfelder auf die Ausbreitung des Lichtes sich konstatieren läßt.« Diese Worte sind aus heutiger Sicht geradezu programmatisch, da sie am Beginn einer jahrzehntelangen experimentellen Forschung auf dem Gebiet der Allgemeinen Relativitätstheorie stehen, wenn Sie auch noch etwas unsicher in der Voraussage waren.

Einstein: Gott sei Dank war ich da etwas unpräzise, denn vier Jahre später wußte ich es besser. Ich hatte einen konzeptionellen Fehler gemacht, denn der tatsächliche Wert war um einen Faktor zwei größer, also etwa 1,7 Bogensekunden. Warum sich diese Diskrepanz ergab, ist ganz interessant, und ich denke, daß wir später noch darauf zurückkommen werden. Sie hat jedoch nichts mit unseren obigen prinzipiellen Überlegungen zu tun – diese behalten ihre Gültigkeit. Die anschließende Geschichte bis zur experimentellen Bestimmung der Ablenkung ist recht dramatisch.

Haller: Entschuldigen Sie, wenn ich Sie hier unterbreche. Vor einiger Zeit habe ich die Angelegenheit im Detail studiert. Ich schlage deshalb vor, ich gebe hier einen kurzen Bericht.

Einstein: Schießen Sie los, Haller, zumal ich gestehen muß, daß ich mich sowieso nicht mehr so genau erinnern würde.

Haller: Die ersten Vorbereitungen zur Messung der Lichtablenkung begannen um 1913, im Hinblick auf die Sonnenfinsternis, die im Jahre 1914 stattfinden sollte, genauer am 21. August. Doch hieraus wurde wegen des beginnenden Krieges nichts. Englische Astronomen wiesen im Jahre 1917 darauf hin, daß die für den 29. Mai 1919 zu erwartende Sonnenfinsternis für die Beobachtung einer Lichtablenkung besonders günstig sein würde, da dann die Sonne vor der Gruppe der Hyaden im Sternbild des Stiers stünde, einer Himmelsregion, die sehr dicht mit hellen Sternen besetzt ist. Allerdings lag der Streifen der totalen Verfinsterung etwas unterhalb des Erdäquators, und es bedurfte aufwendiger Expeditionen, um die Messungen vorzunehmen. Der Leiter einer der beiden Forschergruppen, die vom Greenwich Observatory, dem königlichen Observatorium, organisiert wurden, war Professor Arthur S. Eddington aus Cambridge, ein starker Fürsprecher der Allgemeinen Relativitätstheorie. Er wählte die kleine Vulkaninsel Príncipe im Golf von Guinea in Westafrika als Beobachtungsort, die andere Expedition führte nach Sobral im nordwestlichen Brasilien.

Nach monatelanger Auswertung der Messungen wurde der tatsächliche Wert der Lichtablenkung erst im Herbst 1919 ermittelt. Am 6. November wurde er auf einer gemeinsamen Tagung der Londoner Royal Society und der Royal Astronomical Society bekanntgegeben. Innerhalb der Fehlergrenzen wurde die Vorhersage Einsteins bestätigt. Der Präsident der Royal Society, der Physiker Joseph John Thomson, schloß seine Rede mit den Worten:

»Es handelt sich nicht um die Entdeckung einer einsamen Insel, sondern um die eines ganzen Kontinents wissenschaftlicher Gedanken. Dies ist das wichtigste Ergebnis im Zusammenhang mit der Gravitation seit Newtons Tagen, und es ist nur schicklich, daß es bei einer Sitzung dieser Gesellschaft bekanntgegeben wird, die ihm so eng verbunden ist... Das Ergebnis ist eine der höchsten Errungenschaften des menschlichen Denkens.«[8.3]

Newton war nach diesem Zitat ans Fenster gegangen und blickte hinaus in die märkische Landschaft. Die Herren schwiegen. Schließlich wandte sich Newton wieder um: »Gratuliere, Professor Einstein. Das war ein Volltreffer, wie es scheint. Also jetzt an die Arbeit – nachdem das Experiment gesprochen hat und es wohl keine Zweifel mehr gibt, müssen wir uns der Theorie näher zuwenden. Nur heute wird es damit nichts mehr. Ich brauche einige Zeit zum Nachdenken. Entschuldigen Sie bitte, wenn ich mich jetzt auf mein Zimmer zurückziehe.«

9

Die krumme Flachwelt

> Die logische Einfachheit ist der einzige Weg, auf dem wir zu tiefen Erkenntnissen geführt werden.
>
> *Albert Einstein*[9.1]

Vor Einbruch der Dunkelheit trafen sich die drei Physiker in Einsteins Haus. Die Haushälterin hatte ein kleines Abendessen vorbereitet, das man auf der Terrasse einnahm. Danach brachte Einstein die Unterhaltung wieder zurück zum eigentlichen Thema der Diskussion:

»Das Hauptproblem, das mich seinerzeit bei der Aufstellung der Allgemeinen Relativitätstheorie verunsicherte, war mehr formaler oder, wenn Sie wollen, mathematischer Natur. Als es mir dämmerte, daß die Gravitation keine wirkliche Kraft, sondern, wie etwa die bei rotierenden Bewegungen auftretende Zentrifugalkraft, nur eine Scheinkraft sein könnte, die sich durch den Übergang zu einem geeigneten Bezugssystem eliminieren ließ, mußte ich einen Weg finden, dies auch quantitativ zu beschreiben. Jetzt rächte sich, daß ich die Mathematikvorlesungen, die ich einst als Student an der ETH in Zürich besucht hatte, nicht besonders ernst genommen hatte. Mein Mathematikprofessor Hermann Minkowski nannte mich damals einen ›stinkfaulen‹ Kerl, ganz zu Recht, denn ich hatte eben hauptsächlich die Physik im Kopf. Trotzdem – ich wollte, ich hätte damals etwas mehr Mathematik getrieben, dann hätte ich mir bei der Ausarbeitung der Allgemeinen Relativitätstheorie manchen Kopfschmerz und vermutlich sogar einige Jahre erspart. Deshalb denke ich, daß wir uns zuerst mit ein paar Kleinigkeiten beschäftigen sollten, die anscheinend gar nichts mit der Relativitätstheorie zu tun haben, nämlich mit gekrümmten Räumen. Sir Isaac, da werden Sie einige Überraschungen erleben, denn ganz so einfach, wie Sie es sich seinerzeit mit dem Postulat des absoluten Raumes gemacht haben, ist die Sache nämlich nicht.«

Haller: Ich schlage vor, wir betrachten zunächst einige spezielle Beispiele. Unser Raum, den wir mit unseren Augen beobachten, hat drei Dimensionen. Jeder Punkt im Raum ist durch drei Zahlen, also die drei Koordinaten wie Länge, Breite und Höhe, gekennzeichnet. Trotzdem können wir uns andere Räume mit weniger als drei Dimensionen leicht vorstellen. Der einfachste Raum ist ein Raum nullter Dimension, ein Punkt, also ein Raum ohne jegliche Ausdehnung. Wir können diesen Punkt in unserem dreidimensionalen Raum irgendwo fixieren – er ist dann ein Teil des dreidimensionalen Raumes, ein Unterraum nullter Dimension.

Newton: Ich weiß, worauf Sie abzielen. Wenn wir diesen Punkt jetzt durch den Raum bewegen, auf einer geraden Linie, dann entsteht daraus eine Gerade, die sich ins Unendliche erstreckt. Diese Gerade besitzt eine Dimension – jeder Punkt auf ihr läßt sich durch eine Zahl, also eine Koordinate, charakterisieren.

Haller: Sie haben bewußt eine Gerade gewählt, aber ich könnte zum Beispiel auch einen Kreis oder noch kompliziertere Gebilde konstruieren. Ein Kreis ist auch ein Raum, allerdings mit der besonderen Eigenschaft, daß er in sich zurückfindet – ein in sich geschlossener Raum. Er ist nicht unendlich lang, sondern besitzt eine endliche Länge, gegeben durch den Umfang. Im Gegensatz zur Geraden ist also eine Kreislinie ein endlicher eindimensionaler Raum, allerdings ohne Begrenzung.

Einstein: Wir können das Spiel jetzt noch weitertreiben. Ich nehme unsere Gerade und drehe sie in einem Punkt um sich selbst, so daß eine Ebene entsteht. Jetzt haben wir einen zweidimensionalen Raum vor uns. Jeder Punkt dieses Raumes wird durch zwei Koordinaten beschrieben.

Haller: Ich möchte betonen, daß die Ebene zwar ein Teilraum unseres dreidimensionalen Raumes ist, in den sie ja eingebettet ist,

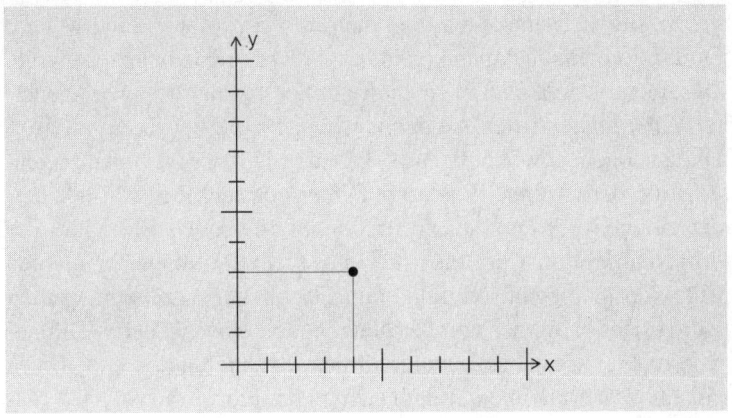

Abb. 9–1 Eine Ebene ist ein zweidimensionaler Raum. Jeder Punkt des Raumes wird durch die Angabe der zwei Koordinaten festgelegt.

jedoch einen durchaus eigenständigen Raum darstellt. Mit anderen Worten: Wir könnten auch auf die Einbettung verzichten – dann haben wir nur den zweidimensionalen Raum und sonst nichts. Für dessen Struktur spielt die Tatsache, daß wir ihn uns als Teilraum des dreidimensionalen Raumes vorstellen, überhaupt keine Rolle.

Einstein: Wir können uns kleine, zweidimensionale Lebewesen vorstellen, amöbenhafte Kreaturen, die sich nur in der Ebene bewegen können. Diese haben also eine gewisse Länge und Breite, aber keine Höhe. Sie wissen, was links und rechts, was vorn und hinten ist, aber nicht, was oben und unten bedeutet, eine dritte Dimension existiert für sie nicht, wie in der ägyptischen Malerei. Die alten Ägypter kannten darin keine Perspektive, deshalb stellten sie alles, auch Menschen, mit allen Details in zwei Dimensionen dar.

Wir, die wir diese Flachwelt von unserem dreidimensionalen Raum aus betrachten, könnten uns über diese platten Flachlinge köstlich amüsieren, wie sie auf ihrer Ebene herumkriechen und keine Ahnung von einer dritten Dimension haben, die sozusagen vor ihrer Nase, genauer über ihnen, liegt.

Haller: Nun würde es in diesem Flachland sicher Mathematiker geben, die sich überlegen, daß man im Prinzip auch eine weitere Dimension hinzunehmen könnte, senkrecht zu den beiden anderen. Die Ebene würde also in einen dreidimensionalen Raum eingebettet. Allerdings dürften sie damit wenig Erfolg bei ihrem an zwei Dimensionen gewöhnten Volk haben. Man würde ihnen sagen: Was soll der Unsinn? Eine dritte Dimension senkrecht auf den beiden anderen – das ist »science fiction«, fern von jeder Realität. Die dritte Dimension wäre also nur eine Idee, die von einer kleinen Elite von mathematisch trainierten Flachlingen akzeptiert werden würde. Der erste, der von der Nützlichkeit einer weiteren Dimension redete, könnte sehr wohl auf dem Scheiterhaufen enden, wie einst Giordano Bruno auf dem Campo dei Fiori in Rom.

Die Flach-Mathematiker würden allerlei merkwürdige und für den normalen Flachbürger unverständliche neue geometrische Strukturen erfinden, beispielsweise eine Kugel, das dreidimensionale Analogon zum Kreis, oder einen Würfel, das dreidimensionale Analogon zum Quadrat. In der Ebene würde man von einer Kugel allerdings nur einen Kreis beobachten, falls die Kugel die Ebene durchsetzt. Wenn die Kugel sich senkrecht zur Ebene, also in der neuen dritten Dimension, bewegt, sieht man in der Ebene erst einen Punkt, wenn die Kugel die Ebene berührt, dann einen immer größer werdenden Kreis, der schließlich wieder kleiner wird, um am Ende in der dritten Dimension zu entschwinden.

Einstein: Das Spiel können wir fortführen, aber Vorsicht: Jetzt kommen wir in dieselbe Klemme wie die Flachlinge vorher. Unseren dreidimensionalen Raum erhalten wir, indem wir die Ebene um eine weitere Dimension bereichern. Das können wir uns leicht vorstellen, da wir selbst im dreidimensionalen Raum leben. Jetzt aber kommen unsere dreidimensionalen Mathematiker und sagen: Dieser dreidimensionale Raum wird um eine weitere, also vierte Dimension ergänzt, die senkrecht auf den anderen steht. Damit ist unser dreidimensionaler Raum Teil eines größeren, vierdimensionalen. Dies ist natürlich nur eine mathematische Fiktion, und unser dreimensionales Volk wird sich einen Teufel darum scheren. Aber nehmen wir an, es wäre wirklich so, und merkwürdige vierdimensionale Lebewesen würden uns von außen, also von der vierten Dimension aus, beobachten. Die könnten allerlei Unsinn mit uns treiben. Beispielsweise könnten sie eine vierdimensionale Kugel durch unseren Raum hindurchfliegen lassen, etwa das vierdimensionale Analogon eines Fußballs. Wir, in unserer dreidimensionalen Beschränkung, würden davon erst einen Punkt beobachten, der schnell zu einer kleinen Kugel wird, schließlich eine maximale Größe erreicht, um schließlich wieder zu verschwinden. Dies könnte überall passieren, auch im Innern eines Banksafes. Für Diebe wäre die vierte Dimension geradezu ideal, zunächst beim Diebstahl und auch beim späteren Verstecken der Beute.

Haller: Gemach, unser Raum hat eben nur drei Dimensionen, und das ist gut so. Man könnte sich fragen, warum das so ist, aber ich muß gestehen, daß die moderne Naturwissenschaft hier noch keine Antwort parat hat. Eines aber sei erwähnt: Man könnte sich die Frage stellen, wie die Naturgesetze in Räumen höherer Dimension aussehen könnten, etwa in einem vierdimensionalen Raum. Wir wissen, daß das Kraftgesetz für die Gravitation oder auch das elektrische Kraftgesetz von der Anzahl der Dimensionen abhängt. Betrachten wir als Beispiel einmal die Anziehung zwischen zwei elektrisch geladenen kleinen Kugeln. Die Kraft zwischen den Kugeln nimmt schnell ab, sobald wir sie voneinander entfernen, und zwar mit dem Quadrat des Abstandes. Vergrößern wir die Entfernung um einen Faktor zwei, nimmt die Kraft um $2^2 = 4$ ab. Wenn wir jetzt eine Dimension entfernen, also das elektrische Kraftgesetz in zwei Dimensionen studieren – was man im übrigen im dreidimensionalen Raum leicht tun kann, indem man die Anziehung zweier geladener paralleler Stäbe mißt, denn dann wird die dritte Dimension gewissermaßen ignoriert –, finden wir einen linearen Abfall. Die Kraft nimmt also nur um einen Faktor zwei ab, wenn wir die Entfernung verdoppeln. Schließlich addieren wir eine weitere Dimension zu den drei vorhandenen und untersuchen dann wiederum die Kraft zwischen zwei elektrischen Ladungen in Abhängigkeit vom Abstand. Man findet, daß die Kraft mit 2^3 abnimmt, also um einen Faktor 8.

Newton: Die Anziehungskraft verschwindet demnach sehr schnell.

Ich könnte mir vorstellen, daß es da Probleme gibt. Jedenfalls wäre das eine ganz andere Welt, und ich müßte meine »Principia« völlig umschreiben.

Haller: In der Tat gibt es da handfeste Probleme. Beispielsweise kann man sich überlegen, daß ein elektrisches Kraftgesetz mit einer derartig schnellen Abnahme der Kraft dazu führt, daß die Bahnen von geladenen Körpern, die sich in einem elektrischen Kraftfeld bewegen, etwa die Elektronen im Kraftfeld des Atomkerns, instabil werden. Die Folge wäre, daß stabile Atome nicht existieren könnten. Selbst die Planetenbahnen wären in einer vierdimensionalen Welt nicht stabil. Es ist also doch gut, daß unser Raum drei Dimensionen hat und nicht mehr, aber auch nicht weniger. Unsere Welt ist tatsächlich, zumindest was die Frage der Dimensionen anbelangt, die beste aller möglichen Welten.

Einstein: Zum Glück haben wir drei Dimensionen, denn bei zwei Dimensionen würde ich mich ganz schön beengt fühlen. Auch Segeln auf dem Schwielowsee wäre bei zwei Dimensionen wohl nicht drin.

Aber jetzt zum eigentlichen Thema – zurück zur Ebene. Diese ist ja das einfachste Beispiel eines Raumes, wie er von Euklid in der

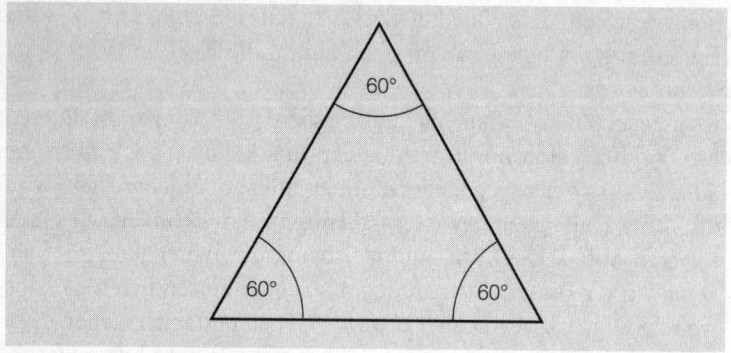

Abb. 9–2 In einer Ebene, einem zweidimensionalen euklidischen Raum, ist die Summe der Winkel eines Dreiecks stets 180 Grad. Hier das Beispiel eines gleichseitigen Dreiecks, dessen einzelne Winkel 60 Grad sind.

Abb. 9–3 Der deutsche Mathematiker Carl Friedrich Gauß, der wichtige Grundlagen zur nichteuklidischen Geometrie schuf, ist auf der 10-DM-Banknote abgebildet. (Deutsche Bundesbank)

Antike beschrieben wurde, im übrigen ein recht langweiliger Raum, ohne die geringste Struktur. Eine wichtige Eigenschaft dieses euklidischen Raumes ist die Tatsache, daß die Summe der Winkel eines Dreiecks immer 180 Grad beträgt – das ist sozusagen das Gütesiegel des euklidischen Raumes.

Wir haben vorhin die Ebene konstruiert, indem wir eine Gerade um einen Punkt gedreht haben. Jetzt nehme ich statt dessen einen Kreis und drehe diesen um seinen Mittelpunkt. Im dreidimensionalen Raum erzeugen wir damit eine Kugeloberfläche. Auch diese stellt einen zweidimensionalen Raum dar, wie unsere Erdoberfläche ja auch ein zweidimensionaler Raum ist. Wie vorhin der Kreis ist nun die Kugelfläche ein endlicher zweidimensionaler Raum, endlich, aber unbegrenzt, da in sich geschlossen. Außerdem besitzt sie eine weitere Eigenschaft, die die Ebene nicht hat, nämlich eine Krümmung. Wir, die wir das Privileg haben, eine Kugeloberfläche von der hohen Warte unserer dreidimensionalen Vorstellung aus betrachten zu können, sehen sofort die Krümmung dieser Fläche, aufgrund der Tatsache, daß gerade Linien im dreidimensionalen Raum nicht in diese Fläche eingebettet werden können.

Newton: Daß eine Kugeloberfläche gekrümmt ist, sieht ja jeder gleich, nur ist die Krümmung eben ein Begriff, der auch etwas mit dieser Einbettung zu tun hat. Ohne diese Einbettung in den normalen dreidimensionalen Raum hätte es wohl kaum einen Sinn, von einer Krümmung zu reden.

Haller: Und ob! Gut, daß Sie diesen Punkt ansprechen. Es macht sehr wohl auch dann noch einen Sinn, von einer Krümmung zu reden. Es war insbesondere der deutsche Mathematiker Gauß, der als einer der ersten im vergangenen Jahrhundert realisierte, daß man die Krümmungseigenschaften einer Fläche studieren kann, ohne diese Fläche zu verlassen, also ohne die Hinzunahme einer weiteren Dimension.

Newton: Wir haben vorhin die Flachlinge eingeführt. Also nehmen wir einmal an, wir hätten solche Flachlinge auf unserer Kugeloberfläche. Eines Tages würden diese, wenn sie einigermaßen unternehmungslustig sind, Expeditionen in alle Richtungen aussenden, um festzustellen, in welcher Welt sie eigentlich leben. Und sie würden festellen, daß eine Expedition, wenn sie in einer Richtung loszieht und die Richtung konstant beibehält, wieder an den Ausgangspunkt zurückkehrt. Sie würden also festellen, daß ihr Raum zwar unbegrenzt, aber nur endlich ist – eine Erfahrung, die vor 500 Jahren die Weltumsegler mit unserer Erdoberfläche gemacht haben.

Als nächstes würden die Mathematiker an den Flach-Universitäten die These verkünden, daß das Flach-Universum als die Oberfläche einer hypothetischen Kugel im dreidimensionalen Raum zu interpretieren sei. Die Strecke, die eine Expedition zurücklegt, bis sie wieder an den Ausgangspunkt zurückkehrt, würde man als den Umfang eines Kreises auf dieser Kugel interpretieren, deren Radius sich dann als diese Strecke, geteilt durch 2π, ergibt. Das alles ist einfach zu verstehen, aber wie sollten die Flachlinge denn etwas über die Krümmungseigenschaft ihres Raumes herausfinden, wenn sie diesen Raum gar nicht verlassen können, also ohne die Zuhilfenahme der dritten Dimension?

Haller: Sie sagten gerade, daß die Flachlinge sehr wohl herausfinden können, ob ihre Welt endlich oder unendlich groß ist. Mit der

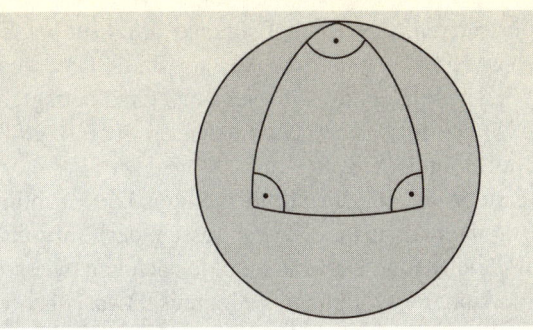

Abb. 9–4 Ein gleichseitiges Dreieck auf der Kugeloberfläche, dessen Winkelsumme 270 Grad beträgt. Zwei der Eckpunkte befinden sich auf dem Äquator der Kugel, der dritte ist am Nordpol.

Krümmung ist es ebenso. Als erster hat sich wohl Gauß mit diesem Problem beschäftigt, und er gab auch die richtige Lösung. Betrachten wir einmal ein Dreieck auf unserer Kugeloberfläche. Das ist natürlich kein normales Dreieck, wie wir es auf einem Blatt Papier zeichnen, also auf einer ebenen Fläche. Wir markieren drei Punkte auf der Kugel und verbinden diese durch die kürzesten Linien, die man zeichnen kann – das sind jeweils Stücke eines Kreises mit einem Radius, der dem Kugelradius entspricht. Man nennt solche Linien, also Linien, die zwei Punkte auf dem kürzesten Weg verbinden, Geodäten – ein Ausdruck, der aus der Geodäsie kommt. So bewegen sich Flugzeuge, die etwa von New York nach Paris fliegen, im Normalfall entlang einer Geodäten über der Erdoberfläche. Auf einer Ebene oder in unserem normalen dreidimensionalen Raum sind die Geodäten gerade Linien. Deshalb ist eine Geodäte auf einer Kugeloberfläche nicht nur die kürzeste Verbindung zweier Punkte, sondern auch das Analogon zu einer Geraden in der Ebene. Sie ist die Linie, die man erhält, wenn man einfach geradeaus fährt, ohne Abweichung nach links oder rechts.

Man sieht leicht, daß die Summe der Winkel eines aus Geodäten bestehenden Dreiecks nicht mehr 180 Grad beträgt, sondern etwas größer ist. Beispielsweise können wir auf der Erde ein gleichseitiges Dreieck konstruieren, das einen Eckpunkt am Nordpol hat, wobei die beiden anderen aber auf dem Äquator sind. Man erkennt ohne Mühe, daß jeder Winkel dieses Dreiecks 90 Grad beträgt, die Summe der drei Winkel mithin 270 Grad ist, also um 50 % größer als bei einem Dreieck in der Ebene.

Newton: Jetzt verstehe ich, was Sie vorhin meinten. Die Flachlinge auf einer Kugel könnten also Dreiecke vermessen, der Einfachheit halber sagen wir gleichseitige Dreiecke, und je nachdem, wie groß die Summe der Winkel ist, können sie daraus etwas über die Krümmung ihres Raumes erfahren. Das klingt sehr einleuchtend. Ausgehend von Ihrem Beispiel, sieht man ja sehr leicht, daß die Summe der Winkel auf der Kugel nicht konstant ist, sondern von der Seitenlänge abhängt.

Einstein: Richtig. Haller hat vorhin ein extremes Beispiel geschildert. Wenn ich das Dreieck jedoch klein mache – klein heißt jetzt, daß eine Seitenlänge klein ist im Vergleich zum Umfang der Kugel –, dann ist die Winkelsumme nur wenig größer als 180 Grad. Machen wir das Dreieck kleiner und kleiner, nähert sich die Winkelsumme immer mehr den 180 Grad an. Das liegt daran, daß bei sehr kleinen Dreiecken die Krümmung des vorliegenden zweidimensionalen Raumes vernachlässigt werden kann. Nehmen wir an, ich befinde mich an einem bestimmten Punkt auf der Kugel,

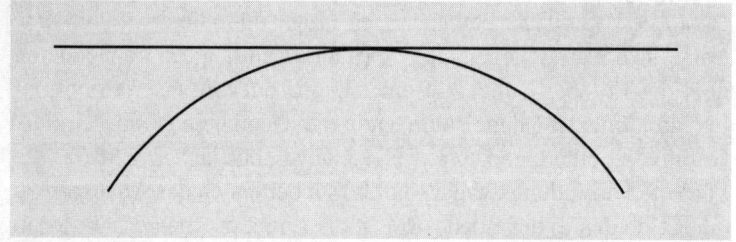

Abb. 9–5 Eine Tangente (gerade Linie) schmiegt sich an eine gekrümmte Linie, in diesem Fall ein Kreissegment, an. Analog schmiegt sich der Tangentialraum (Ebene) an eine gekrümmte Fläche an. In der unmittelbaren Nähe der Berührungspunkte kann man die Krümmung der Linie oder Fläche vernachlässigen.

sagen wir auf dem Nordpol. Wenn ich mich jetzt nur für die Verhältnisse in der unmittelbaren Nähe des Nordpols interessiere, dann kann ich die Krümmung überhaupt vergessen und so tun, als befände ich mich in einem ebenen Raum – also in der Ebene, die sich an die Kugel anschmiegt, so wie eine Tangente, die sich an eine gekrümmte Linie anschmiegt.

Man sieht leicht, daß solch ein Tangentialraum in jedem Punkt einer gekrümmten Fläche konstruiert werden kann, also nicht nur bei einer Kugeloberfläche. Dieser Tangentialraum, der natürlich eine Hilfskonstruktion ist, hat alle Eigenschaften einer Ebene, also eines euklidischen Raumes – so ist die Summe der Winkel im Dreieck 180 Grad.

Newton: Ich denke, ich verstehe jetzt, was Sie und Haller meinen. Wäre ich ein Flachling auf einer Kugeloberfläche, der also keine Ahnung von der Existenz einer dritten Dimension hat, würde ich folgendermaßen vorgehen: Zuerst vermessen wir sehr kleine gleichseitige Dreiecke und stellen fest, daß der Raum in unserer Umgebung euklidisch ist, denn die Summe der Winkel im Dreieck ist innerhalb der Fehlergenauigkeit stets 180 Grad. Jetzt untersuchen wir größere Dreiecke und stellen fest, daß die Winkelsumme nicht mehr 180 Grad ist, sondern, sagen wir, 185 Grad. Bei noch größereren Dreiecken ist sie noch größer, schließlich sogar 270 Grad, wie im Beispiel zuvor. Aus diesen Ergebnissen kann ich jetzt auf die Raumkrümmung schließen und sogar feststellen, daß ich auf einer Kugeloberfläche lebe. Sie haben mich überzeugt – es geht doch. Man kann feststellen, ob der Raum eine Krümmung besitzt, ohne diesen Raum von außen, also unter Zuhilfenahme weiterer Dimensionen, zu betrachten.

Einstein: Das ist kein Zufall, denn die Krümmung eines Raumes ist eben eine Eigenschaft des Raumes selbst und hat nichts mit einer Einbettung in einem Raum mit zusätzlichen Dimensionen zu tun. Das war die wichtige Erkenntnis von Gauß, der dies vor allem für gekrümmte Flächen in allen Details ausgearbeitet hat.

Für einen Flachling, der auf einer beliebigen gekrümmten Fläche haust, ist seine Welt nicht nur eine Fläche, die aus einer Ansammlung von Punkten besteht, sondern er kennt auch die je-

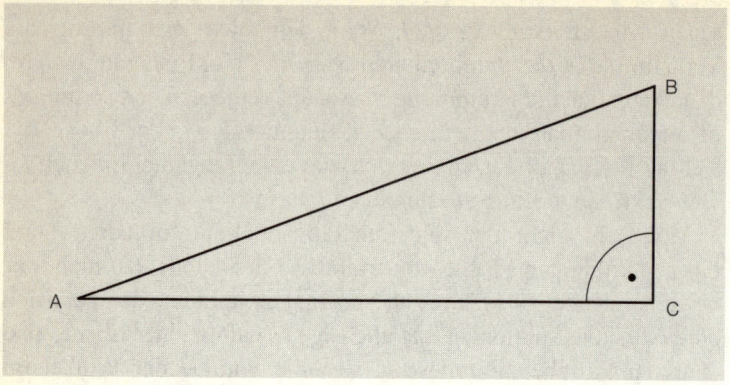

Abb. 9–6 Im euklidischen Raum gilt für ein rechtwinkliges Dreieck der Satz von Pythagoras: $(AC)^2 + (BC)^2 = (AB)^2$.

weiligen Längenverhältnisse. Er kann jederzeit angeben, wie lang die kürzeste Verbindung zwischen zwei beliebigen Punkten auf seiner Fläche ist, also die Länge der entsprechenden Geodäten. Jedenfalls kann er diese ohne weiteres messen. Man spricht deshalb auch von einem metrischen Raum, was nichts weiter ist als ein Raum, in dem man die Länge zwischen zwei Punkten jederzeit angeben kann. Unser dreidimensionaler Raum ist auch ein metrischer Raum, denn jedermann weiß, wie er die Entfernung zwischen zwei Punkten feststellt. Sie ist gegeben durch die Länge der kürzesten Verbindung zwischen den Punkten, und die ist eine gerade Strecke.

Newton: Ich verstehe. So eine gekrümmte Fläche ist ein zweidimensionaler metrischer Raum, also ein Gebilde, für den die Entfernung zwischen zwei Punkten jederzeit festgestellt werden kann. Nehmen wir einmal an, ich konstruiere ein rechtwinkliges Dreieck, dessen Seitenpunkte ich mit A, B und C bezeichne, wobei am Punkt C der rechte Winkel sein soll. In unserem Raum, also einem euklidischen Raum, gilt der Satz von Pythagoras: Die Summe der Entfernungsquadrate $(AC)^2 + (BC)^2$, also die Quadrate der Kathetenlängen, ist gleich dem Entfernungsquadrat $(AB)^2$, also dem Quadrat der Hypotenusenlänge. Dies gilt jedoch nur im euklidischen Raum. Auf einer gekrümmten Fläche gilt der Satz von Pythagoras nicht mehr.

Einstein: Flachlinge, die zunächst nichts von der Krümmung in ihrer Welt bemerken, würden den Satz von Pythagoras in der Schule als einen der Grundpfeiler ihrer Geometrie behandeln. Sobald sie jedoch die Krümmung entdecken, etwa durch Überprüfung der Winkelsumme in Dreiecken, müßten sie akzeptieren, daß auch der Satz von Pythagoras nicht mehr streng gilt.

Auch andere Eigenschaften des euklidischen Raumes, die uns geradezu als selbstverständlich vorkommen, sind in gekrümmten Räumen nicht vorhanden, beispielsweise die Tatsache, daß parallele Linien sich nie schneiden. Betrachten wir einmal zwei Punkte A und B auf dem Äquator, die, sagen wir, 100 km voneinander entfernt sind, in der Mitte des Ozeans. Von beiden Punkten aus fährt je ein Schiff direkt nach Norden, entlang des entsprechenden Meridians. Beide Schiffe fahren auf parallelen Linien, die sich jedoch in einem Punkt schneiden, im Nordpol. In einem euklidischen, also nicht gekrümmten Raum wäre dies nicht möglich.

Haller: Es gibt noch eine wohlbekannte Tatsache, die im euklidischen Raum gilt, nicht jedoch auf gekrümmten Flächen. Der Umfang eines Kreises mit dem Radius R ist auf einer Ebene $2\pi R$, nicht jedoch auf einer gekrümmten Fläche, wenn man den Radius als die Entfernung zwischen einem Punkt auf dem Kreis und dem Mittelpunkt definiert – etwas anderes als den Radius zu bezeichnen wäre nicht sinnvoll. Betrachten wir eine Kugeloberfläche, etwa die Erdoberfläche, bei der wir sukzessive Kreise um den Nordpol schlagen. Ist der Radius des Kreises sehr klein im Vergleich zum Umfang des Äquators oder im Vergleich zum Kugelradius, dann ist in guter Näherung der Kreisumfang, geteilt durch 2π, gleich dem Radius. Bei größeren Kreisen ist dies jedoch nicht mehr der Fall, denn die Krümmung bewirkt, daß der Abstand der Kreispunkte von der Erdachse, also der Kreisumfang, geteilt durch 2π, kleiner als der Abstand der Kreispunkte vom Nordpol ist (gemessen auf der Erdoberfläche).

Der Extremfall wird erreicht, wenn wir den größten Kreis betrachten, den es auf der Kugel gibt, nämlich den Äquator. Hier ist der Umfang genau 4mal so groß wie der Radius. Der Umfang, geteilt durch 2π, ist also wesentlich kleiner als der Radius. Man sieht bei diesem Beispiel auch gut, daß es ganz wesentlich auf den Standpunkt der Betrachtung ankommt. Ein Beobachter, der den Kreis als Gebilde des dreidimensionalen Raumes betrachtet, würde als den Radius des Kreises selbstverständlich den Abstand der Kreispunkte von der Erdachse nehmen. Für einen Flachling, dessen Lebensraum auf die Erdoberfläche begrenzt ist, geht dies jedoch nicht. Er ist gezwungen, den größeren Radius R zu nehmen, denn der gerade Weg zur Erdachse ist in seiner zweidimensionalen Welt nicht möglich.

Newton: Ich stelle also fest: Sobald eine Krümmung vorliegt, ist der Umfang eines Kreises, geteilt durch 2π, immer kleiner als der Radius.

Haller: Das habe ich nicht behauptet. Was Sie gerade sagten, stimmt für eine Kugeloberfläche oder allgemeiner für Flächen, die einer Kugeloberfläche ähnlich sind. Man nennt eine Fläche dieser Art eine Fläche mit positiver Krümmung. Es gibt aber auch andere Flächen, bei denen das nicht mehr der Fall ist. Ein Beispiel hier-

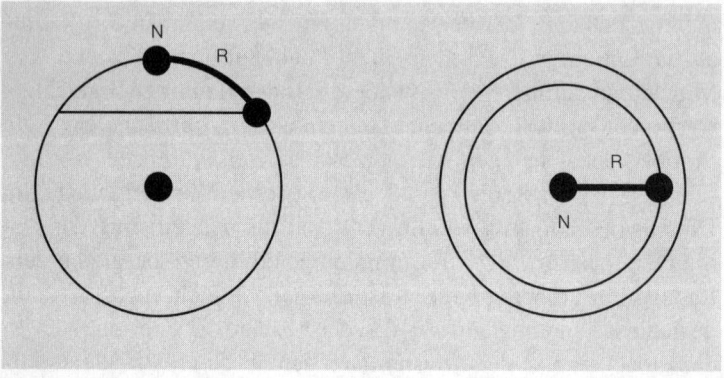

Abb. 9–7   Auf der Erdkugel wird ein Kreis um den Nordpol betrachtet, dessen Punkte vom Pol eine Entfernung R besitzen (gemessen auf der Erdoberfläche). Der Radius dieses Kreises, per definitionem der Abstand der Kreispunkte von der Erdachse, ist jedoch kleiner als R.

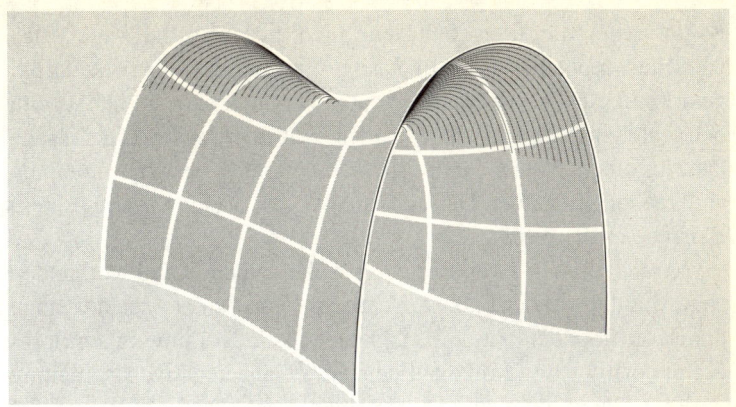

Abb. 9–8 Eine Sattelfläche ist ein zweidimensionaler Raum negativer Krümmung. Ein Kreis um den Mittelpunkt der Sattelfläche besitzt einen Umfang, der größer als 2π mal Radius ist.

für wäre eine Sattelfläche. Stellen Sie sich vor, Sie befinden sich auf einer Bergtour und haben gerade einen Sattel erklommen. In der einen Richtung, sagen wir nach vorn und hinten, ist ein Gefälle, senkrecht hierzu geht es an beiden Seiten nach oben. Wenn Sie jetzt um Ihren Standpunkt herum einen Kreis schlagen, also eine geschlossene Linie, deren Punkte von Ihnen alle gleich weit entfernt sind, werden Sie feststellen, daß der Umfang, geteilt duch 2π, jetzt größer als der Radius ist.

Newton: Ich verstehe – bei einem Sattel liegt in der einen Richtung eine bestimmte Krümmung vor, in der anderen jedoch eine entgegengesetzte Krümmung. Dadurch ist im Vergleich zur Ebene der Umfang, geteilt durch 2π, größer. Interessant! Man könnte also alle Flächen einteilen in solche, bei denen die Krümmung wie auf der Kugelfläche ist, und in solche, die der Sattelfläche ähneln. Eine Ebene wäre dann gerade in der Mitte zwischen diesen beiden Möglichkeiten.

Einstein: Das macht man auch so. Flächen, die der Kugelfläche ähneln, also die nach allen Richtungen im selben Sinn gekrümmt sind, nennt man Flächen mit positiver Krümmung. Flächen, die der Sattelfläche ähneln, nennt man Flächen mit einer negativen

Krümmung. Allerdings kann man nicht in jedem Fall sagen, daß eine Fläche positiv, also kugelartig, oder negativ, also sattelartig, gekrümmt ist. Die Krümmung kann sich ändern – sie hängt vom betrachteten Punkt ab, für den man sich interessiert. Eine Fläche kann in einem Punkt eine positive Krümmung besitzen, in einem anderen eine negative. Das sieht man sofort, wenn wir zu unserem Beispiel zurückkehren.

Betrachten wir zwei Berge, die über einen Sattel verbunden sind, wie dies oft der Fall ist. Nehmen wir an, wir steigen auf einen der Berge über den Sattel. Es ist klar, daß die Krümmung am Berggipfel positiv ist, während auf dem Sattel eine negative Krümmung vorliegt. Wenn ich also vom Sattelpunkt entlang des Kammes auf den darüberliegenden Berg steige, wandere ich entlang einer Linie von Punkten, deren Krümmung zunächst negativ ist, dann etwa auf halber Höhe zwischen Sattel und Gipfel null wird und danach positiv ist.

Newton: Daraus entnehme ich, daß die Krümmung einer Fläche sozusagen ein lokales Phänomen ist, also vom betrachteten Punkt abhängt. Nur in seltenen Fällen, etwa bei einer Kugeloberfläche, ist die Krümmung überall dieselbe. Im allgemeinen variiert sie von Ort zu Ort, was ja auch unmittelbar einleuchtend ist, wenn wir eine beliebig gekrümmte Fläche im Raum anschauen.

Haller: Ein Bergsteiger, der im Gebirge unterwegs ist, kann im Prinzip auch an jedem Punkt feststellen, wie stark die Krümmung ist und welches Vorzeichen sie besitzt, wenn wir von singulären Situationen einmal absehen, etwa von Felskanten oder Abbrüchen. Dies bedeutet, daß die Krümmung eine Funktion des Ortes ist. Durch die Krümmung bekommt eine Fläche Struktur – sie ist nicht mehr so langweilig wie eine Ebene, deren Krümmung an jedem Ort dieselbe ist, nämlich null.

Newton: Bislang haben wir von Krümmung in anschaulicher Form gesprochen. Wenn wir jetzt allerdings davon sprechen, daß sie sich von Ort zu Ort ändert, frage ich mich, wie das die Flachlinge, die auf der gekrümmten Fläche leben, beschreiben wollen, denn sie haben nicht so wie wir das Privileg, die Fläche mit all ihren Krümmungseigenschaften sehen zu können. Zwar können die

Flachlinge, um die Krümmung in einem Punkt festzustellen, um den Punkt herum Kreise studieren, und je nachdem, wie das Verhältnis von Radius und Umfang ist, können sie feststellen, wie es mit der Krümmung steht. Das scheint mir allerdings ein recht umständliches Verfahren.

Einstein: Da haben Sie recht. Die Mathematiker haben deshalb ein Verfahren entwickelt, das es erlaubt, direkt etwas über die Krümmung zu sagen, vorausgesetzt, wir kennen die mathematische Darstellung der Fläche. Die Details seien hier nicht diskutiert, zumal wir sonst in rein mathematische Finessen abdriften würden. Nur soviel sei gesagt: Man kann eine beliebig gekrümmte Fläche beschreiben, indem man an jedem Punkt der Fläche eine Größe definiert, die sozusagen die Abstandsverhältnisse auf der Fläche festlegt – sie sagt zum Beispiel aus, daß der Abstand zwischen diesem und jenem Punkt so und so groß ist. Man nennt diese Größe den metrischen Tensor. Er bestimmt die Abstandsverhältnisse, also die metrische Struktur der Fläche. Ein einfaches Beispiel soll dies illustrieren, und zwar unser wohlbekanntes euklidisches Koordinatensystem. Jeder Punkt in der Ebene wird durch die beiden Koordinaten x und y beschrieben. Kennen wir die Koordinaten zweier Punkte, sagen wir (x,y) und (X,Y), dann kennen wir nicht nur deren Lage, sondern auch den Abstand ℓ zwischen den zwei Punkten. Sein Quadrat ist durch die Summe der Quadrate der Differenzen gegeben:

$$\ell^2 = (x - X)^2 + (y - Y)^2$$

In diesem Fall ist der metrische Tensor besonders einfach. Er bedeutet hier nichts weiter als die mathematische Vorschrift, die es erlaubt, den Abstand zu berechnen, also die Vorschrift: Nimm die Summe der Quadrate der beiden Koordinatendifferenzen, und du hast das Quadrat des Abstandes.

Niemand zwingt uns jedoch, die obige Definition des Abstandes zu verwenden. Wir könnten auch festlegen:

$$\ell^2 = (x - X)^2 + 2(x - X)(y - Y) + (y - Y)^2$$

oder ganz allgemein:

$$\ell^2 = A(x - X)^2 + 2B(x - X)(y - Y) + C(y - Y)^2$$

wobei A, B und C beliebige Konstanten sind. Von hier aus ist es nur ein kleiner Schritt zu sagen, daß A, B und C auch noch von den Koordinaten x und y abhängig sein können, also für verschiedene Koordinaten verschiedene Werte annehmen können. Allerdings gilt dann die obige Form nur noch für kleine Abstände, also für den Fall, daß der Abstand der betrachteten Punkte hinreichend klein ist.

Der metrische Tensor, meist durch den Buchstaben g bezeichnet, ist gegeben durch die Angabe der Größen A, B und C. Meist schreibt man ihn in einer quadratischen Anordnung:

$$g = \begin{pmatrix} A & B \\ B & C \end{pmatrix}$$

Für eine Ebene ist dieser metrische Tensor trivial – da sind die Größen A und C gleich 1 und B ist 0. Das bedeutet, daß auf der Ebene der Satz von Pythagoras gilt und der Abstand zwischen zwei Punkten mit Hilfe der Koordinaten leicht berechnet werden kann. Es war das Verdienst von Gauß zu erkennen, daß die Abstandsverhältnisse auf einer gekrümmten Fläche durch einen metrischen Tensor beschrieben werden können, bei dem die Größen A, B und C vom Ort abhängig sind. So einfach ist das – der Übergang von der Ebene zur gekrümmten Fläche wird einfach dadurch bewerkstelligt, daß A, B und C jetzt variieren können. Der metrische Tensor bestimmt die Längenverhältnisse auf der Fläche und damit deren Krümmung eindeutig.

Newton: Nur ist der Zusammenhang zwischen dem metrischen Tensor und der Krümmung recht kompliziert. Ich muß erst die Fläche konstruieren und anschließend die Krümmung daraus bestimmen. Gibt es da einen schnelleren Weg?

Einstein: Den gibt es – die Krümmung der Fläche kann auch rein mathematisch aus dem metrischen Tensor bestimmt werden, indem man eine andere mathematische Größe berechnet, genannt Krümmungstensor. Seine genaue Form soll uns hier nicht interessieren. Wichtig ist, daß er aus den Komponenten des metrischen Tensors berechnet werden kann. Die zugehörige Mathematik wurde in der ersten Hälfte des vergangenen Jahrhunderts von Mathematikern wie Gauß, Bolyai, Lobatschewski und insbesondere von Riemann entwickelt.

Haller: Man kann sich den Krümmungstensor anschaulich folgendermaßen vorstellen: Wenn man ins Gebirge geht, benutzt man eine Wanderkarte der betreffenden Gegend. Die Erdoberfläche ist im Gebirge stark gekrümmt. Trotzdem ist man gezwungen, die Landschaft auf einer zweidimensionalen Karte darzustellen, die ja weiter nichts ist als ein zweidimensionaler euklidischer Raum. Wenn ich jetzt den Abstand zwischen zwei Punkten im Gebirge, etwa einem Berggipfel und meinem Ausgangspunkt im Tal, ermitteln will, ist es nicht genug, die Strecke auf der Karte zu messen und dann mit Hilfe des vorliegenden Maßstabs den Abstand zu berechnen. Dies geht recht gut bei einer Fahrradtour in der Ebene, nicht jedoch im Gebirge. Wie jeder Bergwanderer weiß, behilft man sich hier mit Höhenlinien, die auf der Karte angeben, wie hoch der betreffende Punkt etwa ist. Erst unter Einbeziehung der Höhenverhältnisse kann man die Länge der Strecke, die man ermitteln möchte, einigermaßen abschätzen. Mit Hilfe der Höhenlinien beschreibt man also auf der Landkarte die genauen Streckenverhältnisse und damit die in der Realität vorliegenden Abstände. Die Höhenlinien sind demnach so etwas wie ein Ersatz für den Krümmungstensor.

Einstein: Ich möchte darauf hinweisen, daß die Krümmungseigenschaft einer Fläche eine absolute Angelegenheit für jeden Punkt ist, also nicht etwa davon abhängt, welche Art von Koordinaten die Flachlinge für die Beschreibung ihrer Fläche benutzen. Bei einer krummen Fläche kann man keine normalen rechtwinkligen Koordinaten verwenden, die man üblicherweise zur Beschreibung einer Ebene nimmt. Zwar wird eine Gebirgslandschaft mittels einer Karte durch zwei Koordinaten wie auf einer Ebene dargestellt, aber diese Ebene ist eine künstliche Konstruktion, die man dadurch erhält, daß man etwa das betreffende Gebiet mit einer Kamera vom Flugzeug aus aufnimmt. Man erhält die Projektion der Landschaft auf eine Fläche, wobei die Höhenverhältnisse außer acht gelassen sind.

Jeder Hochseesegler weiß, daß jeder Punkt der Erdoberfläche, also einer zweidimensionalen gekrümmten Fläche, durch zwei Angaben beschrieben werden kann: durch die Angabe der geographischen Länge und Breite. Da sich die Erde um eine festgelegte Achse dreht, sind Nord- und Südpol ausgezeichnete Punkte auf der Erdoberfläche. Der größte Kreis, den man um Nord- oder Südpol schlagen kann, ist der Äquator, der ein ausgezeichneter Breitenkreis ist. Die Breitenkreise sind damit festgelegt, nicht jedoch die Längenkreise oder Meridiane. Den Nullmeridian hat man willkürlich als denjenigen Längenkreis festgelegt, der durch die beiden Pole und durch den Standort des Greenwich-Observatoriums bei London verläuft.

Das Beispiel der Erde zeigt, daß die Beschreibung der Punkte mit Hilfe von geographischer Länge und Breite zwar eindeutig ist, jedoch auch willkürlich. Jedes andere Koordinatensystem würde es auch tun, zum Beispiel Koordinaten, die beliebig krumm über die Erdoberfläche laufen – auf das Koordinatensystem kommt es also nicht an.

Ein anderes Beispiel ist die Sattelfläche. Auch diese läßt sich durch krummlinige Koordinaten beschreiben. Wichtig ist, daß man mit Hilfe der Koordinaten und des metrischen Tensors die Krümmungseigenschaften der Fläche an jedem Punkt berechnen kann. Letztere sind eindeutig gegeben und unabhängig vom Koordinatensystem.

Newton: Nehmen wir nun an, wir beschreiben etwa eine Sattelfläche durch zwei ganz verschiedene Koordinatensysteme. Wenn ich dann mit deren Hilfe die Krümmungseigenschaften berechne, also den Krümmungstensor, müßte ich bezüglich der Krümmung dasselbe Ergebnis bekommen.

Einstein: Richtig. Die Krümmung ist unabhängig vom System – sie ist sozusagen ein Sachverhalt, den ich in zwei verschiedenen Sprachen beschreiben kann. Ob ich nun die Schlacht von Waterloo auf Englisch schildere oder auf Französisch, ist für das Ergebnis der Schlacht, also die Niederlage Napoleons, unwichtig. Koordinatensysteme sind wie Sprachen, die Krümmung ist die Realität, und der Krümmungstensor entspricht dem Text, den man benutzt, um den Sachverhalt zu schildern.

Newton: Ich glaube, mittlerweile haben wir zweidimensionale gekrümmte Räume zur Genüge betrachtet. Es ist Zeit, in medias res zu gehen, also das Flachland zu verlassen und in unseren richtigen dreidimensionalen Raum vorzudringen.

Wegen der fortgeschrittenen Stunde wünsche ich den Gentlemen aber erst mal eine gute Nacht.

10

Krummer Raum und kosmische Faulheit

> Wenn ich mich frage, woher es kommt,
> daß gerade ich die Relativitätstheorie
> aufgestellt habe, so scheint es an fol-
> gendem Umstand zu liegen: der norma-
> le Erwachsene denkt über die Raum-
> Zeit-Probleme kaum nach. Das hat er
> nach seiner Meinung bereits als Kind
> getan. Ich hingegen habe mich geistig
> derart langsam entwickelt, daß ich erst
> als Erwachsener anfing, mich über
> Raum und Zeit zu wundern. Naturge-
> mäß bin ich dann tiefer in die Proble-
> matik eingedrungen als die normal ver-
> anlagten Kinder.
>
> *Albert Einstein*[10.1]

Am nächsten Morgen beschlossen die drei Physiker, angesichts des günstigen Wetters die geplante Segeltour zu unternehmen. Einstein hatte bereits tags zuvor im Dorf eine Jolle gemietet, und unmittelbar nach dem Frühstück begab man sich hinunter zur Anlegestelle am Templiner See. Kurz nach neun waren die Segel gesetzt, und Einstein steuerte das Boot westwärts zur Caputher Gemünde, der Verbindung zwischen Templiner See und Schwielowsee. Bald darauf hatte das Boot flotte Fahrt aufgenommen. Einstein steuerte jetzt nach Südwesten, in Richtung Ferch – das Gespräch konnte beginnen.

Newton: Ich gehe davon aus, daß unsere gestrige Übung mit den Flachlingen nur als Vorübung gedacht war, um danach den richtigen dreidimensionalen Raum in Betracht zu ziehen. Lassen Sie mich einmal rekapitulieren: Wir hatten gesehen, daß zweidimensionale Flachlinge mit einiger Kenntnis der Mathematik die Krümmungseigenschaften ihres flachen, aber gekrümmten Universums eindeutig beschreiben können. Sie würden auch bemerken, daß die Krümmung ihres Raumes im allgemeinen vom Ort abhängt, etwa durch Vermessungen von Kreisen und deren Radien oder von Dreiecken.

Bemerkenswert war, daß die Krümmungseigenschaften nur wahrzunehmen sind, wenn man größere Flächenteile untersucht. Im Kleinen ist eine gekrümmte Fläche immer eben. Die Frage, die ich mir stelle, ist: Was bestimmt die Krümmung des Flachraums, also der Fläche? Könnte es sein, daß die Krümmung sogar eine Art physikalische Eigenschaft ist, also ein Phänomen, das möglicherweise mit anderen physikalischen Gegebenheiten wie der Dynamik der Materie zu tun hat? Das wäre in der Tat eine großartige Sache: eine Synthese von Geometrie und Physik, eine Rückwirkung von der Materie auf die Geometrie.

Einstein: Ich bin verblüfft, so etwas aus Ihrem Munde zu hören, Sir Isaac. Schließlich waren Sie es doch, der die Idee des absoluten strukturlosen Raumes verkündet hat, eines Raumes von geradezu göttlicher Qualität, unbeeinflußbar, unendlich entfernt von jeder Physik, perfekt wie ein makelloser Kristall, geradlinig in alle drei Richtungen und völlig langweilig. Geometrie und Physik als Einheit? Wenn ich Ihre »Principia« lese, kann ich darin nichts dergleichen finden.

Newton: Da mögen Sie recht haben, aber ich muß Ihnen gestehen, daß ich mich schon lange vor Ihnen mit dem Problem der Wechselwirkung zwischen Geometrie und Materie beschäftigt habe. In meiner Mechanik ist diese Wechselwirkung ja sehr einseitig – über das Phänomen der Trägheit wirkt der Raum auf die Materie, letztere jedoch wirkt nicht zurück auf den Raum, eine Situation, die ich von Anfang an als unbefriedigend und merkwürdig empfand, ebenso wie die Gleichheit von schwerer und träger Masse. In Ihrer Theorie der Gravitation scheint dies ja nicht so zu sein – ich bin gespannt, Einstein, wie Sie das in den Griff gebracht haben.

Haller: Ich möchte vorschlagen, daß wir systematisch vorgehen und erst einmal die Rückwirkung der Materie auf den Raum außer acht lassen. Zunächst wollen wir einmal auf den dreidimensionalen Raum übertragen, was wir gestern für den Flachraum entwickelt haben. Die entscheidende Idee der Mathematiker im vergangenen Jahrhundert, allen voran Gauß und Riemann, war, daß auch der dreidimensionale Raum, also der Raum, in dem wir leben, Krümmungseigenschaften haben könnte. Dies würde bedeuten, daß wir die Eigenschaften unseres Raumes durch einen metrischen Tensor beschreiben können, der von Punkt zu Punkt variieren kann und der damit die Krümmung festlegt.

Newton: Wollen Sie damit auch sagen, daß wir in unserem dreidimensionalen Raum die Krümmung direkt beobachten könnten, so wie unsere hypothetischen Flachlinge, etwa durch Vermessung von Dreiecken oder Kreisen?

Einstein: Genau dies. Gauß hat es sogar versucht. Mit den besten geodätischen Instrumenten seiner Zeit machte er sich daran, das Dreieck zu vermessen, das von den Gipfeln des Inselsbergs, des Brocken und des Hohen Hagen gebildet wird. Vor allem wollte er feststellen, ob die Summe der drei Winkel tatsächlich 180 Grad beträgt, wie in einem euklidischen, also strukturlosen Raum erwartet, oder ob es da eine Abweichung gibt. Gefunden hat er nichts. Die Summe der Winkel war, innerhalb der recht großen Fehlergrenzen, konsistent mit 180 Grad.

Heute wissen wir, daß der Raum in Erdnähe durch die Gravitation in der Tat etwas gekrümmt ist. Allerdings ist der Effekt so klein, daß Gauß keine Chance hatte, etwas zu beobachten. Aber er war immerhin auf der richtigen Fährte.

Haller: Nur ein paar mathematische Details: Die geometrischen Eigenschaften des dreidimensionalen gekrümmten Raumes, genauer seine Krümmungsstruktur, werden ebenso wie bei einer Fläche durch den metrischen Tensor beschrieben, der die metrischen Eigenschaften, also die Abstandsverhältnisse, festlegt. Die Krümmung wird durch den Krümmungstensor festgelegt, der seinerseits aus dem metrischen Tensor bestimmt werden kann.

Einstein: Lieber Freund – Sie und ich kennen die Fachsprache der Mathematik für die nichteuklidische Geometrie in- und auswendig, aber Newton kennt die Details nicht. Deshalb sollten wir künftig versuchen, sie zu vermeiden, wenn es nur irgend geht.

Ich möchte einen speziellen Fall erwähnen, und zwar das dreidimensionale Analogon einer Kugel. Eine Kugeloberfläche, interpretiert als zweidimensionaler Raum, ist eine gekrümmte Fläche mit der Eigenschaft, daß ihre Krümmung positiv und in jedem Punkt die gleiche ist, gegeben letztlich durch den Radius der Kugel. Wir können jetzt fragen: Welches Gebilde erhalte ich, wenn ich in einem dreidimensionalen Raum eine konstante positive Krümmung annehme?

Newton: Ich würde denken, man erhält so etwas wie die Oberfläche einer Kugel in vier Dimensionen. Ich muß mir also zum normalen Raum noch eine Dimension hinzudichten und dann die Oberfläche einer Kugel in diesem hypothetischen Raum, nennen wir ihn einmal Hyperraum, betrachten. Diese Kugeloberfläche wäre nichts weiter als die Gesamtheit aller Punkte im Raum, die vom Nullpunkt denselben Abstand haben, also ganz wie bei einer normalen Kugel im dreidimensionalen Raum. Da die Kugel selbst vier Dimensionen hat, besitzt die Oberfläche drei Dimensionen, hat also genauso viele Dimensionen wie unser Raum. Wenn unser Raum diese Struktur hätte, dann würde ein Astronaut, der mit seinem Raumschiff immer in dieselbe Richtung fliegt, schließlich wieder an seinen Ausgangspunkt zurückkehren, eine Art kosmischer Bumerang. Die Struktur des Raumes würde sein Raumschiff unweigerlich wieder zum Anfang seiner Reise zurückführen.

Haller: Mehr noch – wenn der Astronaut über die zurückgelegten Kilometer genau Buch führen würde, dann könnte er sogar den Radius der Kugel, also den Krümmungsradius seines Raumes, bestimmen. Im übrigen sei noch einmal betont, daß die Einführung der vierten Dimension, also die Erfindung des Hyperraums, beziehungsweise die Erörterung der vierdimensionalen Kugel eine rein formale, mathematische Angelegenheit ist. Die vierte Dimension braucht man nicht – man benötigt sie auch nicht für die Diskussion der Krümmung, denn letztere ist eine Sache des dreidimensionalen Raumes allein. Dieser wäre ein in sich geschlossener Raum mit positiver konstanter Krümmung, mit einem endlichen Volumen, aber ohne feste Grenzen – ein endlicher Raum ohne Grenzen.

Newton: Gesetzt den Fall, unser Raum wäre von dieser Art. Dann müßten wir also bei großen Abständen Abweichungen von der euklidischen Geometrie feststellen können, etwa beim Vermessen von Dreiecken. Gauß hat bei seiner Messung nichts gefunden, aber wie steht es heute? Mit Hilfe von Satelliten könnte man heute sehr genaue geometrische Vermessungen der Himmelskörper durchführen.

Haller: Dies hat man auch getan, aber über die Details können wir erst später reden, wenn wir die Gravitation betrachten. Nur so viel sei gesagt: Der Raum unseres Universums besitzt aller Wahrscheinlichkeit nach nicht die Struktur der Oberfläche einer vierdimensionalen Kugel. Eine großräumige Krümmung des Raumes hat man bis heute nicht nachweisen können. Wenn überhaupt vorhanden, ist sie also äußerst klein.

Newton: Neben der Kugeloberfläche haben wir ja auch die Sattelfläche betrachtet, die eine negative Krümmung besitzt. Wie steht es denn damit? Gibt es ein dreidimensionales Analogon der Sattelfläche?

Einstein: Kein Problem. Das wäre dann ein Raum mit konstanter negativer Krümmung, der allerdings im Gegensatz zum Kugelraum unendlich groß wäre. Ein Astronaut würde nie an seinen Ausgangspunkt zurückkehren.

Es ist interessant, im Kugelraum und im Sattelraum eine normale dreidimensionale Kugel zu betrachten. Die Oberfläche einer Kugel im euklidischen Raum ist 4π, multipliziert mit dem Quadrat des Radius. Ebenso wie beim Kreis auf einer Kugeloberfläche gilt die Beziehung zwischen der Oberfläche und dem Radius im Falle einer nichteuklidischen Geometrie nicht mehr. Im Prinzip könnten wir also die Krümmung des Raumes auch feststellen, indem wir die Oberfläche einer Kugel im Raum messen und das Ergebnis mit $4\pi R^2$ vergleichen. Eine Abweichung zwischen dem gemessenen Radius und dem aufgrund der Oberflächenmessung ermittelten Radius wäre ein Maß für die Krümmung. Ist die Oberfläche kleiner als im euklidischen Fall, liegt eine positive Krümmung vor, im anderen Fall eine negative.

Im Zusammenhang mit der Ablenkung des Lichts durch die Sonne haben wir früher schon die Krümmung des Raumes erwähnt, wie sie im Rahmen meiner Theorie der Gravitation erwartet wird. Bei der Erde ist dies nun herzlich wenig – die Abweichung zwischen dem im Prinzip zumindest meßbaren Radius und dem Radius, den man mittels der Oberflächenmessung errechnet, beträgt nur etwa 1,5 mm, ist also so winzig, daß man sie getrost vernachlässigen kann. Bei der Sonne ist die Abweichung schon merklich, nämlich etwa 500 m – Vorsicht, Mr. Newton, wir sind schon nahe am Ufer, und ich muß wenden!

Einstein ließ die Segelleine locker, so daß die Segel im Wind flatterten, und führte eine klassische Wende durch. Das Boot, das sich in der Nähe der Landzunge von Löcknitz befand, nahm nunmehr Kurs nach Südosten.

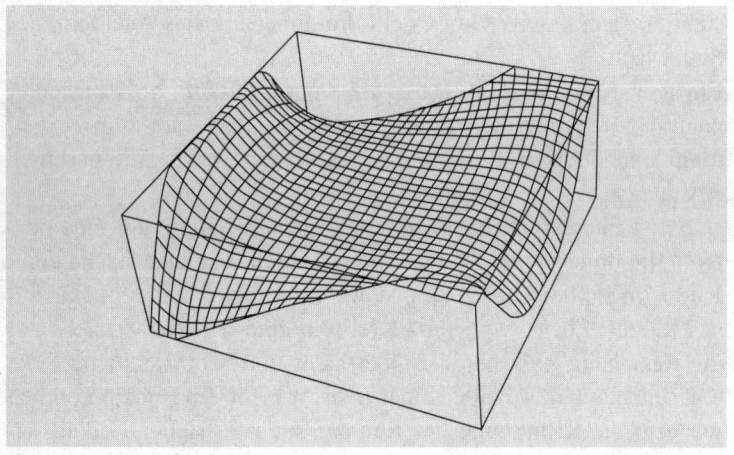

Abb. 10–1 Das Beispiel einer gekrümmten Fläche. In der unmittelbaren Umgebung eines jeden Punktes auf der Fläche kann man die Krümmung vernachlässigen. Die Fläche schmiegt sich an die entsprechende Tangentialfläche an. Die gekrümmte Fläche kann man in guter Näherung durch das Aneinanderfügen vieler kleiner ebener Flächen erhalten. (Mit Genehmigung von H. Mitter, Graz)

Newton: Der dreidimensionale Raum, in dem wir leben, ist ja auch ein metrischer Raum. Wenn ich einmal die Effekte der Relativitätstheorie wie Längenkontraktion außer acht lasse, kann ich zwischen zwei Punkten ohne weiteres die Entfernung messen – diese wird dann wohl durch den metrischen Tensor festgelegt?

Einstein: Selbstverständlich – durch ihn bekommt der Raum seine Struktur und seine Krümmung. Ebenso wie auf einer gekrümmten Fläche ist die kürzeste Verbindung zwischen zwei Punkten genau festgelegt – sie ist die Geodäte zwischen den beiden Punkten. In jedem Punkt eines beliebig gekrümmten dreidimensionalen Raumes kann ich, ganz analog zu einer gekrümmten Fläche, einen dreidimensionalen euklidischen Tangentialraum anlegen, der natürlich keine Krümmung aufweist. Sofern man sich jedoch nur für die nähere Umgebung des Punktes interessiert, ist dieser Tangentialraum eine brauchbare Näherung. Am Punkt selbst stimmen wirklicher Raum und Tangentialraum überein.

Newton: Mit anderen Worten, wie bei einer gekrümmten Fläche ist die Krümmung des dreidimensionalen Raumes etwas, was man nur bei größeren Raumgebieten feststellen kann. Ein sehr kleines Raumgebiet zeigt keine Krümmung – es sieht aus wie ein kleiner Ausschnitt aus einem dreidimensionalen euklidischen Raum.

Einstein: Richtig. Einen gekrümmten Raum würde man erhalten, indem man einfach viele kleine euklidische Räume schief zusammensetzt, so wie man sich eine gekrümmte Fläche zumindest angenähert basteln kann, indem man viele kleine ebene Flächen geeignet zusammenklebt.

Sie erwähnten gerade die relativistischen Effekte der Speziellen Relativitätstheorie. In der Tat sollten wir die jetzt nicht mehr aus dem Spiel lassen, wenn wir uns mit der Gravitation beschäftigen. Wir hatten schon mehrfach erwähnt, daß meine Theorie der Gravitation unter anderem auch beinhaltet, daß der normale dreidimensionale Raum gekrümmt erscheint. Dies ist jedoch nur ein Nebeneffekt meiner Theorie, der für viele Belange gar nicht so wichtig ist. Um die Gravitation richtig zu verstehen, müssen wir Raum und Zeit wie in der Speziellen Relativitätstheorie als eine Einheit betrachten.

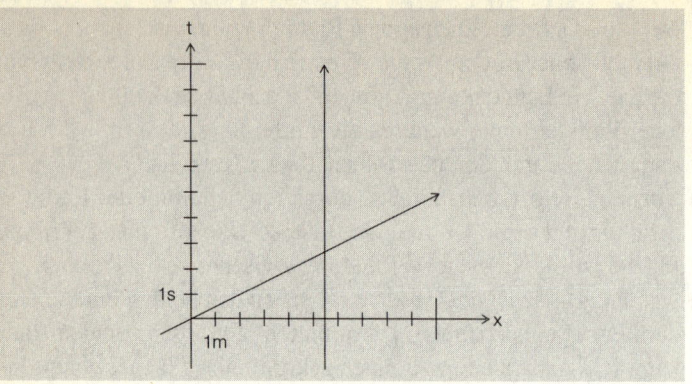

Abb. 10–2 Die zweidimensionale Raum-Zeit. Ein Körper, der sich in Ruhe befindet, beschreibt eine Weltlinie, die parallel zur Zeitachse läuft – hier als Beispiel ein Körper, der sich bei x = 5,5 m in Ruhe befindet (vertikale Linie). Bewegt sich der Körper mit konstanter Geschwindigkeit, so ist seine Weltlinie zur Zeitachse geneigt – hier als Beispiel ein Körper, der sich zum Zeitnullpunkt bei x = 0 befindet und sich mit einer Geschwindigkeit von 2 m/s entfernt (geneigte Weltlinie). Der Grad der Neigung einer Weltlinie beschreibt die Geschwindigkeit. Je größer die Geschwindigkeit, um so stärker ist die Weltlinie in Richtung der x-Achse geneigt.

Newton: In der Speziellen Relativitätstheorie ist die Zeit eine weitere Dimension neben den drei Dimensionen des Raumes. Da Sie offenbar viel Wert auf die Zeit im Zusammenhang mit der Gravitation legen, schlage ich vor, daß wir der Einfachheit halber zwei Raumdimensionen abschaffen und uns nur mit einer Raumdimension und natürlich einer Zeitdimension beschäftigen, was den Vorteil hat, daß wir mit den zwei Dimensionen, die wir auf dem Papier zeichnen können, auskommen.

Haller: Also gut – wenn ich die Zeit als senkrechte Koordinate zur Raumachse, also zur x-Achse, zeichne, haben wir ein zweidimensionales Raum-Zeit-Gebilde vor uns. Alle Punkte, die senkrecht zur t-Achse auf einer Geraden liegen, die die t-Achse bei einem Punkt, den wir als t₀ bezeichnen wollen, schneidet, machen den Raum zur Zeit t₀ aus. Ein Körper, der sich in diesem Raum in Ruhe befindet, beschreibt eine gerade Linie parallel zur Zeitachse, seine

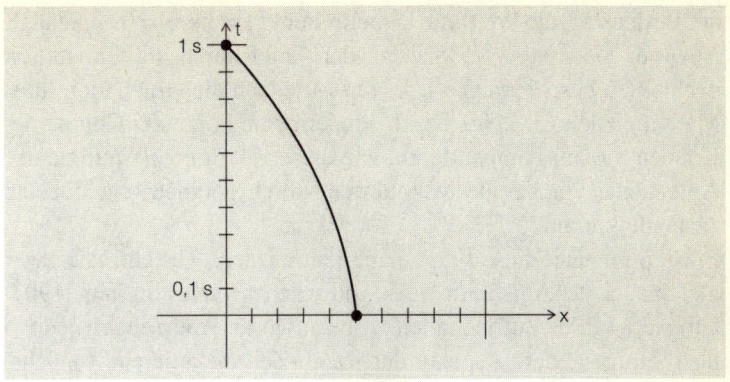

Abb. 10–3 Die Weltlinie eines fallenden Apfels, der von der Höhe h = 4,9 m zu Boden fällt und genau nach einer Sekunde den Erdboden erreicht. Die Weltlinie ist eine liegende, sich nach links öffnende Parabel, deren Scheitel auf der x-Achse liegt.

Weltlinie in der Raum-Zeit. In der Raum-Zeit ist also ein ruhender Körper nicht etwa ein Punkt. Raum-zeitlich gesehen ist er nicht in Ruhe, sondern segelt gleichsam durch die Zeit, indem er älter wird. Stillstand im Raum bedeutet also in keiner Weise Stillstand in der Raum-Zeit – wer rastet, der rostet. Bewegt sich der Körper mit einer konstanten Geschwindigkeit, so ist seine Weltlinie relativ zur Zeitachse geneigt. Bewegt er sich unregelmäßig, so ist seine Weltlinie gekrümmt.

Newton: Ich schlage vor, wir betrachten einmal die Weltlinie eines Apfels, der zur Zeit 0 vom Baum fällt und genau nach einer Sekunde auf dem Boden ankommt. Entsprechend meinem Fallgesetz passiert das genau dann, wenn sich der Apfel vor seinem Fall 4,9 m über dem Erdboden befindet.

Einstein: Gut – ich bezeichne also die jeweilige Höhe des Apfels mit x. Im Raum-Zeit-Achsenkreuz ist die Weltlinie eine liegende Parabel, deren Scheitel auf der x-Achse liegt. Zur Zeit t = 0 löst sich der Apfel vom Baum, seine Höhe ist also h = 4,9 m. Die Höhe x wird nun schnell kleiner, da sich der Apfel, beschleunigt durch die Gravitation, nach unten bewegt. Nach einer Sekunde schlägt er

171

am Boden auf, die Weltlinie ist beim Punkt t = 1 s, x = 0 angelangt. Newton: Sie sagten gerade, daß der Apfel durch die Gravitation nach unten beschleunigt wird. Nun ist jedoch die Gravitation Ihrer Meinung nach gar keine Kraft, sondern eine Folge der Geometrie. Können Sie mir dann erklären, wie diese gekrümmte Weltlinie des Apfels, die wir gerade diskutierten, durch geometrische Effekte zustande kommt?

Einstein: Genau diese Frage habe ich mir auch gestellt, und zwar gleich nach der Aufstellung des Äquivalenzprinzips im Jahre 1907. Um sie zu Ihrer Zufriedenheit zu beantworten, müssen wir jedoch noch einige andere Aspekte der Raum-Zeit diskutieren. Zunächst einmal – wie steht es denn mit der Geometrie der Raum-Zeit? Mit Geometrie meine ich jetzt speziell die metrischen Eigenschaften der Raum-Zeit. Unsere Raum-Zeit-Ebene besteht wie jede Ebene aus Punkten, die durch die Angabe der Koordinaten t und x gekennzeichnet sind. Im Unterschied zur normalen Ebene im Raum, die ja nichts weiter als eine geordnete Ansammlung von Raumpunkten ist, besteht die Raum-Zeit-Ebene aus Raum-Zeit-

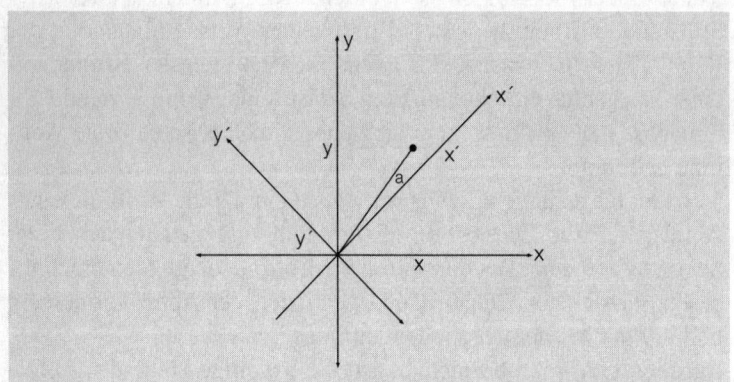

Abb. 10 – 4 Bei einer normalen Ebene ist der Abstand zwischen einem beliebigen Punkt und dem Nullpunkt durch die Summe der Quadrate der Koordinaten des Punktes gegeben. Nach einer Drehung des Koordinatenkreuzes (hier um 45 Grad) gilt dies auch für die neuen Koordinaten – der Abstand ist als geometrische Größe gleich, also invariant.

Punkten – ein Punkt x wird zur Zeit t betrachtet. So etwas nennt man ein Ereignis – es geschieht etwas zur Zeit t am Punkt x. Unsere zweidimensionale Raum-Zeit-Fläche ist also eine Ansammlung von Ereignissen, so wie eine normale zweidimensionale Ebene eine Ansammlung von Punkten ist.

Newton: Wenn ich mich recht erinnere, ist es ein wesentlicher Aspekt Ihrer Speziellen Relativitätstheorie, daß sie der Raum-Zeit eine Art metrische Struktur auferlegt.

Haller: Relativistisch gesehen macht es keinen Sinn zu sagen, dieser Prozeß dauert so und so lange, denn eine Zeitspanne ist abhängig vom Bezugssystem, wegen des Effekts der Zeitdehnung. Auch die Länge eines Körpers ist nicht unabhängig vom System. Bei großen Geschwindigkeiten verkürzt sie sich. In der Speziellen Relativitätstheorie ist dies die Konsequenz der Tatsache, daß die Lichtgeschwindigkeit in jedem System gleich ist. Wir hatten früher aber auch gesehen, daß es etwas gibt, das unabhängig vom System ist, also absolut – der relativistische Abstand zwischen zwei Ereignissen. Bei einer normalen Ebene, beschrieben durch zwei Koordinaten x und y, ist das Quadrat des Abstands a eines Punktes vom 0-Punkt durch die Summe der Quadrate der beiden Koordinaten $a^2 = x^2 + y^2$ gegeben.

Im Ereignisraum der Speziellen Relativitätstheorie, genauer in unserer Ereignisebene, ist das Quadrat des Abstands zwischen dem Raum-Zeit-Nullpunkt und einem beliebigen Ereignispunkt auch gegeben durch ein Quadrat der Koordinaten, nur sieht das, wenn Sie sich an unsere frühere Diskussion erinnern, etwas anders aus.

Newton: Ich weiß, es ist die Differenz der Quadrate von Zeit und Raum, genauer: $a^2 = (ct)^2 - x^2$. Die Zeit tritt also im Abstand nicht als Zeit auf, sondern als Zeit, multipliziert mit der Lichtgeschwindigkeit, was einem räumlichen Abstand entspricht.

Einstein: Was notwendig ist, da in der Speziellen Relativitätstheorie Raum und Zeit miteinander vermischt oder, geometrisch gesprochen, ineinander verdreht werden, und das kann man nur bewerkstelligen, wenn Raum und Zeit in denselben Einheiten gemessen werden, zum Beispiel in Metern. Einem Meter entspricht also auf der Zeitachse die Zeit, die das Licht braucht, um einen

Meter zurückzulegen – das ist die winzige Zeit von etwa $3{,}3 \cdot 10^{-9}$s. Wir könnten auch die Sekunden auf der Zeitskala beibehalten, müssen aber dann auf der Raum-Achse eine sehr große Einheit benutzen, eine Lichtsekunde, also die Raumstrecke, die das Licht in einer Sekunde zurücklegt – das sind genau 299 792 458 m.

Sie erinnern sich, daß wir seinerzeit diesen merkwürdigen Abstand einführen mußten, um die Konstanz der Lichtgeschwindigkeit in jedem Bezugssystem zu garantieren. Wenn ich zu einem neuen Bezugssystem übergehe – in diesem Fall der Raum-Zeit-Ebene bedeutet dies, daß wir zu einem bewegten System übergehen, indem wir den Ereignisraum aus einem fahrenden Zug heraus beobachten –, erhalten wir wie bei der oben erwähnten Drehung eine neue Zeit- und eine neue Raumkoordinate. Der Übergang zu einem bewegten System ist also so etwas wie eine Drehung in der Raum-Zeit, die manchmal auch als Lorentz-Drehung bezeichnet wird, benannt nach meinem Freund Lorentz in Leiden.

Der Witz des relativistischen Abstands besteht darin, daß er sich hierbei nicht ändert. Das gilt nun allgemein: Wenn ich bei unserer Ereignisebene zwei Ereignisse A und B betrachte, kann ich leicht das Quadrat des Abstands zwischen diesen beiden Ereignissen ermitteln. Es ist $c^2 (t_A - t_B)^2 - (x_A - x_B)^2$. Diese Differenz ist in allen Bezugssystemen dieselbe – sie ist also die Größe, auf die es physikalisch ankommt. Raum und Zeit sind wie Schall und Rauch; auf den Abstand zwischen den Ereignissen kommt es an.

Newton: Unsere Raum-Zeit-Ebene besitzt also eine metrische Struktur, da der Abstand zwischen zwei beliebigen Raum-Zeit-Punkten, also zwischen zwei Ereignissen, gegeben ist. Allerdings muß ich schon gestehen, daß dies ein merkwürdiger Abstand ist, den ich mir geometrisch nicht vorstellen kann. Er kann positiv, negativ und auch null sein, was bei einem normalen Abstand im üblichen Raum nicht der Fall ist.

Einstein: Da gebe ich Ihnen recht. Eine anschauliche geometrische Sicht kann ich Ihnen auch nicht bieten. Wenn wir uns eine Ebene vorstellen, dann nehmen wir von vornherein an, daß der Abstand zwischen zwei Punkten durch den räumlichen Abstand zwischen diesen Punkten gegeben ist, und der ist immer positiv und niemals null oder negativ. Die Natur nimmt jedoch keine Rücksicht auf unsere Anschauung. In der Speziellen Relativitätstheorie ist der Abstand eben die Differenz zwischen zwei Zahlen, und die kann alle möglichen Werte annehmen. Das hat natürlich mit der Tatsache zu tun, daß wir Raum und Zeit gemeinsam in einem Koordinatensystem betrachten. Auch in der Speziellen Relativitätstheorie spielt die Zeit also noch eine Sonderrolle. Sie ist nicht einfach die vierte Dimension neben den drei Raumdimensionen.

Newton: Das ist mir schon klar. Eine Geometrie im Ereignisraum, in der der Abstand zwischen zwei Ereignissen nach Ihrer Vorschrift gegeben ist, macht durchaus Sinn. Es ist ein metrischer Raum, nur mit einer etwas ungewöhnlichen Form des Abstandes oder eben

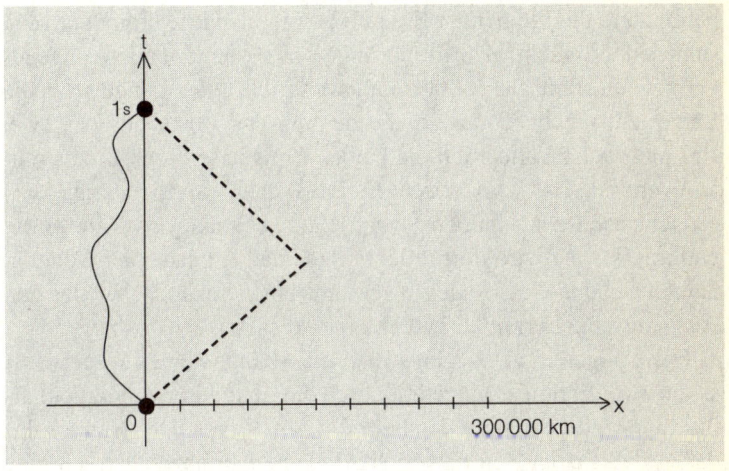

Abb. 10–5 Verschiedene Weltlinien verbinden zwei Ereignisse, den Nullpunkt und das Ereignis (1 s, 0). Die größte Länge entsprechend der Einsteinschen Abstandsdefinition, nämlich 300 000 km, erhält man, wenn man die beiden Ereignisse durch eine gerade Linie entlang der Zeitachse verbindet. Die gestrichelte Linie entspricht dem Weg eines Lichtstrahls, der vom Nullpunkt ausgeht und nach 150 000 km reflektiert wird. Die Länge dieser Weltlinie ist null. Die ausgezogene krumme Linie zeigt die Weltlinie einer unregelmäßigen Bewegung. Die Länge dieser Weltlinie ist wesentlich kleiner als 300 000 km.

der Metrik. Das ist der Vorteil, wenn man das Konzept des metrischen Tensors zur Verfügung hat. Man kann alle möglichen Abstände versuchshalber einführen, und es kommt darauf an, das physikalisch Interessante zu erkennen.

Haller: Die ungewöhnliche Abstandsdefinition führt übrigens zu einer anderen merkwürdigen Konsequenz der Relativitätstheorie. Betrachten wir einmal die Weltlinie eines Objekts, das sich bei $x = 0$ befindet und auch dort verbleibt. Seine Weltlinie ist identisch mit der Zeitachse. Wir wählen jetzt zwei Ereignisse, die diese Weltlinie verbindet, zum einen den Nullpunkt, zum anderen das Ereignis $(t, x) = (1 \text{ s}, 0)$. Der Abstand zwischen beiden Ereignissen ist nur gegeben durch die Zeitdifferenz, also eine Sekunde, multipliziert mit der Lichtgeschwindigkeit, etwa 300000 km. Nun kann ich auch alle möglichen anderen Wege in der Raum-Zeit-Ebene betrachten, die die beiden Ereignisse miteinander verbinden. Man sieht jedoch leicht, daß die »Länge« eines jeden anderen Weges geringer ausfällt als 300000 km, wenn ich unter Länge jetzt die Länge entsprechend unserer Festlegung des Abstandes verstehe. Beispielsweise könnte ich die beiden Ereignisse durch Lichtstrahlen verbinden – vom ersten Ereignis geht ein Lichtstrahl aus, erreicht nach einer halben Sekunde einen Punkt, der 150000 km entfernt ist, und wird dort reflektiert, so daß er nach einer weiteren halben Sekunde, also nach insgesamt einer Sekunde, wieder den Ausgangspunkt erreicht. Die »Länge« dieses Weges ist null.

Ganz allgemein bezeichnet man die »Länge« eines Weges zwischen zwei Ereignissen, geteilt durch die Lichtgeschwindigkeit, als die Eigenzeit bezüglich des betreffenden Weges. Der Name rührt daher, daß sie der Zeit entspricht, die eine Uhr anzeigt, wenn man sie entlang der betrachteten Weltlinie auf die Reise schickt. Die Zeitdifferenz zwischen Ende und Anfang der Reise ist die entsprechende Eigenzeit. Je nach gewähltem Weg kann sie jeden Wert zwischen null und einem maximalen Wert annehmen – d.h. die Eigenzeit ist eine vom gewählten Weg abhängige Größe.

Wir sehen also, daß die gerade Weltlinie unseres ruhenden Objekts genau der Linie der größten »Länge« entspricht, also der längsten Eigenzeit. Wenn ich erreichen will, daß eine Uhr, die sich zur Zeit t = 0 am Nullpunkt befindet und nach einer Sekunde wieder dort ist, genau die verflossene Zeit von einer Sekunde anzeigt, heißt die Devise: Uhr in Ruhe lassen, nicht bewegen! Bei der geringsten Bewegung wird wegen der Zeitdilatation die verflossene Eigenzeit weniger als eine Sekunde ausfallen. In unserer Raum-Zeit-Ebene herrschen folglich ganz andere Verhältnisse. Auf einer normalen Ebene ist die gerade Verbindungslinie zwischen zwei Punkten die kürzeste Verbindung, also die Geodäte. In der Raum-Zeit-Ebene haben wir es mit der längsten Verbindung zu tun. In einem Fall handelt es sich also um ein Minimum, im anderen Fall um ein Maximum der entsprechenden Länge. Man spricht bei der Raum-Zeit trotzdem auch von einer Geodäte. Die geraden Weltlinien frei bewegter Körper in der Raum-Zeit-Ebene sind also Geodäten in der Raum-Zeit.

Einstein: Sie sagen das so einfach dahin, Haller. Ich möchte aber doch noch mal betonen: Ein Körper, der sich im Universum frei bewegen kann, also keiner äußeren Kraft unterliegt, beschreibt zwischen zwei Ereignissen eine Weltlinie, die der längsten Verbindungslinie zwischen diesen beiden Ereignissen entspricht.

Mein alter Freund Bertrand Russell erfand hierfür einen schönen Namen, er nannte es das Prinzip der kosmischen Faulheit, »cosmic laziness«. Ich kann ihm hierin nur zustimmen – die Natur, relativistisch interpretiert, mag keine Hektik. Man sieht hier wieder die Relevanz der Zeit als Koordinate in der Raum-Zeit.

Wenn ich den normalen Raum anschaue und darin einen frei bewegten Körper verfolge, so bewegt der sich geradlinig durch den Raum, also entlang einer Linie, die der kürzesten Verbindung zwischen zwei Punkten entspricht. Nicht so in der Speziellen Relativitätstheorie: Statt Effizienz herrscht hier Faulheit; die Natur realisiert stets die längste Verbindung zwischen zwei Ereignissen.

Im übrigen sind wir mittlerweile in Ferch angelangt. Hier kenne ich ein hübsches Restaurant in der Dorfstraße. Da die Mittagszeit nahe ist, schlage ich vor, auch wir befolgen das Prinzip der kosmischen Faulheit und beenden unsere Diskussion. Nach dem Essen habe ich dann etwas ganz Besonderes für Sie, lieber Newton – da werden Sie staunen, wenn wir uns der Gravitation zuwenden.

11

Die verbogene Zeit

> Es ist oft sonderbar mit den wissen-
> schaftlichen Bestrebungen; oft ist nichts
> von größerer Wichtigkeit, als zu sehen,
> wo es nicht angezeigt ist, Zeit und
> Mühe anzuwenden. Man muß anderer-
> seits auch nicht den Zielen nachgehen,
> deren Erreichung leicht ist. Man muß
> einen Instinkt darüber erlangen, was
> unter Aufbietung der äußersten An-
> strengung gerade noch erreichbar ist.
>
> *Albert Einstein*[11.1]

Nach einem kurzen Spaziergang durch das kleine Dorf kehrten die
drei Herren zum Anlegesteg zurück. Einstein setzte mit Hallers
Hilfe das Segel. Eine Flaute hatte eingesetzt, und das Boot kam nur
sehr langsam voran. Einstein machte das Boot schließlich an einem
Pfahl vor einem Schilfgürtel fest. Während der Tour herrschte
Schweigen auf dem Boot. Haller erinnerte sich an einen Bericht
von Rudolf Kayser, dem Schwiegersohn Einsteins, über Einsteins
Segelgewohnheiten:

»Seine liebste und ruhigste Erholung ist das Segeln... Wenige
Minuten vom Hause entfernt ist eine Anlegestelle, an der sein
Boot, gebaut aus gutem Mahagoni, vor Anker liegt. Einstein hat
kein Interesse für lange Ausflüge und Geschwindigkeitsrekorde. Er
mag Tagträume. Er erfreut sich an entfernten Anblicken, am Licht,
an den Farben, den ruhigen Ufern und an der beruhigenden glei-
tenden Bewegung des Bootes, das mit einer kleinen Bewegung des

Ruders gesteuert wird. All dies verschafft ihm ein glückliches Gefühl von Freiheit. Sein wissenschaftliches Denken, das ihn auch auf dem Wasser nie verläßt, nimmt die Art eines Tagtraumes an. Theoretisches Denken ist reich an Vorstellungen, ohne Vorstellungen kann keine Wirklichkeit erreicht werden. Während seine Hand das Ruder faßt, hat Einstein Freude daran, seinen Freunden seine letzten wissenschaftlichen Ideen zu erläutern. Und in der Sommerstimmung werden die abstrakten Gedankenläufe so von den tiefsten Empfindungen des Wissenschaftlers durchdrungen, daß man die Einheit von freiem Leben und alles beherrschender Arbeit in ihm erkennt. Er führt das Boot mit der Geschicklichkeit und Furchtlosigkeit eines Knaben. Er hißt die Segel selbst, klettert um das Boot, um die Taue und Leinen zu straffen, und hantiert mit Stangen und Haken, um das Boot vom Ufer abzulegen. Das Vergnügen an dieser Beschäftigung scheint im Gesicht wider, in seinen Worten und in seinem glücklichen Lachen.«[11.2]

Der amerikanische Physiker Eugene Wigner, der Anfang der dreißiger Jahre in Berlin weilte, schrieb über seine Segeltouren mit Einstein: »Die größte Ehre für die Besucher war eine Einladung zum Segeln. Auf dem Boot entstand eine ganz eigenartige Intimi-

Abb. 11–1   Albert Einstein beim Segeln auf dem Templiner See, 1930. (Foto Hermann Landshoff)

tät, die sich an keinem anderen Ort zwischen diesem außergewöhnlichen Menschen und seinen Freunden oder Bekannten ergab. Dabei war man ausschließlich geistig gefordert, denn ich glaube, daß auf dem Segelschiff niemand etwas Nützliches tun durfte. Am liebsten machte Einstein alles allein. Er kümmerte sich um die Segel und das Ruder, stopfte sich dabei meist noch die Pfeife und wollte nur, daß man sich auf den Gedankenaustausch konzentrierte. Genauso liebte er es, einfach zu träumen. Dann gab es nur Wasser, Wind, Sonne und hin und wieder ein paar Worte; ich habe das sehr genossen.«[11.3]

Als das Boot am Rande des Schilfgürtels zur Ruhe kam, unterbrach Einstein das Schweigen: »Früher mochte ich das Segeln so am liebsten. Kein Wind, also kein Segelstreß, um das Boot herum Schilf. So konnte ich es stundenlang aushalten, unauffindbar für jedermann, und in Ruhe nachdenken.«

Newton: Mit dem ruhigen Nachdenken wird es jetzt aber nichts, Professor Einstein. Ich erinnere Sie daran – Sie wollten mich über Ihre Sicht der Gravitation aufklären. Ich erahne jedoch schon, was kommt. Wir ersetzen die Raum-Zeit-Ebene in unserem zweidimensionalen Beispiel durch eine gekrümmte Raum-Zeit-Fläche. Oder allgemeiner die vierdimensionale Raum-Zeit-Welt durch eine gekrümmte Raum-Zeit? Und diese Verkrümmung und Verbiegung der Raum-Zeit – das ist das Geheimnis der Gravitation, nicht wahr?

Einstein: Was sonst – Sie haben sich sofort auf die richtige Fährte gesetzt, mein Kompliment. Ich wollte, ich hätte das im Jahre 1907 ebenso klar gesehen wie Sie, dann hätte ich mir viel Kopfschmerz und Denkschmalz erspart. Bevor wir aber uns ganz in den Verkrümmungen und Verbiegungen der Raum-Zeit verlieren, möchte ich Ihnen auf einfache Weise vorführen, daß das Äquivalenzprinzip allein, verknüpft mit meiner alten Relativitätstheorie, etwas voraussagt, das in Ihren Ohren geradezu ketzerisch klingen muß, nämlich eine Zeitverkrümmung durch die Gravitation. Mit anderen Worten: Die Gravitation verändert den Fluß der Zeit.

Newton: Wollen Sie damit sagen, daß der Fluß der Zeit davon

abhängt, ob wir uns in einem Gravitationsfeld befinden oder nicht? Um es konkret zu machen: Wir befinden uns jetzt im Gravitationsbereich der Erde. Nehmen wir an, jemand könnte die Gravitation der Erde für eine gewisse Zeit abschalten. Sie behaupten, daß dann auch der Gang der Uhren anders ist?

Einstein: Genau so ist es. Ich gebe zu, daß das ein starker Tobak für Sie sein muß, aber ich hoffe, daß ich Sie schnell überzeugen kann, zumal mit der Zeit bereits in der Speziellen Theorie nicht gerade glimpflich umgegangen wird – denken Sie nur an die Zeitdilatation. In der Tat – würde ich die Erdgravitation für eine Woche abschalten, dann würden unsere Uhren etwas schneller gehen, denn das Prinzip ist ganz einfach: Je stärker die Gravitation an einem Punkt ist, um so langsamer ist der Fluß der Zeit. Es ist wie beim Wasser. Ist das Flußbett breit, fließt der Strom langsam und träge dahin. Ist es jedoch schmal und eng, fließt er rasch hin.

Haller: Um Mißverständnisse zu vermeiden, möchte ich zu bedenken geben, daß diese Verlangsamung des Zeitflusses natürlich nur eine relative Bedeutung hat. Ein Jungbrunnen für Leute, die langsamer altern wollen, wäre dies nicht, ähnlich wie bei der Zeitdilatation. Der Fluß der Zeit an jedem Ort ist universell. Was sich jedoch ändert, ist der Fluß der Zeit im Vergleich zu anderen Regionen der Raum-Zeit. Beispielsweise fließt die Zeit bei uns auf der Erde wegen der Gravitation der Erde und der Sonne eine Winzigkeit langsamer als fernab im Weltraum.

Newton: Wie groß ist der Effekt?

Haller: Wir können uns das schnell selbst überlegen. Lassen Sie mich ein einfaches Gedankenexperiment vorstellen, das im übrigen ganz ähnlich einem solchen ist, das Einstein im Jahre 1907 benutzte, um die gravitative Zeitdilatation abzuleiten. Hierzu benutzen wir einen 300 m hohen Turm, natürlich einen fiktiven Turm – die technischen Schwierigkeiten, einen solchen Turm zu bauen, interessieren für ein Gedankenexperiment nicht. Oben bauen wir eine Lichtquelle ein, die in der Lage ist, einen Lichtstrahl nach unten auszusenden, etwa eine Laserquelle. Am Boden soll sich ein Empfänger befinden, der das Lichtsignal empfangen und auswerten kann. Im Turm soll ein Aufzug eingebaut sein. Er besitzt oben und unten ein Loch, so daß der Lichtstrahl ungehindert durch den Aufzug hindurchlaufen kann. Im Aufzug befindet sich ein Beobachter, der mit Hilfe geeigneter Instrumente den Lichtstrahl verfolgt.

Die Frage, die sich jetzt stellt, ist wie folgt: Ein Laserstrahl besteht aus Licht einer bestimmten Frequenz, die sich zudem noch sehr genau messen läßt. Wenn das Licht vom Empfänger auf dem Boden registriert wird, dann ist die gemessene Frequenz des Lichtes ein Maß für den Zeitablauf. Wenn die Zeit am Boden und an der Turmspitze relativ zueinander gleich abläuft, dann müßte die gemessene Wellenlänge oder Frequenz des Lichtes am Boden genau so sein wie oben. Weicht sie hingegen davon ab, dann ist der Ablauf der Zeit an der Turmspitze und am Boden verschieden.

Ich möchte darauf hinweisen, daß der Aufzug, der sich zu Beginn an der Turmspitze befinden soll, natürlich kein Inertialsystem darstellt, da er sich im Gravitationsbereich der Erde befindet. Das ändert sich jedoch, wenn wir das eigentliche Experiment starten. Wir lassen nämlich den Aufzug frei nach unten fallen. Damit bei der Ankunft am Boden kein Schaden entsteht, soll der freie Fall kurz vor dem Aufprall gebremst werden.

Newton: Lassen Sie mich überlegen, was passiert. In dem Moment, in dem der Aufzug nach unten fällt, verwandelt er sich in ein Inertialsystem, entsprechend dem Einsteinschen Prinzip der Äquivalenz von Trägheit und Gravitation. Ich nehme an, ich kann jetzt die Lichtsignale verfolgen, als würde ich mich fernab im freien Weltraum befinden, wo es keine Gravitationseffekte gibt, denn dies fordert das Äquivalenzprinzip.

Haller: Genau dies ist der Punkt. Durch den freien Fall haben wir die Gravitation sozusagen eliminiert. Im Aufzug betrachten wir jetzt die hindurchgehenden Lichtsignale. Da wir in einem Inertialsystem sind, bewegt sich das Licht durch den Kasten mit der üblichen Lichtgeschwindigkeit.

Newton: Moment. Der Kasten fällt nach unten, unterliegt also einer ständigen Beschleunigung. Trotzdem sagen Sie, die Lichtgeschwindigkeit im Kasten bleibt konstant?

Einstein: Obwohl sich der Aufzug, vom Turm aus betrachtet,

beschleunigt nach unten bewegt, heißt dies nicht, daß sich Licht relativ zum Kasten auch beschleunigt bewegt. Seine Geschwindigkeit bleibt konstant. Das muß so sein, denn das Äquivalenzprinzip sagt aus, daß ein sich frei bewegendes System eben ein Inertialsystem ist, und für solche gilt meine Spezielle Relativitätstheorie. In jedem Inertialsystem ist die Lichtgeschwindigkeit, was sie immer und überall ist, nämlich c. Aufzug und Licht ignorieren sozusagen gemeinsam die vorliegende Gravitation – für sie existiert diese nicht.

Haller: Nun kommt das wesentliche Argument. Wir betrachten den Lichtstrahl in jenem Moment, in dem der Fahrstuhl seinen freien Fall antritt. In diesem Augenblick ist der Aufzug relativ zur Laserquelle noch in Ruhe. Die Meßinstrumente registrieren das Signal, wie es durch die obere Öffnung hereinkommt, kurz darauf den Aufzug durch die untere Öffnung verläßt und gleich danach vom Empfänger aufgenommen wird. Die Frequenz des Lichtes, unmittelbar nach der Emission im Aufzug gemessen, ist identisch mit der Standardfrequenz des Lasers. Wie steht es nun mit der Frequenz des Lichtes, wenn es nach 300 Metern den Empfänger am Boden erreicht?

Die 300 Meter bis zum Boden legt das Licht in einer Millionstel Sekunde zurück. Wegen des freien Falls bewegt sich der Aufzug in dieser Zeit nach unten, allerdings nicht sehr viel – es sind fast genau $5 \cdot 10^{-12}$ m, das ist etwa der hundertste Teil der Ausdehnung eines Atoms. Der Aufzug bewegt sich dann mit einer Geschwindigkeit von 10^{-5} m/s, also ein Tausendstel eines Zentimeters pro Sekunde.

Was sieht nun der Beobachter im Aufzug im fraglichen Augenblick? Von seiner Warte aus bewegt sich der Empfänger mit einer Geschwindigkeit von 10^{-5} m/s auf ihn zu. Dies bedeutet jedoch, daß die Frequenz des Lichtes im Moment des Auftreffens verändert ist, und zwar aufgrund eines nach Christian Doppler benannten Effekts. Es ist derselbe Effekt, der die Frequenz der Schallwellen ändert, wenn sich eine Schallquelle nähert oder sich entfernt. So hat die Sirene eines sich nähernden Polizeiwagens einen höheren Ton im Vergleich zur Frequenz beim stehenden

Abb. 11-2 Gedankenexperiment zur gravitativen Zeitverbiegung. Auf einem 300 m hohen Turm, in dem ein Aufzug läuft, befindet sich eine Laserquelle, die in der Lage ist, einen Lichtstrahl senkrecht nach unten zu senden, durch den Aufzug hindurch. Ein Beobachter im Aufzug verfolgt den Lichtstrahl auf seinem Weg von der Quelle zum Empfänger am Boden. Beim freien Fall des Aufzugs verhält sich das System des Aufzugs wegen des Äquivalenzprinzips wie ein Inertialsystem. Bei Beginn des Falls nach unten mißt der Beobachter dieselbe Frequenz wie kurz vorher, da er sich noch in Ruhe befindet. Wenn der Lichtstrahl jedoch den Boden erreicht, ist der Fahrstuhl bereits etwas gefallen und besitzt eine kleine Geschwindigkeit. Wegen des Doppler-Effekts ist die Frequenz des Lichtes beim Erreichen des Empfängers etwas vergrößert. Die Folge ist ein unterschiedlicher Zeitablauf am Boden und auf dem Turm.

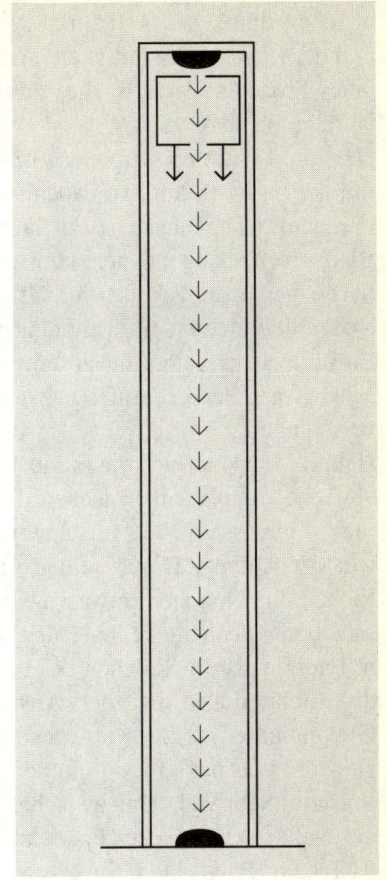

Wagen. Der Grund hierfür ist einfach zu verstehen. Wenn der Wagen sich nähert, ist die Zeitdifferenz zwischen zwei aufeinanderfolgenden Schallwellen geringer als im Fall der ruhenden Sirene – sie ist gegeben durch das Verhältnis der Geschwindigkeit des Wagens im Vergleich zur Schallgeschwindigkeit. Demzufolge klingt der Ton höher. Entfernt sich der Wagen, ist die Sache umgekehrt. Der Ton ist tiefer, da die Zeitdifferenz zwischen zwei aufeinanderfolgenden Wellen größer wird. Wenn wir dies übertragen auf unser Experiment, dann ist die Änderung der Lichtfrequenz gegeben durch das Verhältnis der Geschwindigkeit des Aufzugs und der Lichtgeschwindigkeit, also $3{,}3 \cdot 10^{-14}$, etwa drei Billionstel eines Prozents. Zwar ist dies äußerst wenig, aber, wie wir sehen werden, meßbar.

Newton: Da die Lichtfrequenz im Fall des sichtbaren Lichts etwas mit der Farbe zu tun hat, haben wir es mit einer Verschiebung der Frequenz nach blau, also zu höherer Frequenz, zu tun, die wir Blauverschiebung nennen können. Ich nehme an, daß sich die Sache genau umgekehrt verhält, wenn sich die Laserquelle am Boden befindet und der Empfänger oben auf dem Turm.

Einstein: In diesem Fall entfernt sich der Empfänger vom Beobachter im fallenden Aufzug – deshalb haben wir jetzt eine Rotverschiebung.

Haller: Man kann sich die Frequenzverschiebung übrigens auf eine einfache Art plausibel machen. Das Licht, das von oben kommt, »fällt« gewissermaßen im Gravitationsfeld der Erde nach unten, wie der Aufzug. Durch seinen »Fall« erhalten die Teilchen des Lichts, die Photonen, etwas mehr Energie, deshalb die Blauverschiebung, denn die Teilchen des blauen Lichts besitzen eine höhere Energie als die Teilchen des roten Lichts. Umgekehrt verlieren die Lichtteilchen bei der Abstrahlung nach oben durch die Gravitation etwas Energie – deshalb die Rotverschiebung.

Newton: Was hat das nun mit dem Verhalten der Zeit zu tun?

Einstein: Sehr viel, denn zwischen dem Licht, das ja ein pulsierendes elektromagnetisches Phänomen ist, und einer Uhr besteht faktisch kein Unterschied. Ein Laser, der Licht einer ganz bestimmten Frequenz aussendet, ist gleichzeitig auch eine genaugehende Uhr. Nehmen wir an, wir vergleichen das Licht, das von einer Laserquelle am Boden neben dem Empfänger abgestrahlt wird, mit dem Licht, das von einem ähnlichen Laser oben auf dem Turm kommt. Das von oben ankommende Licht hat eine etwas höhere Frequenz als das Licht des Lasers am Boden. Dies bedeutet, daß der zeitliche Abstand zwischen zwei Lichtwellen beim Laser am Boden etwas größer ist als die Zeitdifferenz zwischen zwei von oben kommenden Wellen. Da diese Zeitdifferenzen ein Maß für die abgelaufene Zeit sind, folgt: Die Zeit am Boden läuft etwas langsamer als die Zeit auf dem Turm – konkret handelt es sich, wie gesagt, um einen Effekt von der Größe von 3 Billionstel eines Prozents.

Haller: Um den Effekt direkt zu sehen, empfiehlt es sich, noch ein weiteres Experiment zu machen. Nehmen wir an, wir haben zwei sehr genau gehende Uhren, die am Boden völlig synchron laufen, also dieselbe Zeit anzeigen. Jetzt bringen wir die eine Uhr mit dem Aufzug nach oben zur Turmspitze und lassen sie eine Weile dort. Anschließend holen wir sie wieder nach unten. Dort vergleichen wir die Zeiten. Was wird man finden? Die Uhr, die eine Zeitlang auf der Turmspitze war, geht etwas vor. Zugegeben, der Effekt ist winzig, aber es kommt mir ausschließlich auf das Prinzip an.

Einstein: Wenn ein Mensch 80 Jahre auf dem Turm ausharrt und dann auf den Boden zurückkehrt, ist er etwa ein Zehntausendstel einer Sekunde älter im Vergleich zu jemandem, der auf dem Boden blieb – der Effekt ist also in unserem Beispiel völlig vernachlässigbar und auch nicht meßbar.

Haller: Sie werden staunen, aber der Effekt wurde tatsächlich gemessen, und zwar zuerst im Jahre 1960 in einem Experiment an der Harvard-Universität. Heute ist der Nachweis der gravitativen Zeitverbiegung eine Routineangelegenheit.

Einstein: Das überrascht mich in der Tat. Wie kann man denn so winzige Zeitunterschiede überhaupt messen?

Haller: Das Experiment war unserem Gedankenexperiment sehr ähnlich. Als Turm diente der Jefferson Tower des Physikinstituts, der allerdings nur etwa 22 m hoch ist. Man benutzte auch kein Laserlicht, sondern Gammastrahlen, also hochenergetische elektromagnetische Strahlen. Zur Erzeugung der Gammastrahlen verwendete man instabile Atomkerne des Eisens. Diese senden beim Zerfall Gammastrahlen mit einer sehr genau festgelegten Frequenz aus. Um das Experiment durchzuführen, mußte man allerdings sicherstellen, daß die Frequenz der ausgesandten Gammastrahlen nicht durch atomare Bewegungen verändert wird und auch mit größter Präzision gemessen werden kann. Dies geschah mit Hilfe eines von Rudolf Mößbauer um 1960 in Deutschland entdeckten Effekts, der hier nicht näher diskutiert werden soll.

Beim Harvard-Experiment maß man nicht die Frequenzverschiebung der Gammastrahlen bei der Ankunft am Boden, sondern man bewegte die Strahlenquelle etwas nach unten, so daß hierdurch wegen des Doppler-Effekts eine kleine Rotverschiebung eintrat, die genauso groß war wie die durch die Gravitation verursachte Blauverschiebung. Am Ende stellte man also am Boden keine Frequenzverschiebung fest, vorausgesetzt, man hatte die richtige Geschwindigkeit gewählt. Die erforderliche Geschwindigkeit der Strahlenquelle war sehr gering – etwa 2 mm pro Stunde.

Newton: Wie gut stimmt nun das Resultat mit der Einsteinschen Voraussage der Zeitverbiegung überein?

Haller: Im Jahre 1965 wurde das Harvard-Experiment mit größerer Präzision noch einmal wiederholt. Die Übereinstimmung zwischen der Erwartung auf der Grundlage des Äquivalenzprinzips und der Messung war damals etwa ein Prozent.

Einstein: Ein großartiges Ergebnis. Zwar habe ich nichts anderes erwartet, aber es ist doch gut zu sehen, daß am Ende die Natur so funktioniert, wie man sich das vorher ausgedacht hat.

Haller: Allerdings möchte ich betonen, daß es sich hier nicht um eine direkte Bestätigung der Allgemeinen Relativitätstheorie handelt, sondern nur um eine ihrer Konsequenzen auf der Grundlage der Idee, daß die Gravitation eine Zeitverbiegung bewirkt. Was die Genauigkeit des Resultats angeht, so ist man in der Folge noch viel weiter gekommen, und zwar mit Hilfe von Raketenexperimenten. Im Sommer des Jahres 1976 wurde ein solches in Virginia in den USA durchgeführt. Mit Hilfe einer Scout-D-Rakete wurde eine Atomuhr auf eine Höhe von 10 000 km befördert. Während des knapp 2 Stunden dauernden Fluges war sie in ständigem Funkkontakt mit einer anderen Uhr am Boden. Nach der Analyse der Daten erhielt man ein mehr als befriedigendes Ergebnis: Die Übereinstimmung zwischen Einsteins theoretischem Resultat und dem Experiment lag innerhalb von 70 zu einer Million, also mehr als 100mal besser als das Harvard-Experiment.

Newton: Ein Zweifel scheint da wohl nicht mehr angebracht. Gratuliere, Professor Einstein – Ihre Verbiegung der Zeit durch die Gravitation ist dann wohl eine nicht wegzudiskutierende

Angelegenheit. Die Konsequenzen kann ich allerdings überhaupt noch nicht übersehen. Im Universum gibt es ja Milliarden von Galaxien, mit Milliarden von Sternen – jedes Stück Materie produziert jedoch Gravitation. Von einem einheitlichen Zeitablauf im Universum kann man ja dann gar nicht mehr reden. In jedem Raumgebiet, sei es hier bei uns auf der Erde oder in der Nähe des Sirius oder irgendwo in der Andromeda-Galaxie, gibt es einen Zeitablauf, der abweicht vom Zeitablauf woanders. Zwar haben wir bisher nur sehr kleine, geradezu winzige Effekte betrachtet, aber es gibt im Universum auch Gebiete, wo die Gravitationseffekte sehr stark sind, und dann dürfte der Effekt der gravitativen Zeitverbiegung entsprechend groß sein.

Einstein: Der heilige Augustinus schrieb einst: »Die Zeit ist wie ein Fluß voller Ereignisse. Seine Strömung ist stark. Kaum ist etwas erschienen, wird es schon fortgerissen.« Recht hat er, nur wußte er nicht, daß der Fluß der Zeit abhängig vom Standort ist. Es gibt Gegenden im Universum, wo die Zeit langsam und träge dahinfließt, gewissermaßen am Vorwärtskommen durch die Gravitation behindert, und andere Gegenden, wo sie leicht und ungehindert fließt. Nur merkt man dies nicht, wenn man sich ausschließlich auf seine Umgebung konzentriert, denn auch das Dahinfließen der Zeit in uns, der Ablauf der Lebensprozesse, ist mit dem äußeren Strom gekoppelt. Fließt die Zeit langsam, dann altern wir auch langsamer.

Newton: Nehmen wir einmal an, daß es im Universum Raumgebiete gibt, in denen die Gravitation viele Größenordnungen stärker als hier bei uns auf der Erde ist. Dann könnte man ein Raumschiff dorthin senden, es dort eine gewisse Zeit, sagen wir ein Jahr, herumfliegen und dann zurückkehren lassen. Bei ihrer Rückkehr würden dann die Astronauten feststellen, daß auf der Erde mittlerweile zwei Jahre oder mehr, vielleicht sogar Jahrhunderte vergangen sind, je nach der Stärke der wirkenden Gravitation. Die Gravitation würde also als eine Art Zeitmaschine arbeiten. Ist so etwas denkbar?

Einstein: Denkbar durchaus. Nur fehlt es an geeigneten Objekten, die eine derartig große Gravitationskraft bewirken. Um ein Jahr in ein Jahrhundert zu verwandeln, würde es einer enorm starken Gravitation bedürfen, und ich weiß nicht, wie man diese erhalten kann. Mit Hilfe von Planeten, Sternen oder ganzen Galaxien geht das jedenfalls nicht. Deshalb bin ich skeptisch.

Haller: Diesmal sind Sie konservativer als unser Freund, Herr Einstein. Newton ist durchaus nicht über das Ziel hinausgeschossen, im Gegenteil. Mittlerweile gibt es klare Hinweise auf Objekte im Universum, bei denen die gravitative Zeitverbiegung derart groß ist, daß die Astronauten, falls sie in der Lage wären, in die Nähe dieser Objekte zu gelangen, nicht nur Jahrhunderte, sondern sogar Jahrmillionen überbrücken könnten. Wir werden später darauf zurückkommen – im Moment sollten wir uns lieber wieder der normalen Gravitation zuwenden.

Newton: Abgemacht. Ich verstehe jetzt, daß die Gravitation eine Verbiegung der Zeit bewirkt. Wie steht es jedoch mit den alltäglichen Effekten der Gravitation? Bei unserem Gedankenexperiment fällt der Aufzug im freien Fall nach unten, ein Apfel, der sich vom Baum löst, ebenso. Wieso fällt er überhaupt? Die Gravitation verändert den Fluß der Zeit – was aber ist der Grund, daß ein Apfel zu Boden fällt?

Einstein: Ebenfalls die Zeitverbiegung, das werden Sie bald einsehen. Aber nochmals zurück zum Äquivalenzprinzip und zu dem frei fallenden Fahrstuhl. Wenn ich mich in einem frei fallenden Aufzug befinde, dann spüre ich nichts mehr von der Gravitation. Statt dessen befinde ich mich, wie wir gesehen hatten, in einem Inertialsystem, wie ein Astronaut im freien Weltraum. Bezüglich des Raum-Zeit-Verhaltens ist also unser Fahrstuhlsystem eine normale Raum-Zeit-Welt, wie sie in der Speziellen Relativitätstheorie betrachtet wird, also auch ohne jegliche Krümmungseigenschaften.

Newton: Auch hatten wir gesehen, daß in einem gekrümmten Raum die Umgebung um einen Punkt herum immer gut durch einen Raum ohne Krümmung beschrieben werden kann, durch den betreffenden Tangentialraum. Bei einer gekrümmten Fläche ist dies einfach die Ebene, die sich bei dem betreffenden Punkt an die Fläche anschmiegt. Das System des frei fallenden Aufzugs – ist dies nicht einfach eine Art Tangentialraum bezüglich der Raum-Zeit an einem bestimmten Punkt in der Raum-Zeit?

Einstein: Genau so ist es. Eine gekrümmte Raum-Zeit besitzt wie alle gekrümmten Räume oder Flächen die Eigenschaft, daß man in der unmittelbaren Umgebung eines Punktes von der Krümmung nichts bemerkt. Man kann deshalb zur Beschreibung von Zeit und Raum den entsprechenden Tangentialraum wählen, besser das tangentiale Raum-Zeit-Bezugssystem. Das ist ein System, das sich frei, also ohne Krafteinwirkung, durch die Raum-Zeit bewegt, wie unser frei fallender Aufzug. Wichtig ist, daß das System nicht unter dem Einfluß von Kräften steht, weil es sonst kein Inertialsystem ist. Das Äquivalenzprinzip erfährt also eine einfache geometrische Deutung – die Gravitation kann deshalb eliminiert werden, weil es in der gekrümmten Raum-Zeit möglich ist, den entsprechenden Tangentialraum oder genauer die Tangential-Raum-Zeit zu benutzen.

Wenn Sie in einem Boot auf einem Fluß dahingleiten, ohne zu rudern, dann bewegen Sie sich genau so schnell wie das Wasser in der Umgebung des Bootes. Das System des Bootes entspricht dem System der Tangential-Raum-Zeit, das sich der Strömung der Raum-Zeit anschmiegt. Fangen Sie an zu rudern, weichen Sie von der vorgegebenen Strömung ab – das System entspricht dann nicht mehr der tangentialen Raum-Zeit.

Haller: Die Krümmung der Raum-Zeit macht sich dann bemerkbar, wenn man feststellt, daß der an einem Ereignispunkt konstruierte Tangentialraum nicht in der Lage ist, auch die weitere Umgebung der Raum-Zeit zu beschreiben. Ein einfaches Beispiel hierzu: Ein Fallschirmspringer, der sich vor dem Öffnen des Fallschirms einige Zeit im freien Fall befindet, wenn wir einmal von den störenden Effekten des Luftwiderstandes absehen, verspürt wegen des Äquivalenzprinzips nichts von der Erdgravitation. Dies ist jedoch nur deshalb der Fall, weil die Ausdehnung des Fallschirmspringers klein ist im Vergleich zum Erdradius. Nehmen wir dagegen an, ein Gigant mit einer Länge von 100 km würde zur Erde fallen. Auch er unterliegt dem Äquivalenzprinzip, genauer sein Schwerpunkt. Beim Fall erfahren jedoch die Füße des Giganten eine stärkere

Anziehung als sein Kopf, denn die Entfernung vom Erdmittelpunkt zu den Füßen ist etwas kleiner als zum Kopf. Beim freien Fall werden zwar die mittlere Gravitationskraft aufgehoben, nicht jedoch die kleinen Differenzen zwischen Fuß und Kopf. Die Folge ist: Der Gigant wird eine resultierende Kraftwirkung verspüren, die ihn auseinanderzieht. An den Füßen verspürt er einen Zug nach unten, weil die Füße schneller fallen wollen, als sie können, während der Kopf nach oben gezogen wird, weil er nicht ganz so schnell fallen möchte, wie er muß. Im System des Giganten tritt also eine gravitative Restwirkung auf, die oftmals als gravitative Gezeitenwirkung bezeichnet wird, weil die Gezeiten, Ebbe und Flut bei den Weltmeeren, auf einem ähnlichen Effekt beruhen. Dieser ist weiter nichts als eine Folge der Tatsache, daß die Raum-Zeit gekrümmt ist und deshalb nur ein kleiner Bereich um einen Raum-Zeit-Punkt herum durch das mitbewegte Koordinatensystem, das heißt das Tangentialsystem, richtig beschrieben werden kann. Bei größeren Dimensionen machen sich die Krümmungseigenschaften bemerkbar.

Newton: Wenn ich Sie recht verstehe, ist also die Tatsache, daß die Gravitationskraft der Erde bei wachsendem Abstand abnimmt, eine Folge der Raum-Zeit-Krümmung – je größer die Entfernung, um so schwächer die Krümmung. Wie kann ich diese Krümmung denn genauer beschreiben? Was genau ist gekrümmt? Offenbar hängt die Krümmung mit der Verbiegung der Zeit zusammen, die wir vorhin diskutierten.

Einstein: Es empfiehlt sich, wieder zu unserer zweidimensionalen Raum-Zeit zurückzukehren. Wir hatten gesehen, daß die zweidimensionale Raum-Zeit ohne Krümmung einen Abstand zwischen zwei Ereignispunkten besitzt, der sich einfach durch die Zeitdifferenz und die Raumdifferenz ausdrücken läßt. Wenn ich etwa den Nullpunkt betrachte, den Punkt mit $t = 0$ und $x = 0$, und einen zweiten Punkt mit $t = T$ und $x = X$, dann ist der Abstand a im Sinne der Speziellen Relativitätstheorie gegeben durch $a^2 = (ct)^2 - x^2$, also das Quadrat der Zeit, multipliziert mit c^2 minus dem Quadrat der Raumkoordinate. Dies legt die Metrik der Speziellen Relativitätstheorie fest, also der metrische Tensor. Ebenso wie bei einer normalen Fläche erfolgt nun der Übergang zur gekrümmten Raum-Zeit durch eine Veränderung des metrischen Tensors. Nehmen wir einmal an, ich lege den Abstand in der Umgebung des Nullpunkts folgendermaßen fest:

$$a^2 = A(ct)^2 - Bx^2$$

wobei A und B jetzt Koeffizienten sind, die im allgemeinen von Raum und Zeit, also von t und x, abhängen können. Wenn dies der Fall ist, liegt eine Krümmung der Raum-Zeit vor. Die Metrik der Speziellen Relativitätstheorie ist ein Spezialfall, bei dem A = B = 1 ist. In diesem Fall gibt es keine Krümmung; die Raum-Zeit ist eine Ebene, allerdings nicht eine Ebene mit der üblichen Metrik, entsprechend unserer Anschauung, sondern mit der Metrik der Speziellen Relativitätstheorie, die im übrigen nicht von mir, sondern von meinem früheren Mathematikprofessor Hermann Minkowski zuerst eingeführt worden ist.

Newton: Ich verstehe – der Koeffizient A beschreibt sozusagen den Zeitablauf, der Koeffizient B den räumlichen Maßstab am jeweiligen Ereignispunkt.

Einstein: Die Verbiegung der Zeit, über die wir vorhin sprachen, läßt sich jetzt leicht begreifen. Sie wird durch den Zeitkoeffizienten A festgelegt. Eine Zeitverbiegung liegt vor, wenn A nicht konstant ist, sondern von x, eventuell auch noch von t, abhängt. Im Fall der Erdgravitation ist A = 1 bei sehr großen Entfernungen, wenn die Gravitation vernachlässigbar ist. In der Nähe der Erde ist A jedoch kleiner als 1. Je mehr man sich der Erde annähert, um so größer ist diese Abweichung.

Newton: Einen Moment! Betrachten wir eine Uhr, die sich bei einem beliebigen Raumpunkt, sagen wir X, befindet. Ihre Weltlinie wird also durch x = X und t beschrieben, wobei t jeden Wert annehmen kann. Jedoch ist der Zeitablauf, genauer der Ablauf der Eigenzeit τ der Uhr, bestimmt durch den Abstand a auf der Weltlinie, dividiert durch c. Im Fall der Speziellen Relativitätstheorie ist $a^2 = (ct)^2$, also ist die abgelaufene Eigenzeit $\tau = (ct)/c = t$. Mithin ist also die Zeit, die auf der Uhr angezeigt wird, gleich der

Zeitkoordinaten t, wie man es für eine ruhende Uhr erwartet. Ist jedoch A kleiner als 1, sieht es anders aus. Jetzt ist $\tau^2 = A(ct)^2/c^2$. Die abgelaufene Eigenzeit ist also gegeben durch die Zeitkoordinate t, multipliziert mit der Quadratwurzel aus A, und letztere ist abhängig von x. Mithin ist der Fluß der Zeit abhängig vom Ort – bei x = 0 m fließt die Zeit anders als bei x = 100 m. Ich nehme an, dies ist genau der Effekt der Zeitverbiegung, über den wir sprachen.

Haller: Sie sagen es, ja. Wesentlich ist nun, daß die Größe der Zeitverbiegung von der Stärke der Gravitation abhängig ist. Je kleiner A verglichen mit 1 ist, um so größer ist der Einfluß der Gravitation, wie wir an unserem Beispiel gesehen haben. Der Koeffizient A ist also, wenn Sie wollen, eine Art Ersatz für das Gravitationsfeld, das Sie vor langer Zeit eingeführt haben. Für schwache Gravitationsphänomene, und dazu gehören die von der Erde oder Sonne ausgehenden Gravitationswirkungen, kann man sogar eine mathematische Beziehung zwischen der Stärke des Gravitationsfeldes und A ableiten, aber diese Details sollen hier nicht interessieren.

Newton: Lassen Sie mich jetzt zum eigentlichen Problem der Schwerkraft kommen. Ich akzeptiere Ihre Interpretation der Raum-Zeit-Krümmung und insbesondere der Zeitverbiegung. Bei unserem Gedankenexperiment mit dem fallenden Fahrstuhl hatten wir auch gesehen, daß die Gravitation direkt den Fluß der Zeit beeinflußt. Das ist alles ganz gut und schön, aber warum fällt der Fahrstuhl überhaupt nach unten? Warum fällt ein Apfel vom Baum? Das hängt zwar irgendwie mit der Krümmung der Raum-Zeit zusammen, aber ich möchte doch etwas genauer wissen, wie die Schwerkraft, die wir täglich beobachten, zustande kommt.

Einstein: Gut, daß Sie jetzt so konkret fragen, aber ich wäre im Anschluß sowieso auf dieses Problem gekommen. Wie steht es denn mit der Bewegung eines freien Körpers, von mir aus eines fallenden Apfels, in der gekrümmten Raum-Zeit? Zunächst noch einmal zurück zur ebenen Raum-Zeit, also zum Fall der Speziellen Relativitätstheorie. Da hatten wir gesehen, daß die Weltlinie eines freien Körpers die Eigenschaft der kosmischen Faulheit besitzt. Wenn ich weiß, daß der Körper heute hier ist und morgen dort, dann ist die Eigenzeit, die eine Uhr anzeigt, wenn sie mit dem Körper von hier nach dort geht, für den tatsächlich in der Natur zurückgelegten Weg ein Maximum – sie ist also die zugehörige Geodäte. Auf jedem anderen im Prinzip möglichen Weg ist die Eigenzeit kürzer. Wir wissen auch, daß dieser Weg einfach die gerade Linie ist, die Anfangspunkt und Endpunkt miteinander verbindet.

Newton: Ich ahne schon, was jetzt kommt. Der Übergang von der ebenen Raum-Zeit zu der gekrümmten geschieht durch die Abänderung des metrischen Tensors, weiter nichts. Am Prinzip der kosmischen Faulheit wird sich aber nichts ändern. Das bedeutet, daß ein Körper in der gekrümmten Raum-Zeit sich auch auf einer Geodäten bewegt, wenn er keiner Kraft unterliegt, also frei ist.

Einstein: Selbstverständlich – wie sollte es auch anders sein. Die kosmische Freiheit führt also direkt zur kosmischen Faulheit. Ein freier Körper verhält sich in der Raum-Zeit etwa so wie ein Schwimmer, der zu faul zum Schwimmen ist und sich einfach von der Strömung mittragen läßt, in unserem Fall von der Strömung der Raum-Zeit. Ein Apfel fällt nicht vom Baum, sondern er wird »gefallen«, indem er sich widerstandslos in der Raum-Zeit treiben läßt.

Newton: Nehmen wir einmal an, ich betrachte die Erdanziehung als ganz normale Kraft, wie etwa die elektrische Kraft, und interpretiere den Fall des Apfels im Rahmen der Speziellen Relativitätstheorie, also in der ebenen Raum-Zeit. Solange der Apfel am Baum hängt, sich also in Ruhe befindet, ist seine Weltlinie eine gerade Linie, also auch eine Geodäte im Sinne der ebenen Raum-Zeit. Fällt der Apfel vom Baum, wird er beschleunigt bewegt, und die Weltlinie ist keine Geodäte mehr – das wäre sie nur, wenn der Apfel sich gleichmäßig vom Baum zum Boden bewegen würde, was nicht stimmt.

Jetzt interpretiere ich die Krümmung der Raum-Zeit als die Gravitation. Was ist die Folge? Zum einen kann die Weltlinie des in Ruhe am Baum hängenden Apfels keine Geodäte in der gekrümmten Raum-Zeit mehr sein, denn auf ihn wirkt eine Kraft, die vom Zweig auf den Apfel ausgeübt wird und die genau so stark ist

195

wie die Gravitation, die den Apfel nach unten zieht. Erstere ist eine wirkliche Kraft, letztere aber nicht. Die Kraft, die der Zweig auf den Apfel ausübt, dient also dazu, den Apfel ständig von seiner Geodäten, die er gern verfolgen würde, abzulenken. Der Apfel ist demnach nicht in der Lage, der vorliegenden Strömung der Raum-Zeit zu folgen. Jetzt löst sich der Apfel vom Baum und fällt nach unten. Bezüglich der gekrümmten Raum-Zeit würde dies bedeuten, daß sich jetzt der Apfel frei bewegt. Wenn er fällt, wirkt auf ihn keine Kraft mehr – der Apfel schwimmt vielmehr in der unaufhaltsamen Strömung der Raum-Zeit, und zwar auf einer Geodäten.

Haller: Sie haben recht – der frei fallende Apfel folgt einer Geodäten in der gekrümmten Raum-Zeit. Er findet diejenige Weltlinie, die die entsprechende Eigenzeit zu einem Maximum macht.

Was können wir aus der Beobachtung des fallenden Apfels über die Struktur der Raum-Zeit aussagen? Nun, die Weltlinie des Apfels ist eine Geodäte, ebenso wie die Weltlinien aller anderen fallenden Körper. Wenn wir die Geodäten einer gekrümmten Fläche kennen, dann kennen wir auch ihre Krümmungseigenschaften. Dies gilt im übrigen auch für eine normale zweidimensionale gekrümmte Fläche. Wenn uns jemand auf der Landkarte einer Gebirgslandschaft die genauen Abstände zwischen einer Reihe von Punkten nennt, können wir daraus die Struktur der Berge und Täler, also die Krümmung der betrachteten Erdoberfläche, entnehmen.

Newton: Zunächst möchte ich noch einmal den hängenden Apfel betrachten. Der Apfel hängt, sagen wir, auf einer Höhe von 5 Metern über dem Boden. In der Raum-Zeit ist seine Weltlinie eine Gerade parallel zur Zeitachse, die die x-Achse bei x = 5 m schneidet. Ich betrachte zwei Ereignisse, zum einen den Apfel bei t = 0, zum anderen zehn Sekunden später, also bei t = 10 s. Diese beiden Ereignisse sind durch die Weltlinie des Apfels verbunden. Da der Apfel einer äußeren Kraft unterliegt, ist seine Weltlinie keine Geodäte in der Raum-Zeit. Nun gibt es doch sicher zwischen den beiden betrachteten Ereignissen eine Weltlinie mit der maximalen Eigenzeit, also die entsprechende Geodäte. Was ist diese, und was beschreibt sie?

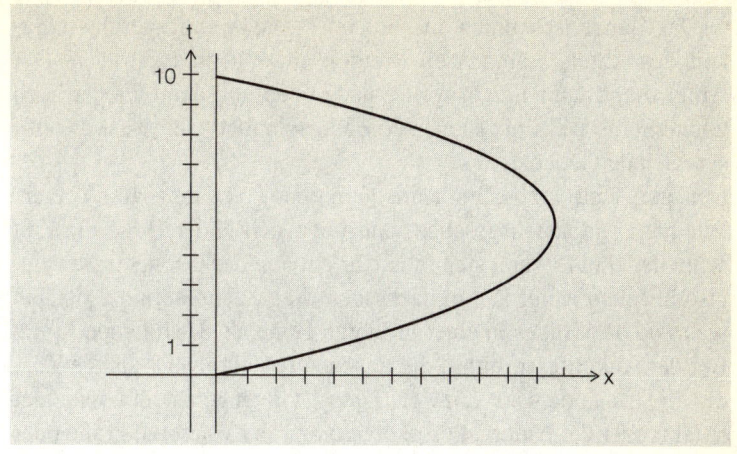

Abb. 11–3 Die Weltlinie des am Baum hängenden Apfels im Vergleich zur entsprechenden Geodäten, die man erhält, wenn der Apfel nach oben geworfen wird und nach 10 Sekunden an seinen Ausgangsort zurückkehrt.

Haller: Sicher gibt es die entsprechende Geodäte. Es ist sogar sehr leicht, diese herauszufinden, und zwar ohne mathematische Finessen, sondern durch eine kleine physikalische Überlegung. Die Geodäte müßte also eine Weltlinie sein, die die beiden Ereignisse miteinander verbindet, mit der Eigenschaft, daß eine Uhr, die sich auf ihr bewegt, die maximale Eigenzeit anzeigt. Gleichzeitig würde diese Linie die freie Bewegung eines Körpers, sagen wir eines Apfels, beschreiben.

Was wäre denn die freie Bewegung eines Apfels, dessen Weltlinie die beiden festgelegten Ereignisse verbindet?

Newton: Das müßte ein Apfel sein, der sich nicht in Ruhe befindet, sondern nach oben fliegt. Zum Zeitpunkt null muß der Apfel bei x = 5 m sein, zum Zeitpunkt t = 10 s erneut, und dazwischen muß er sich auf der Geodäten bewegen, also frei fliegen. Das ist leicht arrangiert. Ich muß den Apfel zu Beginn so nach oben werfen, daß er 5 Sekunden nach oben fliegt, dann seine maximale Höhe erreicht und daraufhin wieder nach unten fliegt, so daß er genau nach einer Sekunde am Ausgangspunkt anlangt.

Das Ganze ist einfach ausgerechnet. Die Anfangsgeschwindigkeit des Apfels beim ersten Ereignis muß 49 m/s betragen. Der Apfel fliegt dann 122 m weiter nach oben und dann wieder nach unten. Seine Weltlinie ist also eine Wurfparabel – das wäre die entsprechende Geodäte.

Einstein: Und jetzt kommt die Verbiegung der Zeit zum Tragen. Wir hatten ja schon gesehen, daß mit wachsender Höhe die Zeit schneller fließt. Wenn sich eine Uhr entlang der Geodäten bewegt, also mit dem Apfel 122 m nach oben fliegt, dann befindet sie sich während des Fluges in einer größeren Höhe als der ruhende Apfel. Bei der Ankunft ist mithin die angezeigte Zeit größer als die Zeit, die die ruhende Uhr anzeigt. Dies ist zugegeben ein winziger Effekt, aber der Natur ist es gleichgültig, ob es sich um große oder kleine Effekte handelt – wichtig ist das Prinzip. Sie sehen, das Prinzip der kosmischen Faulheit bestimmt auch die Gesetze des freien Falls auf der Erde.

Es mag seltsam klingen, aber es ist nichts anderes als die Verbiegung der Zeit, also die Veränderung des Flusses der Zeit in Abhängigkeit von der Höhe, die den freien Fall eines Körpers bestimmt. Wenn der Apfel schließlich zu Boden fällt, ist die Weltlinie, die das Ereignis des Loslösens vom Baum und das Ereignis des Aufpralls auf dem Boden beschreibt, eine Geodäte, mithin diejenige Weltlinie, die zum Verbinden der beiden Ereignisse dem Prinzip der kosmischen Faulheit genügt.

Newton: Trotzdem bin ich erstaunt, daß dieser winzige Effekt der Zeitverbiegung – immerhin nur von einer Größenordnung von weniger als einem Milliardstel bei unseren Beispielen – einen so drastischen Effekt wie den freien Fall ausmachen kann, der immerhin in einer Sekunde den Ort eines Apfels um mehrere Meter verändert.

Haller: Wenn man die Größenordnung betrachtet, ist das in der Tat erstaunlich. Sie müssen jedoch beachten, daß zwar der Gang der Zeit durch die Gravitation im Fall der Erdgravitation nur ganz wenig verändert wird, dies aber bezüglich des Ortes erhebliche Auswirkungen haben kann, denn der Umrechnungsfaktor zwischen Zeit und Raum ist eben die Lichtgeschwindigkeit. Ein

Milliardstel einer Sekunde, multipliziert mit c, ist immerhin 0,3 m. Sie sehen also, daß Ortsveränderungen von der Größenordnung von Metern leicht zu erreichen sind, auch wenn die entsprechenden Zeitverbiegungen winzig sind. Zeit und Raum sind zwar im Sinne der Relativitätstheorie gleichwertige Größen, jedoch unsere üblichen Einheiten wie Sekunde und Meter stellen die eigentlichen Maßstäbe nur unvollkommen dar. Es ist so, also würde man einen bestimmten Wert einmal in Dollar angeben, ein anderes Mal in italienischen Lire. Obwohl der eigentliche Wert unabhängig von der Währung ist, ergeben sich bei den betreffenden Angaben immerhin

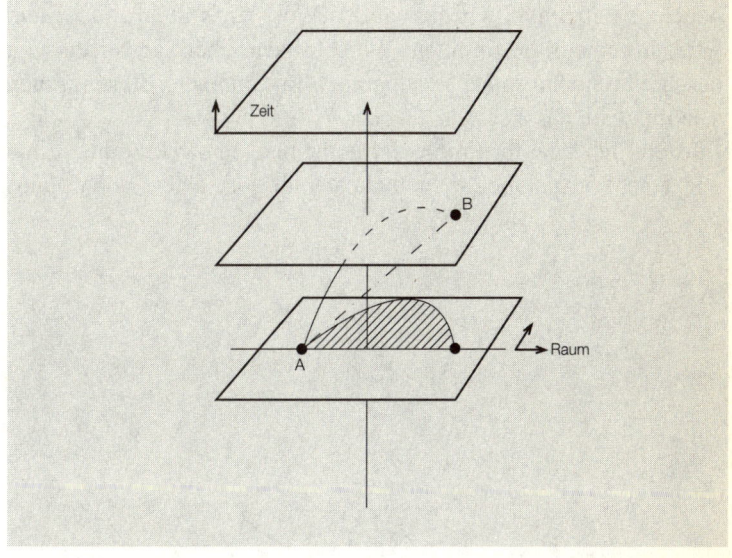

Abb. 11–4 Die Bahn eines Geschosses ist eine Wurfparabel im Raum, wenn man den Luftwiderstand vernachlässigt (Bahn von A nach B). Die Weltlinie des Geschosses hingegen erstreckt sich von A nach B und ist bezüglich der Metrik der Raum-Zeit eine Geodäte. Die Gerade, die A und B verbindet (gestrichelte Linie), ist keine Geodäte. Eine Uhr, die sich auf ihr von A nach B bewegt, zeigt bei der Ankunft in B eine kleinere Zeit an als eine Uhr, die sich auf der geodätischen Verbindungslinie von A nach B bewegt.

Unterschiede von etwa 3 Größenordnungen. Die »Währungsparität« zwischen Raum und Zeit wird in der Relativitätstheorie durch die Lichtgeschwindigkeit bestimmt, was zur Folge hat, daß vergleichsweise kleine Zeitdifferenzen große Raumdifferenzen ausmachen, wenn man sie in Metern betrachtet.

Newton: Wenn wir jetzt nicht nur eine Raumdimension, sondern eine weitere oder sogar alle drei Dimensionen zulassen, dürfte sich am Prinzip der kosmischen Faulheit nichts ändern. Die Weltlinie eines sich frei bewegenden Objekts, also auch eines im Schwerefeld fallenden Objekts, ist stets eine Geodäte.

Haller: Richtig – die Bahnen sind nach wie vor Geodäten in der Raum-Zeit.

Newton: Betrachten wir einmal den Wurf eines Steins. Der Stein wird in einem bestimmten Winkel nach oben geworfen und beschreibt eine normale Wurfparabel. Im Sinne der Einsteinschen Theorie wäre das also eine Geodäte?

Einstein: Ich sehe Ihr Problem. Sie meinen, eine gekrümmte Linie wie eine Wurfparabel sieht nicht gerade wie eine Geodäte aus.

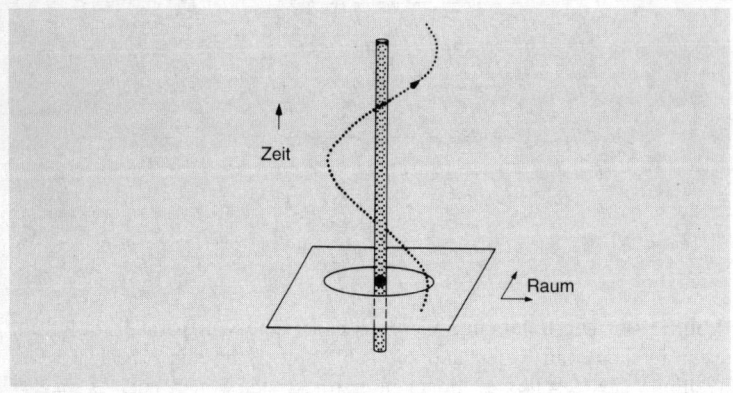

Abb. 11–5 Die Weltlinie eines Planeten um die Sonne ist eine Spirale. Die angedeutete Ebene stellt den Raum dar (nur zweidimensional). Die Kreisbahn des Planeten im Raum ist angedeutet. Diese Weltlinie ist eine Geodäte in der Raum-Zeit.

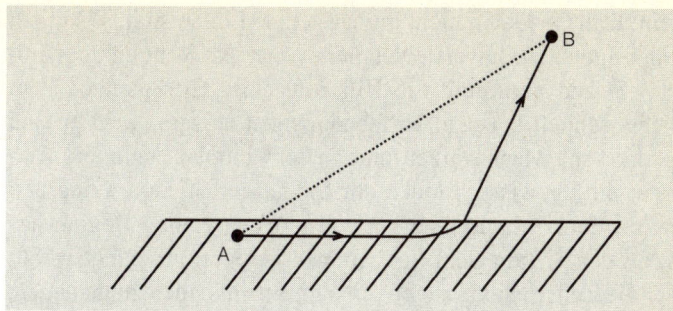

Abb. 11–6 Ein im Meer beim Punkt B Ertrinkender wird von einem Rettungsschwimmer gerettet, der vom Punkt A herbeieilt. Letzterer versucht, die Zeit bis zur Ankunft am Punkt B möglichst gering zu halten, und nimmt nicht den geometrisch kürzesten Weg (punktierte Linie), sondern die entsprechende Geodäte, also die Linie der kürzesten Zeit, die einen Knick besitzt.

Trotzdem ist es eine. Sie müssen bedenken, daß wir nicht die Bahn des Steins betrachten, sondern seine Weltlinie, und das ist eine Bahn in der Raum-Zeit. Was gerade in der Raum-Zeit ist, also eine Geodäte darstellt, kann ganz krumm aussehen, wenn man sich nur auf den Raum beschränkt.

Das ist ähnlich wie bei der Projektion der Bahn eines Flugzeugs auf die Erdoberfläche. Die Flugbahn ist gerade, jedoch ist die Projektion der Bahn auf die Erdoberfläche, etwa die Bahn des Schattens, den das Flugzeug auf den Boden wirft, keine Gerade, sondern sie paßt sich der Struktur der Oberfläche an. Fliegt das Flugzeug über einem Gebirge, ist die Bahn des Schattens alles andere als eine Gerade, sondern irrt ständig hin und her.

Haller: Noch eindrucksvoller ist dieser Effekt, wenn wir die Bewegung eines Planeten um die Sonne betrachten. Seine Bahn ist in guter Näherung eine Kreisbahn. In der Raum-Zeit ist die Bahn jedoch eine Spirale, die sich in Richtung der fortschreitenden Zeit schraubt. Wenn man die Krümmung der Raum-Zeit berücksichtigt, die durch die Sonne verursacht wird, dann erweist es sich, daß die Bahn des Planeten in der Tat eine Geodäte ist.

Einstein: Daß Geodäten nicht immer gerade Linien sind, sieht man auch an folgendem Beispiel. Nehmen wir an, ein Rettungsschwimmer am Strand vernimmt die Hilferufe eines Ertrinkenden. Um möglichst schnell bei dem Hilfebedürftigen zu sein, wird er sich nicht sofort ins Meer stürzen und zu schwimmen beginnen, sondern erst eine gewisse Strecke am Strand entlanglaufen und erst später mit dem Schwimmen beginnen. Wenn er den Beginn des Ortes, an dem er mit dem Schwimmen beginnt, geschickt wählt, kann er die Zeit, die er braucht, um zum Ertrinkenden zu gelangen, minimalisieren. In diesem Sinn ist sein Weg eine Geodäte, die allerdings keine gerade Linie im Raum darstellt, sondern einen Knick besitzt. Im Beispiel ist allerdings die Geodäte durch den Weg bestimmt, der die Zeit zu einem Minimum macht. In der Relativitätstheorie suchen wir nach dem Weg mit der maximalen Zeit, gemäß dem Prinzip der kosmischen Faulheit.

Mit der Faulheit ist es jetzt jedoch zu Ende. Der Wind hat aufgefrischt, zum Glück kommt er von Westen, so daß wir bald zu Hause sein können. Ich denke, wir beenden fürs erste unsere Diskussion und machen uns auf die Heimfahrt.

Einstein steuerte das Boot vom Schilfgürtel weg und nahm Kurs nach Nordost, in Richtung Caputh.

12

Materie in Raum und Zeit

> Von der allgemeinen Relativitätstheorie
> werden Sie überzeugt sein, wenn Sie sie
> studiert haben werden. Deshalb vertei-
> dige ich sie Ihnen mit keinem Wort.
> *Albert Einstein*[12.1]
> (Postkarte an A. Sommerfeld, 1916)

Beim Abendessen überraschte Einstein seine beiden Kollegen mit der Idee, den zweiten Teil der Gespräche an einen anderen Ort zu verlegen, nach Pasadena bei Los Angeles. Dem dortigen California Institute of Technology hatte er in den zwanziger und dreißiger Jahren regelmäßig lange Besuche abgestattet, und so war das Caltech für ihn fast zu einem Heimatinstitut geworden. Auch war es am Caltech, wo Einstein zum ersten Mal mit den Resultaten der neuen Kosmologie vertraut gemacht wurde, die sich in der Folge zur wichtigsten Konsequenz seiner Theorie entwickeln sollte.

Haller, der auch schon am Caltech tätig gewesen war, und Newton stimmten sofort zu, und so wurde der übernächste Tag als Abreisetag festgelegt, wobei sich herausstellte, daß Einstein in aller Stille bereits mit den Reisevorbereitungen begonnen hatte.

Am Abend kam Einstein schließlich auf jene Feldgleichungen der Allgemeinen Relativitätstheorie zu sprechen, die mit Recht als die Krönung seiner Arbeiten über die Gravitation gelten und auf die Newton gespannt war:

»Bislang sprachen wir über Aspekte meiner Theorie der Gravitation, die ich, ausgehend von den ersten Untersuchungen zum Äquivalenzprinzip im Jahre 1907, vor der Aufstellung der

Feldgleichungen der Gravitation entwickelte. Jetzt ist der Zeitpunkt gekommen, um zum eigentlichen Kern der Allgemeinen Relativitätstheorie vorzustoßen, den Gleichungen, die das dynamische Wechselspiel zwischen Raum-Zeit und Materie beschreiben.

Die Eigenschaft der Trägheit der Materie, also die Eigenschaft, im jeweiligen Zustand der Bewegung zu verweilen und Änderungen nur widerwillig unter Beteiligung von Kräften zuzulassen, ist der Stempel, den die Geometrie der Raum-Zeit der Materie aufdrückt.

Schon kurz nach Aufstellung der Speziellen Relativitätstheorie war mir intuitiv klar, daß die Geschichte damit nicht zu Ende sein kann – irgendwie muß die Materie auch die Möglichkeit der Revanche haben, also auf die Raum-Zeit aktiv einzuwirken, so daß man letztlich von einer echten Wechselwirkung zwischen Geometrie und Materie sprechen kann. Mit anderen Worten: Die Materie krümmt die Raum-Zeit, aber die Raum-Zeit legt durch die Trägheit die Marschrichtung der Materie fest – beide bedingen sich gegenseitig. Ich stellte mir also die Frage, wie eine solche Beziehung zwischen Materie und Geometrie aussehen könnte. Ich nahm an, daß sie möglichst einfach sein sollte, aber immerhin komplex genug, um die Vielfalt der Gravitationserscheinungen überhaupt erfassen zu können.

Zum anderen sollte sie lokal sein, so daß die Eigenschaften der Materie an einem Ereignispunkt der Raum-Zeit die geometrischen Eigenschaften an diesem Punkt, insbesondere die Krümmungseigenschaften, beschreiben sollten, ganz analog zur Situation in der Mechanik. Bei einem fahrenden Auto ist es ja auch die am jeweiligen Ort und zur jeweiligen Zeit wirkende Kraft, die die Beschleunigung bestimmt – die Kraft wirkt also lokal. Nicht zuletzt sollte aus den Gleichungen zumindest als Grenzfall das Newtonsche Gesetz der Gravitation automatisch herauskommen.

Im Rückblick hört sich das alles einfach an, aber die Anzahl der Irrwege, die ich zwischen 1911 und 1915 einschlug, um die richtigen Gleichungen zu finden, war groß, wie ich zu meiner Schande gestehen muß. Das Haupthindernis waren meine ungenügenden Kenntnisse auf dem Gebiet der nichteuklidischen Geometrie. Wie sehr dies zu Buche schlug, kann man schon daran erkennen, daß David Hilbert, der große Göttinger Mathematiker, der sich im Jahre 1915 auch mit der Gravitation beschäftigte – allerdings nur einige Wochen –, praktisch zur selben Zeit wie ich die richtigen Gleichungen fand. Allerdings hatte er mit der physikalischen Interpretation derselben seine Schwierigkeiten.«

Haller: Mit Recht gelten auch Sie und nicht Hilbert als der Vollender der Allgemeinen Relativitätstheorie.

Einstein: Wie dem auch sei – jedenfalls präsentierte ich meine Theorie und die Gleichungen am 25. November 1915 auf einer Sitzung der Preußischen Akademie der Wissenschaften in Berlin.

Zunächst zum Konzept: Wir hatten schon erwähnt, daß die Krümmungseigenschaften eines jeden Raumes oder auch einer gekrümmten Fläche nicht direkt durch den metrischen Tensor beschrieben werden, sondern durch ein von Riemann eingeführtes mathematisches Gebilde, den Krümmungstensor. Zu Ehren von Riemann wird er übrigens fast immer mit dem Buchstaben R bezeichnet. Die genaue Form steht hier nicht zur Debatte. Wesentlich ist nur, daß jeder, der ein paar Grundkenntnisse der Mathematik hat, den Krümmungstensor aus dem metrischen Tensor berechnen kann. R ist übrigens null für eine Ebene oder den üblichen euklidischen Raum. Sobald der betrachtete Raum jedoch eine Krümmung besitzt, ist R ungleich null.

Newton: Da der Krümmungstensor sozusagen lokal die Verkrümmung beschreibt, nehme ich an, daß in Ihren Gleichungen R in Beziehung zur Materie gesetzt wird – mit anderen Worten: R müßte gleich einem Ausdruck sein, der nur vom Zustand der Materie abhängt.

Einstein: Sie sagen es – ich wollte, ich hätte das in den Jahren vor 1915 auch so klar gesehen. Was genau sollte auf der rechten Seite der Gleichung stehen? Da in Ihrem alten Gravitationsgesetz die Masse als die Quelle der Gravitation auftritt, müßte da auf jeden Fall ein Ausdruck stehen, der die Masse beinhaltet, denn sonst bestände keine Chance, daß Ihr Gravitationsgesetz als Spezialfall in den Gleichungen enthalten ist. Es müßte aber auch mehr hinein, denn wir hatten ja schon gesehen, daß aufgrund des Äquivalenzprinzips auch das Licht durch die Gravitation beeinflußt wird. Die Lichtteilchen besitzen jedoch keine Masse, sondern nur Energie. Also müßte auf der rechten Seite ein Ausdruck stehen, der sowohl die Masse der Teilchen als auch die Energien beinhaltet. So etwas gibt es in der Tat – man nennt ihn den Materietensor, meist mit dem Symbol T bezeichnet. Manchmal nennt man ihn auch den Energie-Impuls-Tensor. Er ist übrigens eine physikalische Größe, die auch schon in der Speziellen Relativitätstheorie eine wichtige Rolle spielt.

Newton: Zwar weiß ich, was Impuls und Energie sind, aber wozu braucht man einen Materietensor?

Haller: Die Energie und der Impuls eines Körpers beziehen sich immer auf seine gesamte Energie oder den gesamten Impuls. Für die Gravitation oder die Krümmung der Raum-Zeit ist jedoch nicht die gesamte Energie wichtig, sondern die Energiedichte am betreffenden Ort, also die Energie, die pro Kubikzentimeter irgendwo vorliegt. Für die Krümmung der Raum-Zeit an einem bestimmten Ereignispunkt ist die Struktur der Materie an diesem Punkt wichtig und nicht die Struktur der Materie ein paar Kilometer weiter. Die Krümmung, die beispielsweise durch die Erde verursacht wird, hängt von der Materiedichte, also auch von der Energiedichte im Erdinnern, ab. Der Materietensor beschreibt weiter nichts als die Energie- und Impulsdichte eines Körpers. Die Gesamtenergie findet man einfach durch die Summierung der einzelnen Energiedichten oder, mathematisch gesprochen, durch das Integral der Dichten.

Newton: Um es kurz zu machen – der Materietensor ist also eine Größe, die die lokalen Energie-Impuls-Eigenschaften der Materie beschreibt.

Haller: So könnte man es sagen. Für homogene physikalische Systeme, etwa ein Gas oder einen festen Körper, ist es einfach, den Energie-Impuls-Tensor anzugeben. Wir wollen dies hier nicht tun, aber es sollte erwähnt werden, daß seine Aufstellung keine Schwierigkeit darstellt.

Newton: Wir haben also jetzt den Krümmungstensor für die Beschreibung der geometrischen Eigenschaften und den Materietensor für die Beschreibung der Energie-Impuls-Eigenschaften der Materie. Was sind denn nun die Einsteinschen Gleichungen?

Einstein: Sie werden erstaunt sein, wie einfach die letztlich sind. Wenn ich sie zunächst einmal in Worten ausdrücken darf: Die Gleichungen der Allgemeinen Relativitätstheorie sagen aus, daß der Krümmungstensor proportional zum Materietensor ist. Obwohl wir hier keine mathematischen Gleichungen diskutieren wollen, möchte ich die Gleichungen doch niederschreiben, denn sie sind eine Art Symbol für die Allgemeine Relativitätstheorie geworden, so wie $E = mc^2$ ein Symbol für die Spezielle Theorie ist:

$$R_{ik} = k\, T_{ik}$$

Sie sehen, links steht der Riemannsche Krümmungstensor R_{ik} – die Indizes i und k bedeuten, daß der Krümmungstensor aus mehreren Komponenten besteht, denn i und k stehen für 0, 1, 2 oder 3 (Null bezeichnet den Index für die Zeit, die anderen drei Indizes stehen für die drei Raumkomponenten). Es gibt also die Komponenten R_{00} oder R_{01} oder R_{12} usw. Der Materietensor ist T_{ik} – wie der Krümmungstensor besteht auch er aus mehreren Komponenten.

Auf der rechten Seite meiner Gleichungen steht die Konstante k. Sie wird leider oft als die Einsteinsche Gravitationskonstante

Abb. 12 – 1 Albert Einstein bei einem Vortrag über seine Feldgleichungen der Gravitation in der Bibliothek des Athenaeums am Caltech (um 1930). Einstein diskutierte hier den Fall des materiefreien Raumes, bei dem der Materietensor verschwindet. Deshalb steht auf der rechten Seite 0. (Foto Hale Observatories, Pasadena)

bezeichnet, aber sie ist im Grunde nichts weiter als die universelle Konstante der Gravitation, die Sie vor langer Zeit eingeführt haben, also die Newtonsche Gravitationskonstante G, multipliziert mit $8\pi/c^4$. Diese Konstante bestimmt sozusagen den Umrechnungskurs zwischen der Raum-Zeit-Krümmung auf der linken Seite und der Materie auf der rechten.

Haller: Übrigens sind alle Größen mit den Indizes i, k symmetrisch – wenn man i und k vertauscht, ändert sich nichts. Beispielsweise ist $R_{01} = R_{10}$. Die vier Indizes 0, 1, 2 und 3 kann man genau auf zehn verschiedene Weisen miteinander paaren:

(0,0), (0,1), (0,2), (0,3), (1,1), (1,2), (1,3), (2,2), (2,3), (3,3)

Dies bedeutet, daß die Einsteinschen Gleichungen aus 10 einzelnen Gleichungen bestehen – für jedes Indexpaar gibt es eine Gleichung.

Newton: Na ja, die Gleichungen sehen zwar schön einfach und symmetrisch aus, aber eine Vereinfachung, verglichen mit meinem alten Gravitationsgesetz, das nur durch eine einzige Gleichung darstellt, sind sie nun wirklich nicht – vor allem, wenn man bedenkt, daß sowohl R als auch T komplizierte Ausdrücke darstellen.

Einstein: Wenn Sie wie ein Buchhalter vorgehen und nur die Gleichungen zählen, dann können Sie in der Tat behaupten, daß meine Theorie zehnmal komplizierter als die Ihrige sei. Was jedoch zählt, ist nicht die Anzahl der Gleichungen, sondern die konzeptionelle Einfachheit. Meine Gleichungen sind vom Konzept her die einfachsten, wenn man von der Idee der gekrümmten Raum-Zeit ausgeht, oder haben Sie einen besseren Vorschlag?

Newton: Gut, ich will vorerst nichts weiter dazu anmerken. Ihre Gleichungen sagen also aus, daß der Krümmungstensor, der auf der linken Seite steht, nichts weiter ist als der Materietensor, multipliziert mit der Gravitationskonstanten. Mit anderen Worten: Die Materie bestimmt die Krümmung.

Einstein: So könnte man es bezeichnen, wenn man die Gleichungen von rechts nach links liest. Sie können die Gleichungen aber auch von links nach rechts lesen. Dann müßte man sagen: Die

Krümmung bestimmt die Materie. In der Tat gilt beides – die Geometrie wirkt auf die Materie, und die Materie wirkt zurück auf die Geometrie. Die Raum-Zeit sagt der Materie, wie sie sich zu bewegen hat, und die Materie sagt der Raum-Zeit, wie sie sich zu krümmen hat. Raum, Zeit und Materie bilden eine Einheit. Diese Einheit macht meine Gleichungen jedoch hochgradig kompliziert – schwieriger als alle anderen grundlegenden Gleichungen in der Physik. Obwohl sie eigentlich einfach aussehen, ist es sehr schwierig, Lösungen meiner Feldgleichungen zu finden, die über gewisse Approximationen hinausgehen. Eine solche Lösung werden wir demnächst diskutieren. Wichtig ist jedoch eines: Ihre Theorie der Gravitation folgt direkt aus meinen Gleichungen, wenn man gewisse Näherungen durchführt.

Newton: Wenn ich Ihre Gleichungen betrachte, würde ich nicht auf die Idee kommen, daß darin mein einfaches Gravitationsgesetz verborgen ist. Können Sie sich da etwas genauer ausdrücken?

Einstein: Nehmen wir einmal an, wir betrachten ein Stück Materie, etwa ein Stück Eisen, das sich in Ruhe befinden soll. Dann ist der Materietensor in einer guten Näherung nichts weiter als die vorliegende Energiedichte – neun Komponenten des Materietensors verschwinden, und nur eine einzige, eben die Energiedichte, ist nicht null. Dies ist die Komponente T_{00} – sie ist die vorliegende Massendichte, die wir mit μ bezeichnen, multipliziert mit dem Quadrat der Lichtgeschwindigkeit, also μc^2. Dies ist weiter nichts als $E = mc^2$, nur jetzt angewandt auf die Massendichte, also Masse pro Kubikzentimeter.

Damit ergibt sich, daß sich die 10 Feldgleichungen auf eine einzige reduzieren, nämlich die mit den (0,0)-Komponenten – immerhin schon ein Fortschritt. Wenn man jetzt die (0,0)-Komponente des Krümmungstensors, der auf der linken Seite steht, näher untersucht – dazu ist es notwendig, den Krümmungstensor näher anzuschauen –, findet man, daß diese Gleichung angenähert Ihre Gravitationsgleichung darstellt. Damit ist Ihre Gravitationstheorie ein Spezialfall meiner Allgemeinen Relativitätstheorie, und zwar für den Fall, daß die Geschwindigkeiten der beteiligten Körper wesentlich kleiner als die Lichtgeschwindigkeit sind.

Haller: Es ist übrigens genau dieser Grenzfall der Allgemeinen Relativitätstheorie, meist als der Newtonsche Grenzfall bezeichnet, der es erlaubt, die in den Einsteinschen Gleichungen auftretende Konstante k zu bestimmen. Sie wird im Newtonschen Grenzfall so angepaßt, daß Ihre Gravitationskonstante herauskommt. Sie erkennen jedoch, daß die Rolle der Gravitationskonstante in den Einsteinschen Gleichungen viel umfassender ist als in Ihrer Theorie, in der sie nichts weiter als die Stärke der Massenanziehung beschreibt. In Einsteins Theorie wird durch die Gravitationskonstante die Stärke der Einwirkung der Materie auf die Geometrie der Raum-Zeit beschrieben. Wäre es möglich, die Konstante abzuschalten, dann gäbe es keine solche Rückwirkung, und unsere Raum-Zeit besäße keine Krümmung, mithin gäbe es auch keine Gravitation. Die geometrische Struktur unserer Welt hängt also eng mit der Gravitationskonstante zusammen, die damit wohl zur wichtigsten Naturkonstante befördert wird.

Man sieht es übrigens der Gravitationskonstanten direkt an, daß sie etwas mit der Krümmung der Raum-Zeit zu tun haben könnte. Multipliziert man diese mit irgendeiner Masse m, sagen wir der Masse der Erde, und dividiert das Resultat durch das Quadrat der Lichtgeschwindigkeit c^2, erhält man die Größe Gm/c^2. Diese Größe ist ein Länge, kann also in Metern oder Zentimetern angegeben werden. Beispielsweise entspricht dann einem Kilogramm die Länge $0{,}74 \cdot 10^{-27}$ m. Das Massenäquivalent von einem Meter wäre dann $1{,}35 \cdot 10^{27}$ kg.

Einstein: Sie können also zum Bäcker gehen und 10^{-27} m Brot verlangen. Wenn der Bäcker etwas von Physik versteht, wird er Ihnen 1,35 kg Brot geben.

Haller: Hier noch die Massen der Erde und Sonne, umgerechnet in Meter:

Erdmasse: $6{,}0 \cdot 10^{24}$ kg $\div$ $4{,}44 \cdot 10^{-3}$ m, also etwa 4 mm

Sonnenmasse: $1{,}99 \cdot 10^{30}$ kg $\div$ 1477 m, also etwa 1,5 km

Auf diese Weise kann man jede beliebige Masse in eine Länge verwandeln.

Newton: Diese Umrechnung erinnert mich an die Umrechnung zwischen Raum und Zeit, also zwischen Metern und Sekunden, unter Benutzung der Lichtgeschwindigkeit, die in diesem Fall den Wechselkurs bestimmt – einer Sekunde entsprechen dann 300000000 m.

Haller: Dies ist auch ganz analog. Wir können also im Prinzip in Naturwissenschaft und Technik auf Masseneinheiten wie Kilogramm und Zeiteinheiten wie Sekunde verzichten und alles in Metern ausdrücken, unter Benutzung der Lichtgeschwindigkeit und der Gravitationskonstante. Leider ist die Gravitationskonstante jedoch nicht so genau bestimmt, daß man dies auch wirklich in die Tat umsetzen sollte.

Newton: Hat man denn heute eine Idee, warum die Gravitationskonstante genau den Wert hat, den man mißt, und nicht einen zehnmal größeren oder kleineren?

Haller: Da muß ich Sie leider enttäuschen. Auch heute ist niemand in der Lage, den Wert der Gravitationskonstante zu berechnen. Überhaupt ist der Ursprung dieser wichtigen Naturkonstante unbekannt. Die Vermutung liegt jedoch nahe, daß sie etwas mit dem Massenproblem zu tun hat, denn es ist schließlich die Masse eines Elementarteilchens, etwa des Protons, die der Anlaß für das Gravitationsphänomen ist. Eine Aufhellung des Massenproblems, das wir in nicht zu ferner Zukunft erwarten, wird dann wohl auch etwas Licht auf die Rolle der Gravitationskonstante werfen.

Einstein: Ich wollte heute abend noch auf eine interessante Lösung meiner Gleichungen zu sprechen kommen. Nach der Segelpartie bin ich jedoch etwas müde geworden. Immerhin – die Gleichungen haben wir angeschaut, und damit ist ein wichtiger Schritt getan.

Morgen ist auch noch ein Tag, und da wird es für Sie, Mr. Newton, einige Neuigkeiten, wenn nicht sogar Überraschungen geben.

13

Ein Stern verbiegt Raum und Zeit

> Der ... Gedanke muß durchgeführt wer-
> den und ist von merkwürdiger Schön-
> heit; aber darüber steht das marmorne
> Lächeln der unerbittlichen Natur, die
> uns mehr Sehnsucht als Geist verliehen
> hat.
>
> *Albert Einstein*[13.1]

Der letzte Tag in Caputh war angebrochen. Am Morgen absolvier-
te Haller mit Newton einen kurzen Spaziergang zum Templiner
See. Dann begann die Sitzung auf der Terrasse des Hauses in der
Waldstraße.

Einstein: Wie angekündigt, möchte ich heute auf eine interessante
Lösung meiner Gleichungen zu sprechen kommen. Als ich die
Allgemeine Relativitätstheorie auf der Sitzung der Preußischen
Akademie vom 25. November 1915 zum ersten Mal vorstellte,
konnte ich nur approximative Lösungen der Gleichungen skizzie-
ren, darunter auch den bereits angesprochenen Newtonschen
Grenzfall oder die gravitative Zeitverbiegung. Mir war nicht klar,
ob sich eine exakte Lösung in geschlossener Form für einfache
Fälle überhaupt angeben läßt.

Karl Schwarzschild, der Direktor des Astrophysikalischen
Observatoriums nicht weit von hier in Potsdam, war einer der
ersten, der sich mit den mathematischen Eigenschaften meiner
Gleichungen auseinandersetzte. Er war damals allerdings nicht in
Potsdam. Es herrschte Krieg, und er diente in der deutschen Armee
an der Front in Rußland.

Schwarzschild versuchte, eine Lösung der Gleichungen für den einfachsten Fall zu finden, den man sich vorstellen kann, nämlich für einen kugelsymmetrischen Stern mit konstanter Massendichte oder generell für eine Kugel mit einer bestimmten Masse. Zunächst versuchte er, die Lösung der Gleichungen für den Raum außerhalb des Sterns, also im leeren Raum, zu finden.

Newton: Außerhalb einer solchen Kugel ist der Materietensor null. Ihre Gleichungen besagen dann einfach, daß die linke Seite, die den Krümmungstensor beinhaltet, verschwindet. Eine mögliche Lösung ist sicher die leere euklidische Raum-Zeit, also der Raum der Speziellen Relativitätstheorie ohne jegliche Krümmung.

Einstein: Sicher, aber Schwarzschild suchte nach einer weiteren Lösung, bei der die linke Seite der Gleichungen nach wie vor null ist und die zudem die Symmetrie einer Kugel besitzt, also die Eigenschaft, daß der Krümmungstensor in allen Raumrichtungen dieselbe Struktur hat, demnach also nur von der Entfernung vom Zentrum der Kugel abhängt.

Newton: In meiner Gravitationstheorie ist die Lösung sehr einfach – das Gravitationsfeld einer ruhenden Kugel ist natürlich kugelsymmetrisch und in alle Richtungen gleichmäßig ausgebreitet, hängt also nur vom Abstand zum Zentrum, also vom Radius ab, nicht von der Richtung. Die entsprechende Gravitationskraft fällt

Abb. 13–1 Karl Schwarzschild. (Emilio Segrè Archives, AIP)

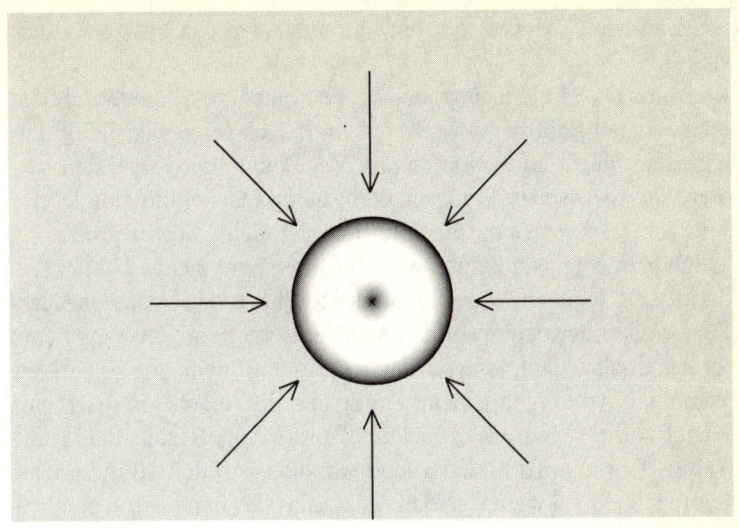

Abb. 13–2 In der Newtonschen Theorie ist das Gravitationsfeld einer ruhenden Kugel, etwa eines Sterns oder eines Planeten, kugelsymmetrisch – keine Richtung des Raumes ist ausgezeichnet. Die wirkende Gravitationskraft fällt mit dem Quadrat der Entfernung vom Zentrum der Kugel ab.

mit dem Quadrat der Entfernung vom Zentrum der Kugel ab. Einstein: So einfach ist es in der Allgemeinen Relativitätstheorie natürlich nicht. Trotzdem ist die von Schwarzschild gefundene Lösung recht einfach, und sie besitzt einige verblüffende Eigenschaften. Schwarzschild berechnete den metrischen Tensor für den betrachteten Fall, also die metrische Struktur der Raum-Zeit außerhalb des Sterns. Letztere kann nur von der Zeit und vom Radius abhängen, also von zwei der insgesamt vier Koordinaten. Newton: Warten Sie! Ich überlege gerade, wie sie aussehen könnte. Da es sich um die Gravitation einer Kugel handelt, würde ich hauptsächlich zwei Effekte erwarten. Zum einen müßte das Phänomen der Zeitverbiegung durch die Gravitation auftreten – wenn ich eine Uhr näher an die Kugel heranführe, wird die Zeit langsamer ablaufen. Zum anderen müßte die Gravitation eine Verkrümmung des Raumes bewirken. Ich bin gespannt, wie das im Detail aussieht.

Einstein: Da es nicht möglich ist, sich einen gekrümmten dreidimensionalen Raum vorzustellen, benutze ich folgenden Trick. Ich lege eine Fläche mitten durch den Mittelpunkt der Kugel und studiere die metrischen Eigenschaften dieser Fläche, die eine Ebene sein würde, wenn es die Raumkrümmung nicht geben würde.

Ich betrachte jetzt Kreise um den Mittelpunkt. Deren Umfang ist durch 2πR gegeben, wobei damit der Radius R des entsprechenden Kreises definiert ist. Wenn ich mich sehr weit von der Kugel entfernt aufhalte, dann ist von der Krümmung nichts zu bemerken. Wenn ich von irgendeinem Punkt auf der Fläche in Richtung Kugel laufe, sagen wir vom Punkt mit Radius R zum Punkt mit Radius R minus 10 m, dann lege ich auch wirklich 10 m zurück. Laufe ich jedoch weiter, so daß der Radius des Punktes, an dem ich mich jeweils befinde, immer kleiner wird, dann gilt das nicht mehr.

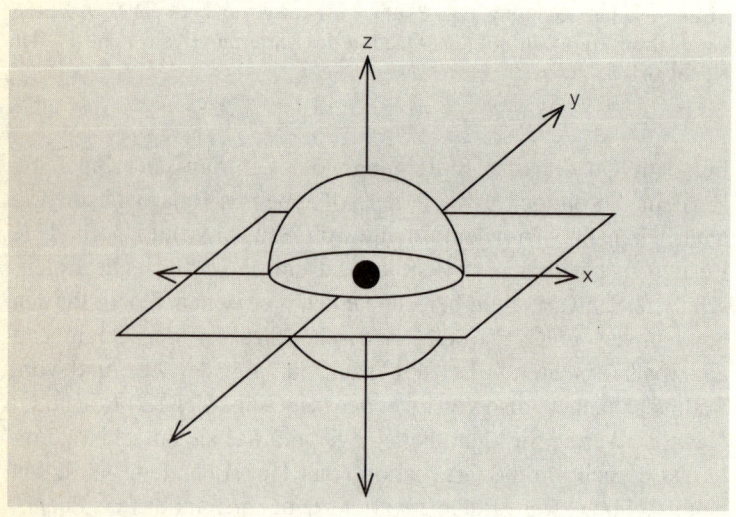

Abb. 13–3 Die Krümmung des Raumes um eine massive Kugel kann veranschaulicht werden, indem man die metrischen Eigenschaften einer Fläche (hier die x-y-»Ebene«) durch den Mittelpunkt der Kugel studiert.

Um den Radius um 10 m zu verkleinern, muß ich erst 11 m laufen, dann 12 m, schließlich 100 m und mehr. Die Krümmung macht sich auf diese Weise bemerkbar.

Es ist wie bei der Besteigung eines Berges. Wenn wir uns auf der Ebene dem Berg nähern, dann verringert sich die horizontale Entfernung vom Bergmittelpunkt, die dem Radius entspricht, jeweils um die Wegstrecke, die wir zurücklegen. Sobald wir jedoch aufsteigen, ist die jeweils zurückgelegte Wegstrecke länger als die entsprechende Verringerung des Radius, also des Abstandes zwischen uns und der Projektion des Gipfels auf die Grundfläche. Je steiler der Weg wird, um so stärker ist der Effekt. Das Verhältnis von tatsächlichem Weg zur Radiusdifferenz, genauer die entsprechenden Quadrate, sieht folgendermaßen aus:

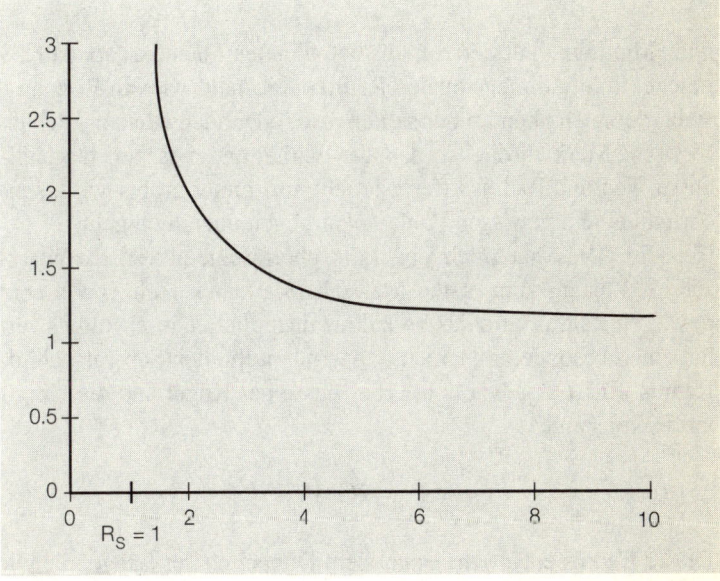

Abb. 13–4 Das Quadrat des Verhältnisses zwischen tatsächlich zurückgelegtem Weg und Radiusdifferenz im Fall der Schwarzschild-Lösung, wenn man sich der Kugel nähert. Je näher man sich bei der Kugel befindet, um so größer ist das Verhältnis.

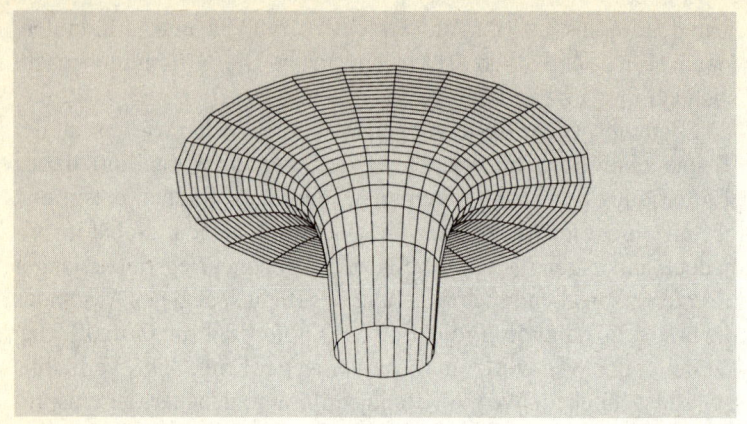

Abb. 13–5 Die metrische Struktur der Äquatorialebene um eine massive Kugel im Außenraum erinnert an einen Trichter.

Die Krümmung auf der von uns betrachteten Fläche ist so, daß die Fläche, im dreidimensionalen Raum dargestellt, wie ein Berg aussieht, der nach oben immer steiler wird, oder auch wie ein Trichter. Newton: Merkwürdig ist, daß das Verhältnis zwischen tatsächlichem Weg und Radiusdifferenz nicht nur immer größer wird, sondern an einem gewissen Punkt sogar gegen unendlich geht.
Einstein: Dies hat mich ebenfalls überrascht, als ich Schwarzschilds Lösung zum ersten Mal sah. Sie haben recht, bei einem gewissen Radius wird das Verhältnis unendlich. Dieser Radiuswert hat einen besonderen Namen – man nennt ihn den Schwarzschild-Radius. Er ist gegeben durch die Masse der Kugel und die Gravitationskonstante:

$$R_s = 2GM/c^2$$

Dieser Radius entspricht genau dem Doppelten der Länge, die wir das letzte Mal diskutierten, als wir über die Umrechnung von Masse in Länge, also Kilogramm in Meter, sprachen.
Da wir gerade gesehen haben, daß der Radius und der tatsächliche Weg ins Innere wegen der Krümmung sehr verschieden sind,

ist es empfehlenswert, eher den Umfang des Kreises, der einem bestimmten Radius entspricht, als den Radius selbst zu betrachten. Der Vorteil ist, daß man den Umfang einfach messen kann, im Prinzip durch das Anlegen eines Maßbands – die Krümmungseigenschaften des Raumes kommen einem da nicht in die Quere. So entspricht dem Schwarzschild-Radius ein Schwarzschild-Umfang, den ich mit U_S bezeichne:

$$U_S = 2\pi\, R_S = 4\pi GM/c^2$$

Alle Kreise um das Zentrum des Sterns mit einem Umfang, der gleich dem Schwarzschild-Umfang ist, bilden eine Kugel, die das Zentrum umschließt und die man aus Gründen, die später zu erläutern sein werden, als den Horizont bezeichnet.

Wenn man die Masse der Sonne einsetzt, erhält man den Schwarzschild-Umfang der Sonne. Er ist etwa 19 km, also winzig im Vergleich zum wirklichen Umfang der Sonne. Allgemein erhält man den Schwarzschild-Umfang eines kugelförmigen Objekts, indem man das Verhältnis seiner Masse zur Sonnenmasse mit 19 km multipliziert. Der Schwarzschild-Umfang von Ihnen wäre, wenn Sie kugelförmige Gestalt hätten, etwa 10^{-24} m, also etwa 9 Größenordnungen kleiner als der Durchmesser eines Atomkerns.

Hier einige Zahlen:

	Masse in kg	Schwarzschild-Umfang in m
Proton	$1{,}67 \cdot 10^{-27}$	$1{,}6 \cdot 10^{-53}$
Erde	$6 \cdot 10^{24}$	$5{,}6 \cdot 10^{-2}$
Sonne	$2 \cdot 10^{30}$	$19 \cdot 10^3$
Galaxie	10^{40}	10^{14}

Da die von Schwarzschild gefundene Lösung meiner Gleichungen nur außerhalb der Kugel, etwa bei der Erde nur außerhalb der Erde anwendbar ist, sehen Sie, daß die Unendlichkeit beim Schwarzschild-Umfang ungefährlich ist. Denn dieser Umfang ist winzig gegenüber dem Umfang der Erde, so daß die Unendlichkeit nicht wirklich auftritt. Schwarzschild hat übrigens kurz nach Aufstellung seiner Lösung außerhalb der Kugel auch die Lösung innerhalb der Kugel gefunden. Die auftretende Unendlichkeit beim Schwarzschild-Umfang tritt dann wie erwartet nicht mehr auf.

Newton: Sie haben recht – für die Erde und die Sonne gibt es keine Probleme. Nehmen wir aber einmal an, jemand würde die Materie der Sonne immer mehr zusammenpressen, so daß schließlich der Umfang der Sonne kleiner als der Schwarzschild-Umfang ist, also kleiner als 19 km. Im Prinzip könnte ich mir sogar denken, daß die Materie zu einem Punkt zusammengequetscht werden kann, also zu einem Massenpunkt. Für das Gravitationsfeld in großen Entfernungen hätte das keine Auswirkungen. Jedoch träte die oben angesprochene Unendlichkeit jetzt wirklich auf. Dies beunruhigt mich.

In der Naturwissenschaft gilt der Grundsatz, daß alles, was durch die Naturgesetze erlaubt ist, im Prinzip auch existieren kann. An dieser Sache interessiert mich vor allem der Aspekt, daß das Auftreten einer Unendlichkeit beim Schwarzschild-Umfang eine völlig neue Eigenschaft der Gravitation zu sein scheint, die in meiner Theorie jedenfalls nicht existiert – ein, wenn Sie mich fragen, recht dubioser Sachverhalt.

Einstein: Ich kann Sie trotzdem beruhigen – in der Natur gibt es diese Unendlichkeit nicht, denn die Materie kann eben nicht so zusammengepreßt werden, daß der Radius eines Objekts kleiner als der Schwarzschild-Umfang ist. Nicht alles, was meine Theorie erlaubt, ist in der Natur vorhanden – schließlich gibt es neben der Gravitation noch andere Naturkräfte und Phänomene.

Haller: Da wäre ich aber an Ihrer Stelle nicht so sicher, Herr Einstein. Wir werden demnächst in Pasadena auf diese Sache zurückkommen müssen, und ich fürchte, Newton hat recht. – Schauen wir uns jetzt erst einmal den anderen wichtigen Effekt der Gravitation an, die Zeitverbiegung. Auch diesbezüglich wartet die Schwarzschild-Lösung mit einigen Überraschungen auf.

Newton: Betrachten wir also den Gang einer Uhr in der Nähe unserer Kugel. Ist die Uhr weit weg, dann wird der Gang der Uhr durch die Gravitation praktisch nicht beeinflußt. Je näher ich mich der Kugel nähere, um so stärker wird die Gravitation, und der Gang der Uhr verändert sich – die Zeit fließt langsamer.

Einstein: Schwarzschild fand heraus, daß die Zeitverbiegung durch eine sehr einfache Formel beschrieben wird, die ich angeben möchte. Wenn t eine kleine Zeitdifferenz ist, die eine Uhr weit weg von der Kugel anzeigt, dann ist die entsprechende Zeitdifferenz τ beim Radius r gegeben durch $(\tau/t)^2 = (r - R_S)/r$. Das Verhältnis τ/t sieht folgendermaßen aus:

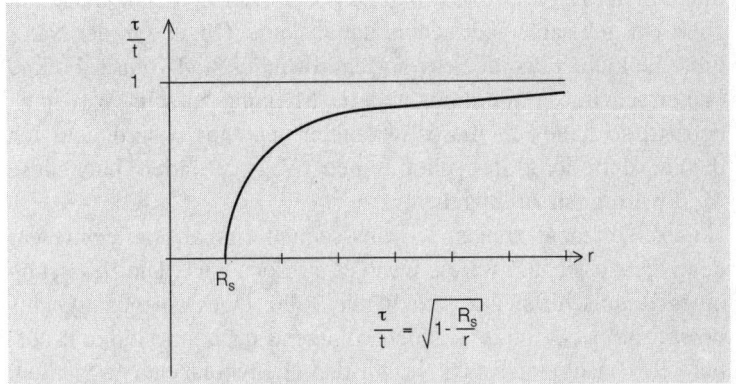

Abb. 13–6 Die Veränderung des Zeitflusses durch einen gravitierenden Körper in Abhängigkeit vom Radius r. Bei einem Abstand, der groß ist im Vergleich zum Schwarzschild-Radius R_S, findet man, daß das Verhältnis zwischen Eigenzeit und der Zeit weitab vom Körper nur etwas kleiner als 1 ist. Je näher man zum Schwarzschild-Radius kommt, um so größer ist die Abweichung. Ist man nur noch das 1,5fache des Schwarzschild-Radius entfernt, fließt die Zeit nur noch etwa 60 % so schnell wie bei großer Entfernung. Bei r = R_s kommt der Fluß der Zeit zum Erliegen – er wird eingefroren.

Newton: Nähere ich mich also der Kugel, wird der Zeitfluß langsamer, wie erwartet. Diese Abhängigkeit vom Radius müßte derart sein, daß sich zumindest in guter Näherung die Gravitationskraft entsprechend meinem alten Gesetz ergibt.
Einstein: Da haben Sie recht – bei großen Entfernungen erhalten Sie in der Tat Ihr Gravitationsgesetz. Bei kleineren Entfernungen kommt es jedoch zu Abweichungen.

Newton: Moment – da gibt es einen merkwürdigen Effekt, wenn der Radius in die Nähe des Schwarzschild-Radius gerät. Der Fluß der Zeit wird immer langsamer, aber bei $r = R_s$ hält er schließlich ganz an – das ist doch wohl absurd: Die Zeit steht still.

Einstein: Die Lösung von Schwarzschild sagt in der Tat aus, daß der Fluß der Zeit beim Schwarzschild-Radius, also beim Horizont, zu Ende kommt – die Gravitation macht da etwas, wozu sonst niemand in der Lage ist: Sie bringt den Strom der Zeit zum Halten, er friert ein. Ich sagte aber schon, daß es keine Objekte in der Natur gibt, die kleiner als ihr Schwarzschild-Radius sind – unser Freund Haller scheint da allerdings anderer Meinung zu sein. Was mich betrifft, so halte ich dieses Verhalten auch für absurd, und ich denke, daß der Alte schon einen Weg gefunden hat, diese Merkwürdigkeit zu umgehen.

Haller: Trotzdem können wir uns schnell einmal überlegen, was denn die Aussichten wären, wenn es sie doch gäbe. Die Besatzung eines Raumschiffs, das sich in die Nähe eines solchen Objekts begibt und sich einige Stunden genügend nahe am Horizont aufhält, wird nach der Rückkehr auf den Heimatplaneten feststellen, daß mittlerweile Millionen von Jahren vergangen sind.

Einstein: Daran sehen Sie doch schon, wie absurd die Situation ist. Ich für meinen Teil glaube, daß die Natur einen Weg gefunden hat, die Merkwürdigkeiten beim Horizont zu umgehen.

Haller: Warten Sie, bis wir in Pasadena sind. Bald werden Sie Ihre Meinung revidieren müssen.

Newton: Sie sagten vorhin, es gibt Abweichungen von meinem Gravitationsgesetz?

Einstein: Die Abweichungen stellen Veränderungen des Kraftgesetzes dar. Nach Ihrem Gesetz wird die Gravitationskraft bei wachsender Entfernung immer kleiner – sie fällt mit dem Quadrat der Entfernung ab. Dies gilt jedoch bei kleinen Entfernungen nicht mehr genau, etwa in unserem Planetensystem bei Bahnen um die Sonne, deren Radius kleiner als der Radius der Erdbahn ist. Die Abweichungen kommen einmal vom Einfluß der Zeitverbiegung in der Schwarzschild-Metrik, zum anderen von der Krümmung des Raumes. Dies hat einen Effekt bezüglich der Bahn des Merkur im

Sonnensystem. Während Ihre Theorie ergibt, daß die Bahn eine Ellipse ist, ergibt sich dies in der Allgemeinen Relativitätstheorie nur angenähert. Man erhält eine Ellipse, die sich langsam um die Sonne dreht, so daß die Bahn einer Rosette gleicht, in deren Zentrum die Sonne ist.

Als ich diese Folgerung aus meiner Theorie entdeckte, wußte ich natürlich, da ein solcher Effekt seit langem bekannt war, entdeckt im Jahre 1859 von Le Verrier. Zwar bewegt sich Merkur auf einer Ellipsenbahn um die Sonne, jedoch handelt es sich beim genaueren Beobachten nicht um eine stationäre Ellipse, wie man es im Rahmen der Newtonschen Theorie erwarten würde; vielmehr verändert sich die Ellipse stetig, wobei der sonnennächste Punkt der Bahn, das sogenannte Perihel der Ellipse, langsam um die Sonne wandert. Allerdings ist der Unterschied zu einer stationären Ellipse nicht groß. Das Perihel verändert sich beim Merkur pro Jahrhundert nur um etwa 43 Bogensekunden. Trotz dieses geringen Effekts stellte die Periheldrehung des Merkur ein ernsthaftes Problem für Ihre Theorie dar, da es keine Erklärungen für dieses Phänomen gab.

Jetzt, nach der Aufstellung meiner Theorie, gab es eine ernsthafte Chance, das Problem zu lösen. Deshalb war es eine meiner ersten Aufgaben, die Änderung der Merkur-Bahn in meiner Theorie zu berechnen. Als ich die Rechnung beendete, die in der Tat 43" ergab, konnte ich es kaum fassen:

Ausgangspunkt waren meine abstrakten Gleichungen, und heraus kamen, ohne daß irgendein neuer Parameter eingefügt werden mußte, 43". Da wußte ich, daß ich auf eine Goldgrube gestoßen war. Es gab kaum noch einen Zweifel – die Theorie mußte richtig sein. Jedenfalls hatte sie die erste ernste Bewährungsprobe überstanden.

Haller. Mit Hilfe der modernen Satellitentechnik ist es möglich, die Planetenbahnen genauer zu vermessen als mit Teleskopen. Der heute allgemein akzeptierte Wert für die Drehung der Merkur-Bahn ist 43,11" ± 0,21" pro Jahrhundert. Die Einsteinsche Theorie ergibt 42,98" – innerhalb der Fehler ist dies eine glänzende Übereinstimmung zwischen Theorie und Experiment.

Einstein: Schließlich möchte ich erneut auf die Lichtablenkung im Gravitationsfeld zu sprechen kommen. Wenn man von der Schwarzschild-Metrik der Raum-Zeit ausgeht, kann man die Bahn eines Lichtstrahls berechnen, der in einem gewissen Abstand an dem massiven Objekt, etwa einem Stern, vorbeistreicht. Würde der Körper keine Gravitation besitzen, dann wäre die Bahn des Lichtes eine Gerade. Infolge der Raum-Zeit-Krümmung ist die Bahn in der Raum-Zeit zwar eine Geodäte, also eine Gerade im Sinne der vorliegenden Metrik, nicht aber, wenn man sich auf den Raum beschränkt. Das Licht wird abgelenkt, und zwar um einen Winkel, der weiter nichts ist als der Schwarzschild-Radius, dividiert durch den kürzesten Abstand, den der Lichtstrahl vom Mittelpunkt des Körpers besitzt, multipliziert mit zwei.

Wir sprachen schon früher von dem Test der Voraussage der Allgemeinen Relativitätstheorie, der während der Sonnenfinsternis im Mai 1919 erfolgte und der eine Bestätigung meiner Theorie brachte, leider auch einen ziemlichen Rummel in der Presse. Mich würde

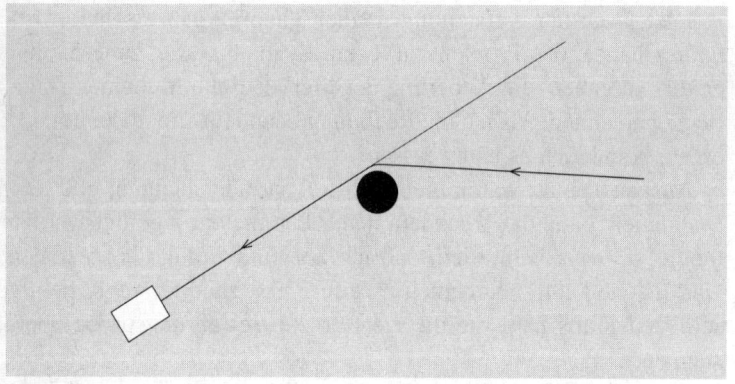

Abb. 13-7 Die Gravitation um einen massiven kugelsymmetrischen Körper verändert den Lauf eines Lichtstrahls, der in seiner Nähe vorbeiläuft. Die Ablenkung beträgt $\delta\varphi = 2R_s/\sigma$, wobei R_s der Schwarzschild-Radius ist und σ der kürzeste Abstand zwischen Lichtstrahl und Mittelpunkt des Körpers. Im Fall der Sonne sind dies 1,75 Bogensekunden, wenn das Licht am Sonnenrand vorbeistreicht.

interessieren, was mittlerweile aus diesem Test meiner Theorie geworden ist. Immerhin waren die Fehler damals noch beträchtlich, und von einer eindeutigen Bestätigung meiner Theorie konnte man nicht sprechen.

Haller: Die Tests wurden auf späteren Sonnenfinsternissen wiederholt, und so konnte schließlich die Übereinstimmung zwischen Theorie und Beobachtung auf etwa 10 % Genauigkeit herabgesenkt werden. Die letzte eingehende Beobachtung fand im Jahre 1973 in Mauretanien statt. Man fand einen Wert der Ablenkung von 0,95 ± 0,11, multipliziert mit dem theoretischen Wert.

In den sechziger Jahren fand man einen neuen Weg, um die Ablenkung von elektromagnetischen Wellen durch die Sonne zu messen, und zwar mit Hilfe von Radioteleskopen, die in der Lage sind, ferne Radioquellen, die Quasare, sehr genau zu messen – Quasare sind Zentren ferner Galaxien, die eine starke Strahlung im Radiobereich aussenden.

Der Vorteil besteht hierbei darin, daß man nicht auf eine Sonnenfinsternis angewiesen ist. Mitte der siebziger Jahre hat man detaillierte Messungen durchgeführt, die die Genauigkeit um einen Faktor 10 verbesserten. Die Übereinstimmung zwischen der Einsteinschen Theorie und der Beobachtung liegt jetzt bei etwa einem Prozent. Damit hat die Allgemeine Relativitätstheorie diesen Test mit fliegenden Fahnen bestanden.

Ich möchte noch auf ein anderes Phänomen zu sprechen kommen, welches eine direkte Folge der Zeitverbiegung durch die Gravitation ist. Die Veränderung des Zeitflusses durch die Gravitation eines Sterns, der außerhalb der Sternmaterie durch die Schwarzschild-Metrik beschrieben wird, ist bei normalen Sternen zwar nicht sehr groß, aber auch nicht zu vernachlässigen. An der Oberfläche der Sonne beispielsweise fließt die Zeit um etwa zwei Millionstel langsamer als weit entfernt von der Sonne. In einem Jahr summiert sich das zu etwa einer Minute. Zwar ist es nicht möglich, an der Oberfläche der Sonne eine Uhr zu deponieren, aber es gibt immerhin die Möglichkeit, die Materie an der Oberfläche der Sonne als Uhr zu benutzen.

Einstein: Sie meinen die Spektralanalyse des Sonnenlichts?

Haller: Ja – die Atome der Gase an der Sonnenoberfläche verhalten sich wie kleine Oszillatoren, die Licht einer bestimmten Frequenz oder Farbe abstrahlen, sind also kleine Uhren. Da die Zeit auf der Sonnenoberfläche langsamer fließt, wird auch die Frequenz des Lichtes sich entsprechend verlangsamen – also um zwei Millionstel.

Einstein: Das habe ich mir schon bei der Aufstellung des Äquivalenzprinzips überlegt, kam aber zu dem Schluß, daß dieser Effekt im Fall der Sonne zu schwach ist, um beobachtbar zu sein. Hat sich daran etwas geändert?

Haller: In den 60er Jahren ist es Physikern in Princeton gelungen, den Effekt zu messen. Das Resultat war, wie konnte es anders sein, in guter Übereinstimmung mit der Voraussage der Allgemeinen Relativitätstheorie.

Im Jahre 1979 machte man bezüglich der Lichtablenkung eine weitere Entdeckung, die einen ganz neuen Aspekt zur Gravitation beisteuerte. Man untersuchte einen Doppelquasar – das sind zwei Quasare, die sehr nahe beieinander zu sehen sind, also nur durch einen sehr kleinen Winkel getrennt sind. Im betreffenden Fall waren es nur 6 Bogensekunden. Normalerweise kommt so etwas recht oft vor. Es gab also keinen Grund, etwas Besonderes zu vermuten, bis sich jedoch herausstellte, daß beide Quasare Zwillinge waren. Ihre physikalischen Eigenschaften, etwa die Geschwindigkeit, mit der sie sich durch das All bewegen, ihre atomaren Spektren waren identisch. Nur war der eine Quasar etwas schwächer als der andere. Nach kurzer Zeit häuften sich die Indizien, daß es sich nur um zwei verschiedene Bilder ein und desselben Objekts handeln konnte.

Einstein: Aha – das sieht aus wie eine Art Gravitationslinse. Um 1930 herum habe ich mir überlegt, daß so etwas möglich sein sollte. Auch Fritz Zwicky, der Astronom am Caltech, hat seinerzeit darüber nachgedacht.

Newton: Wie soll das funktionieren? Wieso sieht man zwei Bilder ein und desselben Objekts?

Einstein: Ganz einfach – nehmen wir an, Sie beobachten ein fernes Objekt, von mir aus einen fernen Stern. Es kann passieren, daß das

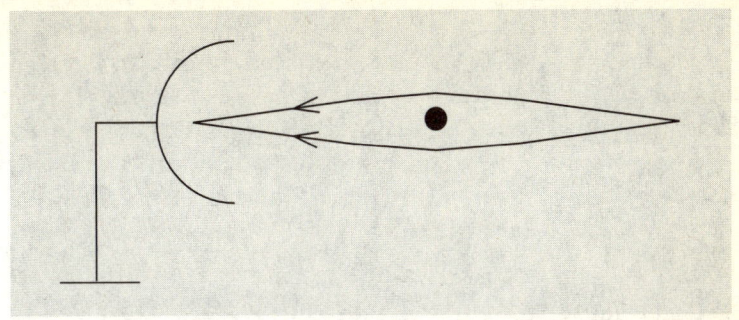

Abb. 13–8 Das Prinzip einer Gravitationslinse. Das Licht oder die Radiostrahlung, die von einem fernen Objekt kommt, wird durch ein dazwischenliegendes massives Objekt, etwa eine Galaxie, abgelenkt, so daß es auf zwei verschiedenen Wegen zur Erde gelangen kann. Man sieht zwei Bilder ein und desselben Objekts. Der Effekt wurde erstmalig im Jahre 1979 von Astronomen in Arizona (USA) beobachtet.

Licht auf seinem Weg zu uns in der Nähe eines massiven Objekts, etwa einer fernen Galaxie, vorbeikommt. Da letzteres eine Ablenkung bewirkt, ist es möglich, daß das Licht auf zwei verschiedenen Wegen zur Erde gelangt, sozusagen einmal links herum, das andere Mal rechts herum. Sogar mehr als zwei Wege sind denkbar – das hängt von der Struktur des störenden Objekts ab. Tatsächlich sehen Sie dann zwei oder mehrere verschiedene Bilder desselben Objekts.

Haller: Mittlerweile hat sich herausgestellt, daß es sich so verhält, wie Einstein es gerade beschrieben hat. Man beobachtet die Linseneffekte insbesondere bei entfernt liegenden Objekten wie den Quasaren, deren Licht von einer massereichen Galaxie unterwegs abgelenkt wird. Man könnte die Stärke des Linseneffekts sogar berechnen, jedoch müßte man hierzu die Masse der störenden Galaxie kennen.

Einstein: Ich denke nicht, daß es viel Sinn hat, mit den Linseneffekten noch weitere Tests meiner Theorie zu machen. Statt dessen würde ich die Sache umgekehrt aufziehen. Wir kennen die Theorie und beobachten den Effekt. Aus der Größe der Ablenkung

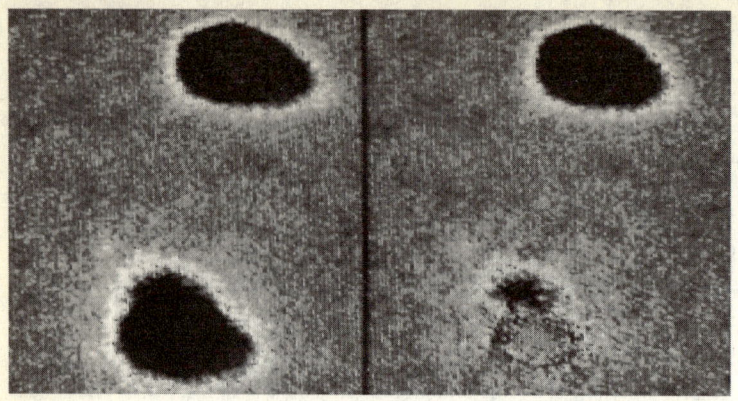

Abb. 13–9 Ein Beispiel für den Gravitationslinseneffekt, verursacht durch eine massive Galaxie. Aufgenommen sind zwei Quasare, wobei es sich um ein und dasselbe Objekt handelt. Auf dem rechten Bild wurde das eine Quasarbild mit elektronischen Hilfsmitteln ausgeblendet. Deshalb ist es möglich, die Galaxie, die den Linseneffekt hervorruft, zu sehen. (Foto Universität von Hawaii)

des Radiolichts könnte man dann die Masse der fernen Galaxie abschätzen – ich wüßte sonst keinen anderen Weg, um die Masse einer Galaxie genau zu bestimmen. Im Prinzip könnte man ja aus der Beobachtung der Lichtablenkung durch die Sonne auf der Grundlage meiner Theorie die Masse der Sonne bestimmen. Nur kennen wir die Masse der Sonne sowieso und können deshalb auf diese Methode verzichten.

Haller: Sie haben völlig recht. Die Methode der Gravitationslinsen ist heute eine wichtige Methode, um etwas über die Massen von fernen Galaxien zu erfahren. Auch die Masse unserer Galaxie ist übrigens bis heute nicht genau bekannt. Man erhofft sich jedenfalls durch solche Beobachtungen wertvolle Informationen über die Struktur und die Massenverteilung der Galaxien zu erhalten. Heute ist das ein sehr aktives Forschungsgebiet.

Einstein: Meine Herren – die Zeit ist fortgeschritten. Wir sind nun am Ende unseres Aufenthalts in meinem Sommerhaus hier in Caputh. Ich muß noch einiges für die Reise vorbereiten. Auf Wiedersehn!

14

Der Friedhof der Sterne

> Die Erde gibt es seit mehr als einer
> Milliarde Jahren. Was die Frage nach
> ihrem Ende betrifft, so rate ich: abwar-
> ten und zusehen.
>
> *Albert Einstein*[14.1]

Am nächsten Tag traf Adrian Haller, nach Zwischenstops in Zürich und Chicago, abends in Pasadena ein. Das Gästehaus des Caltech, das Athenaeum, war ihm von seinen früheren Aufenthalten in Pasadena wohlbekannt. Es ist ein alter, klassizistischer Bau an der Ostseite des Campus, unmittelbar an der Stadtgrenze zum Villenvorort San Marino. Seit der Gründung des Caltech in den zwanziger Jahren dient es seinem heutigen Zweck. Auch Einstein wohnte hier während seiner Aufenthalte in Pasadena.

Nachdem Haller sein Zimmer bezogen hatte, erkundigte er sich bei der Rezeption nach Einstein und Newton. Sie waren bereits am Nachmittag angekommen, hatten sich wegen der Zeitdifferenz aber schon auf ihre Zimmer zurückgezogen. Das erste Treffen war für den nächsten Vormittag geplant.

Als Folge der Zeitdifferenz wachte Haller am nächsten Morgen bereits sehr früh auf und beschloß, einen kurzen Spaziergang zu machen. Die von alten Bäumen gesäumte Hauptstraße des Campus war völlig menschenleer. Haller lief in Richtung der Millikan Library, dem einzigen Hochhaus des Campus, bis er eine Stimme vernahm, die ihm bekannt vorkam. Einstein saß auf einer Bank am Teich vor der Bücherei und rief ihm zu:

»Willkommen in Pasadena, Herr Haller! Ich hoffe, Sie hatten einen guten Flug. Ich nehme an, Sie laufen aus demselben Grund wie ich auf dem Campus herum. Die Zeitdifferenz von 9 Stunden macht einem doch zu schaffen. Als ich vor mehr als 60 Jahren hierherkam, gab es dieses Problem noch nicht – mit dem Schiff brauchte man fast zwei Wochen für die Reise, genug für ein sanftes Hinübergleiten in die neue Zeit. Wir vermögen zwar mit Hilfe der Relativitätstheorie die Zeit beliebig auszudehnen oder zu verbiegen, aber verschieben können wir sie leider nicht.

Gestern nachmittag haben Newton und ich einen Rundgang durch das Caltech gemacht. Das Athenaeum ist noch ganz das alte, wie ich es von meinen Besuchen gegen Ende der zwanziger Jahre

Abb. 14–1 Eingang zum Athenaeum, dem Gästehaus des Caltech in Pasadena/Kalifornien.

her kenne. Sonst ist der Campus kaum wiederzuerkennen – neue Institute überall. Nur die alten Kellogg- und Sloan-Labors sind wie eh und je.«

Haller: Als Sie hier waren, stand das Caltech erst am Anfang seiner Entwicklung. Nach dem Krieg avancierte es zur bedeutendsten Forschungs- und Ausbildungsstätte auf dem Gebiet von Technik und Naturwissenschaft im amerikanischen Westen. Ein großer Teil der experimentellen und theoretischen Forschung auf dem Gebiet der Astronomie und Astrophysik, die nicht zuletzt Ihrer Gravitationstheorie die Bestätigung brachte, fand hier statt, entweder am Caltech selbst, an den mit Caltech verbundenen Observatorien auf dem Mount Wilson und Mount Palomar oder mit Hilfe von Satelliten, die vom Jet Propulsion Laboratory nördlich von hier dirigiert wurden. Das wird, denke ich, das Hauptthema unserer nächsten Tage werden.

Einstein: Ich sehe schon, daß wir von heute an ein Territorium betreten, in dem Newton und ich Neulinge sind und Sie der Expeditionsleiter. Vorerst jedoch wäre ein gutes amerikanisches Frühstück angebracht.

Nach dem gemeinsamen Frühstück im würdigen alten Speisesaal des Athenaeum zogen sich die Physiker in ein kleines Sitzungszimmer im Nordflügel zu ihrer ersten Diskussionsrunde in der Neuen Welt zurück.

Einstein: Herr Haller, lassen Sie mich auf Ihre kürzliche Bemerkung bezüglich der Schwarzschild-Lösung meiner Gleichungen zurückkommen. Ich vertrat die Meinung, daß der Umfang eines Himmelskörpers niemals kleiner als sein Schwarzschild-Umfang sein kann, wegen der enormen Materiedichte, die sonst vorliegen müßte. Sie waren nicht einverstanden damit. Ihr Protest erinnerte mich an Bemerkungen von Fritz Zwicky, dem Caltech-Astronomen, mit dem ich anläßlich meiner Besuche am Caltech oft sprach. Nun war Zwicky bekannt dafür, daß er viele spekulative Ideen hatte, von denen die meisten sich als Unfug herausstellten. Ich habe ihn deshalb nicht sehr ernst genommen, aber manchmal steckte doch ein Körnchen Wahrheit in seinen Ideen.

Haller: Ich schlage vor, daß ich kurz ein Resümee der weiteren Entwicklung gebe. Tatsächlich war es Fritz Zwicky hier in Pasadena, der als erster die Möglichkeit erwog, daß es Objekte im Universum geben könnte, deren Materiedichte viel größer ist als die normale Dichte eines Sterns. Entscheidend für seine Überlegungen war die Entdeckung der Kernphysiker im Jahre 1932, daß der Atomkern nicht nur aus positiv geladenen Teilchen, also den Protonen besteht, sondern auch aus neutralen Teilchen, den Neutronen. Zwischen den Neutronen und Protonen herrschen sehr starke Kräfte, welche die Ursache für den Zusammenhalt der Atomkerne sind. Freie Neutronen sind nicht stabil, sondern zerfallen innerhalb kurzer Zeit in Protonen, wobei Elektronen und Neutrinos abgestrahlt werden. Neutrinos sind elektrisch neutrale Teilchen, die mit den Elektronen verwandt sind – beide werden oft zusammen mit anderen verwandten Teilchen als Leptonen bezeichnet.

Newton: Da Neutronen in Protonen, Elektronen und Neutrinos zerfallen, könnte man sagen, daß sie aus diesen Teilchen bestehen?

Haller: Nein, in der Teilchenphysik ist es ein alltäglicher Prozeß, daß sich Teilchen ineinander umwandeln. Allerdings ist nicht jeder denkbare Prozeß erlaubt. Umwandlungsprozesse finden in der Regel zwischen Teilchen statt, zwischen denen es eine Verwandtschaftsbeziehung gibt. Beispielsweise sind Proton und Neutron miteinander verwandt – beide bestehen aus den Quarks, den elementaren Bausteinen der Atomkernteilchen. Der Zerfall eines Neutrons in ein Proton unter Aussendung eines Elektrons und eines Neutrinos ist im Grunde die Umwandlung eines Neutrons in ein Proton. Da die Masse des Neutrons etwa 0,1 % größer als die Masse des Protons ist, findet sich die dabei entsprechend der Energie-Masse-Äquivalenz freiwerdende Energie vornehmlich in der Energie des abgestrahlten Elektrons und des Neutrinos.

Newton: Ist es möglich, daß auch die umgekehrte Reaktion stattfindet, also die Umwandlung eines Protons in ein Neutron?

Haller: Ein freies Proton kann dies wegen des Satzes von der Erhaltung der Energie nicht, denn seine Masse ist geringer als die Neutronmasse. Jedoch kann der Prozeß im Innern eines Atomkerns stattfinden, denn innerhalb der Atomkerne sind die Massen der Kernteilchen etwas anders als die Massen der freien Teilchen.

Die Umwandlung eines Protons in ein Neutron ist ein wichtiger Prozeß in der Physik der Sterne. Das sehen Sie, wenn wir uns einmal folgendes Gedankenexperiment überlegen:

Wir betrachten ein Wasserstoffgas, das in einem bestimmten Volumen eingeschlossen ist. (Zudem will ich annehmen, daß ich dieses Gas beliebig zusammendrücken kann.) Wir gehen von normalen Bedingungen aus. Der Wasserstoff, bestehend aus Atomen, die sich aus einem Proton und einem Elektron zusammensetzen, ist gasförmig. Jetzt erhöhen wir den Druck. Lange Zeit passiert nichts, außer daß die Atome dichter und dichter zusammenrücken. Schließlich wird der Wasserstoff verflüssigt. Wir komprimieren weiter. Eventuell wird ein Zustand erreicht, in dem die Atome so dicht gepackt sind, daß die Dichte etwa 10^{11} g/cm^3 beträgt, also unglaubliche 100000 Tonnen pro Kubikzentimeter. Im Labor können solche Dichten selbstverständlich nicht erreicht werden, aber die Rechnungen ergeben, daß bei einer weiteren Kompression die Reaktion einsetzt, über die wir gerade sprachen – die Elektronen und Protonen verschmelzen zu Neutronen, wobei Neutrinos emittiert werden.

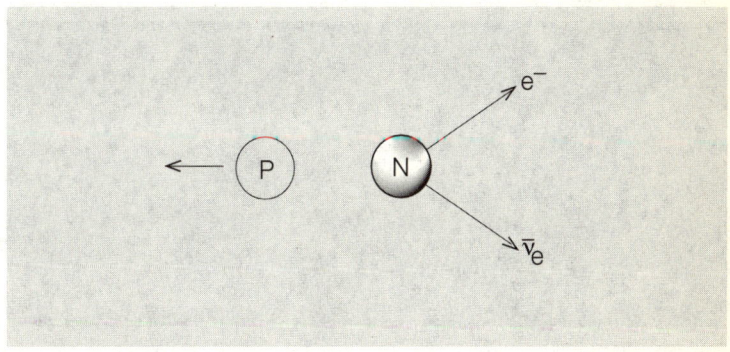

Abb. 14–2 Der Zerfall eines Neutrons in ein Proton, ein Elektron und ein Neutrino, genaugenommen ein Anti-Elektron-Neutrino. Dieser Prozeß wird als Betazerfall bezeichnet.

Einstein: Die einzelne Reaktion ist also: Proton plus Elektron ergibt Neutron plus Neutrino. Unser Wasserstoffgas hat sich also in eine Art Gas von Neutronen verwandelt.

Haller: Im Grunde haben wir jetzt einen gigantischen, aus Neutronen bestehenden Atomkern vor uns, mit der unvorstellbaren Dichte von etwa $5 \cdot 10^{12}$ g/cm^3. Wir wollen diesen Materiezustand Neutronengas nennen.

Newton: Bei unserem Gedankenexperiment könnten wir die Kompression weiter fortsetzen. Was passiert dann?

Haller: Mit dem Erreichen des Neutronengases sind wir so ziemlich auch am Ende des fundierten Wissens angekommen. Es ist aber zu vermuten, daß bei einer Erhöhung des Drucks schließlich die Neutronen miteinander verschmelzen.

Newton: Da Neutronen aus Quarks bestehen, würde das wohl bedeuten, daß am Ende ein Gas von Quarks übrigbleibt?

Haller: Das vermutet man. In den Teilchenlabors werden deshalb Experimente durchgeführt, bei denen Atomkerne, zum Beispiel Bleiatomkerne, bei hohen Energien miteinander zur Kollision gebracht werden. Ziel dieser Experimente ist der Nachweis, daß bei einer solchen Kollision zumindest kurzzeitig ein Gas von Quarks entsteht. Die Berechnungen der Teilchenphysiker ergeben jeden-

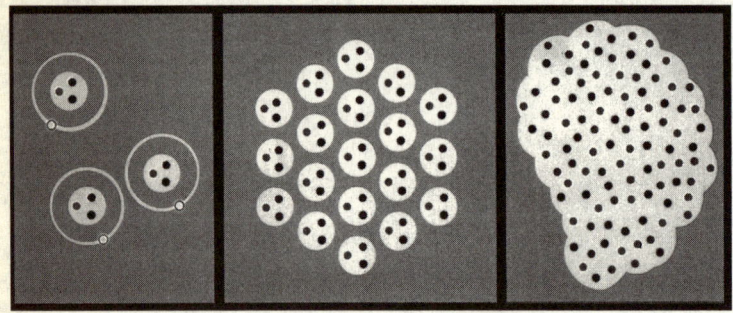

Abb. 14–3 Ein Gas von Wasserstoffatomen verwandelt sich bei hohen Dichten in dichtgelagerte Neutronenmaterie. Man vermutet, daß sich diese bei zunehmender Dichte in ein dichtes Gas von Quarks verwandelt. (Graphik CERN)

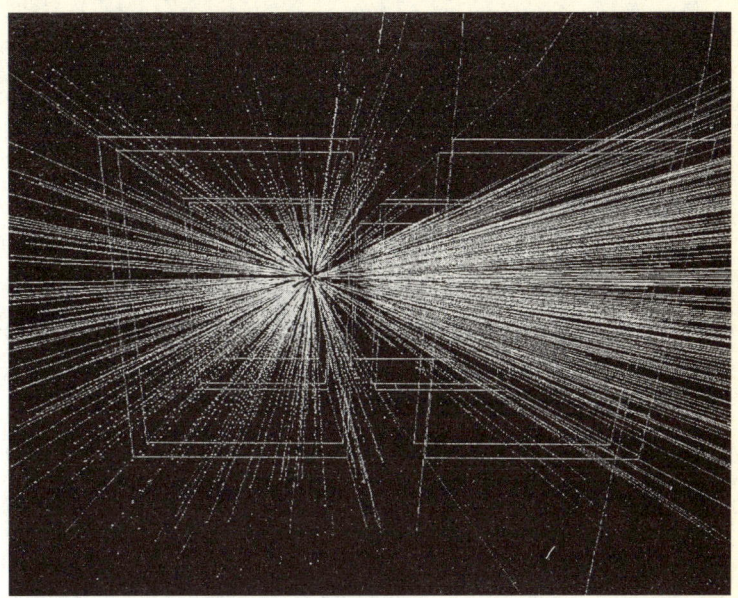

Abb. 14–4 Bei einer Kollision von Bleiatomkernen entstehen Hunderte von Elementarteilchen. Man hofft, aus der Analyse dieser Kollisionen die Bestätigung zu finden, daß bei der Kollision kurzzeitig ein Gas von Quarks gebildet wird. (Foto CERN)

falls, daß ein solchen Gas entsteht. Am Ende unseres Gedankenexperiments haben wir es also mit einem ungeheuer dicht gepackten Haufen von Quarks zu tun, eine Art Quark-Materie.

Einstein: Bisher war viel von Theorie und Gedankenexperimenten die Rede. Ich nehme jedoch an, Sie haben uns dies alles nicht zum Vergnügen erzählt, sondern wollen es auf die Physik der Sterne anwenden.

Haller: Das habe ich jetzt vor. Hierzu empfiehlt es sich, das Schicksal von einzelnen Sternen zu betrachten. Die Sterne beziehen ihre Energie, wie man heute weiß, aus den Prozessen der Kernfusion, die im Innern der Sterne stattfinden, also aus denselben Prozessen, die bei der Explosion einer Wasserstoffbombe ablaufen. Ein Stern, etwa unsere Sonne, ist ein gigantischer Fusionsreaktor. Da wir die Prozesse im Innern der Sterne heute einigermaßen gut verstehen und auch mit Hilfe von Computern ziemlich genau berechnen können, ist es möglich, die Zukunft eines jeden Sterns zu berechnen.

Sterne sind, wenn man von den Details absieht, vergleichsweise einfache Systeme, und es erweist sich, daß die Zukunft eines Sterns im wesentlichen von *einer* Größe abhängt, von der Masse des Sterns. Der Grund hierfür ist einfach zu verstehen, etwa am Beispiel unserer Sonne. Diese wird durch ihre eigene Gravitation zusammengehalten. Würde man die Gravitation abschalten, würde die Sonne augenblicklich explodieren, wie eine gigantische Wasserstoffbombe. Im Grunde tut sie dies auch in jeder Sekunde, nur wird die Explosion sofort durch die alles erfassende Gravitation verhindert.

Im Sonneninnern herrscht ein delikates dynamisches Gleichgewicht. Die Sonnenmaterie möchte aufgrund der stattfindenden Kernprozesse explodieren, während die Gravitation die Sonnenmaterie zum Gegenteil, also zur Implosion bringen möchte. Das Resultat ist unsere Sonne, die wir täglich beobachten – eine Sonne, die stabil und dauerhaft erscheint, und das schon seit mehr als vier Milliarden Jahren.

Die Situation erinnert an das Gleichgewicht in einem Heißluftballon. Die von unten nachströmende heiße Luft steigt nach oben und bläst den Ballon auf, während der Druck der äußeren, kalten Luft entgegengesetzt wirkt. Beide Kräfte sind normalerweise im Gleichgewicht, jedoch nur so lange, wie ständig warme Luft nachgeliefert wird. Bei einem Stern entspricht der warmen Luft die Strahlung aus dem Innern des Sterns – der von außen drückenden kalten Luft die Gravitation der Sternmaterie. Geht dem Ballon der Treibstoff aus, sinkt er zum Boden und fällt in sich zusammen. Die Größe des Treibstoffvorrats bestimmt also die Dauer des Fluges.

Analog ist es mit der Sonne. In einigen Milliarden Jahren wird der Kernbrennstoff der Sonne, also der Wasserstoff, aufgebraucht sein. Der nukleare Ofen erkaltet – die Sonne beginnt ihren Todeskampf. Da die Kernprozesse langsam zum Erliegen kommen, zieht sich gegen Ende hin die Sonnenmaterie wegen der immer stärker zum Tragen kommenden Gravitation zusammen – die Sonne wird ein strahlender Weißer Zwerg, ungefähr so groß wie die Erde. Schließlich läßt die Strahlung nach. Das Licht der Sonne erlischt. Das Ende ist nicht sehr aufregend – übrig bleibt ein Schwarzer Zwerg, eine dicht gepackte Kugel aus Asche im Weltraum.

Das dynamische Gleichgewicht der Sonne während ihrer aktiven, strahlenden Phase hängt sehr von der Masse der Sonne ab, die letztlich die Stärke der Gravitation bestimmt. Je größer die Masse ist, um so stärker wirkt die Gravitation. Aus diesem Grunde müssen sehr massereiche Sterne eine höhere Temperatur im Innern besitzen, damit der Druck der nach außen dringenden Strahlung genügend groß ist. Sehr massive Sterne werden deshalb ähnlich bestraft wie besonders dicke Menschen – sie leben weniger lang als ihre mageren Kollegen.

Sterne, die leichter oder auch noch etwas schwerer als die Sonne sind, erliegen einem ähnliches Schicksal wie die Sonne selbst und enden zunächst als Weiße, später als Schwarze Zwerge. Interessant ist nun, daß die Masse nicht beliebig viel größer sein kann. Der indische Astrophysiker Subrahmanyan Chandrasekhar berechnete bereits in den dreißiger Jahren, daß die normale atomare Materie in einem Weißen Zwerg dem Druck der Gravitation nur standhalten kann, wenn die Masse nicht größer als 1,4 Sonnenmassen ist. Mit anderen Worten: Weiße und auch Schwarze Zwerge mit einer Masse, die größer als das 1,4fache der Sonnenmasse ist, kann es nicht geben. Die Atome im Zentrum halten den Druck nicht mehr aus.

Newton: Es gibt aber eine Menge Sterne, deren Masse größer ist, etwa Sirius, dessen Masse etwa das 2,5fache der Sonnenmasse ist. Was passiert mit diesen, wenn sie erkalten?

Haller: Es gibt nur eine Lösung – es wird dasselbe passieren wie bei unserem Gedankenexperiment mit dem Wasserstoff. Die Gravitation erzeugt einen Druck, der im Laufe der Zeit immer größer wird und schließlich die normale atomare Materie zerbricht. Es bildet sich ein Stern aus Neutronenmaterie, also im Grunde ein riesiger Atomkern, der allerdings im Vergleich zur Größe des ursprünglichen Sterns winzig ist. Ein Neutronenstern mit der Masse von etwa 1,5 Sonnenmassen besitzt nur einen Radius von der Größenordnung von 10 km.

Die ersten theoretischen Untersuchungen bezüglich der Neutronensterne wurden übrigens schon in den dreißiger Jahren durchgeführt, in den USA von Robert J. Oppenheimer und seinen Mitarbeitern und in der Sowjetunion von Lev Landau. Oppenheimer war später der Leiter des Manhattan-Projekts für die Konstruktion der ersten Atombombe. Auch Landau war in der Folge führend an der Entwicklung der sowjetischen Atomwaffen beteiligt.

Newton: Wie sieht es denn damit aus? Hat man einen Nachweis, daß es Neutronensterne gibt?

Haller: Einen direkten Nachweis gibt es selbstverständlich nicht, da Neutronensterne keine Signale aussenden, die eindeutig auf die vorliegende Neutronenmaterie hinweisen. Es gibt jedoch indirekte Hinweise. Wenn man zum Beispiel nachweisen kann, daß ein Objekt im Weltraum eine große Masse besitzt, sagen wir das Doppelte der Sonnenmasse, jedoch nur einen Radius von, sagen wir, 15 km, dann müßte das Objekt ein Neutronenstern sein.

Im Jahre 1967 entdeckten Radioastronomen den ersten Pulsar. Pulsare sind Objekte im Weltraum, die in gewissen kurzen Abständen elektromagnetische Signale aussenden, im Bereich der Radiowellen, im optischen Bereich oder auch im Bereich der Röntgenstrahlen. Manche Pulsare senden pro Sekunde Hunderte von Signalen aus, in ganz regelmäßigen Abständen, so daß man eine Uhr damit eichen könnte. Die Signale sind so regelmäßig, daß man am Anfang sogar ernsthaft die Möglichkeit erwog, sie seien Signale einer fernab gelegenen Zivilisation.

Heute kennt man die Ursache dieser Regelmäßigkeit – es ist die Rotation der Pulsare. Der Mechanismus ist ähnlich wie bei einem Leuchtturm, dessen rotierende Scheinwerfer die Ursache für das regelmäßige Blinken des Lichtes sind. Aus den Details der beobachteten Signale muß man jedoch schließen, daß der Radius der rotierenden Pulsare von der Größenordnung von einigen 10 km sein muß, also von derselben Größenordnung, die man für einen Neutronenstern erwartet. Dies ist ein überzeugender, aber indirek-

Abb. 14–5 Albert Einstein zu Besuch in Pasadena im Jahre 1931. Auf dem Foto sind zudem Robert Millikan (links neben Einstein), der damalige Präsident des Caltech, Fritz Zwicky (vorn, dritter von links) und der theoretische Astrophysiker Richard Tolman (vorn, zweiter von rechts) zu sehen. Sowohl Zwicky als auch Tolman spielten eine wichtige Rolle bei der Entwicklung der heutigen Sternmodelle. (Foto California Institute of Technology, Pasadena)

ter Beweis, daß es Neutronensterne gibt. – Nicht jeder Neutronenstern ist ein Pulsar, aber jeder Pulsar ist ein Neutronenstern. Zwicky war der erste, der in den dreißiger Jahren voraussagte, daß es Neutronensterne gebe. Niemand glaubte ihm, aber er hatte recht.

Einstein: Nun haben wir gesehen, daß es eine obere Grenze für die Weißen Zwerge gibt. Wie steht es mit den Neutronensternen? Es gibt viele Sterne, deren Masse sehr groß im Vergleich zur Sonne ist. Wenn diese erkalten, ist die wirkende Gravitation so enorm, daß es ungewiß scheint, ob die Neutronenmaterie dem gravitativen Druck gewachsen ist. Es könnte also auch eine obere Massengrenze für die Neutronensterne geben. Falls dies so ist, stellt sich aber die interessante Frage, was passiert, wenn die Masse diese Grenze überschreitet. Gibt es dann Sterne aus Quarks?

Haller: Um dies herauszufinden, muß man viele Details über die Physik der Neutronen und der Atomkernkräfte wissen. Die entsprechenden experimentellen Forschungen wurden in den vierziger und fünfziger Jahren durchgeführt, übrigens viele davon im Zusammenhang mit der Entwicklung der Atom- und Wasserstoffbomben. Hier zeigt sich wieder der ambivalente und universelle Charakter der Wissenschaft. Aus den Sternen können wir vieles über die Physik der Atome und Atomkerne lernen, und umgekehrt. Die Gleichungen, die den Kollaps eines Sterns zu einem Neutronenstern beschreiben, gelten auch für die Explosion einer Wasserstoffbombe.

Als Oppenheimer sich daranmachte, die Bildung der Neutronensterne zu beschreiben, vereinfachte er die Situation enorm. Beispielsweise vernachlässigte er den Gegendruck der implodierenden Materie oder die Rolle der elektromagnetischen Strahlung, insbesondere der Röntgenstrahlung. Er kam zu dem Schluß, daß es eine obere Grenze für die Masse eines Neutronensterns geben muß.

Andere Physiker nahmen an, daß der Gegendruck der Neutronenmaterie so enorm sei, daß er der Gravitation auf jeden Fall widerstehen könne, wie groß diese auch immer sein mag, so daß es Neutronensterne beliebig großer Masse geben kann.

Die Klärung des Sachverhaltes erfolgte erst in den fünfziger Jahren, nachdem man viele Details über das Verhalten der Kernmaterie erforscht hatte, nicht zuletzt durch die Experimente und Testexplosionen mit den Kernwaffen. So war es kein Zufall, daß gerade die Physiker, die sich mit den theoretischen Grundlagen der Kernwaffen befaßten, die Lösung fanden, in den USA John Wheeler und in der Sowjetunion Yakov Zeldovich.

Zwar kennt man die obere Grenze für die Masse eines Neutronensterns auch heute noch nicht mit der gleichen Präzision wie die obere Grenze für die Masse eines Weißen Zwergs, jedoch konnte man zeigen, daß es eine obere Grenze gibt, die sogar recht niedrig ist und nur wenig über zwei Sonnenmassen liegen kann.

Einstein: Hm – was passiert denn, wenn die Masse größer ist?

Haller: Dann wird der Stern unweigerlich weiter zusammenbrechen – beim Zusammenbruch kommt es erst gar nicht zur Heraus-

bildung eines Neutronensterns. Die Neutronen im Zentrum des Sterns verschmelzen miteinander, es bildet sich ein Kern aus Quarks. Dies hilft aber auch nicht viel. Das Verhalten der Quarks kennt man heute aus den Experimenten der Teilchenphysiker mindestens ebenso gut wie das Verhalten der Neutronen unter hohem Druck. Jedenfalls sind die Quarks auch nicht in der Lage, der alles durchdringenden Kraft der Gravitation zu widerstehen. Der Stern bricht weiter zusammen – es kommt unweigerlich zur Katastrophe, zum Gravitationskollaps.

Einstein: Das hätte ich nie vermutet. Das bedeutet…

Newton: Ja, das bedeutet, die Gravitation besiegt die Materie, Professor Einstein. Die Schwarzschild-Lösung Ihrer Gleichungen kommt jetzt voll zur Geltung, mehr als Sie ursprünglich dachten. Die Gleichungen der Gravitation, die Sie in die Welt setzten, übernehmen das Dirigentenpult.

Wohlan, Mr. Haller, ich ahne schon, was jetzt kommt, aber gönnen wir unserem Freund nach diesem Schock doch erst mal eine Pause.

15

Die Mauer der gefrorenen Zeit

Für uns gläubige Physiker hat die
Scheidung zwischen Vergangenheit,
Gegenwart und Zukunft nur die
Bedeutung einer wenn auch hartnäcki-
gen Illusion.

Albert Einstein[15.1]

Haller machte den Vorschlag, den zweiten Teil des Vormittags im
Park der nahegelegenen Huntington Library zu verbringen. Das
weitläufige Areal des Parks erstreckt sich bis in die Nähe des
Caltech und war zu Fuß bequem in zehn Minuten zu erreichen.
Einstein, der früher hier oft Spaziergänge unternommen hatte,
stimmte sofort zu, und Newton schloß sich ihm, wenn auch etwas
widerwillig, an. So wurde die Diskussion über den Kollaps schwerer Sterne schließlich auf einer Bank unter den hohen Pinien im
Huntington Park fortgesetzt.

Einstein: Der Kosmos ist voll von Sternen, deren Masse viel größer
als die Sonnenmasse ist, zehn- oder zwanzigmal so groß oder noch
größer. Wenn es stimmt, was Sie vorhin sagten, daß Neutronensterne nicht viel schwerer als zwei Sonnenmassen sein können,
dann frage ich mich, was im einzelnen passiert, wenn solch ein
Stern am Ende seines aktiven Lebens zusammenbricht und es, wie
wir vorhin sahen, zur Katastrophe kommt.

Haller: Oppenheimer untersuchte hier am Caltech gegen Ende der
dreißiger Jahre das Problem. Dabei war er allerdings Optimist und
nahm an, daß es in der Tat keinen Mechanismus gibt, der den
Zusammenbruch aufhalten kann. Ironischerweise waren es die

Tests mit den Wasserstoffbomben in den fünfziger Jahren, die seine damals von Kollegen als zu optimistisch eingestuften Annahmen bestätigten.

Einstein: Betrachten wir als Beispiel einen Stern, der, sagen wir, ungefähr zehnmal so groß wie unsere Sonne ist und der das Ende seiner Strahlungsphase erreicht hat. Er steht also kurz vor dem Zusammenbruch. Was passiert?

Haller: Wir wollen zusätzlich annehmen, daß er eine perfekte Kugelsymmetrie besitzt. Vom Sternzentrum aus betrachtet, sind also alle Richtungen gleichwertig. Die Raum-Zeit-Metrik außerhalb des Sterns wird durch die Schwarzschild-Lösung der Einsteinschen Gleichungen beschrieben. An der Oberfläche des Sterns ist somit der Zeitfluß langsamer als in den Raumgebieten weitab vom Stern. Der Kollaps beginnt – der Sternumfang wird kleiner.

Newton: Moment – wie wollen Sie denn jetzt die Metrik außerhalb des Sterns bestimmen? Wenn die Materieverteilung statisch ist, also sozusagen ruht, gilt die Lösung von Schwarzschild. In dem Moment, in dem der Zusammenbruch beginnt, ist dies jedoch nicht mehr der Fall, und ich würde erwarten, daß auch die metrischen Eigenschaften der Raum-Zeit außerhalb des Sterns zeitlich variabel sind, Schwarzschilds Lösung also nicht mehr brauchbar ist.

Einstein: Da haben Sie ausnahmsweise mal nicht recht, Sir Isaac. Natürlich stellt sich die Frage, ob die Schwarzschild-Lösung, die für den Fall einer statischen Materieverteilung abgeleitet wurde, in diesem Fall noch gilt. Die Antwort ist sehr einfach. Der amerikanische Mathematiker George Birkhoff hat in den zwanziger Jahren bewiesen, daß dies so ist, solange die Kugelsymmetrie erhalten bleibt.

Newton: Großartig – der Stern kann also größer oder kleiner werden, aber an der Schwarzschild-Metrik ändert sich nichts. Das vereinfacht die Sachlage enorm.

Einstein: Wesentlich ist, daß die Kugelsymmetrie erhalten bleibt, der Stern sich also bei seinem Zusammenbruch keine Eskapaden erlaubt, etwa in einer Richtung schneller zusammenbricht als in einer anderen. Die Schwarzschild-Lösung gilt sogar für einen pulsierenden Stern, vorausgesetzt, man betrachtet immer Raumpunkte außerhalb des Sterns. An der Metrik der Raum-Zeit außerhalb des Sterns kann man solche Pulsationen der Materie überhaupt nicht erkennen.

Allerdings sollte nicht unerwähnt bleiben, daß der Zusammenbruch eines Sterns niemals streng kugelsymmetrisch erfolgt. Stets wird es kleine Abweichungen geben, aber sie ändern nichts am Prinzip. Im übrigen ist dies für Sie nicht so erstaunlich. Ein ähnliches Theorem gilt auch für Ihre Gravitationstheorie. Die Gravitationskraft, die von einem pulsierenden Stern ausgeht, ist in Ihrer Theorie, Sir Isaac, auch nicht zeitlich variabel, sofern die Sache kugelsymmetrisch abläuft. Am gravitativen Verhalten könnte man also nicht erkennen, daß der Stern pulsiert.

Haller: In der Tat ist das Theorem von Birkhoff eine große Hilfe. Ohne sie wäre eine einfache Lösung des Problems nicht möglich.

Kehren wir zurück zum Problem und verfolgen den Zusammenbruch des Sterns. Zum ersten Mal wurde dies von Oppenheimer und Mitarbeitern gegen Ende der dreißiger Jahre durchgeführt. Nehmen wir an, wir befinden uns in einer Raumstation auf einer Kreisbahn um den Stern, sagen wir in einer Entfernung von 50 Sternradien, und beobachten den Kollaps. Er beginnt langsam, aber in der Folge verringert sich der Durchmesser des Sterns immer schneller. Die Sternmaterie fällt in sich zusammen. Schon nach kurzer Zeit, nicht nach Jahren, sondern nach Stunden, ist der Umfang des Sterns nur noch zehnmal so groß wie der Schwarzschild-Umfang, kurz danach ist er viermal so groß.

Übrigens ist der Schwarzschild-Radius für unser Beispiel, einen Stern von der zehnfachen Sonnenmasse, zehnmal so groß wie der Schwarzschild-Radius der Sonne, also 30 km, der Schwarzschild-Umfang entsprechend 188 km. Ist der Sternumfang viermal so groß wie der Schwarzschild-Umfang, dann ist der Zeitfluß an der Oberfläche 15 % langsamer als in der Ferne, also in der Raumstation. Man könnte dies direkt beobachten, und zwar durch die Untersuchung des Sternenlichts. Letzteres müßte also eine Rotverschiebung um 15 % aufweisen.

Wenig später ist der Umfang des Sterns nur noch doppelt so groß wie der Schwarzschild-Umfang. Der Zeitfluß an der Oberfläche ist jetzt 41% langsamer als fernab vom Stern. Aus unserer Sicht, die wir den Kollaps in sicherer Entfernung beobachten, verlangsamt sich der Sternzusammenbruch dramatisch, und zwar durch die Veränderung des Zeitflusses durch die stärker werdende Gravitation an der Oberfläche des Sterns, die sich unaufhaltsam dem Horizont nähert.

Zur Veranschaulichung wollen wir uns vorstellen, daß kurz vor dem Zusammenbruch ein Raumschiff mit einem Astronauten nicht sehr weit über der Oberfläche des Sterns plaziert wurde, das allerdings ständig seine Triebwerke laufen lassen muß, um nicht infolge der Gravitation auf die Sternoberfläche zu fallen. Verringert sich der Umfang des Sterns während des Zusammenbruchs, soll das Raumschiff durch Veränderung der Schubkraft der Triebwerke stets auf gleicher Höhe über der Sternoberfläche bleiben. Wie das im einzelnen arrangiert werden kann, soll hier nicht interessieren, denn es handelt sich nur um ein Gedankenexperiment.

Einstein: Das will ich auch hoffen. Für jeden praktischen Fall müßte der Astronaut lebensmüde sein.

Haller: Das allerdings, denn seine Aussichten für die Zukunft wären nicht sehr rosig, wie wir sehen werden. Wie dem auch sei – sowohl in der Raumstation als auch im Raumschiff soll sich eine genau gehende Uhr befinden, die regelmäßig über Funk Zeitsignale aussendet, die von der Raumstation oder vom Raumschiff empfangen werden können. Am Anfang des Experiments laufen die beiden Uhren synchron. Dies ändert sich jedoch schnell infolge der gravitativen Zeitverbiegung, wenn der Zusammenbruch erfolgt.

Einstein: Wenn sich im Gang der Uhren etwas ändert, dann wird diese Änderung durch eine bestimmte Zeitskala gegeben sein, die wohl mit der Masse des Sterns zusammenhängt.

Haller: Die charakteristische Zeitskala, die jetzt wichtig wird, ist in der Tat proportional zur Masse des Sterns – sie ist ganz einfach die Zeit, die das Licht benötigt, um eine Distanz von der Länge des Schwarzschild-Radius zu durchqueren. Wir wollen sie die Schwarzschild-Zeit nennen, abgekürzt T_S. Im Fall der Sonne ist sie 10^{-5} s, in unserem Beispiel 10^{-4} s, also ein Zehntausendstel einer Sekunde.

Wir nehmen jetzt an, der Umfang des Sterns ist das Doppelte des Schwarzschild-Umfangs – die Zeitverbiegung ist schon merklich, nämlich 41 %. Jetzt nähert sich die Oberfläche des Sterns immer langsamer der Oberfläche des Horizonts, wobei die bestimmende Zeitskala, die den Rhythmus des Zusammenbruchs beschreibt, die Schwarzschild-Zeit ist. Die Differenz zwischen Sternumfang und Schwarzschild-Umfang halbiert sich jeweils in der Zeit von 0,7 T_s, also 0,00007 s. Nach Ablauf von 0,00007 s ist also der Umfang nur noch halb so groß, nach weiteren 0,00007 s ein Viertel, nach weiteren 0,00007 s ein Achtel – die Annäherung an den Horizont erfolgt, wie man sagt, exponentiell.

Nach dem Ablauf von nur einem Tausendstel einer Sekunde ist die Differenz bereits um einen Faktor 20000 kleiner geworden. Die Annäherung an den Horizont geht also sehr schnell, nur wird er nie exakt erreicht – auch nach einem Jahr ist der Sternumfang noch eine Winzigkeit größer als der Schwarzschild-Umfang.

Nun zur gravitativen Zeitverbiegung. Da man in der Raumstation den Gang der Uhr im Raumschiff verfolgen kann, ist es leicht, die gravitative Veränderung des Zeitflusses zu verfolgen. Ist der Sternumfang doppelt so groß wie der Schwarzschild-Umfang, mißt man in der Raumstation einen Zeitfluß, der um 41 % verzögert ist. Dann geht alles ganz schnell. Die Zeitverbiegung nimmt rapide zu, und zwar auch exponentiell. Nach jedem Verstreichen einer Zeit von 1,4 T_s, also 0,00014 s, verlangsamt sich der in dem Raumschiff beobachtete Zeitfluß um einen Faktor 2. Nach Ablauf von nur einem Tausendstel einer Sekunde ist der Strom der Zeit bereits um einen Faktor 141 reduziert. Dies bedeutet auch, daß sich die Frequenzen des eintreffenden Lichts sehr schnell verringern – aus blauem Licht wird plötzlich rotes, dann infrarotes, schließlich Radiostrahlung; Röntgenstrahlen verwandeln sich in sichtbares Licht, dieses in Radiowellen.

Einstein: Da die Zunahme der Frequenzen rasant erfolgt, heißt das: Die Verdunkelung, also das Einfrieren des Sterns, erfolgt sozusagen auf einen Schlag, in Bruchteilen einer Sekunde, wenn der Umfang des betreffenden Sterns in die Nähe des Schwarzschild-Umfangs kommt, also der Horizont erreicht wird. Entsprechend ist der Prozeß des Zusammenbruchs der Sternmaterie durch die Gravitation verzögert. Je mehr sich der Umfang dem kritischen Schwarzschild-Umfang annähert, um so langsamer ist die Implosion des Sterns. Schließlich erstarrt der Kollaps des Sterns – die Implosion scheint gestoppt.

Newton: Unglaublich! Die Gravitation wird so stark, daß die Zeitverbiegung nicht nur enorm ist, sondern sogar unendlich wird. Im Grenzfall kommt der Fluß der Zeit schließlich zum Erliegen, wie ein Bach, dessen Wasser durch einen plötzlichen Frosteinbruch gefriert. Der Stern baut eine Mauer des Schweigens um sich auf, eine Mauer der gefrorenen Zeit.

Haller: Für die Außenwelt verschwindet der Stern, wie die Sonne beim Sonnenuntergang, zunächst langsam, dann immer schneller. Die Rotverschiebung des Lichtes wird stärker und stärker. Aus dem normalen Sternenlicht wird schließlich eine matte Radiostrahlung.

Im Grenzfall, wenn der Horizont erreicht ist, streng genommen erst nach unendlicher Zeit, wird kein Licht mehr emittiert – das Licht wird durch die starke Gravitation des Sterns festgehalten und nicht mehr nach außen gelassen. Deshalb auch die Bezeichnung »Horizont«, ein Begriff, der selbstverständlich nichts mit unserem irdischen Horizont zu tun hat. Nach außen wirkt der Stern jetzt nur noch durch seine Gravitation, und an dieser könnte auch seine Position festgestellt werden. Nur die äußere Metrik der Raum-Zeit kann uns verraten, daß da etwas ist. Der Stern ist schwarz geworden. Dies gab den Anlaß, ein solches System ein Schwarzes Loch zu nennen – ein Ausdruck, der von John Wheeler eingeführt wurde, wohl eine treffende, wenn auch etwas frivole Bezeichnung für dieses Monster der Raum-Zeit, die sofort von der Gemeinschaft der Physiker angenommen wurde.

Einstein: Das erinnert mich an eine alte Geschichte, die Newton interessieren wird. Sie haben ja zu Ihrer Zeit die Meinung vertreten, Licht bestehe aus kleinsten Teilchen, die sich mit 300 000 km pro Sekunde bewegen – eine Vorstellung, die vom Standpunkt der modernen Forschung aus zwar nicht exakt richtig ist, aber auch nicht völlig falsch. Jedenfalls war Ihre Vorstellung im 17. und 18. Jahrhundert populär.

Gegen Ende des 18. Jahrhunderts hatte der englische Naturforscher John Michell die folgende einfache Idee: Nehmen wir an, wir schießen von der Oberfläche eines Sterns kleine Teilchen in den Weltraum. Falls die Anfangsgeschwindigkeit der Teilchen nur mäßig ist, dann werden die Teilchen in die Höhe fliegen, aber nach kurzer Zeit infolge der Gravitation umkehren und zur Sternoberfläche zurückfallen. Es ist jedoch möglich, daß die Teilchen in den Weltraum hinausfliegen, falls die Anfangsgeschwindigkeit genügend groß ist, also größer als eine bestimmte Fluchtgeschwindigkeit. Im Falle der Erde ist diese Fluchtgeschwindigkeit wohlbekannt, nämlich etwa 11 km/s.

Newton: Es ist trivial, die Fluchtgeschwindigkeit für jeden Stern oder Planeten auszurechnen. Warten Sie – im Fall der Sonne erhalte ich etwa 620 km/s. Die Fluchtgeschwindigkeit hängt nur von zwei Dingen ab, von der Masse des Sterns und vom Durchmesser. Je größer die Masse, um so größer ist die notwendige Fluchtgeschwindigkeit. Bei einer Verkleinerung des Radius bei gleicher Masse wird die Fluchtgeschwindigkeit ebenfalls größer, da dann die Gravitation auf der Oberfläche stärker ist.

Haller: Hier nun setzt Michells Überlegung ein. Er läßt die Masse des Sterns konstant und verringert den Radius, bis die Fluchtgeschwindigkeit gleich der Lichtgeschwindigkeit wird. Das bedeutet: Er untersucht den Fall, daß die Gravitation des Sterns auf der Oberfläche so stark wird, daß selbst die Lichtteilchen nicht mehr entkommen können – letztere werden durch die Gravitation wieder umgelenkt und fallen zurück zur Sternoberfläche.

Newton: Einen Moment, das habe ich gleich. Im Fall der Sonne erhalte ich für den notwendigen Radius 3 km. Heureka! – auch der Schwarzschild-Radius der Sonne ist ja 3 km.

Einstein: Das ist kein Zufall, Mr. Newton. Wenn Sie Ihre Gleichungen genau prüfen, sehen Sie, daß der mathematische Ausdruck für den kritischen Radius von Michell und den Schwarzschild-Radius identisch ist – das Resultat hängt nur von Ihrer Gravitationskonstanten und von der Masse ab. Auf der Basis dieser einfachen Überlegung kam Michell zu der bemerkenswerten Idee, daß es im Weltraum Sterne geben könnte, die wegen ihrer starken Gravitationskraft nicht sichtbar sein würden, also dunkel. Er berichtete über diese Möglichkeit in einem Vortrag vor der Royal Society in London und veröffentlichte anschließend seine Idee.

Mehr als ein Jahrzehnt später publizierte der französische Philosoph und Naturforscher Pierre Simon Laplace eine ähnliche Idee, ohne allerdings Michell zu erwähnen. Man nimmt an, daß er von den Überlegungen Michells nichts wußte. Jedenfalls hielt Laplace viel von der Sache, denn er diskutierte die Hypothese über die dunklen Sterne in seinem bekannten Werk »Le Système du Monde«, das 1796 erschien. In der dritten Auflage seines Buches fehlt die Überlegung jedoch. Offensichtlich war Laplace mittlerweile zu der Ansicht gelangt, daß die Sache doch keinen Sinn machte, denn in der Zwischenzeit war Ihre Teilchentheorie des Lichtes in Verruf geraten, und die neue Wellentheorie setzte sich langsam durch. Es dauerte dann mehr als ein Jahrhundert, bis die alte Formel von Michell und Laplace in einem neuen Kostüm auftauchen sollte, dem der Allgemeinen Relativitätstheorie, maßgeschneidert von Schwarzschild, dessen Name treffend zum Phänomen paßt, denn ein Schwarzes Loch ist schwarz und besitzt einen Schild, seinen Horizont.

Newton: Immerhin ist es gut zu sehen, daß meine alte Theorie doch etwas von Nutzen war. Nun aber von der Geschichte zurück in die reale Welt. Was ist denn das Schicksal unseres Astronauten?

Haller: Er hat die Möglichkeit, kurz vor dem Erreichen des Horizonts noch davonzufliegen – das ist der kritische Punkt der Umkehr, falls der Treibstoff dazu ausreicht. Kehrt der Astronaut zu seinen Kollegen in der Raumstation zurück, wird er feststellen, daß die Zeit in der Station schneller geflossen ist als in seinem Raumschiff. Wie groß der Effekt ist, hängt davon ab, wie nahe er sich an den Horizont herangewagt hat. Für die Größe der Zeitverbiegung gibt es keine Grenze.

Newton: Der Ausflug des Astronauten in die Nähe des Horizonts könnte also für die Besatzung der Raumstation, sagen wir, 50 Jahre gedauert haben, während der Astronaut nur um wenige Tage älter geworden ist?

Haller: Ohne weiteres. Bei dem von uns betrachteten Schwarzen Loch, dessen Masse zehn Sonnenmassen betragen soll, erweist sich dies zwar nicht als praktikabel, aber bei einem sehr viel massiveren Schwarzen Loch wäre das kein Problem. Schwarze Löcher sind also ideale Maschinen, um älter zu werden, ohne zu altern.

Einstein: Das klingt zwar als Möglichkeit insbesondere für Damen mittleren Alters ganz attraktiv, aber ich möchte doch betonen, daß dies für das eigentliche Leben keinen Gewinn darstellt. Der Aufenthalt in der Nähe des Horizonts dient lediglich dazu, den Astronauten auf sanfte Art in die Zukunft zu befördern. Er selbst hat nichts davon – er lebt in seiner Zeit, und alles, was er erlebt, geschieht gemäß seinem eigenen Zeitfluß. Ein Jungbrunnen ist das Schwarze Loch also nicht – was mich betrifft, ziehe ich einen Spaziergang am Strand von Santa Monica einem Ausflug in die Nähe eines Schwarzen Lochs vor.

Haller: Lassen wir den Astronauten selbst entscheiden. Es könnte ja sein, daß er so neugierig ist herauszufinden, wie es innerhalb des Horizonts aussieht. Verzichtet er also auf die Flucht im letzten Augenblick, wird er unweigerlich in das Gebiet innerhalb des Horizonts hineingezogen. Für die Außenwelt ist er damit verloren. Er hat keine Möglichkeit mehr zurückzukehren – das Schwarze Loch hat ihn verschlungen.

Einstein: Hier verstehe ich etwas nicht. Wir sprachen gerade davon, daß der Kollaps des Sterns einfriert, der Horizont also wegen der starken Zeitverbiegung nie erreicht wird. Im System des Raumschiffs jedoch verläuft die Zeit wie eh und je. Der Astronaut würde also bei der Annäherung an den Horizont erst einmal gar nichts merken.

Haller: Das stimmt nicht ganz, denn in der Nähe des Horizonts werden die Effekte der Raum-Zeit-Krümmung sehr groß. Dies bedeutet, daß bereits innerhalb des Raumschiffs die Effekte der Krümmung der Raum-Zeit zu spüren sind – es treten starke gravitative Gezeitenkräfte auf. Beispielsweise wird der Astronaut merken, daß seine Füße weit stärker angezogen werden als sein Kopf. Wie stark diese Effekte sind, hängt von der Größe des betrachteten Sterns ab. In unserem Beispiel sind sie bereits so stark, daß der

Astronaut in der Nähe des Horizonts nicht mehr überleben könnte, er würde im wahrsten Sinne des Wortes durch die Gravitation auseinandergerissen.

Einstein: Nun denn, verzichten wir auf den Astronauten. Wir können ja das Raumschiff durch eine kleine Raumsonde aus Edelstahl ersetzen, der solche Gezeitenkräfte nichts ausmachen würden.

Haller: Da haben Sie recht. Nehmen wir also eine solche Sonde und stellen uns vor, was mit ihr bei der Annäherung an den kritischen Punkt am Horizont passiert. Wir kommen jetzt zum interessantesten Aspekt des Schwarzen Lochs. Gemessen am Zeitfluß des Raumschiffs lebt die Sonde unendlich lange, also auch noch, wenn die Astronauten im Raumschiff verblichen sind. Die Sonde befindet sich nun kurz über der Oberfläche des kollabierenden Sterns, die sich dem Horizont nähert. Die Relativität der Zeit kommt jetzt voll zum Tragen. In der Sonde ist natürlich von einer Verzögerung des Zeitflusses, den die Mannschaft in der Raumstation feststellt, nichts zu merken. Sie rast, zusammen mit der Sternmaterie, in Richtung Sternmittelpunkt. Ihre Geschwindigkeit, gemessen am Zeitfluß der Sonde, also in deren Eigenzeit, nimmt ständig zu und erreicht am Horizont die Lichtgeschwindigkeit. Die Sonde fliegt ungehindert durch den kritischen Punkt hindurch, ohne daß etwas Aufregendes passiert.

Newton: Moment! Wie kann das sein? Wir hatten ja gesehen, daß bei der Schwarzschild-Lösung der Einsteinschen Gleichungen etwas Drastisches am Horizont passiert – der Zeitfluß relativ zu einem ruhenden Beobachter kommt zum Erliegen. Die Schwarzschild-Lösung macht innerhalb des Horizonts gar keinen Sinn.

Haller: Zunächst einmal zur Frage, ob am Horizont wirklich etwas Drastisches mit der Sonde passieren muß. Die Antwort ist: Nein. Die von Schwarzschild angegebene Lösung der Einsteinschen Gleichungen ist eine Lösung in einem bestimmten Bezugssystem, in diesem Fall im Bezugssystem, in dem ein weitab sich befindender Beobachter ruht. Es erweist sich, daß dieses Bezugssystem einfach nicht in der Lage ist, die Vorgänge innerhalb des Horizonts zu beschreiben. Das ist nichts Ungewöhnliches in der Allgemeinen Relativitätstheorie. Sehr oft kann man mit einem bestimmten Bezugs- oder Koordinatensystem nur eine bestimmte Region der Raum-Zeit beschreiben. Wenn man den fehlenden Teil der Raum-Zeit untersuchen will, muß man sich ein anderes Koordinatensystem ausdenken. Dies ändert jedoch nur die Beschreibung, nicht den eigentlichen physikalischen Sachverhalt, und nur auf diesen kommt es ja an. Nicht der metrische Tensor ist physikalisch wichtig, sondern der Krümmungstensor.

Wenn Sie vom Schwarzschild-Ansatz für den metrischen Tensor ausgehen und daraus den Krümmungstensor berechnen, bemerken Sie, daß am Horizont nichts Dramatisches passiert. Der Übergang vom Bezugssystem, in dem die Raumstation ruht, zum Bezugssystem der sich bewegenden Sonde ist weiter nichts als ein Wechsel des Bezugssystems. In diesem neuen System stellt man fest, daß die Merkwürdigkeiten, die wir bei der Schwarzschild-Lösung vorgefunden haben, wenn der Umfang sich dem Schwarzschild-Umfang nähert, nicht mehr vorhanden sind.

Die entsprechenden Rechnungen wurden übrigens zuerst von Oppenheimer und seinem Mitarbeiter Hartland Snyder kurz vor Beginn des Zweiten Weltkriegs durchgeführt – es war die letzte wissenschaftliche Arbeit Oppenheimers vor seiner Tätigkeit beim Manhattan-Projekt.

Einstein: Robert Oppenheimer fand also heraus, daß die Sonde durch den kritischen Punkt hindurchfliegt, immer der kollabierenden Sternoberfläche hinterher. Aus der Sicht der Beobachter in der Raumstation passiert dies jedoch erst nach Ablauf einer unendlich langen Zeit – sozusagen in der unendlich fernen Zukunft. Für die Sonde selbst ist die ganze Sache eine Angelegenheit von Bruchteilen einer Sekunde.

Was passiert aber mit unserer Raumsonde nach dem Passieren des Horizonts?

Haller: Unmittelbar nach Passieren des kritischen Punkts gibt es für die Sonde keine Möglichkeit mehr, mit der Raumstation Verbindung aufzunehmen. Sendet sie Funksignale aus, dann werden diese durch die Gravitation so abgelenkt, daß sie innerhalb des Horizonts bleiben. Lichtstrahlen, die von außen kommen, können jedoch ungehindert in das Innere hinein. Letztere hat also eine Art

Ventilwirkung – Materie und Licht können hinein, aber nicht wieder heraus. Wer den Horizont überquert, ist verloren.

Einstein: Man sollte deshalb am Horizont ein großes Schild anbringen, mit derselben Aufschrift wie am Eingang der Hölle bei Dante: »Die Ihr hier eintretet, lasset alle Hoffnung fahren.«

Haller: Das wäre wohl gerechtfertigt. Obwohl der Horizont noch ganz harmlos ist, werden wir sehen, daß er nur dazu dient, das eigentliche »Höllenfeuer« im Zentrum der Kugel zu verschleiern. Unsere Sonde, jetzt auf dem Weg in das Zentrum des Schwarzen Lochs, wird damit gleich konfrontiert werden. Nach kurzer Zeit, in unserem Beispiel nur nach wenigen Schwarzschildschen Zeiteinheiten, erreicht die Sonde nämlich den Mittelpunkt, unmittelbar nach der Ankunft der Sternmaterie.

Newton: Soll das heißen, die gesamte Sternmaterie ist in das Zentrum hineingefallen, in einen einzigen Punkt? Jetzt, so scheint es, haben wir wirklich ein Problem.

Haller: Das kann man wohl sagen. Was ich beschrieben habe, ist das Resultat der Berechnungen. Die gesamte Sternmaterie kollabiert in einen Punkt. Als Oppenheimer dies realisierte, konnte er sich mit dieser Konsequenz seiner Berechnungen nicht anfreunden – er versuchte nicht einmal, sich dem Problem zu stellen, sondern hat regelrecht die Flucht ergriffen und die Angelegenheit auf sich beruhen lassen.

Einstein: Ich möchte nicht den Eindruck erwecken, daß wir jetzt auch die Flucht ergreifen wollen. So gern ich auch wissen würde, wie die Lösung des Problems aussieht – es nützt nichts. Wenn wir im Athenaeum noch einen Lunch haben wollen, müssen wir uns beeilen. Also auf, meine Herren! Ich für meinen Teil brauche eine Stärkung. Nach dem Lunch können wir dem Kern des Schwarzen Lochs einen Besuch abstatten, wobei ich aus ganz egoistischen Motiven darauf bestehe, dies nur theoretisch zu tun.

16

Im Vorhof der Hölle

Der Wunder größtes ist, daß es keine
Wunder gibt.

Albert Einstein[16.1]

Zum Lunch hatte Haller im Speisesaal des Athenaeums einen Tisch in einer Ecke reservieren lassen. Trotzdem ließ es sich nicht vermeiden, daß einige Fakultätsmitglieder die kleine Gruppe mit neugierigen Blicken verfolgten. Die Herren ließen sich jedoch nicht stören, zumal Newton nicht die Absicht hatte, bis zum Nachmittag zu warten, um mehr über das Zentrum des Schwarzen Lochs zu erfahren. »Eines ist wohl unbestritten«, begann er auch schon, »der Kollaps der Materie eines Sterns in einen einzigen Punkt, dieses Resultat der Berechnungen auf der Grundlage eines kugelsymmetrischen Zusammenbruchs, muß unsinnig sein.«

Haller: Da stimme ich mit Ihnen überein. Wir müssen uns jetzt ernsthaft mit der Frage auseinandersetzen, ob die grundlegenden Annahmen der Rechnung, also die vorliegende strenge Kugelsymmetrie oder die Einsteinschen Gleichungen, ja auch die, Herr Einstein, in einer solch extremen Situation noch voll gültig sein können. Genau diese Fragen haben sich die Physiker gestellt, allerdings erst lange nach Oppenheimers Arbeit. Erst in den sechziger und siebziger Jahren hat man sich wieder mit dem Problem des Gravitationskollapses schwerer Sterne zu einem Schwarzen Loch beschäftigt. Eine endgültige Klärung der Probleme steht aber bis jetzt noch aus.

Lassen Sie mich in wenigen Worten sagen, wie der heutige Stand der Forschung ist. Eines vorab – was immer von einem

Schwarzen Loch verschluckt wird, wird beim Sturz in das Zentrum völlig zerstört, nicht nur als makroskopisches Objekt, sondern auch die Atome und Teilchen, aus denen es besteht.

Wenn man das Resultat der Rechnungen ernst nimmt, dann konzentriert sich die gesamte Sternmaterie, eingeschlossen die Materie unserer Sonde, im Zentrum des Schwarzen Lochs, in einem Punkt mit unendlicher Materiedichte. Die Rechnungen ergeben etwas, das man in der Mathematik eine Singularität nennt – in diesem Fall eine Singularität bezüglich der Materiedichte und der Raum-Zeit-Krümmung. Da die Krümmung die Gravitation beschreibt, kann man sagen, daß bei Annäherung an die Singularität auch die gravitativen Wechselwirkungen unendlich stark werden. Raum und Zeit existieren nicht mehr in der gewohnten Form.

Einstein: Nicht der Horizont ist das Problem beim Schwarzen Loch, obwohl es zunächst einmal so aussah, sondern das Zentrum. Im Mittelpunkt, im ersten Kreis der Hölle, ist sozusagen der Teufel los.

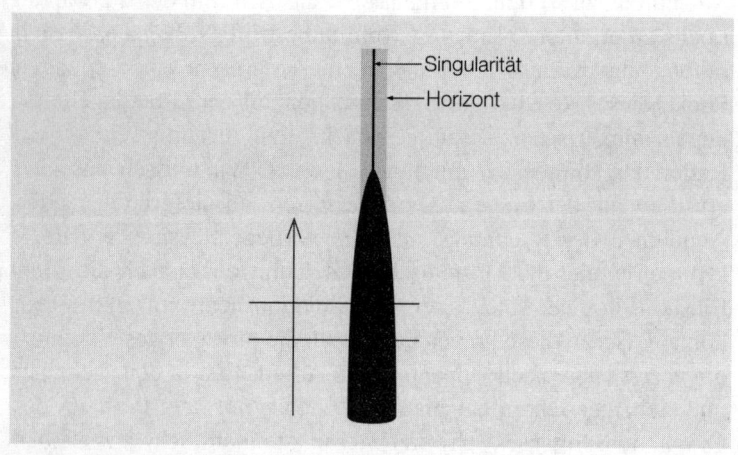

Abb. 16–1 Der Kollaps eines massiven Sterns zu einem Schwarzen Loch. Nachdem die Sternmaterie beim Kollaps den Horizont durchstoßen hat, kollabiert das System im Zentrum zu einer Singularität der Raum-Zeit.

Haller: Das kann man wohl sagen. Wenn man eine physikalische Definition der Hölle sucht – hier ist sie, im Zentrum eines Schwarzen Lochs.

Newton: Interessant ist die Tatsache, daß die Natur sich offensichtlich schämt, ein derartiges Fiasko offen zu zeigen. Aus diesem Grunde umgibt sie die Singularität mit einem Schleier in Gestalt des Horizonts. Jeder, der zur Hölle fährt, muß erst durch ihn hindurch, und dabei verliert er jeglichen Kontakt mit der Außenwelt – es wird ihm sozusagen die Rückfahrkarte abgenommen. Sobald er der Singularität ins Auge blickt, ist er verloren, denn es gibt keinen Weg zurück.

Haller: Die Frage stellt sich, ob dieser singuläre Punkt im Zentrum des Schwarzen Lochs nur eine Eigenschaft der mathematischen Lösung des Problems ist oder ob hier wirklich eine echte Singularität in der Natur vorliegt. Man könnte sich ja durchaus vorstellen, daß beim Fall der Sternmaterie ins Zentrum die Kugelsymmetrie verletzt wird – ein Teil der Materie braucht nur nicht genau ins Zentrum zu fallen, sondern etwas daneben. Da beim Sturz der Materie in das Zentrum sowieso alles drunter und drüber geht und ein allgemeines Chaos herrscht, ist dies eine reale Möglichkeit. Schon haben wir ein Problem und können nicht mehr zeigen, daß tatsächlich eine strenge Singularität vorliegt. Durch das chaotische Verhalten beim Sturz ins Zentrum wird die Singularität aufgeweicht.

Sicher ist man aber nicht, ob dies wirklich passieren kann. Es könnte nämlich sogar sein, daß die Dynamik der Gravitation, beschrieben durch die Einsteinschen Gleichungen, ein solches Aufweichen sogar verhindert, indem sie den Kollaps in den Mittelpunkt stabilisiert, also kleine Verletzungen der Kugelsymmetrie dämpft und letztendlich ganz ausbügelt.

Singularitäten in der Raum-Zeit sind im Rahmen der Einsteinschen Theorie durchaus nichts Ungewöhnliches. Gegen Ende der sechziger Jahre zeigten zwei englische mathematische Physiker, Stephen Hawking und Roger Penrose, daß die Dynamik der Raum-Zeit, beschrieben durch die Einsteinschen Gleichungen, immer zu Singularitäten führt, sofern es in der betrachteten Raum-Zeit

Materie gibt. In der Abwesenheit von Materie ist dies natürlich nicht der Fall, wie das Beispiel der ebenen Raum-Zeit zeigt, wo es keine Krümmung, allerdings auch keine Materie gibt. Sobald Materie vorliegt, existieren stets Ereignispunkte in der Raum-Zeit, bei denen Unendlichkeiten auftreten. Die Singularität beim Schwarzen Loch ist ein Beispiel hierfür. Später werden wir sehen, daß die Entstehung des Kosmos in einer Urexplosion ein weiteres Beispiel ist.

Einstein: Das spräche ja wohl dafür, daß auch bei einer Verletzung der Kugelsymmetrie letztlich die Singularität nicht vermieden werden kann. Ich komme nicht umhin, hier festzustellen, daß ich selbst erstaunt bin, was da alles aus meinen Gleichungen folgt. Mir scheint, daß ich die Geister, die ich rief, nun nicht mehr los werde.

Ich möchte jedoch davor warnen, die Gleichungen zu ernst zu nehmen. In einer extremen Situation wie beim Kollaps zu einem Schwarzen Loch könnte es sein, daß sich die Gleichungen als das entpuppen, was sie vermutlich sind, nämlich sehr gute Näherungen zu einer umfassenderen einheitlichen Beschreibung der Gravitation und der Materie.

Haller: Ihr Wort in Gottes Ohr, Professor Einstein! Ich werde mir Ihre Bemerkung merken und Sie vermutlich bald daran erinnern. Die meisten Physiker, die sich heute mit der Gravitation befassen,

Abb. 16–2 Der englische Astrophysiker Stephen Hawking. (Foto Cambridge University)

sind der Meinung, daß das Problem der Singularität beim Schwarzen Loch deswegen auftritt, weil man die Einsteinschen Gleichungen als Gleichungen der klassischen Physik verwendet. Effekte der Quantenphysik werden nicht berücksichtigt. Nun ist die Quantenphysik wichtig, sobald man die Struktur und die Dynamik der Materie bei kleinen Distanzen untersucht, etwa die Atom- oder die Teilchenstruktur der Materie. Auch bei der Untersuchung von Effekten der Gravitation wird man auf lange Sicht nicht um eine Diskussion der Quanteneffekte herumkommen.

In den Einsteinschen Gleichungen steht links der Krümmungstensor der Raum-Zeit, also eine rein geometrische Größe, während auf der rechten Seite der Materietensor erscheint. Daß die Materie Quanteneigenschaften besitzt, ist unbestritten. In den Einsteinschen Gleichungen kommen diese aber überhaupt nicht vor. Der Materietensor, der in die Gleichungen eingeht, ist nicht der wirkliche Materietensor, denn dieser trägt selbst Quanteneigenschaften; man muß vorher vielmehr über diese eine Art Mittelung bilden.

Da die Materie aus Teilchen besteht, mithin eine körnige Struktur besitzt, muß man den Materietensor über kleine Bereiche der Raum-Zeit verschmieren, damit die körnigen Teilcheneigenschaften nicht mehr sichtbar sind. Das ist wie bei einem Fernsehbild. Es besteht aus vielen kleinen Punkten, die jedoch in größerer Entfernung nicht mehr sichtbar sind. Den Bildern auf dem Bildschirm sieht man die körnige Struktur nicht an – das Auge mittelt über mehrere Lichtpunkte und registriert nur ein stetiges Lichtsignal.

Auch in die Einsteinschen Gleichungen geht der Materietensor nur in seiner stetigen, über einen kleinen Bereich gemittelten Form ein. Die Raum-Zeit reagiert auf die Materie wie das Auge auf das körnige Fernsehbild – sie mittelt über kleine Bereiche. Für die Untersuchung der Gravitation größerer Materieansammlungen, etwa für einen Stern, ist dies auch völlig ausreichend.

Probleme hat man jedoch sofort, wenn Phänomene betrachtet werden, bei denen plötzlich kleine Raum- oder Zeitdimensionen wichtig werden. Genau dies ist aber beim Kollaps eines Sterns zu einem Schwarzen Loch der Fall, wenn die Singularität in Erscheinung tritt.

Newton: Dem würde ich zustimmen. Mir scheint, daß damit der Zeitpunkt gekommen ist, daß wir uns um die Quanteneigenschaften der Gravitation kümmern.

Haller: Das sagen Sie so leicht dahin, als könnten wir die Sache einfach beim Lunch erledigen. Tatsächlich stößt man aber bei einem solchen Versuch auf geradezu unüberwindliche Schwierigkeiten, die nicht etwa mathematischer oder formaler Natur sind, sondern eine neue Fassung der Begriffe von Raum und Zeit erforderlich machen.

Die Gravitation ist eine Manifestation der Krümmung der Raum-Zeit. Letztere wiederum wird über die Einstein-Gleichungen durch die Materie bestimmt. Da letztere Quanteneigenschaften besitzt, ist man also gezwungen, selbst Raum und Zeit Quanteneigenschaften zuzubilligen, wenn man die Einsteinschen Gleichungen auch auf dem Niveau der Quantenphysik aufrechterhalten will. Genau dies ist jedoch bis heute nicht gelungen. Niemand weiß, wie man Raum und Zeit im Rahmen der Quantenphysik behandeln kann, denn auch die Dynamik der Quantenprozesse, etwa die atomaren Reaktionen, finden in Raum und Zeit statt. Schriebe man auch Raum und Zeit Quanteneigenschaften zu, zerstörte man damit erst einmal die Basis dessen, auf dem man aufbauen möchte. Man ist in einer ähnlichen Situation wie ein Bauherr, dessen Haus gerade fertig geworden ist, der dann aber feststellen muß, daß er das Gebäude auf sumpfigem Grund errichtet hat.

Eines jedoch ist ziemlich sicher. Unsere gewohnten Begriffe von Raum und Zeit sind bei sehr kleinen räumlichen oder zeitlichen Dimensionen nicht mehr haltbar. Die Erscheinungen der Quantenphysik, etwa die Struktur der Atome, werden durch eine von Max Planck in die Physik eingeführte Konstante bestimmt, die allgemein mit h bezeichnet wird. Sie muß experimentell bestimmt werden. Ihr genauer Wert steht hier nicht zur Debatte. Wichtig ist nur, daß sie zum Beispiel die Ausdehnung der Atome festlegt, etwa den Durchmesser eines Wasserstoffatoms, der circa 10^{-8} cm beträgt.

Die Stärke der Gravitation wird durch Newtons Konstante G bestimmt, die, wie wir wissen, in den Einsteinschen Gleichungen die Wechselwirkung zwischen Materie und Raum-Zeit beschreibt.

Max Planck hat bereits Anfang des Jahrhunderts bemerkt, daß man mit Hilfe seiner neuen Naturkonstanten, der Newtonschen Gravitationskonstanten und der Lichtgeschwindigkeit kleinste Längen- und Zeitintervalle festlegen kann. Diese werden allgemein als die Plancksche Elementarlänge und die Plancksche Elementarzeit bezeichnet. Es ist interessant, beide einmal näher zu betrachten:

Plancksche Elementarlänge $\quad 1{,}616 \cdot 10^{-33}$ cm
Plancksche Elementarzeit $\quad 5{,}391 \cdot 10^{-44}$ s

Die Elementarzeit und die Elementarlänge hängen übrigens über die Lichtgeschwindigkeit zusammen. Die Elementarzeit ist diejenige Zeit, die das Licht benötigt, um eine Distanz von der Größe der Elementarlänge zu überwinden.

Newton: Das ehrt mich – meine Gravitationskonstante gibt also im Rahmen der Quantenphysik Anlaß zum Auftreten einer Länge, die Gravitation besitzt sozusagen ihre eigene Skala. Allerdings ist diese in ihrer Winzigkeit schon jenseits jeglicher Vorstellungskraft: 25 Größenordnungen kleiner als der Durchmesser des Wasserstoffatoms. Was ist nun die genaue physikalische Rolle dieser elementaren Einheiten? Sind sie die Größen, die die Quanteneigenschaften von Raum und Zeit festlegen?

Haller: Ich wollte, ich könnte Ihre Frage genau beantworten. Auf jeden Fall sind die Planckschen Einheiten von großem Interesse, denn sie sind die einzigen, die sich mittels fundamentaler Konstanten herleiten lassen. Alle anderen Längen- und Zeiteinheiten in der Physik sind an makroskopische und damit zufällige Größen oder an bestimmte Eigenschaften von Teilchen geknüpft. Bis heute ist die Rolle der Planckschen Einheiten jedoch unklar. Man vermutet, daß bei kleinen räumlichen oder zeitlichen Abständen, die von der Größenordnung der Elementareinheiten sind, auch Raum und Zeit von den quantenphysikalischen Unschärfen erfaßt werden. Aber auch das ist nur eine Vermutung – niemand kennt die Details.

Einstein: Ich denke auch, daß dies in Zukunft so bleiben wird. Was mich betrifft, so halte ich es nicht für opportun, jetzt mit aller Gewalt auch noch Raum und Zeit in den Sumpf der Quantenphysik zu zerren. Ich gebe zu, die Quantenphysik spielt eine große Rolle in der Atomphysik. Ich selbst habe sie seinerzeit mit aus der Taufe gehoben. Trotzdem warne ich davor, meine Theorie der Gravitation den Hypothesen der Quantenphysik zu unterwerfen. Eine solche zwanghafte Vereinigung wird letztlich nichts bringen.

Wie Sie schon erwähnten, wäre die Folge, daß auch Raum und Zeit Quantenerscheinungen sind – ein Gedanke, der mich erschauern läßt. Raum und Zeit – das sind die Fundamente jeglicher Naturwissenschaft überhaupt, das Gerüst, auf dem ein jeder steht. Und jetzt kommen die Quantenphysiker daher und sagen, daß dieses Gerüst in einem schwammigen Quantensumpf errichtet wurde. Da mache ich nicht mit! Ich gebe zu, daß meine Gleichungen fragwürdig werden, sobald solche singulären Phänomene auftreten wie der Gravitationskollaps zu einem Schwarzen Loch. Was wir benötigen, ist ein umfassenderes Ideengebäude, das die Gravitationstheorie und die Quantenphysik miteinander vereinigt. Dagegen habe ich nichts. Nur wehre ich mich gegen die heutige Mode, meine Gleichungen den Gesetzen der Quantenphysik zu unterwerfen – das ist eine Kolonialisierung der Allgemeinen Relativitätstheorie und keine Vereinigung. Eine Quantenversion meiner Theorie, falls es sie je geben sollte, wäre mir ein Greuel. Ich denke, daß die Natur hier mit mir einer Meinung ist.

Haller: Nichts liegt mir ferner, als jetzt beim Lunch einen Streit über die Rolle der Quantenphysik bei der Gravitation zu beginnen. Lassen Sie mich statt dessen zu unserem eigentlichen Problem zurückkommen. Es ist zu vermuten – und hierin stimmen die Physiker heute überein –, daß die Probleme beim Gravitationskollaps zum Schwarzen Loch erst in dem Fall manifest werden, wenn die Ausdehnung der kollabierenden Materie nicht mehr sehr groß im Vergleich zur Planckschen Elementarlänge geworden ist. Man könnte sich vorstellen, daß dann der Kollaps zum Erliegen kommt. Die Singularität wird vermieden. Es gibt also keine Unendlichkeiten. Die Quantenphysik bügelt diese gewissermaßen aus.

Newton: Zwar akzeptiere ich, daß dann keine Singularität im strengen mathematischen Sinn vorliegt, gebe aber zu bedenken, daß beim Verschmieren der Sternmaterie auf eine wahrlich winzige

Kugel vom Radius der Planckschen Elementarlänge immer noch eine enorme, kaum vorstellbare Materie- oder Energiedichte vorliegt. Was ist denn das für eine Materie, mit der wir es da zu tun haben? Es können weder Kernteilchen sein, noch Quarks. Welche Art Suppe kocht eigentlich im Zentrum eines Schwarzen Lochs?

Haller: Offensichtlich ist es heute meine Rolle, Fragen abzuwenden, statt sie zu beantworten, aber ich muß auch hier sagen, daß weder ich noch irgend jemand anderer heute eine Antwort auf Ihre Frage hat. Wir wissen, daß unter normalen Umständen die Materie aus den Quarks der Atomkerne und aus Elektronen besteht. Auch der kollabierende Stern bestand urspünglich aus diesen Teilchen. Es ist fraglich, ob unter den extremen Bedingungen im Zentrum des Schwarzen Lochs der normale Begriff eines Elementarteilchens, wie wir ihn in der Teilchenphysik benutzen, überhaupt noch anwendbar ist.

Einstein: Sehen Sie – nicht nur die Begriffe von Raum und Zeit, sondern auch die der Teilchenphysik und der Quantenphysik müssen revidiert werden. Damit könnte ich mich anfreunden. Ich erwähnte vorhin die Notwendigkeit, eine Vereinigung zwischen der Theorie der Gravitation und der Quantenphysik anzustreben. Falls dies je gelingt, dann wird es in diesem vereinigten Ideengebäude nicht mehr möglich sein, die Materie und die Gravitationserscheinungen klar zu trennen. Raum, Zeit und Materie werden sich als verschiedene Aspekte ein und desselben Grundphänomens manifestieren. Ich könnte mir vorstellen, daß im Zentrum des Schwarzen Lochs diese Einheit letztlich zum Tragen kommt, obwohl ich nicht weiß, wie diese zustande kommt.

Newton: Sie meinen, im Zentrum des Schwarzen Lochs befindet sich eine Art Urzustand von Raum, Zeit und Materie?

Haller: Einstein könnte recht haben. Wir werden in den nächsten Tagen auf die Kosmologie zu sprechen kommen. Da wird sich erweisen, daß kurz nach der Geburt des Universums auch so ein Urzustand von Materie und Raum-Zeit existiert hat, damals allerdings nur für ganz kurze Zeit.

Ich schlage jedoch vor, daß wir die Diskussion über die Natur der Singularität im Schwarzen Loch beenden. Wir sind hier bis zur

Grenze der heutigen Forschung vorgestoßen. Noch ist nicht abzusehen, wie lange es dauern wird, bis man eine Antwort auf die Frage haben wird, was im Mittelpunkt eines Schwarzen Lochs alles passiert.

Einstein: Nach außen manifestiert sich ein Schwarzes Loch nur durch eine einzige Eigenschaft: seine Masse. Oder gibt es noch andere Eigenschaften?

Haller: Ein Schwarzes Loch, wie wir es bislang betrachtet haben und das durch die Schwarzschild-Lösung der Einsteinschen Gleichungen beschrieben wird, hat keine weiteren Eigenschaften. Es wird vollständig durch die Angabe seiner Masse charakterisiert, wenn wir einmal davon absehen, daß ein Schwarzes Loch auch eine elektrische Ladung haben könnte, falls die Materie, aus der es durch Kollaps entstanden ist, elektrisch geladen war. Zwei Schwarze Löcher, deren Massen gleich sind, sind also völlig identisch. Manche Astrophysiker drücken dies etwas drastisch aus mit der Bemerkung: »Ein Schwarzes Loch besitzt keine Haare.«

Einstein: Das mag ja stimmen, jedoch habe ich da ein Problem. Wie wir wissen, gibt es neben der Materie auch Antimaterie. Jedenfalls kann man mit Hilfe von Teilchenkollisionen zu jedem Teilchen ein entsprechendes Antiteilchen erzeugen. Zwar scheint es im Kosmos Antimaterie nicht in großen Mengen zu geben, aber das steht hier nicht zur Debatte. Nehmen wir an, wir hätten einen Stern aus Antimaterie, also aus Antiprotonen und Antineutronen. Jetzt kommt es zum Kollaps, und am Ende ist ein Schwarzes Loch übrig. Ihr »Keine Haare«-Theorem würde dann sagen, daß zwischen einem Loch, das durch den Kollaps von Materie entstand, und einem Loch, das durch den Kollaps von Antimaterie gebildet wurde, keinerlei Unterschied besteht. Dem Loch kann man also nicht ansehen, woher es kommt?

Haller: Ich wüßte nicht wie. Aber ich gebe zu, daß auch dies zu den bislang ungeklärten Fragen gehört. Wenn es zwischen den beiden diskutierten Schwarzen Löchern tatsächlich keinen Unterschied gibt, würde dies bedeuten, daß der Urzustand im Zentrum des Schwarzen Lochs, was immer es ist, zwischen Materie und Antimaterie keinen Unterschied macht. – Aber verlassen wir das Feld der Spekulation und wenden uns handfesten Resultaten zu:

In den sechziger Jahren entdeckte man weitere Lösungen der Einstein-Gleichungen, die einem rotierenden Schwarzen Loch entsprechen. So ein Objekt dreht sich um eine Achse. Es besitzt keine Kugel als Horizont. Letzterer zeigt an den Polen eine Abplattung, ganz ähnlich wie die um ihre Achse rotierende Erde. Je stärker die Rotationsgeschwindigkeit, um so stärker die Abplattung. Jedes Schwarze Loch kann also durch die Angabe seiner Masse und seiner Rotationsgeschwindigkeit charakterisiert werden – weitere Kennzeichen gibt es nicht.

Fällt ein Stück Materie in ein Schwarzes Loch, dann erhöht sich dessen Masse entsprechend, eventuell wird auch die Geschwindigkeit der Rotation verändert. Man kann dem Schwarzen Loch jedoch nicht die Natur der eingefallenen Materie ansehen. Es spielt keine Rolle, ob es sich um Gas, ein Stück Eisen oder einen vornehmlich aus Kohlenwasserstoffen bestehenden Astronauten handelte – ein Schwarzes Loch verdaut alles ohne Probleme, Materie ebenso wie Antimaterie.

Einstein: Für mich trifft das leider nicht zu. Nach diesem ausgiebigen Lunch wäre ein bißchen Ruhe ganz gut.

Einstein verließ den Speisesaal. Newton und Haller blieben noch eine Weile und spazierten anschließend die nahe California Avenue entlang zum »Starbucks«-Café an der Kreuzung zur Lake Street.

17

Monster der Raum-Zeit

> Hinter den unermüdlichen Bemühungen des Forschers liegt ein stärkerer, geheimnisvoller Drang versteckt: was man begreifen will, ist Existenz und Realität.
>
> *Albert Einstein*[17.1]

Um drei Uhr am Nachmittag traf man sich wieder in der kleinen Bibliothek des Athenaeums. Als Newton und Haller eintrafen, hatte Einstein bereits die Geheimnisse der Kaffeemaschine ergründet, die sich im Raum befand, und war dabei einzuschenken. Newton begann sogleich die Gesprächsrunde: »Bislang hatte unsere Diskussion über die Schwarzen Löcher rein akademischen Charakter. Sicher ist aber nur eines – Schwarze Löcher sind legitime Lösungen der Einsteinschen Gleichungen. Es stellt sich zunächst die Frage: Gibt es Schwarze Löcher im Universum?«

Einstein: Nicht so hastig, Sir Isaac. Bevor wir Haller diesbezüglich auf den Zahn fühlen, wollen wir uns erst einmal selbst überlegen, wie man ein Schwarzes Loch sehen könnte – ich meine natürlich von der Erde aus, nicht von einem hypothetischen Raumschiff aus, das in der Nähe des Horizonts einen Kamikazeflug unternimmt.

Newton: Ein Schwarzes Loch beeinflußt seine Umgebung vornehmlich durch die Gravitation. Leider ist das nicht gerade ein sehr auffälliges Merkmal für einen beobachtenden Astronomen. Ein Schwarzes Loch im dunklen Weltraum zu beobachten scheint mir so schwierig, wie eine schwarze Katze zu fotografieren, die nachts im Wald auf Mäusejagd geht.

Einstein: Ganz so pessimistisch bin ich da nicht. Es gibt im Universum viele Doppelsternsysteme. Wenn einer der beiden Sterne zu einem Schwarzen Loch implodiert, hätten wir einen Stern und ein Schwarzes Loch, die einander umkreisen. Man müßte also Doppelsternsysteme untersuchen, bei denen der eine Partner zwar nicht sichtbar ist, aber immerhin seine Präsenz durch die Beeinflussung der Bahn seines sichtbaren Begleiters kundtut.

Haller: Früher dachte man, daß dies eine aussichtsreiche Methode sei, um Schwarze Löcher zu finden. Insbesondere die sowjetischen Astrophysiker hatten sich darauf spezialisiert. Diese Methode hat sich jedoch als nicht sehr praktikabel erwiesen, da es nicht ohne weiteres möglich ist, das Schwarze Loch, falls es denn eines ist, als solches zu identifizieren. Die Sachlage wäre viel günstiger, wenn man das Schwarze Loch nicht nur durch seine Gravitation, sondern durch mindestens einen weiteren Effekt identifizieren könnte.

Newton: Da ein Schwarzes Loch schwarz, also im Teleskop unsichtbar ist, sieht es damit wohl nicht gut aus.

Haller: Ein Schwarzes Loch muß nicht völlig schwarz sein. Nehmen wir an, wir hätten ein System, bestehend aus einem Schwarzen Loch und einem normalen Stern, die sich umkreisen. Manche Sterne strahlen ständig große Mengen von Gas in den Weltraum ab. Dies trifft auch für unsere Sonne zu, bei der sich die Abstrahlung in Form des Sonnenwindes jedoch in Grenzen hält. Das Schwarze Loch bewegt sich also im Sternenwind des benachbarten Sterns. Ein Teil dieses Gases wird durch das Schwarze Loch aufgesogen. Der weitaus größere Teil der Gasmoleküle wird durch die starke Gravitation des Schwarzen Lochs zwar angezogen, fliegt aber am Horizont vorbei, wobei es zu starken Verdichtungen und Verwirbelungen des Gases kommt. Es bilden sich dabei auch Schockwellen, die zu einer starken Aufheizung des Gases führen. Hierbei werden insbesondere auch Röntgenstrahlen erzeugt.

Einstein: Ausgezeichnet, da haben wir doch einen recht spezifischen Steckbrief für ein Schwarzes Loch. Man müßte also nach Doppelsternsystemen suchen, bestehend aus einem normalen Stern und einem unsichtbaren Begleiter, der Röntgenstrahlen emittiert. Technisch ist dies allerdings ein kleines Problem, denn

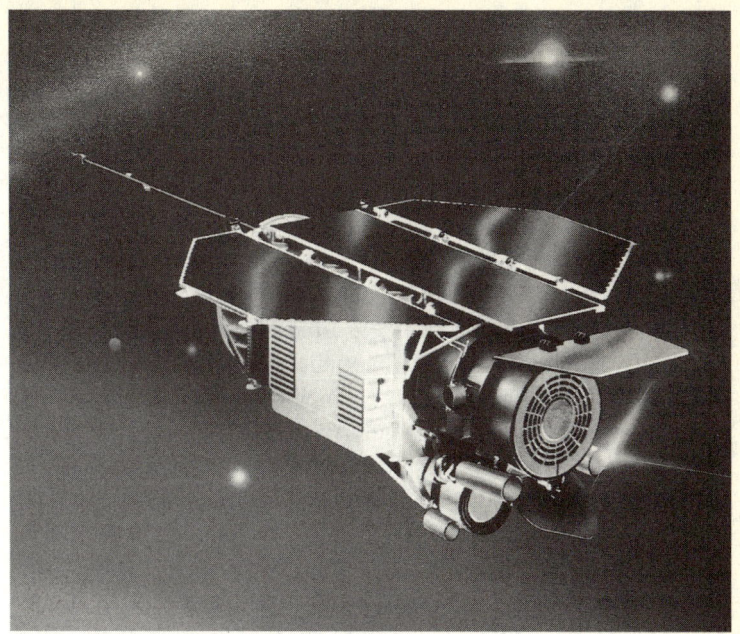

Abb. 17-1 Der Röntgensatellit Rosat, mit dessen Hilfe eine Durch-
musterung des Himmels nach Röntgenquellen erfolgt. (Foto Max-Planck-
Institut für Extraterrestrische Physik, Garching)

Röntgenstrahlen werden leider von der Erdatmosphäre absorbiert.
Haller: Zum Glück, würde ich eher sagen, denn sonst wären wir
einem ständigen Bombardement von Röntgenstrahlen ausgesetzt.
Seit den sechziger Jahren ist man jedoch dabei, mit Hilfe von
Raketen und Satelliten den Himmel nach Quellen von Röntgenstrahlung abzusuchen. 1978 wurde in den USA ein großes
Röntgenteleskop eingeweiht – es erhielt übrigens Ihren Namen:
Einstein-Teleskop. Heute erfolgt die Erforschung des Rontgen-
himmels vor allem mit Hilfe des Satelliten Rosat.
  Wir haben jetzt nicht die Zeit und die Möglichkeit, die Details
der Röntgenastronomie zu diskutieren, die ein wichtiger und sehr
aktueller Zweig der modernen Astronomie geworden ist. Wichtig
für uns ist vor allem, daß man tatsächlich Hinweise für die Existenz

von Schwarzen Löchern gefunden hat. Der interessanteste Kandidat ist die Röntgenquelle Cygnus X–1, ein Objekt, dessen Masse nicht genau bekannt ist; sie liegt aber im Bereich von 3 bis 16 Sonnenmassen, müßte also gemäß der Theorie ein Schwarzes Loch sein. Sein Begleiter ist ein normaler Stern, von dessen Masse man weiß, daß sie im Bereich von 20 bis 34 Sonnenmassen liegt.

Trotz der noch großen Unsicherheiten bezüglich der Massen sprechen die Details im Verhalten von Cygnus X–1 dafür, daß es sich um ein Schwarzes Loch handelt. Experten sprechen von einer mehr als 90prozentigen Sicherheit. Einen 100prozentigen Beweis hat man allerdings nicht, wird ihn vielleicht auch nie bekommen – eine absolute Sicherheit gibt es hier wie auch sonst in den Naturwissenschaften nicht. Mittlerweile hat man Kenntnis von einer ganzen Reihe von Röntgenquellen ähnlich Cygnus X–1, so daß es schon eine stattliche »Schwarze Liste« gibt.

Einstein: Wenn man bedenkt, daß zumindest nach der Theorie viele Sterne mit einer genügend großen Masse am Ende ihres Sternenlebens ein Schwarzes Loch bilden, könnte die Anzahl der Schwarzen Löcher allein in unserer Galaxie sehr groß sein.

Haller: Manche Astronomen sind der Meinung, daß die Anzahl der Schwarzen Löcher durchaus vergleichbar mit der Anzahl der optisch sichtbaren Sterne sein könnte, vielleicht sogar größer. Schwarze Löcher sind im Gegensatz zu massereichen Sternen, die

Abb. 17–2 Eine Aufnahme des Röntgenhimmels mit der Röntgenquelle Cygnus X–1, die vermutlich ein Schwarzes Loch beherbergt. (Foto NASA)

ein für kosmische Zeitskalen nicht sehr langes Leben haben, tote Gebilde, die keine aktive Laufbahn mehr absolvieren müssen; sie sind sozusagen Sterne im Ruhestand, die allerdings nicht sterben. In der langen Geschichte des Universums gab es mit Sicherheit viele Sterne, die zumindest eine Möglichkeit hatten, zu einem Schwarzen Loch zu kollabieren.

Newton: Das wären möglicherweise hundert Milliarden von Schwarzen Löchern allein in unserer Galaxie – ist das nicht absurd? Ein großer Teil der Masse unserer Galaxie würde dann aus Schwarzen Löchern bestehen.

Einstein: Ich erinnere mich an frühere Bemerkungen von Fritz Zwicky hier am Caltech, der behauptet hat, daß in den galaktischen Haufen, die er untersuchte, etwa im Coma-Haufen, die sichtbare Materie nicht ausreichte, um die Dynamik der Bewegungen der Galaxien zu verstehen. Er fand, daß ein großer Teil der Materie fehlt, also nicht sichtbar ist. Vielleicht ist das ein Hinweis auf die Schwarzen Löcher, vorausgesetzt, die Beobachtungen von Zwicky waren richtig.

Haller: Ich weiß, daß Zwickys Behauptung damals von den meisten seiner Kollegen nicht ernst genommen wurde. In der Folge hat sich jedoch herausgestellt, daß er recht hatte. Sowohl in den Galaxien wie auch in den galaktischen Haufen ist ein großer Teil der Materie nicht sichtbar. Man spricht heute sogar von einem Problem der fehlenden Materie. Schwarze Löcher könnten ihren Beitrag zu dieser Materie beisteuern. Es ist jedoch unwahrscheinlich, daß die fehlende Materie ausschließlich aus Schwarzen Löchern besteht. Aus guten Gründen, die wir jetzt nicht diskutieren sollten, folgert man, daß nur ein kleiner Teil der fehlenden Materie von Schwarzen Löchern herrühren kann. Das schließt jedoch nicht aus, daß die Anzahl der Schwarzen Löcher allein in unserer Galaxie von der Größenordnung von zehn bis hundert Milliarden ist.

Einstein: Wenn man in dem Katalog von möglichen Schwarzen Löchern nachschaut, findet man sicher auch besonders massive Schwarze Löcher. Welche Masse besitzt denn der massivste Kandidat, den man bislang fand?

Haller: Ihre Frage bringt mich fast in Verlegenheit, denn ich muß gestehen, daß ich den wohl interessantesten Aspekt der Schwarzen Löcher noch nicht erwähnt habe. Da Sie aber konkret gefragt haben, möchte ich auch konkret antworten: Es ist recht wahrscheinlich, daß es im Kosmos Schwarze Löcher mit einer Masse von einer Milliarde Sonnenmassen gibt.

Newton: Wieviel? Milliarden von Sonnenmassen? Bislang sprachen wir von Massen im Bereich von *einigen* Sonnenmassen. Wenn das stimmt, dann muß es sich um qualitativ neuartige Objekte handeln, von geradezu galaktischen Dimensionen – wahre Monster der Raum-Zeit.

Haller: Um solche handelt es sich auch, genauer um die Kerne von Galaxien. Lassen Sie mich kurz beschreiben, wie es zur Entdeckung dieser Objekte kam. Schon seit den dreißiger Jahren ist bekannt, daß das Zentrum unserer Galaxie eine Quelle intensiver Radiostrahlung ist. In den fünfziger Jahren entdeckte man jedoch kosmische Radioquellen, die praktisch punktförmig waren, wie Sterne. Daraus leitete sich auch der Name ab: Quasar – kurz für quasistellare Radioquelle. Bald darauf entdeckte man, daß manche Quasare nicht nur Radiowellen abstrahlten, sondern auch Licht – und siehe da, sie sahen aus wie normale Sterne. Als man jedoch daranging, das Licht dieser Sterne näher zu untersuchen, insbesondere hier am Caltech, kam die Überraschung: Die Entfernung dieser Objekte von der Erde war von wahrhaft kosmischen Dimensionen – Milliarden von Lichtjahren.

Newton: Wenn diese Quasare eine Art Stern sind, können sie doch gar nicht so weit weg sein. Wie sollte man sie sonst auf der Erde noch beobachten können? Zwar lassen sich Galaxien beobachten, die so weit entfernt sind, aber doch keine einzelnen Sterne.

Haller: Genau dies war die Überraschung. Die Objekte sahen wie normale Sterne unserer Galaxie aus, entpuppten sich dann aber als weit entfernte Objekte, deren Energieabstrahlung gigantisch ist. Manche Quasare emittierten mehr als hundertmal soviel Licht wie unsere Galaxie, und diese Energie kam aus einer kleinen Raumregion, die nicht viel größer sein konnte als unser Sonnensystem.

Abb. 17–3 Eine Aufnahme des Zentrums des Coma-Haufens von
Galaxien (im Bereich des Sternbilds Coma Berenices).

Es gibt nur einen Mechanismus, der effektiv genug ist, um auf kleinstem Raum solche gigantischen Energiemengen sowohl im Lichtbereich wie im Bereich der Radiowellen zu erzeugen – der Kollaps von gigantischen Mengen von Materie in ein Schwarzes Loch. Um die Energien zu erzeugen, die man beobachtet, benötigt man Schwarze Löcher mit einer Masse von der Größenordnung einer Milliarde Sonnenmassen. Der Schwarzschild-Radius eines solchen Schwarzen Lochs ist also etwa eine Milliarde mal größer als der Schwarzschild-Radius der Sonne – 3 Milliarden Kilometer oder 10 000 Lichtsekunden. Die Größenordnung des Schwarzschild-Radius eines solchen massiven Schwarzen Lochs ist also etwa eine Lichtstunde, vergleichbar mit dem Radius unseres Sonnensystems. Dies erklärt, warum die Quasare im Teleskop punktförmig erscheinen.

Einstein: Ich habe Probleme zu verstehen, wie solche monströsen Schwarzen Löcher überhaupt entstehen können.

Haller: Die Dynamik der Sternbewegung in einer Galaxie, insbesondere die mit der Sternbewegung verbundenen Reibungseffekte

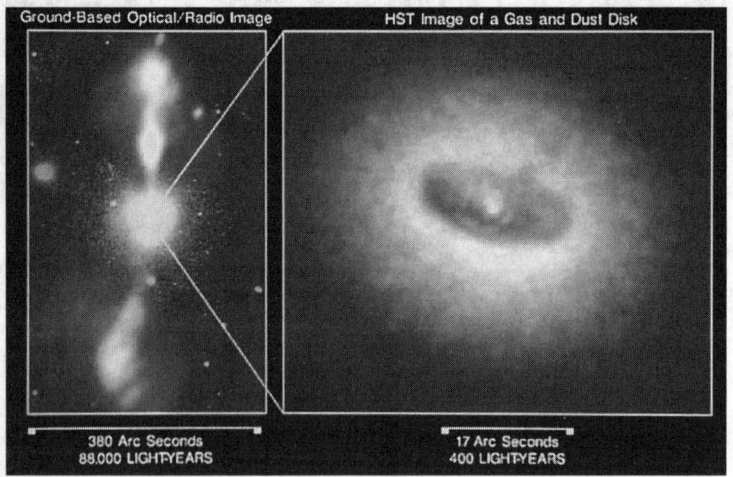

Abb. 17–4 Ein Quasar, dessen Energie vermutlich durch ein sehr massives Schwarzes Loch im Zentrum erzeugt wird. (Foto NASA)

der begleitenden Gaswolken führen dazu, daß sich im Laufe der Zeit mehr und mehr Sternmaterie, sowohl Sterne als auch große Gaswolken, in der Zentralregion ansammelt. Dies kann durchaus dazu führen, daß es zum Gravitationskollaps der gesamten Zentralregion kommt und auf diese Weise ein riesiges Schwarzes Loch entsteht. Es könnte auch sein, daß sich zunächst mehrere kleinere Schwarze Löcher bilden, die dann zu einem großen zusammenwachsen. Wie dem auch sei: Am Ende liegt ein sehr massives Schwarzes Loch vor.

Einstein: Wenn dies so ist, dann würde ich erwarten, daß in den Zentralregionen aller großen Galaxien, zum Beispiel auch unserer eigenen, ein Schwarzes Loch existiert.

Haller: Genau dies wird auch erwartet. Bei den Quasaren ist das zentrale Schwarze Loch umgeben von sehr viel Materie. Deshalb kommt es zu einer gigantischen Freisetzung von Lichtenergie. Die Astronomen werden durch das stark leuchtende Zentrum geblendet und sehen deshalb die eigentliche Galaxie nicht.

Andere Galaxien besitzen viel weniger Materie in der Nähe des Zentrums, insbesondere ältere Galaxien, deren zentrales Schwarzes Loch die Zentralregion sozusagen leergefressen hat. Deshalb kommt es nicht oder nicht mehr zu einer starken Erzeugung von Lichtenergie.

Die Chance, daß sich im Zentrum einer Galaxie ein sehr massives Schwarzes Loch bildet, ist besonders gegeben, wenn es sich um eine massereiche Galaxie handelt. Ein interessantes Objekt diesbezüglich ist die Galaxie M87, die massivste Galaxie in dem für uns sichtbaren Bereich des Kosmos. Es ist eine gigantische, fast kugelförmige Galaxie nahe dem Zentrum des Virgo-Haufens, mit einer Masse, die vermutlich das 50fache der Masse unserer eigenen Galaxie übersteigt. Die Entfernung zur Erde beträgt etwa 40 Millionen Lichtjahre. Das Auffällige an dieser Galaxie ist, daß sich nahe dem Zentrum fast keine Materie in Gestalt von Staub und Gaswolken befindet. Andererseits werden vom Zentrum intensive Radiowellen und Röntgenstrahlen ausgestrahlt. Alle Indizien sprechen also für die Präsenz eines sehr massiven Schwarzen Lochs im Zentrum dieser Galaxie.

Einstein: Unsere Galaxie ist zwar nicht besonders auffällig und besitzt im Vergleich mit anderen Galaxien nicht übermäßig viel Masse. Gibt es Anzeichen dafür, daß sich auch in ihrem Zentrum ein Schwarzes Loch befindet?

Haller: In jüngster Zeit richtet sich die Aufmerksamkeit der Astronomen auf das galaktische Zentrum. Es gibt indirekte Hinweise, daß unsere Galaxie ein Schwarzes Loch im Zentrum besitzt, dessen Masse im Vergleich zu anderen klein ist: nur etwa 3 Millionen Sonnenmassen. Der Schwarzschild-Radius dieses Loches wäre also etwa zehn Millionen km oder eine halbe Lichtminute – das ist ungefähr ein Zwanzigstel des Radius der Erdbahn im Sonnensystem.

Einstein: Vorausgesetzt, es stimmt tatsächlich, daß die Galaxien in ihren Zentren große gefräßige Schwarze Löcher besitzen. Was wäre denn die galaktische Zukunft? Würde nicht im Laufe der Zeit mehr und mehr Materie in das Loch hineinfallen, bis am Ende von der ganzen Galaxie nur noch ein Schwarzes Loch übrigbleibt? Das wäre dann wohl auch das Schicksal der Atome, aus denen Sie und ich bestehen – das sind nicht gerade rosige Aussichten für die Zukunft.

Haller: Das muß nicht sein. Zufällig befinden wir uns in einem Sternsystem, das recht weit vom Zentrum entfernt ist – ca. 30000 Lichtjahre. Ein Schwarzes Loch, das nach und nach fast die gesamte Materie unserer Galaxie »frißt«, hätte einen Schwarzschild-Radius von der Größenordnung von nur einem Lichtjahr, also viel weniger als der Radius der Sonnenbahn.

Einstein: Was ist denn die Zeitskala für diese kosmische »Freßorgie« des Schwarzen Lochs?

Haller: Man schätzt, daß es etwa $10^{17} - 10^{20}$ Jahre dauert, also mindestens 7 Größenordnungen länger als das geschätzte Alter der Galaxie.

Einstein: Das klingt zumindest ganz beruhigend. Andererseits –

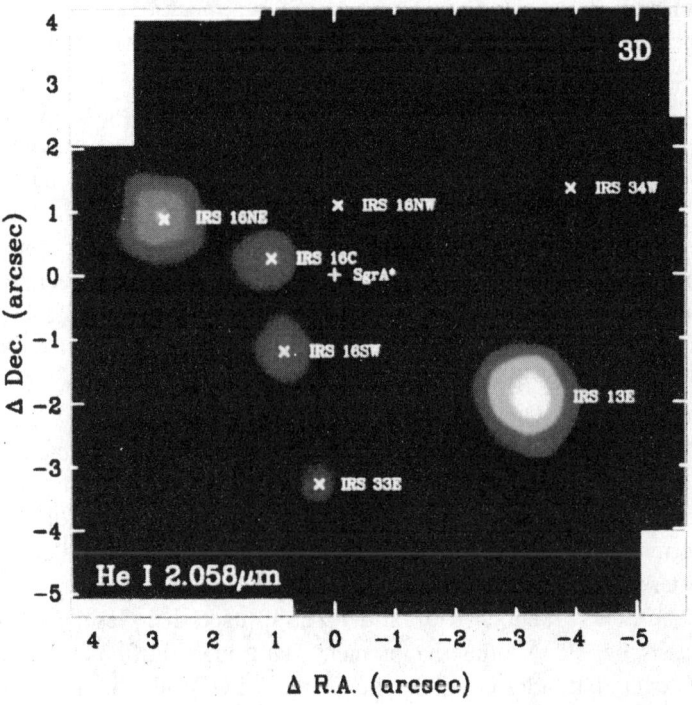

Abb. 17–6 Eine Aufnahme des Zentrums der Milchstraße. Die Radioquelle SgrA* links oberhalb der Mitte ist der Kandidat für ein Schwarzes Loch mit einer Masse im Bereich zwischen 2 und 6 Millionen Sonnenmassen. (Foto Max-Planck-Institut für Extraterrestrische Physik, Garching)

wer weiß, was alles mit der Bahn unserer Sonne, die ja immerhin schon in 5 Milliarden Jahren erkaltet, in dieser langen Zeit geschieht. Durch zufällige Beinahe-Kollisionen mit anderen Sternen könnte die Bahn auch stark abgeändert werden.

Haller: Sie haben völlig recht. Es ist sogar unwahrscheinlich, daß die Sonnenbahn sich nicht stark verändert. Deshalb ist es unmöglich vorauszusagen, was das Schicksal unserer Atome sein wird. Die Chance, daß sie im Schwarzen Loch des Zentrums enden, ist nicht klein. Ein Trost ist immerhin die Zeitskala – 10^{17} Jahre sind eine lange Zeit.

Einstein: Bevor wir zum Dinner aufbrechen, noch eine Frage, die mich beschäftigt, seit wir über Schwarze Löcher reden. Entsprechend meiner Gravitationstheorie ist ein Schwarzes Loch eine nicht von der Zeit abhängige Lösung der Gleichungen, mit einer Singularität im Zentrum. Wir hatten jedoch schon bemerkt, daß die Singularität vermutlich ein Kunstprodukt meiner Gleichungen ist – Effekte der Quantenphysik werden sie vermutlich aufweichen, so daß keine Unendlichkeiten auftreten. Es gibt jedoch noch eine andere Unendlichkeit, die mir zu schaffen macht. Entsprechend meinen Gleichungen ist ein Schwarzes Loch absolut beständig. Hat es sich einmal gebildet, bleibt es für immer, ist also absolut stabil. Mir kommen da jedoch Zweifel, ob dies wirklich der Fall ist, wenn die Effekte der Quantenphysik wichtig werden.

Ein Beispiel aus der Physik der Kerne: Sie wissen, daß manche Atomkerne instabil sind, mit Lebensdauern, die manchmal Tausende von Jahren sind. Nach einer gewissen Zeit zerfällt der Kern unter Emission eines oder mehrerer anderer Teilchen. Untersucht man den Kern näher, stellt sich heraus, daß entsprechend den wirkenden Kräften der Zerfall nach den Gesetzen der klassischen Physik überhaupt nicht stattfinden dürfte. Dennoch findet er statt – der Grund ist die Quantenphysik, die ihn trotzdem ermöglicht, wenn auch erst nach langer Zeit. Die Natur gräbt einen Tunnel, um die klassische Physik zu umgehen – deshalb auch die Bezeichnung »Tunneleffekt«.

Ein Schwarzes Loch ist zwar nach außen hin schwarz, aber im Innern ist, wie schon gesagt, im wahrsten Sinn des Wortes die

Hölle los, angefangen bei der sehr hohen Energiedichte, die im Zentrum vorliegt. Ich könnte mir vorstellen, daß die Natur ähnlich wie beim Tunneleffekt einen Weg findet, um zumindest einen Teil dieser Energie wieder loszuwerden.

Haller: Sie meinen, es könnte eine Art Tunneleffekt für Schwarze Löcher geben, der es ermöglicht, daß Schwarze Löcher doch nicht absolut stabil sind. Das ist genau das Problem, auf das ich am Ende unserer Diskussion über die Schwarzen Löcher kommen wollte. Ich schlage vor, daß wir dies noch diskutieren, auch wenn dann die Gefahr besteht, daß wir heute etwas später als üblich zum Dinner kommen.

Daß die Quantenphysik die Dynamik der Schwarzen Löcher beeinflussen kann, bemerkte Anfang der siebziger Jahre der sowjetische Physiker Zeldovich. Er untersuchte rotierende Schwarze Löcher. Dabei stellte er fest, daß sich im Laufe der Zeit die Rotationsgeschwindigkeit des Lochs verlangsamt, bis am Ende ein nichtrotierendes Loch übrigbleibt. Dabei emittiert das Loch nach außen Energie in Form von Strahlung. Zeldovich fand dies heraus, indem er ein Analogon untersuchte, eine schnell rotierende Metallkugel. Nach den Gesetzen der klassischen Physik wird diese, wenn sie sich irgendwo im Weltraum befindet, also auch keinen Reibungseffekten unterliegt, für immer in Rotation bleiben, da es nichts gibt, was die Rotation bremsen könnte. Dies ist jedoch nicht so, wenn man die Effekte der Quantenphysik in den Rechnungen berücksichtigt. Es erweist sich, daß die Rotation der Kugel im Laufe der Zeit gestoppt wird, wobei elektromagnetische Strahlung emittiert wird. Es handelt sich allerdings um einen winzigen Effekt, der bis heute nicht experimentell nachgewiesen werden konnte. Man kann ihn jedoch im Rahmen der Theorie der Elektrodynamik berechnen.

Einstein: Ich kann mir vorstellen, wo der Effekt herrührt. Die Metallkugel rotiert zwar im leeren Raum, jedoch ist, wie wir von unserer früheren Diskussion her wissen, der leere Raum nicht wirklich leer, sondern angefüllt mit allen möglichen virtuellen Teilchen – einem Ozean von virtuellen Teilchen. Ich nehme an, die Kugel reibt sich am »Gas« der virtuellen Teilchen.

Haller: So könnte man es sagen. Unter diesen virtuellen Teilchen befinden sich auch Photonen, also Lichtteilchen. Manche dieser Photonen machen sich die Rotation der Kugel, genauer die vorliegende Rotationsenergie, zunutze, indem sie sich etwas Energie borgen, um damit ihr virtuelles Dasein aufzukündigen und als wirkliche Teilchen, genauer als elektromagnetische Wellen, zu entschweben. Das Resultat ist, daß die Kugel Strahlung emittiert, dabei jedoch mehr und mehr Rotationsenergie verliert, also langsamer wird.

Zeldovichs Analogon stieß bei allen Experten, die sich mit den Schwarzen Löchern beschäftigten, auf Widerspruch. Als man das Gegenteil beweisen wollte, entdeckte man jedoch, daß Zeldovich nur einen Teil eines weitaus interessanteren Effekts untersucht hatte. Als erster fand Stephen Hawking in England, der übrigens heute Newtons Lehrstuhl in Cambridge innehat, daß auch nichtrotierende Schwarze Löcher Strahlung emittieren.

Einstein: Dachte ich es mir doch – es gibt also eine Art Tunneleffekt für Schwarze Löcher.

Haller: Das Analogon mit dem Tunneleffekt ist nicht sehr hilfreich, obwohl die auftretende Strahlung durch ähnliche Effekte der Quantentheorie entsteht. Normalerweise spielen die virtuellen Teilchen bei den Phänomenen der klassischen Physik keine Rolle. In der Nähe des Horizonts des Schwarzen Lochs ist jedoch die Gravitation sehr stark. Dies hat Auswirkungen auf den See der virtuellen Teilchen. Hawking stellte fest, daß ein Schwarzes Loch in der Lage ist, virtuelle Teilchen in der Nähe des Horizonts in das Loch hineinzuziehen. Wir haben früher festgestellt, daß sich im Vakuum plötzlich virtuelle Teilchen paarweise bilden können, etwa ein Elektron-Positron-Paar. Eines dieser Teilchen trägt eine negative Energie, das andere eine positive, so daß die Summe Null ergibt, wie es sein soll. Wenn dieser Prozeß am Horizont des Schwarzen Lochs stattfindet, kann etwas Kurioses passieren: Das eine Teilchen mit der negativen Energie kann in das Schwarze Loch hineingezogen werden. Damit verschwindet es für immer. Der andere Partner mit der positiven Energie kann jedoch außerhalb des Horizonts bleiben. Er ist damit plötzlich allein und gewissermaßen gezwungen, als reales Teilchen weiterzuleben. Das nach innen entschwundene Teilchen gibt seine negative Energie an das Loch weiter, dem nichts anderes übrigbleibt, als diese Energie als Verlust zu buchen, wie eine Bank, die einen ungedeckten Scheck akzeptiert hat. Das Schwarze Loch verliert also etwas an Energie. Diese Energie entspricht genau der Energie des Teilchens, das sich vom Loch entfernt.

Als Hawking die Angelegenheit genauer untersuchte, fand er, daß die Teilchen, die abgestrahlt werden, eine bestimmte Temperatur besitzen. Ein Schwarzes Loch verhält sich also wie ein Heizkörper, der nach außen Wärme in Gestalt von Strahlung abgibt. Die Entstehung der Strahlung eines Loches kann man sich auch auf folgende Weise plausibel machen: Ein klassisches Schwarzes Loch hat einen genau bestimmten Horizont. Ein Teilchen, daß sich einen Bruchteil eines Millimeters außerhalb des Horizonts befindet, ist vorerst noch sicher; ein Teilchen, das gleich daneben ist, aber schon innerhalb des Horizonts, ist verloren. Der Horizont ist eine scharfe Trennungslinie. Nach den Gesetzen der

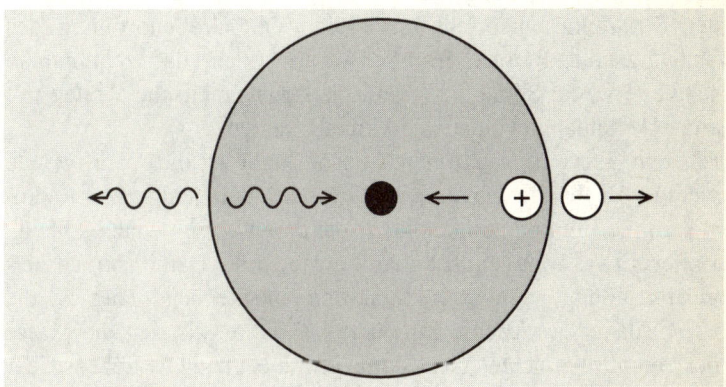

Abb. 17–7 Ein Schwarzes Loch ist in der Lage, virtuelle Teilchen-Antiteilchen-Paare so auseinanderzureißen, daß einer der Partner eines Paares jenseits des Horizonts verschwindet. Das Resultat ist die Abstrahlung von Teilchen durch das Loch, das damit ständig Energie verliert.

Quantenphysik ist jedoch eine beliebig genaue oder beliebig scharfe Grenzziehung nicht möglich. Wie alle Atomprozesse unterliegt auch das Geschehen in der Nähe des Horizonts den Gesetzen der quantenphysikalischen Unschärfe. Der Horizont kann also nicht mit beliebiger Genauigkeit festgelegt werden, sondern fluktuiert in einem kleinen Bereich. Dies bedeutet, daß es für ein Teilchen in der Nähe des Horizonts nicht a priori genau festgelegt ist, ob es in das Loch stürzen wird oder nicht. Man kann nur eine Wahrscheinlichkeit angeben. Mit einer gewissen Wahrscheinlichkeit kann dieses Teilchen, etwa ein Lichtteilchen, auch dem Loch entfliehen und diesem damit Energie entziehen – das Loch strahlt Energie ab.

Einstein: Ein Schwarzes Loch ist also gar nicht absolut schwarz – es ist warm. Die Strahlung, die vom Schwarzen Loch ausgeht, wäre also eine Temperaturstrahlung. Was aber wäre diese Temperatur? Da ein nichtrotierendes Schwarzes Loch nur durch *eine* Zahl gekennzeichnet ist, seine Masse, müßte die Temperatur von der Masse abhängen – oder vom Schwarzschild-Radius, der durch die Masse festgelegt ist. Ich vermute also, daß die Wellenlänge der Strahlung etwas mit dem Schwarzschild-Radius zu tun hat.

Haller: Ihre Vermutung stimmt ziemlich genau. Die Wellenlänge der Strahlung entspricht tatsächlich der Größenordnung des Schwarzschild-Radius. Ein Schwarzes Loch, das zehnmal so schwer wie die Sonne ist, würde elektromagnetische Wellen mit einer Wellenlänge von etwa 30 km abstrahlen.

Einstein: Für eine elektromagnetische Welle ist dies nicht gerade wenig – die Wellenlänge ist viel größer als diejenige von Radiowellen. Die Temperatur des Lochs ist damit verschwindend klein.

Haller: Etwas weniger als ein millionstel Grad. Damit ist die Energieabstrahlung auch sehr klein, und entsprechend lang ist die Lebensdauer des Lochs. Es dauert 10^{69} Jahre, bis sich die Masse des von uns betrachteten Lochs aufgebraucht hat. Die Lebensdauer von anderen Schwarzen Löchern kann man sich schnell überlegen, wenn man berücksichtigt, daß sie proportional der dritten Potenz der Masse ist. Ein Schwarzes Loch mit der Masse von einer Milliarde Sonnenmassen hätte demnach eine Lebensdauer von etwa 10^{93} Jahren.

Newton: Da begibt man sich schon langsam in Konkurrenz zur Ewigkeit. Für die Physik oder die Astrophysik spielen solche Lebensdauern offenbar keine Rolle mehr – für alle praktischen Belange sind die Schwarzen Löcher stabil.

Einstein: Mir kommt es mehr auf das Prinzip an. Nehmen wir an, wir könnten solche langen Zeiträume abwarten. Was passiert mit dem Loch, wenn die Masse sich langsam aufgebraucht hat?

Haller: Wenn die Masse signifikant kleiner geworden ist, wächst entsprechend die Temperatur. Dies bedeutet, daß die Abstrahlung effektiver wird – die Abnahme der Masse beschleunigt sich. Schließlich erreicht der Schwarzschild-Radius des Lochs die Dimensionen eines Atomkerns. Ein solches Loch ist nicht mehr schwarz, sondern weißglühend. Ein großer Teil der Strahlung wird sogar in Gestalt von Röntgenstrahlen emittiert. Die Masse nimmt jetzt rapide ab. Schließlich kommt es zu einer Explosion, bei der Energiemengen freigesetzt werden, die Millionen von Wasserstoffbomben entsprechen.

Einstein: Nach dieser Explosion hat sich die Masse des Lochs in Energie umgewandelt. Bedeutet dies, daß von dem Loch nichts mehr übrig ist?

Haller: Vermutlich, aber sicher ist man da nicht. Das Problem besteht darin, daß die Endphase der Explosion nicht berechnet werden kann, weil man hier wieder mit dem leidigen Problem der Quantenaspekte der Gravitation konfrontiert ist. Sobald der Schwarzschild-Radius die Dimension der Planckschen Elementarlänge erreicht, weiß man nicht, was passiert.

Newton: Bitte bedenken Sie, daß wir uns jetzt über Dinge den Kopf zerbrechen, die erst in der fernsten Zukunft passieren.

Haller: Nicht unbedingt. Es könnte sein, daß es im Universum Schwarze Löcher gibt, deren Masse relativ klein ist, sagen wir etwa eine Milliarde Tonnen – das ist ungefähr die Masse eines großen Berges wie des Mount Everest.

Newton: Wie wollen Sie denn so etwas erzeugen? Durch einen stellaren Kollaps geht das jedenfalls nicht.

Haller: Da haben Sie recht. Es könnte aber sein, daß es turbulente Ereignisse im Kosmos gibt oder gab, bei denen solche Löcher als

Nebenprodukt erzeugt wurden oder werden – in der Frühzeit des Kosmos beispielsweise, über die wir demnächst reden werden. Im Unterschied zu den stellaren oder galaktischen Schwarzen Löchern, die sich erst im Verlauf der kosmischen Evolution gebildet haben, bezeichnet man solche Löcher, die von Anfang an da waren, als primäre Schwarze Löcher.

Interessant ist die Tatsache, daß Löcher mit der Masse von einer Milliarde Tonnen eine Lebensdauer besitzen, die etwa von der Größenordnung von zehn Milliarden Jahren ist. Das ist das geschätzte Alter des Universums. Diese Löcher würden also zur heutigen Zeit im All als stark strahlende Gebilde auftreten und gegebenenfalls explodieren.

Newton: Sie meinen, daß solche strahlenden Löcher heute im Universum frei herumfliegen und möglicherweise sogar in die Nähe der Erde kommen könnten?

Haller: Das hinge von der Häufigkeit dieser Löcher ab. Hier kann man nur Vermutungen anstellen. Man kann sich überlegen, daß beim Urknall sehr viele primäre Löcher entstanden, wenn es bei dieser Explosion entsprechend turbulent zuging. Zu viele dieser Löcher kann es im heutigen Universum allerdings nicht geben. Schwarze Löcher emittieren bei der Explosion insbesondere intensive Gammastrahlen, also energiereiche Photonen. Diese Gammastrahlung müßte man nachweisen. Zwar beobachtet man in der Tat Gammastrahlen im Weltraum, jedoch kann man deren Existenz durch normale Prozesse im Kosmos erklären, ohne auf Schwarze Löcher angewiesen zu sein. Dies bedeutet, daß primäre Löcher mit Massen von einer Milliarde Tonnen oder weniger nicht sehr häufig sein können – eine mögliche Grenze für die mittlere Verteilung liegt bei 300 in einem kosmischen Würfel mit der Seitenlänge von einem Lichtjahr. Trotzdem könnte in unserer Galaxie die Dichte dieser Löcher bedeutend größer sein, da die Gravitation dafür sorgen würde, daß die Schwarzen Löcher ebenso wie die Sterne in den Galaxien konzentriert sind.

Einstein: Demnach wäre es also sinnvoll, nach explodierenden Schwarzen Löchern im Weltraum Ausschau zu halten?

Haller: Durchaus. Man tut dies heute, indem man nach plötzlich auftretenden Schauern von Gammastrahlen sucht. Bis jetzt hat man allerdings keine Ereignisse beobachtet, die eindeutige Hinweise auf die Explosion eines Schwarzen Lochs geben. Es ist jedoch nicht auszuschließen, daß der erste direkte Beweis für die Existenz von Schwarzen Löchern in absehbarer Zeit auf diese Weise gefunden wird.

In Anbetracht der fortgeschrittenen Stunde schlage ich vor, daß wir für heute abend die Schwarzen Löcher in Ruhe lassen und uns konkreteren Dingen zuwenden. Ihr Einverständnis vorwegnehmend, habe ich für den Abend einen Tisch im »Panda«, einem chinesischen Restaurant im Norden von Pasadena, bestellt. Morgen früh treffen wir uns dann wieder hier in der Library.

18

Kosmische Schwebungen

> Man ist wie aufgelöst in die Natur. Man
> fühlt die Belanglosigkeit des Einzelge-
> schöpfes noch mehr als sonst und ist
> froh dabei.
>
> *Albert Einstein*[18.1]
> (Tagebucheintrag bei einem Aufenthalt
> an der englischen Küste)

Am nächsten Morgen nach dem Frühstück traf man sich wieder in der Bibliothek des Athenaeums. Erneut war es Newton, der zuerst das Wort ergriff: »Wenn man plötzlich irgendwo im Raum eine elektrische Ladung plaziert, was mit den Mitteln der heutigen Elektrotechnik leicht machbar ist, dann ist diese Ladung von einem elektrischen Kraftfeld umgeben, aber erst nach einer gewissen, wenn auch sehr kurzen Zeit. Der Aufbau des Kraftfeldes geht, wie wir uns bei der Diskussion der Speziellen Relativitätstheorie ja schon überlegt hatten, mit Lichtgeschwindigkeit vor sich.

Ich frage mich, was passiert, wenn ich plötzlich hier im Raum eine schwere Masse plaziere – wie das technisch gehen kann, soll nebensächlich sein, da es sich nur um ein Gedankenexperiment handelt. Die Wirkung dieser Masse auf den umliegenden Raum, also die Gravitation, ist dann ebenso an die Gesetze der Relativitätstheorie gebunden wie die Wirkung einer elektrischen Ladung. Dies bedeutet, daß die Gravitationswirkung der Masse nicht sofort im ganzen Raum vorhanden ist, sondern erst nach einer kurzen Zeit. Gäbe es ein Gravitationsfeld, würde ich sagen, dieses Feld baut sich mit Lichtgeschwindigkeit auf. Da es jedoch kein solches Feld gibt, vielmehr die Gravitation eine Folge der Raum-Zeit-

Struktur ist, müßte man schließen, daß die Veränderung der Raum-Zeit-Struktur, diese Erschütterung des Raum-Zeit-Gewebes durch das plötzliche Erscheinen der Masse, auch mit Lichtgeschwindigkeit erfolgt. Mit anderen Worten: Es bildet sich etwas, das man als Gravitationswelle bezeichnen könnte, davoneilende Schwebungen in der Raum-Zeit-Struktur.«

Einstein: Damit sagen Sie mir nichts Neues. Daß sich Erschütterungen der Raum-Zeit-Struktur mit Lichtgeschwindigkeit in den Raum hinaus fortpflanzen, in Gestalt von Gravitationswellen, ist eine direkte Folge meiner Feldgleichungen der Gravitation. In diesem Sinn sind meine Gleichungen ganz ähnlich den Gleichungen der Elektrodynamik, die Ihr Landsmann James Clerk Maxwell in der Mitte des 19. Jahrhunderts aufstellte und die heute das theoretische Gerüst der Elektrotechnik bilden.

Newton: Nun kenne ich nicht die Details, aber soweit mir bekannt ist, strahlt eine elektrische Ladung keine Energie ab, wenn sie in Ruhe ist oder sich gleichförmig auf gerader Strecke bewegt. Erst wenn sie beschleunigt wird, kommt es zur Abstrahlung. So erzeugen hin- und herpendelnde Elektronen, also Elektronen, die ständig beschleunigt und wieder abgebremst werden, in einer Rundfunkantenne die abgestrahlten Radiowellen. Gilt dies auch für die Gravitationswellen? Könnte man durch Hin- und Herbewegen von großen Massen einen Gravitationswellensender bauen?

Einstein: Selbstverständlich. Ein ruhender oder sich gleichförmig und geradlinig bewegender Körper erzeugt keine Erschütterungen des Raum-Zeit-Gewebes. Erst wenn er beschleunigt bewegt wird, kommt es zur Abstrahlung von Gravitationswellen. Wenn ich beim Auto Gas gebe, werden vom Auto auch Gravitationswellen abgestrahlt. Nur verlangen Sie bitte nicht von mir, daß ich diese im Experiment nachweise. Sie sind zu schwach, um je beobachtet zu werden.

Newton: Interessant zu wissen. Das Phänomen der Trägheit erscheint mir dann in einem etwas anderen Licht. Ein Körper, der sich aufgrund der Trägheit wehrt, seinen Bewegungszustand zu ändern, wehrt sich also gleichzeitig auch gegen die Abstrahlung von Gravitationswellen. Er möchte nichts abstrahlen, deshalb ist er träge.

Einstein: Das stimmt. Ich möchte jedoch hinzufügen, daß dies für mich keine tiefere Erklärung des Phänomens der Trägheit ist – falls Sie dies im Sinne hatten.

Newton: Das weiß ich selbst nicht, aber die Angelegenheit ist es vermutlich wert, daß man länger darüber nachdenkt. Aber zurück zur Energie. Elektromagnetische Wellen übertragen Energie. Können Gravitationswellen auch Energie übertragen?

Einstein: Selbstverständlich. Ein kleines Beispiel hierzu: Stellen wir uns vor, wir haben zwei Metallkugeln, wobei die eine elektrisch positiv geladen ist, die andere negativ. Beide bewegen sich umeinander. Da sich wegen der Drehbewegung das elektrische Feld um die Kugeln ständig ändert, bilden sich elektromagnetische Wellen heraus, deren Frequenz durch die Frequenz der Drehgeschwindigkeit gegeben ist. Diese Wellen führen ständig etwas Energie ab – Energie, die dem drehenden System entzogen wird. Der Effekt wirkt in der gleichen Weise wie die Reibung. Die Drehbewegung wird ständig langsamer, und nach einiger Zeit kommen die Kugeln zur Ruhe.

Newton: Ich verstehe. Wenn ich zwei Massen im Weltraum betrachte, die als Folge der Gravitation einander umkreisen, etwa ein Doppelsternsystem, dann bilden sich in Analogie zu Ihrem Beispiel Gravitationswellen heraus, die Energie abführen, welche so dem Doppelsternsystem entzogen wird. Wenn man also genügend lange ein Doppelsternsystem beobachtet, könnte man die Abstrahlung dieser Energie im Prinzip sogar feststellen – nicht direkt natürlich, sondern indirekt durch den auftretenden Energieverlust. Das wäre zwar kein endgültiger Beweis für die Existenz von Gravitationswellen, aber immerhin ein Schritt in die richtige Richtung. Da kommt es ganz darauf an, wie groß der Effekt ist.

Haller: Die Stärke der Energieabstrahlung ist auf der Grundlage der Einsteinschen Gleichungen berechenbar. Die Details sollen uns hierbei nicht interessieren, aber es ist instruktiv, einmal einige Beispiele anzuschauen. Das erste Beispiel sei eine Vorrichtung, die wir hier auf der Erde ohne größere Probleme verwirklichen könnten. Wir nehmen einen Eisenstab, der 1000 Tonnen wiegt und eine Länge von 100 Metern besitzt. Dieser Stab wird auf eine Rotationsachse aufgesetzt und zur Rotation gebracht, so daß seine Enden einen Kreis mit dem Radius von 50 Metern beschreiben. Er rotiert so schnell, wie es die Festigkeit des Stahls gerade noch zuläßt, nämlich dreimal pro Sekunde. Dann ist der Energieverlust durch die Emission der Gravitationswellen pro Sekunde 10^{-26} Watt.

Newton: Eine Winzigkeit, die man getrost vergessen kann.

Haller: Zwei Gründe gibt es hierfür: Zum einen ist die Kopplung der Materie an das Raum-Zeit-Gewebe durch die Einstein-Gleichungen proportional zur Gravitationskonstanten G, die für sich schon sehr klein ist. Zum anderen wird die Abstrahlung der Gravitationswellen, wie übrigens auch die von elektromagnetischen Wellen, durch die Lichtgeschwindigkeit diktiert. Was zählt, ist das Verhältnis der Geschwindigkeit der Stabenden im Vergleich zur Lichtgeschwindigkeit. Würden die Stabenden mit der halben Lichtgeschwindigkeit rotieren, wäre die Abstrahlung immerhin etwa 200 Kilowatt, also schon beträchtlich. In einer Stunde werden also 200 Kilowattstunden abgestrahlt.

Newton: Um Gravitationsstrahlung messen zu können, müssen wir also Systeme betrachten, die sehr schnell rotieren?

Haller: Das hilft. Bei einem Doppelsternsystem kann die Abstrahlung beträchtlich sein, 10^{20} Watt und mehr. Illustrativ ist folgendes Beispiel: Wir betrachten zwei Neutronensterne, deren Masse jeweils das Doppelte der Sonnenmasse sein soll, die sich im Abstand von nur 100 Kilometern umkreisen, und das hundertmal in der Sekunde. Sie besitzen also eine Geschwindigkeit von etwa 30 000 km/s, also 10 Prozent der Lichtgeschwindigkeit. Die abgestrahlte Energie pro Sekunde beläuft sich dann immerhin auf etwa 10^{45} Watt.

Besonders effektiv in der Abstrahlung von Gravitationsstrahlung sind erwartungsgemäß Katastrophen kosmischer Dimension, beispielsweise der Kollaps eines massiven Sterns zu einem Neutronenstern, begleitet von einer Supernova-Explosion, oder das Verschmelzen zweier Neutronensterne, wobei sich dabei auch ein

Schwarzes Loch bilden kann. Diese Prozesse sind sehr kurz, von der Größenordnung von einem Tausendstel einer Sekunde. Die Abschätzungen ergeben, daß bei einer Supernova-Explosion in dieser kurzen Zeit eine Energiemenge von 10^{33} bis 10^{36} Kilowattstunden durch die Gravitationswellen davongetragen wird. Auch beim Verschmelzen von zwei Neutronensternen wird ähnlich viel Energie abgestrahlt, sogar etwas mehr, etwa 10^{38} Kilowattstunden. Diese Energiemengen sind bereits so groß, daß man sie mit Bruchteilen der Ruheenergie der Sonne, entsprechend Einsteins Energie-Masse-Relation, vergleichen kann – bei den Supernova-Explosionen liegen sie im Bereich von einem Millionstel bis zu einem Tausendstel der Ruheenergie der Sonnenmasse.

Einstein: Lassen Sie mich auf eine wichtige Tatsache aufmerksam machen. Bei den genannten kosmischen Katastrophen kommt die Gravitationsstrahlung direkt aus dem Raumgebiet, wo die Katastrophe stattfindet, während optische Signale dies nicht tun. Eine Supernova-Explosion ist zwar sichtbar, jedoch kommt die plötzlich auftretende starke Lichtstrahlung von der Oberfläche des explodierenden Sterns und nicht vom viel interessanteren Innenraum. Könnten wir die Gravitationswellen direkt wie Lichtwellen beobachten, könnte man viel daraus über das Innenleben der Katastrophe lernen.

Haller: Völlig richtig. Hinzu kommt, daß Gravitationswellen im Gegensatz zu elektromagnetischen Wellen auch durch größere Materieansammlungen nicht gestört und verzerrt werden. Eine Erschütterung des Raum-Zeit-Gewebes breitet sich ungestört aus, durch Galaxien hindurch, bis in die fernsten Gegenden des Kosmos. Würden wir mit unseren Teleskopen nicht die Lichtwellen sehen, sondern die gravitativen Wellen, sähe der Kosmos ganz anders aus. Die Lichtwellen zeigen uns nur die Oberfläche der Sterne. Die Gravitationswellen führen jedoch direkt zur wesentlichen Dynamik der kosmischen Prozesse. Das gravitative Universum würde also viel spektakulärer aussehen als das sichtbare Lichtuniversum.

Newton: Dies bedeutet, daß vermutlich das Gewebe unserer Raum-Zeit ständig durch das gravitative Donnergrollen kosmischer Katastrophen erschüttert wird. Schade, daß wir keine Vorrichtung haben, um Gravitationswellen in Schallwellen zu übertragen – ich würde einiges darum geben, diesem kosmischen Konzert zuzuhören.

Haller: Da hätten Sie wohl gleich zwei weitere Zuhörer. Wir werden aber bald sehen, daß es nicht ganz so hoffnungslos ist, in naher Zukunft ein solches Konzert zu verfolgen. Es ist interessant, einmal die Verschmelzung zweier Neutronensterne zu einem Schwarzen Loch zu betrachten. Das ist ein Vorgang, der etwa 0,01 Sekunden dauert, währenddessen sich unsere beiden Neutronensterne 1000mal in der Sekunde einander umkreisen. Die abgestrahlte Energie entspricht dabei 0,5 % der Ruheenergie der Sonnenmasse. Diese Energie findet sich in der kurzeitigen Verbiegung des Raum-Zeit-Gewebes, die sich mit Lichtgeschwindigkeit um den Ort des Geschehens ausbreitet. Sie ist enorm im Vergleich zur Strahlungsleistung unserer Sonne, nämlich 10^{21}mal größer.

Einstein: Unsere Galaxie besitzt etwa 100 Milliarden Sterne. Die von Ihnen angegebene Energie entspricht also der Strahlungsleistung von etwa 10 Milliarden Galaxien, das heißt fast so viele Galaxien, wie man sie im sichtbaren Universum findet – kaum zu glauben! Immerhin handelt es sich um die Verschmelzung von nur zwei Neutronensternen.

Haller: Ich möchte betonen, daß sich diese Energie in einer kugelförmigen Schockwelle befindet, deren Breite sich aus der Zeit des Verschmelzungsvorgangs ergibt: $0,01 \text{ s} \cdot \text{c} = 3000 \text{ km}$ – es ist also eine vergleichsweise dünne Kugelschale, die durch den Raum rast.

Einstein: Ich habe schnell einmal abgeschätzt, wie stark die Gravitationsstrahlung eines solchen Verschmelzungsprozesses auf der Erde ist, wenn er im Zentrum unserer Galaxie passiert, und erhalte da etwas Frappierendes: 100 000 Watt pro Quadratmeter. Das ist 100mal so viel wie die Sonnenleuchtkraft auf der Erdoberfläche. Die Erschütterung des Raum-Zeit-Gefüges durch die Bildung eines Schwarzen Lochs durch Verschmelzung im Zentrum der Milchstraße ist auch noch bei uns auf der Erde ein ganz ordentliches Donnergrollen.

Ich könnte mir aber noch ein gewaltigeres Ereignis vorstellen als die Vereinigung zweier Neutronensterne: die Vereinigung zweier massiver Schwarzer Löcher. Das wäre eine wahre kosmische Orgie, deren Auswirkungen, fände sie in unserer Galaxie statt, auch bei uns auf der Erde noch zu beachtlichen Verwerfungen des Raum-Zeit-Gefüges führen würden. Die Frage, die sich stellt, ist allerdings, wie oft solche kosmischen Katastrophen in unserer Galaxie passieren.

Haller: Ihre Abschätzung ist vortrefflich geeignet, um zu verdeutlichen, daß es zumindest gar nicht so unvernünftig ist, nach Gravitationswellen auf der Erde zu suchen. Zunächst möchte ich jedoch noch einmal auf die Energiebilanz bei einem System von zwei Neutronensternen zurückkommen. Wie wir schon erwähnten, kann die Energieabstrahlung eines solchen Systems infolge der Gravitationswellen recht groß sein. Bei einem solchen System, genannt PSR 1913 + 16, hat man den Effekt in der Tat beobachtet. Der eine der beiden Neutronensterne ist zufällig ein Pulsar – die Bezeichnung PSR steht für Pulsar –, sendet also in regelmäßigen Abständen Pulse von Radiowellen aus. Dank der Radiopulse ist es

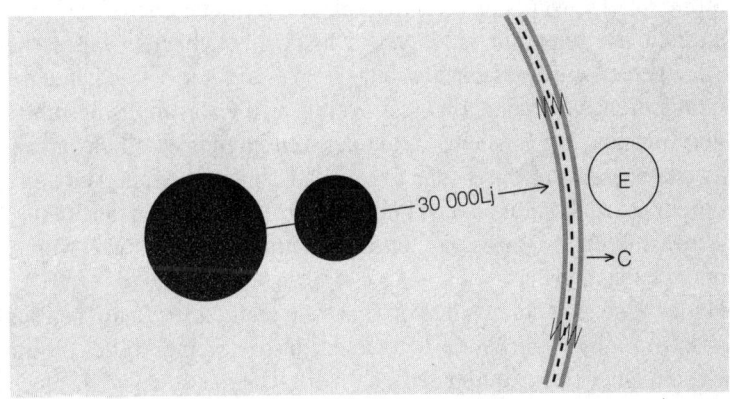

Abb. 18–1 Bei der Verschmelzung zweier Neutronensterne zu einem Schwarzen Loch ist die abgestrahlte Energie der Gravitationswellen in einer Schockwelle mit der Dicke von 3000 km konzentriert. Findet ein solches Ereignis in der Nähe des Zentrums unserer Galaxie statt, ist die resultierende Strahlungsleistung auf der Erde hundertmal größer als die Sonnenstrahlung auf der Erdoberfläche.

möglich, die Bewegung in diesem System genau zu verfolgen. Die beiden Neutronensterne umkreisen sich einmal in acht Stunden. Es stellte sich heraus, daß sich die beiden Sterne spiralförmig aufeinander zu bewegen, was man erwartet, wenn Energie abgeführt wird. Dabei ist die Schnelligkeit der Annäherung ein Maß für die Größe der abgestrahlten Energie.

Einstein: Mit anderen Worten: Im Rahmen meiner Theorie kann man genau ausrechnen, wie groß der Effekt ist. Ich fürchte, jetzt ist meine Theorie erneut einer harten Prüfung ausgesetzt.

Haller: Kein Grund zur Beunruhigung, Herr Einstein. Es hat sich herausgestellt, daß die Größe des Energieverlustes den Voraussagen der Allgemeinen Relativitätstheorie entspricht, mit einer beeindruckenden Genauigkeit. Die Allgemeine Relativitätstheorie sagt voraus, daß sich die Umlaufzeit in einem Jahr um 2,7 Milliardstel ändert, und genau dies wurde beobachtet. Ihre Theorie hat also die Prüfung mit Bravour bestanden.

Newton: Gratuliere, Professor. Ich sehe schon, Ihre Theorie hat kaum noch eine Chance, falsch zu sein. Trotzdem ist das nur ein indirekter Hinweis auf die Existenz von Gravitationswellen. Wir wollten uns aber mit direkten Nachweismöglichkeiten befassen. Also gehen wir die Sache an. Ich schlage vor, wir betrachten eine Gravitationswelle, die von einer kosmischen Katastrophe herrührt, von mir aus von Einsteins Orgie der Vereinigung von Schwarzen Löchern, und die durch die Erde mit Lichtgeschwindigkeit hindurchrast. Es kommt also zu kurzzeitigen Verzerrungen der Raum-Zeit-Struktur. Was aber passiert da im einzelnen? Und was würde man beobachten?

Haller: Da solch eine Welle von sehr weit her kommt, kann man sie praktisch als ebene Welle betrachten, also als eine Welle, die in Gestalt einer Ebene durch den Raum eilt, wie die Schallwelle einer fernen Detonation oder das Grollen eines fernen Gewitters.

Wir betrachten die Angelegenheit einmal in einem Achsenkreuz, bei dem wir die Ebene der Welle als die xy-Ebene bezeichnen. Die Welle bewegt sich senkrecht dazu, also in die Richtung der z-Koordinaten. Sie bewirkt eine Art Schwingung der Metrik der Raum-Zeit, ähnlich den Schwingungen einer Metallplatte, wobei

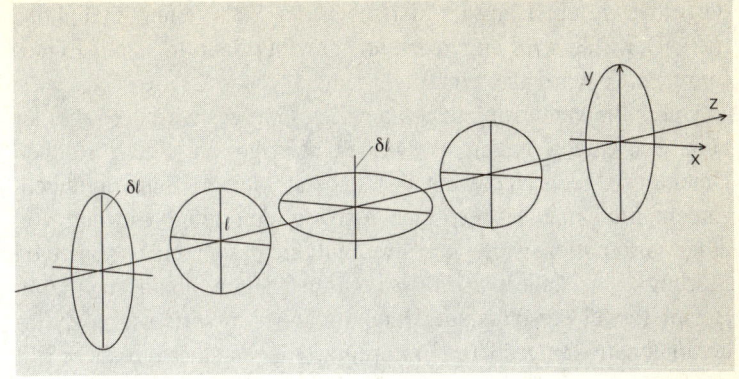

Abb. 18–2 Die Wirkung einer ebenen Gravitationswelle. Es wechseln sich Raumdehnungen bzw. -kompressionen ab, beschrieben durch die kleinen Variationen δl.

es zu rhythmischen Verzerrungen des Raumes kommt, und zwar abwechselnd zu einer Dehnung in der x-Richtung und gleichzeitig einer Kompression in der y-Richtung, und umgekehrt.

Die Intensität der Welle wird durch die relative Stärke der Verzerrung beschrieben, also das Verhältnis von Längenänderung, dividiert durch die Länge selbst. Man kann schnell abschätzen, wie stark diese bei uns auf der Erde im Fall derjenigen Wellen ist, die bei der Verschmelzung zweier Neutronensterne im Zentrum der Galaxie auftreten, nämlich nur 10^{-18}.

Einstein: Das ist geradezu erschreckend klein. Wenn ich einen Kilometer betrachte, dann bedeutet dies, daß dieser Kilometer um 10^{-13} cm verändert wird. Das ist gerade so viel wie der Durchmesser eines Atomkerns, also praktisch unmeßbar.

Haller: So würde man normalerweise denken. Aber ganz so hoffnungslos ist das nicht. Schon in den sechziger Jahren fing man an, sich Gedanken um den Nachweis von Gravitationswellen zu machen. Die Idee bestand darin, die Erschütterungen eines größeren Metallkörpers, etwa eines Aluminiumzylinders mit dem Gewicht von ungefähr einer Tonne, genau zu verfolgen. Wenn eine Gravitationswelle auf einen solchen Zylinder trifft, bewirkt sie

295

dasselbe wie ein Hammer, der einen der Stäbe eines Xylophons trifft: Der Stab wird angeregt und schwingt dann in seiner Eigenfrequenz. Es wird also ein Ton erzeugt.

Durch die Verzerrung des Raum-Zeit-Gefüges wird der Zylinder zum Schwingen angeregt. Das Schwierige an einem solchen Detektor ist der Nachweis der äußerst kleinen Schwingungen. Zudem muß man sicherstellen, daß die Anregung wirklich von einer Gravitationswelle herrührt und nicht von einer sonstigen Störung. Um äußere Einflüsse auszuschalten, kann man zum Beispiel zwei verschiedene Detektoren – man spricht von Zylinderantennen – in größerer Entfernung voneinander aufbauen. Mit der heute zur Verfügung stehenden Technik ist es in der Tat möglich, mit Hilfe eines solchen Metallzylinders Verzerrungen der Metrik von der relativen Größe von 10^{-18} zu messen.

Einstein: Eine beeindruckende Leistung. Das bedeutet immerhin, daß die heute vorliegenden Zylinderantennen eine kosmische Katastrophe in unserer Galaxie, etwa eine Supernova, beobachten könnten.

Haller: Durchaus. Nur weiß leider niemand, wann die nächste Supernova-Explosion in unserer Galaxie stattfinden wird. Die Statistik ist nicht besonders ermutigend. Supernovae in unserer Galaxie wurden in den Jahren 1054, 1572 und 1604 beobachtet, seither ist Ruhe in unsererm galaktischen Haus. Im Jahre 1987 wurde in der Großen Magellanschen Wolke, einem Sternensystem in unserer unmittelbaren Nachbarschaft, eine Supernova-Explosion registriert. Später ermittelte man, daß man die dabei auftretenden Gravitationswellen mit den vorliegenden Detektoren gerade hätte sehen können. Es stellte sich jedoch heraus, daß zum fraglichen Zeitpunkt alle Detektoren aus technischen Gründen abgeschaltet waren. Damit war die Gelegenheit verpaßt.

Einstein: Da es offenbar riskant ist, auf eine Supernova-Explosion in unserer Nähe zu warten, wäre es sinnvoll, die Sensitivität der Detektoren zu verbessern. Dann könnte man vielleicht auch die Supernova-Explosionen in den uns benachbarten Galaxien beobachten. Zumindest wäre man da einigermaßen sicher, daß jedes Jahr etwas passiert.

Haller: Das ist die Zielrichtung der heutigen Forschung. Man versucht, Detektoren zu bauen, die eine Sensitivität von 10^{-21} besitzen, also etwa tausendmal sensitiver sind als die Zylinderantennen.

Newton: Man müßte in der Lage sein, die Verzerrungen der Raum-Zeit-Metrik auf größeren Distanzen genau zu messen.

Haller: Genau dies ist die Richtung, in die man ging: keine Metallzylinder mit der Länge von einigen Metern, sondern Vorrichtungen, die mehrere Kilometer lang sind.

Einstein: Gravitationswellen haben die Eigenschaft, den Raum in der einen Richtung zu verkürzen, in der darauf senkrecht stehenden Richtung zu verlängern. Deshalb könnte man an eine neue Version des alten Michelson-Experiments denken. Wie Sie wissen, wurden bei diesem Experiment die Geschwindigkeiten zweier senkrecht zueinander laufenden Lichtimpulse verglichen. Da wir mittlerweile wissen, daß auf Grund der Speziellen Relativitätstheorie diese beiden Geschwindigkeiten gleich sein müssen, müssen wir die Laufzeiten der beiden Lichtimpulse vergleichen. Wenn eine Gravitaiosnwelle durch die Anordnung hindurchläuft, müßte sich eine wenn auch winzige Änderung der Laufzeiten ergeben, da sich die Längen etwas ändern. Durch Ausnutzung der Interferenzerscheinungen könnte man hierbei wohl eine erhebliche Sensitivität erreichen.

Haller: Was Sie gerade vorschlugen, ist das Prinzip eines Gravitationswellen-Interferometers. Es funktioniert ebenso wie das Michelson-Experiment, ist nur wesentlich sensitiver, unter anderem wegen der Fortschritte der Lasertechnik, auf die Michelson nicht zurückgreifen konnte. Heute ist man dabei, auf der Erde solche Geräte zu bauen, wobei die Längen der beiden Arme, in denen das Laserlicht läuft, einige Kilometer sind. Man hofft, auf diese Weise die Sensitivität auf die bereits erwähnten 10^{-21} zu steigern.

Hier am Caltech hat man den Prototyp eines solchen Interferometers mit einer Armlänge von 40 Metern errichtet; ein anderes mit einer Länge von 30 Metern wurde in München gebaut. Da ich den Leiter des hiesigen Gravitationswellenexperiments gut kenne, habe ich übrigens vereinbart, daß wir heute nachmittag das Caltech-Interferometer besichtigen, wenn Sie einverstanden sind.

Einstein: Selbstverständlich schauen wir uns das an. Ich möchte sehen, wie das mit den Laserstrahlen funktioniert.

Haller: Das Gerät, das wir besichtigen werden, ist der Prototyp eines großen Detektors, der sich im Bau befindet und LIGO genannt wird, eine Abkürzung für Laser Interferometer Gravitational Wave Observatory.

LIGO wird aus zwei separaten Interferometern bestehen, wobei die Länge der Arme jeweils 4 Kilometer betragen wird. Der eine Detektor wird in der Nähe von Hanford im Bundesstaat Washington errichtet, der andere in der Nähe von Livingston in Louisiana. Beide Detektoren sind also weit voneinander entfernt. Auf diese Weise ist es möglich, Effekte, die nichts mit Gravitationswellen zu tun haben – etwa lokale Erderschütterungen –, zu eliminieren.

In Europa ist geplant, bei Pisa und in der Nähe von Hannover

Abb. 18–3 Das Interferometer am Caltech, dessen Arme eine Länge von 40 m besitzen. Die Laserstrahlen laufen in den beiden senkrecht aufeinander stehenden Vakuumröhren. (Foto California Institute of Technology, Pasadena)

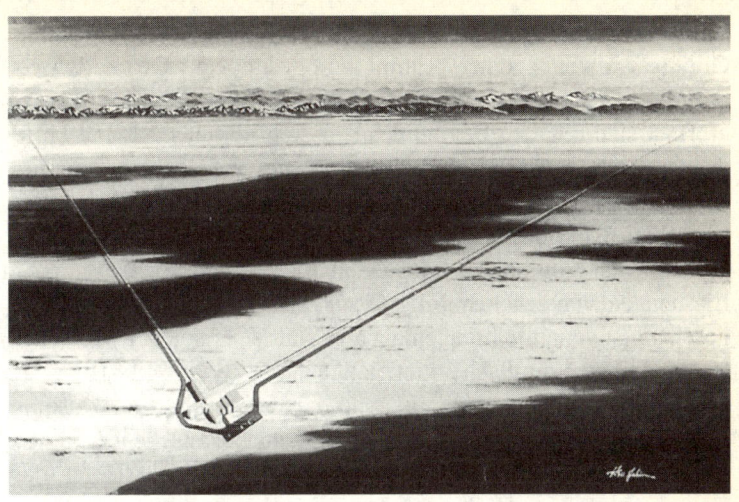

Abb. 18–4 Modell eines der beiden LIGO-Interferometer, das in der Nähe von Hanford (Washington) errichtet wird. (California Institute of Technology, Pasadena)

jeweils einen Detektor mit Armlängen von 3 Kilometern zu errichten. Möglicherweise wird es in Zukunft weitere in Australien und Japan geben. Es ist also ein ganzes Netzwerk von Interferometern in Sicht.

Die Beobachtung von Gravitationswellen mit einer Reihe von Interferometern ist sehr nützlich, um Details über diese Wellen zu erfahren. Wenn eine Erschütterung der Raum-Zeit-Metrik in Gestalt einer Gravitationswelle, von einer fernen Galaxie ausgehend, schließlich unser Sonnensystem erreicht, wird sie einen der Detektoren, etwa den in Hanford, zuerst anregen, dann den nächsten in Louisiana, später die Detektoren in Europa. Durch eine genaue Analyse der relativen Zeitunterschiede wird man in der Lage sein, die Richtung der einfallenden Welle zu bestimmen. Auch die Bestimmung der Form der Welle und der Frequenz ist wichtig, gibt sie doch Aufschluß über den Ursprung der Welle. Jede kosmische Katastrophe, sei es eine Supernova oder der Zusammenbruch eines Neutronensternsystems zu einem Schwarzen Loch oder die Verschmelzung zweier Schwarzer Löcher zu einem einzigen, erzeugt Gravitationswellen einer bestimmten Gestalt und Größe, besitzt also ihren charakteristischen gravitativen Fingerabdruck. Damit eröffnet sich etwa zu Beginn des nächsten Jahrtausends mit Hilfe der Gravitationswellendetektoren ein neues Feld der Astronomie, das in ferner Zukunft vielleicht einmal gleichberechtigt neben der optischen Astronomie, der Radio- und der Röntgenastronomie stehen könnte.

Einstein: Noch hat niemand eine Gravitationswelle direkt beobachtet, geschweige denn die Frequenz und Gestalt einer solchen Welle der Raum-Zeit bestimmt. Aber vielleicht haben Sie recht. Mit Hilfe der Gravitationswellen könnte ein ganz neues Fenster zum Kosmos geöffnet werden, das es nicht nur erlaubt, die kosmischen Vorgänge anders zu sehen, sondern auch einen Einblick in die Tiefen der Raum-Zeit und in das Herz kosmischer Katastrophen verspricht, der anders nicht zu gewinnen ist.

19

Einsteins Eselei und
das dynamische Universum

> Meine Bemühungen gründen sich auf
> dem Glauben, daß die Welt eine völlig
> harmonische Struktur aufweist.
> *Albert Einstein*[19.1]

Am Morgen nach dem Besuch der LIGO-Gruppe traf man sich im Speisesaal des Athenaeums zum Frühstück. Einstein eröffnete seinen beiden Kollegen seinen Plan zum Besuch des Mount-Wilson-Observatoriums: »Als ich im Jahre 1929 nach Pasadena kam, wurde ich auf dem Mount Wilson von Edwin Hubble mit Fakten konfrontiert, die auf eine geradezu dramatische Bestätigung von Ideen über die Kosmologie hinausliefen, die Jahre vorher mit Hilfe meiner Gleichungen abgeleitet worden waren. Deshalb schlage ich vor, daß wir heute die Gespräche über die Kosmologie auf dem Mount Wilson beginnen. Haller, Sie kennen zwar das Observatorium von früheren Besuchen her, aber Newton wird es interessant finden, den Ort kennenzulernen, an dem die quantitative Kosmologie gegen Ende der zwanziger Jahre geboren wurde.«

Unmittelbar nach dem Frühstück begann die Fahrt zum Mount Wilson in Hallers Mietwagen. Sie fuhren die Hill Street nach Norden zum Freeway 210. Nach kurzer Fahrt auf der Autobahn kamen sie zum Angeles Crest Highway. In vielen Windungen ging es hinauf in die San Gabriel Mountains. Schließlich erreichten sie die Abzweigung zum Mount Wilson. Auf einer kleinen Nebenstraße gelangten sie zum großen Parkplatz neben dem Observatorium.

Es war ein klarer Tag. Der Wind kam von der Mojavewüste im

Osten und wehte den Smog der großen Stadt hinaus über den Pazifik. Im Süden breitete sich das große Becken von Los Angeles aus. In der Ferne sah man die Hochhäuser am Strand von Santa Monica, dahinter das blaue Band des Pazifik, unterbrochen durch die vorgelagerte Insel Catalina.

Haller zeigte seinen Kollegen einen fernen Berg im Südosten mit einer weißen Kuppel, den Mount Palomar. Dort befand sich der große »Bruder« des Mount-Wilson-Observatoriums. Nach dem Zweiten Weltkrieg wurde dort das für lange Zeit größte Spiegelteleskop der Welt errichtet, ebenfalls unter der Regie der Caltech-Astronomen.

Nun ging es zuerst in das kleine Museum des Observatoriums. Neben vielen alten Geräten waren dort Fotos zu sehen, die Einsteins Besuche auf dem Mount Wilson dokumentierten. Auf einigen Bildern sah man Einstein zusammen mit Edwin Hubble und seinem engsten Mitarbeiter Milton Humason.

Schließlich erreichten sie das große runde Gebäude mit dem Teleskop. Durch einen Seiteneingang betraten sie einen Vorraum, von dem aus man in das Innere der Beobachtungskuppel blicken konnte.

Einstein erzählte: »Als ich das erste Mal hier war, zeigte mir Hubble, wie man das große Teleskop bedient. Leider war es am hellichten Tag, so daß wir keine Sternbeobachtung durchführen konnten. Während Hubble mir das Gerät erklärte, saß ich auf seinem alten Holzstuhl, der, wie ich sehe, immer noch hier ist. Von hier aus hat Hubble weiter in das All hinaus gesehen als je ein Mensch vor ihm.«

Einstein zeigte auf einen alten Stuhl, der auf einem kleinen Podest stand. Es war tatsächlich Hubbles Stuhl, den man zur Erinnerung an den großen Astronomen im Raum belassen hatte.

Haller (an Newton gewandt): Mit dem Bau des Observatoriums wurde kurz nach der Jahrhundertwende begonnen, zu einer Zeit, als der Himmel über Südkalifornien noch klar und frei von Smog war. Das Gebiet von Los Angeles galt damals als eine ausgezeichnete Region für Himmelsbeobachtungen. Im Becken herrschte oft eine Inversionswetterlage, die in großer Höhe für eine Stabilisie-

Abb. 19–1 Der Campus des Caltech mit der Millikan Library; im Hintergrund die verschneiten San Gabriel Mountains. (Foto California Institute of Technology, Pasadena)

rung der Luftschichten sorgte – ein Eldorado für Astronomen, die zudem infolge des günstigen Klimas ihrer nächtlichen Arbeit nicht bei Eiseskälte nachgehen mußten.

Das große Spiegelteleskop, zur Zeit seiner Konstruktion das größte Spiegelteleskop der Welt mit einem Durchmesser von 100 Zoll – das sind 254 cm –, wurde von George Ellery Hale konstruiert, der insbesondere auf Mittel der Carnegie-Stiftung zurückgreifen konnte. Edwin Hubble, ein früherer Rhodes Fellow in Oxford, begann mit seiner astronomischen Forschung auf dem Mount Wilson unmittelbar nach dem Ersten Weltkrieg.

Bereits Hubbles erste Arbeiten waren ein Meilenstein in der astronomischen Forschung. Mit Hilfe des neuen Teleskops konnte er beweisen, was zuvor bereits einige Astronomen und schon viel früher der Philosoph Immanuel Kant vermutet hatten: Die fernen Spiralnebel waren Sterneninseln wie unsere eigene Milchstraße. Damit vergrößerte sich das mit Hilfe von Teleskopen zugängliche Universum um viele Größenordnungen.

Einstein: Hubble ist der Kopernikus des 20. Jahrhunderts gewesen. Kopernikus versetzte den Mittelpunkt der Welt von der Erde zur Sonne. Die Astronomen nach ihm erkannten, daß die Sonne nur ein mittelmäßiger Stern mittlerer Größe inmitten einer großen Galaxie ist. Hubble fand schließlich heraus, daß unsere Milchstraße eine nicht besonders auffällige Galaxie in einem riesigen Kosmos ist – eine Galaxie unter Milliarden anderen.

Newton: Um festzustellen, daß die Spiralnebel ferne Sternensysteme sind, mußte Hubble die Entfernung zu diesen abschätzen. Wie hat er das getan?

Haller: Mit dem neuen Teleskop konnte Hubble zumindest in den nahen Galaxien einzelne Sterne beobachten, insbesondere Sterne, deren Helligkeit sich periodisch ändert, die Cepheiden. Durch einen systematischen Vergleich der Leuchtkraft dieser Sterne mit ähnlichen Sternen in unserer Galaxie konnte man dann die Entfernung abschätzen

Newton: Der Abstand unserer Sonne vom Zentrum unserer Galaxie ist etwa 30000 Lichtjahre. Wie weit ist es zu den nächsten Galaxien?

Abb.19–2 Albert Einstein mit Astronomen des Mount-Wilson-Observatoriums vor dem Gebäude mit dem großen Spiegelteleskop, um 1930. (Foto Hale Observatories, Pasadena)

Haller: Auf der Erde werden Entfernungen in Kilometern gemessen. Innerhalb unserer Galaxie hat man es typischerweise mit Tausenden von Lichtjahren zu tun, da der Durchmesser der Galaxie in der Größenordnung von 100 000 Lichtjahren liegt. Interessiert man sich jedoch für intergalaktische Reisen, dann ist die typische Längeneinheit eine Million Lichtjahre, was $9,46 \cdot 10^{18}$ km entspricht. Der Abstand zur nächsten großen Galaxie, der Galaxie im Sternbild Andromeda, beträgt etwa 2 Millionen Lichtjahre.

Newton: Ich versuche mir ein Bild von der Größe des sichtbaren Kosmos zu machen, wie sie sich in der Folge von Hubbles Entdeckung ergeben hat. Was sind die größten Entfernungen, die man bislang im Kosmos beobachtet hat?

Haller: Es ist schwierig, hier eine genaue Zahl anzugeben, aber die Größenordnung ist 10 Milliarden Lichtjahre, also 10000 Millionen Lichtjahre.

Newton: Gut. Nehmen wir einmal an, wir setzen eine Million Lichtjahre gleich einem Meter. Dann wäre der gesamte im Teleskop sichtbare Kosmos eine Kugel mit dem Radius von 10 km, im Mittelpunkt unsere Galaxie, ein Sternenhaufen mit dem Durchmesser von 10 cm, also so groß wie eine Pampelmuse. Die Andromeda-Galaxie wäre 2 Meter entfernt. Was weiß man denn über die Verteilung der Galaxien? Bewegen sich diese im Kosmos eher zufällig verteilt, oder gibt es da auffällige Strukturen?

Haller: Hubble war zu seiner Zeit nicht in der Lage, etwas über die genaue Verteilung der Galaxien zu sagen. Dies konnte man erst in den sechziger und siebziger Jahren tun, als neue Beobachtungsmethoden zur Verfügung standen. Heute weiß man, daß viele Galaxien in großen Ansammlungen, großen galaktischen Haufen, vorkommen. Die ersten Hinweise auf galaktische Haufen kamen ebenfalls vom Caltech, und zwar von Hubbles Kollegen Fritz Zwicky.

In Richtung des Sternbilds der Jungfrau liegt der nächste größere Haufen, in einer Entfernung von 60 Millionen Lichtjahren, also 60 Meter auf unserer kosmischen Längenskala. 300 Meter entfernt befindet sich der Coma-Haufen, in Richtung des Sternbilds Coma Berenices. Der gesamte Kosmos ist durchsetzt von solchen galak-

Abb. 19–3 Das 2,5-m-Spiegelteleskop des Mount-Wilson-Observatoriums. (Foto Hale Observatories, Pasadena)

tischen Haufen, deren Durchmesser oft 100 Millionen Lichtjahre erreicht. Auffällig ist auch, daß es im Kosmos riesige Löcher gibt, leere Zwischenräume zwischen den galaktischen Haufen, in denen sich keine einzige Galaxie befindet. Diese Löcher können eine Größe bis zu 100 Meter auf unserer kosmischen Skala haben.

Einstein: Um es kurz zu machen – ich kann mir also den mit Hilfe von Teleskopen sichtbaren Kosmos als eine Kugel mit dem Radius von 10 km vorstellen, in dem die Galaxien, scheibenförmige

Gebilde mit einem Durchmesser von etwa 10 cm, vornehmlich in größeren Haufen existieren, deren Größe etwa 100 m ist. Zudem gibt es riesige leere Löcher, deren Größe vergleichbar mit der Größe der Haufen ist. Als Schweizer Bürger würde ich sagen, der Kosmos ist ein Schweizer Käse, der zur Hälfte aus Käse, zur Hälfte aus Löchern besteht. Ich könnte jetzt fragen, woher diese seltsame Struktur kommt, fürchte aber, daß ich damit zu weit von unserem Thema ablenke.

Haller: Allerdings. Ich nehme an, wir werden später auf Ihre Frage zurückkommen müssen, denn sie hängt mit der Entstehungsgeschichte des Kosmos zusammen. Aber zunächst möchte ich auf Hubbles zweite große Entdeckung zu sprechen kommen.

Einstein: Moment, ich schlage vor, wir gehen denselben Weg, den auch die Geschichte eingeschlagen hat, und der beginnt nicht bei Hubble auf dem Mount Wilson, sondern bei Einsteins in der Haberlandstraße in Berlin.

Mittlerweile wird es mir jedoch hier in diesem kühlen Raum zu ungemütlich – ich ziehe es vor, unsere Diskussion draußen in der warmen kalifornischen Sonne fortzusetzen.

– Nicht weit vom Teleskopgebäude fand sich ein kleiner schattiger Platz, an dem das Gespräch wieder aufgenommen wurde.

Newton: Da haben Sie mich neugierig gemacht. Was hat die Haberlandstraße mit der Entstehung des Kosmos zu tun?

Einstein: Leider nicht so viel, wie ich mir wünschen würde, aber immerhin fand dort der erste Schritt statt, und es hat nicht viel gefehlt und ich hätte auch den zweiten, diesmal entscheidenden Schritt getan, wenn ich nicht einem fatalen Irrtum aufgesessen wäre.

Kurz nach Aufstellung meiner Gleichungen der Gravitation begann ich damit, diese auf den Kosmos als Ganzes anzuwenden. Dabei ging ich von zwei Annahmen aus: Zum einen sollte der Kosmos im Mittel eine homogene Struktur aufweisen. Die Materiedichte sollte also im Mittel überall gleich sein. Das ist natürlich eine Idealisierung, aber als erster Versuch nicht schlecht.

Haller: Im nachhinein erwies sich diese Annahme sogar als recht zutreffend. Heute weiß man, daß die Materiedichte im Kosmos

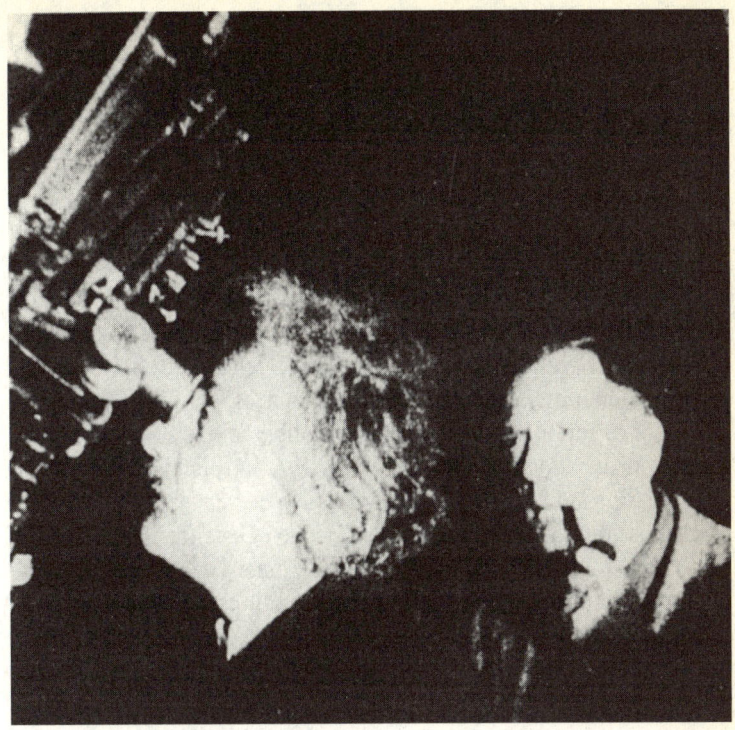

Abb. 19–4 Albert Einstein und Edwin Hubble am Spiegelteleskop des Mount-Wilson-Observatoriums zu Beginn der dreißiger Jahre. (Foto California Institute of Technology, Pasadena)

einigermaßen konstant ist, wenn man über große Distanzen mittelt – groß genug, um auch die galaktischen Haufen mit zu erfassen.

Einstein: Leider trifft dies auf die zweite Annahme, die ich machte, nicht zu. Ich ging davon aus, daß der Kosmos letztlich ein statisches Gebilde ist – er war früher so wie heute, und auch morgen wird er so wie heute sein.

Newton: Da sehe ich ein Problem. Ich habe mir vor langer Zeit überlegt, daß ein Kosmos, der aus vielen Himmelskörpern besteht, die sich gegenseitig gravitativ anziehen, nicht statisch sein kann, und zwar aus einem ganz einfachen Grund: Jeder Körper zieht jeden an, und deshalb kommt es nach einiger Zeit zu einer großen Implosion – die Materie fällt in sich zusammen. Ein statischer Kosmos wäre also nicht stabil.

Einstein: Das war mir wohlbekannt. Als ich die beiden genannten Annahmen in meine Gleichungen einbaute, ergab sich genau das, was Sie schon im Rahmen Ihrer Theorie bemerkt hatten – der Kosmos kann nicht statisch sein, sondern fällt in sich zusammen. Mit anderen Worten: Es ließ sich keine statische Lösung meiner Gleichungen der Gravitation finden.

Schließlich verfiel ich auf einen Trick. Ich modifizierte meine Gleichungen mittels eines kleinen Zusatzterms, der die Eigenschaft hatte, daß er mit meinen Prinzipien der allgemeinen Relativität verträglich war, jedoch zur normalen Gravitation nichts beitrug, der mithin aufgrund der Gravitationsmessungen nicht ausgeschlossen werden konnte, jedoch bei kosmologischen Distanzen zum Tragen kam. Dieser Zusatzterm spielte die Rolle einer Gegenkraft zur normalen Gravitation – eine Art Antigravitationskraft oder, besser, eine Art kosmischer Druck, der gewissermaßen in das Gewebe der Raum-Zeit eingebaut ist und die Materie auseinandertreiben würde, gäbe es die normale Gravitation nicht.

Newton: Ich verstehe – Sie arrangierten eine Balance zwischen der Gravitation, die das kosmische Haus zum Einsturz bringen möchte, und dem kosmischen Druck, der es auseinandertreibt.

Haller: Heute gibt es große Tennishallen, deren Wände und Dächer aus luftdichtem Stoff bestehen. Eine Pumpe sorgt dafür, daß in der Halle ständig ein kleiner Überdruck herrscht. Dadurch wird das Gebäude stabilisiert. Ohne den Überdruck, der dem Einsteinschen Term entspricht, würde es durch die Gravitation in sich zusammenfallen.

Im übrigen sieht man an diesem Beispiel auch, daß der kosmologische Term zwar eine neue Größe ist, also ein Parameter in der Theorie wie die Gravitationskonstante, jedoch nicht beliebig gewählt werden kann. Er muß so an die Materiedichte angepaßt werden, daß sich das Gleichgewicht zwischen Gravitation und Gegendruck einstellt.

Einstein: Wie dem auch sei, ich muß gestehen, daß es ein Fehler war, diese kosmische Pumpe zu erfinden. Später habe ich oft erklärt, daß die Erfindung des kosmologischen Terms die größte Eselei meines Lebens gewesen ist. Ich wollte, ich wäre nie auf diesen Term verfallen.

Haller: Dem kann ich nur bedingt zustimmen, denn wir werden demnächst sehen, daß Ihre angebliche Eselei heute aus einer ganz anderen Sicht wieder ernsthaft diskutiert wird.

Einstein: Da bin ich gespannt, zu gegebener Zeit mehr darüber zu erfahren – ich bleibe jedoch skeptisch.

Zurück zum Jahre 1916. Ich habe also mit dem neuen kosmologischen Term ein statisches Modelluniversum erdacht, das aussah wie das dreidimensionale Analogon eines aufgeblasenen Ballons. Wie die Ballonoberfläche war der Raum gleichmäßig gekrümmt und endlich groß. Durch den Gegendruck des kosmologischen Terms war das Universum im Gleichgewicht mit sich selbst, und ich war zunächst mit meinem Produkt zufrieden.

Newton: Wie steht es denn mit der Stabilität Ihres Modelluniversums? Das Analogon mit dem Ballon erscheint mir etwas fragwürdig. Ein Ballon ist ein statisches Gebilde, wenn ich den Druck konstant halte. Ein Universum, bestehend aus Himmelskörpern, die sich gegenseitig anziehen, ist hingegen ein sehr fragiles Gebilde. Ihr kosmologischer Term stabilisiert das System nur dann, wenn die Materie völlig homogen verteilt ist. Ich würde jedoch erwarten, daß aufgrund der Gravitation manchmal größere Fluktuationen der Dichte entstehen, wenn sich beispielsweise eine größere Menge von Himmelskörpern zufällig in einer Region des Raumes ansammelt. Eine solche Störung der Stabilität könnte ein Problem werden.

Einstein: Leider muß ich gestehen, daß Sie da die Achillesferse meines Modells getroffen haben. Es hat sich tatsächlich herausgestellt, daß es nicht stabil ist. Die geringste Fluktuation der Dichte – und das kosmische Gleichgewicht ist dahin. Mit anderen Worten: Mein Weltmodell konnte nicht als ein Modell für unser Universum gelten.

Ich wollte, ich hätte damals mit meinen Gleichungen etwas

mehr Mut zum Experimentieren gehabt. Diese Geduld hatte jedenfalls ein anderer: Alexander Friedmann in der Sowjetunion. Wie ich nahm Friedmann an, daß die Materiedichte überall im Kosmos dieselbe sei, mehr jedoch auch nicht. Meine Gleichungen der Gravitation laufen dann auf eine Gleichung über die Materiedichte hinaus. Friedmann fand zunächst heraus, daß meine Gleichungen notwendigerweise zu einer zeitlichen Veränderung der Dichte führen. Mit anderen Worten: Ein statisches Universum war unmöglich. Das ist ähnlich wie bei einem Stein, der nach oben geworfen wird und aufgrund der Gravitation nach einiger Zeit wieder nach unten fällt. Der Stein kann nicht in Ruhe verharren – wegen der herrschenden Gravitation muß er sich bewegen. Newtons Gravitationsgesetz erlaubt es, die genaue Bahn des Steins auszurechnen, also für jeden Zeitpunkt die Höhe anzugeben, wenn man die Anfangsgeschwindigkeit des Steins kennt. Analog konnte Friedmann die Dichte zu jedem Zeitpunkt ausrechnen, vorausgesetzt, man kennt die Dichte zu einem bestimmten Zeitpunkt.

Newton: Im Unterschied zu Ihnen fand Friedmann also, daß die Materiedichte zeitlich nicht konstant ist – sie muß demnach im Laufe der Zeit kleiner oder größer werden.

Einstein: Nicht nur die Dichte ändert sich, sondern auch die Krümmung des Raumes. Nehmen wir an, der Kosmos ist wie in meinem ersten Modell ein in sich geschlossener Raum, also das dreidimensionale Analogon einer Kugeloberfläche. Dann gibt es nur zwei Möglichkeiten: Entweder der Raum bläht sich auf, wie ein Luftballon, der aufgeblasen wird, oder er wird kleiner. Wenn sich der Raum aufbläht, wird die Materiedichte ständig kleiner. Der Raum wird sich allerdings nicht für immer ausdehnen, sondern erreicht eine gewisse maximale Größe. Danach zieht er sich wieder zusammen.

Das Beispiel mit dem Stein ist auch hier ganz brauchbar. Ein nach oben geworfener Stein wird irgendwann seine maximale Höhe erreichen und dann wieder nach unten fallen – den Fall, daß seine Geschwindigkeit so groß ist, daß er die Erdschwere überwinden kann, wollen wir erst einmal ausschließen.

Newton: Man könnte sich also das Universum als einen endlich großen, in sich geschlossenen und gekrümmten Raum vorstellen, der gleichmäßig mit Galaxien angefüllt ist. Der Raum wird größer, expandiert also. Die Galaxien streben folglich alle voneinander weg. Durch die zwischen den Galaxien herrschende Gravitation wird allerdings die Expansion ständig langsamer, bis sie schließlich ganz aufhört. Anschließend kommt es zu einer Kontraktion, und die Galaxien fliegen wieder aufeinander zu. Ich frage mich allerdings, was passiert, wenn der Abstand zwischen den Galaxien immer geringer wird und die Galaxien förmlich ineinanderfallen.

Einstein: Das ist ein besonderes Kapitel, das ich im Moment nicht aufschlagen möchte. Ich habe ja nicht behauptet, daß unser Universum wirklich durch eines der Modelle von Friedmann beschrieben wird, sondern habe nur die Möglichkeiten aufgezeigt.

Haller: Ich möchte betonen, daß das gleichmäßige Auseinanderdriften der Galaxien ein Effekt der Expansion des Raumes ist. Im Grunde sind die Galaxien in Ruhe, jede an ihrem Platz im Raum. Da sich der Raum zwischen den Galaxien aufbläht, würde ein Astronom, der sich in einer der Galaxien aufhält, beobachten, daß alle anderen Galaxien von seiner eigenen wegstreben, und zwar um so schneller, je weiter eine Galaxie entfernt ist. Unser Astronom würde also den Eindruck erhalten, daß er im Zentrum der Welt sitzt und alle anderen Galaxien davonfliegen.

Ein anderer Astronom in einer anderen Galaxie würde allerdings denselben Eindruck haben, denn jeder Punkt des Raumes, also auch jede Galaxie, ist gleichberechtigt. Es herrscht eine kosmische Demokratie, wie bei einem Luftballon. Wird er aufgeblasen, dann bewegt sich jeder Punkt der Oberfläche des Luftballons von jedem anderen weg, aber kein Punkt ist ausgezeichnet. Einen zentralen Punkt, von dem die Expansion ausgeht, gibt es nicht.

Einstein: Ein anderes Beispiel in drei Dimensionen: Ein Hefekuchen, in dessen Teig möglichst homogen Rosinen verteilt sind, wird im Ofen gebacken. Die aufgehende Hefe treibt den Kuchenteig auseinander, und die Rosinen bewegen sich im Teig mit. Die Expansion des Kuchens führt dazu, daß sich die Rosinen wie die Galaxien im expandierenden Friedmann-Modell verhalten.

Je größer die Entfernung zwischen zwei Rosinen ist, um so größer ist die entsprechende relative Geschwindigkeit. Bezüglich des Teigs in der Umgebung ist jedoch eine Rosine in Ruhe, da sie in den Teig eingebettet ist.

Newton: Ich verstehe – der Teig entspricht dem Raum zwischen den Galaxien. Nun wissen wir, daß es die Hefe ist, die den Teig auseinandertreibt. Was ist aber das Medium, das den Raum expandieren läßt? Gibt es ein kosmisches Analogon zur Hefe? Angesichts der komplizierten Struktur des Vakuums, über die Sie in Ihrem Berliner Vortrag sprachen, ist dies ja immerhin möglich.

Haller: Eine kosmische Hefe wird für die Expansion im Friedmann-Modell nicht benötigt. Wenn die Expansion des Raumes zu irgendeinem Punkt vorliegt, dann wird sie sich fortsetzen, als Folge des Trägheitsprinzips, das auch für den Kosmos gilt, eingeschlos-

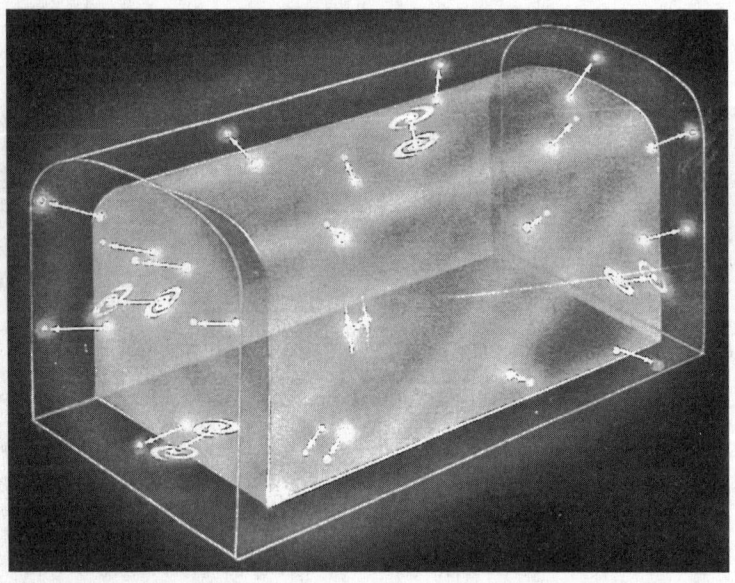

Abb. 19–5 Im expandierenden Universum dehnt sich der Raum aus wie der Teig beim Backen eines Hefekuchens. (Graphik Wendlinger, P.M.-Magazin)

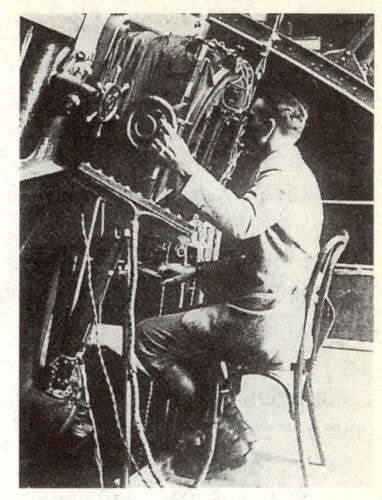

Abb. 19–6 Edwin Hubble am Spiegelteleskop des Mount-Wilson-Observatoriums, auf seinem legendären Holzstuhl sitzend. (Foto Hale Observatories, Pasadena)

sen der sich im Kosmos befindlichen Materie. Schließlich kann die Expansion nicht plötzlich stoppen.

Einstein: Das beantwortet die Frage aber nur halb, denn man könnte jetzt fragen, warum es überhaupt eine Expansion gibt.

Haller: Dazu möchte ich mich zunächst einmal nicht äußern, da wir sowieso darauf zurückkommen werden, wenn wir die astronomischen Beobachtungen diskutieren.

Newton: Gut, aber eine Frage hätte ich dennoch. Wir sprechen jetzt von einer Expansion des Raumes. Der Raum wird also ständig größer, wie ein Gummiband, das man auseinanderzieht. Alle Distanzen vergrößern sich im Lauf der Zeit. Wie steht es aber mit den materiellen Objekten, also mit den Sternen, Planeten oder mit einfachen Gegenständen wie diesem Stein: Werden diese auch ständig größer? Ich nehme an, daß dies nicht so ist, denn sonst hätte man ja gar keinen Grund, von einer Expansion zu sprechen, da sich auch der Maßstab, mit dem man Längen mißt, ändern würde

Haller: Da haben Sie völlig recht. Die kosmische Expansion des Raumes im Friedmann-Modell bedeutet, daß sich die kosmischen Maßstäbe, gemessen an den Abständen zwischen den Galaxien, im

Vergleich zu irdischen Maßstäben, etwa zur Größe dieses Steins oder zur Ausdehnung eines Atoms, ändern. Wir beobachten, daß die Größe eines Steins sich nicht spontan mit der Zeit ändern kann. Dies ist eine Folge der Tatsache, daß die Materie aus Atomen besteht. Jedes Atom hat eine bestimmte Ausdehnung. Zehn Milliarden Wasserstoffatome, in einer Kette aneinandergereiht, ergeben die Länge von einem Meter. Auch die kosmische Expansion des Raumes kann daran nichts ändern, denn die Gesetze der Quantenphysik legen die Größe der Atome fest. Die kosmische Expansion ist also eine Expansion des Raumes relativ zur Größe der Atome. Der Raum wird größer, die Atome bleiben, ähnlich wie bei unserem Kuchen: Der Teig bläht sich auf, die Rosinen aber verändern sich nicht.

Newton: Vorhin erwähnten Sie das Beispiel von einem Stein, der nach oben geworfen wird und irgendwann zurückfällt. Nun gibt es die Möglichkeit, daß der Stein nicht zurückkommt, wenn seine Anfangsgeschwindigkeit größer als etwa 11 km/s ist. Kann es sein, daß die Expansion des Kosmos im Friedmann-Modell so schnell ist, daß es analog zum Stein, der für immer im All verschwindet, nicht zur nachfolgenden Kontraktion kommt, sich das Universum also für immer aufbläht?

Einstein: Sie nehmen vorweg, was ich gerade diskutieren wollte. Es hängt von der Gewindigkeit der Expansion ab, ob es tatsächlich zu einer nachfolgenden Kontraktion kommt. Ist die Expansion genügend schnell, wird sie zwar im Lauf der Zeit auch langsamer werden, aber nie zum Stillstand kommen. Ob es dazu kommt oder nicht, hängt von der Materiedichte ab, also von der Anzahl der Galaxien pro Volumeneinheit im Kosmos. Gibt es genügend Materie, kommt es irgendwann zum Stillstand. Ist nicht genügend Materie vorhanden, setzt sich die Expansion für immer fort.

Interessant ist nun die Entdeckung von Friedmann, daß die Schicksalsfrage »Immerwährende Expansion oder nicht?« mit der Struktur des Raumes zusammenhängt. Es kommt in der Zukunft immer zur Kontraktion, wenn der Raum in sich geschlossen, also das dreidimensionale Analogon einer Kugeloberfläche ist. Die Materie ist dann so dicht verteilt, daß sich der Raum durch die von

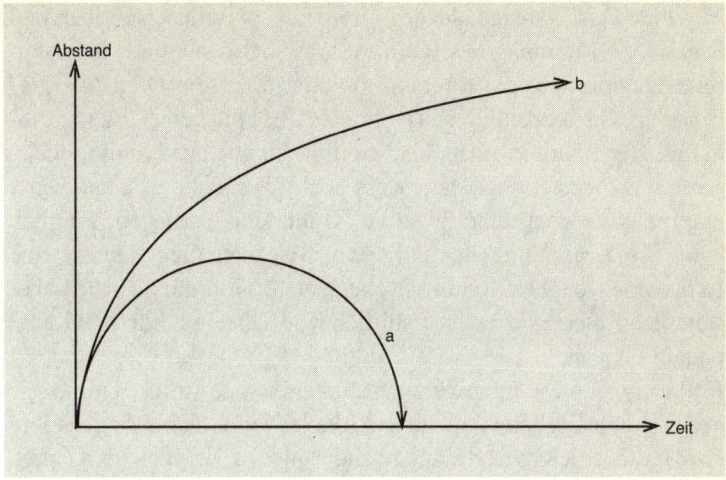

Abb. 19–7 Die zwei Möglichkeiten der kosmischen Dynamik. Entweder liegt eine permanente Expansion vor (b), oder es kommt nach einer Expansion zu einer Kontraktion (a).

der Materiedichte verursachte Krümmung in sich schließt. Das Universum ist damit endlich groß – man spricht von einem geschlossenen Universum. Der andere Fall ergibt sich, wenn die Materie weniger dicht gepackt ist. Dann liegt das dreidimensionale Analogon einer Sattelfläche vor, die, wie wir wissen, eine negative Krümmung besitzt und unendlich groß ist.

Newton: In diesem Fall wäre also der Kosmos unendlich groß, aber gleichmäßig mit Galaxien angefüllt. Damit gäbe es also unendlich viele Galaxien.

Einstein: Ja – das Universum ist unendlich ausgedehnt und expandiert für alle Ewigkeit.

Auf einen interessanten Grenzfall möchte ich hinweisen, nämlich den Fall, daß die Expansion gerade schnell genug ist, daß sie niemals zum Ende kommt. In unserem Beispiel entspricht dies dem Fall, daß der Stein gerade ins Unendliche entweichen kann, dort aber zur Ruhe kommt. Dies passiert, wenn seine Anfangsgeschwindigkeit auf der Erdoberfläche 11,2 km/s beträgt.

317

Newton: Das wäre genau der Grenzfall zwischen positiver und negativer Krümmung des Raumes. Was sagt denn die Friedmannsche Theorie über die Raumkrümmung in diesem Grenzfall aus?

Einstein: Da wird alles ganz einfach. Es gibt keine Raumkrümmung. Der Raum ist eben, also euklidisch, wie der Raum in unserer naiven Vorstellung. Das macht auch Sinn, denn es kann weder eine positive noch eine negative Krümmung vorliegen. Folglich kann die Krümmung nur null sein. Trotzdem liegt jedoch eine Expansion vor. Der Raum ist eben, ohne Krümmung, wird aber ständig größer, und er ist natürlich wie jeder euklidische Raum unendlich groß.

Haller: Lassen Sie mich kurz zusammenfassen. Auf der Grundlage der Friedmannschen Gleichungen, die ja weiter nichts sind als Ihre Gravitationsgleichungen, angewandt auf den Kosmos als Ganzes im Fall einer homogenen Massenverteilung, gibt es zwei Fälle:

a) Geschlossenes Universum: Der Raum ist in sich positiv gekrümmt und endlich groß. Die vorliegende Krümmung wird durch die Dichte der Materie festgelegt.

b) Offenes Universum: Es liegt eine negative Krümmung vor. Der Raum ist unendlich groß, denn die Materiedichte reicht nicht aus, um die Schließung des Raumes zu bewerkstelligen.

Der Grenzfall zwischen diesen Fällen liegt vor, wenn die Massendichte genau so ist, daß die Expansion des Raumes erst im Unendlichen zum Halten kommt. Der Raum besitzt keine Krümmung.

Allen Modellen ist gemeinsam, daß es einen statischen Kosmos nicht geben kann. Entweder bläht sich der Raum auf, oder er kontrahiert – der Kosmos erhält also eine eigene, ihm innewohnende Dynamik.

Newton: Genug jetzt über das Friedmann-Modell, das ja erst einmal weiter nichts als eine Modellösung der Einstein-Gleichungen für die Gravitation darstellt. Ob sie für die Natur, also für unseren eigenen Kosmos, von Relevanz ist, kann ich nicht beurteilen. Ich nehme jedoch an, Sie wären nicht so ins Detail gegangen, es sei denn, eines der Friedmann-Modelle hätte tatsächlich etwas mit unserem Kosmos zu tun.

Haller: Das ist jetzt der richtige Zeitpunkt, um auf Edwin Hubble zurückzukommen. Ich möchte jedoch vorschlagen, daß wir uns angesichts der fortgeschrittenen Zeit zunächst mit dem Problem Lunch beschäftigen. Ich habe vom Koch des Athenaeums einen Picknickkorb vorbereiten lassen. Nicht weit von hier befinden sich die Charlton Flats, ein Hochplateau mit einem schönen Pinienwald, bestens geeignet für ein ausgiebiges Lunch im Freien.

20

Die Entdeckung auf dem Mount Wilson

Für mich ist das Streben nach Erkennt-
nis eines von denjenigen selbständigen
Zielen, ohne welche für den denkenden
Menschen eine bewußte Bejahung des
Daseins nicht möglich erscheint.

Albert Einstein[20.1]

Eine halbe Stunde später war das Picknick in den Charlton Flats
bereits in vollem Gang. Haller hatte einen Platz unter einer großen
Pinie ausgesucht, von dem aus man einen ausgezeichneten Blick
auf die nahen Gebäude des Observatoriums hatte.

Haller kannte die Gegend. Vor Jahren hatte hier stets der jähr-
liche Ausflug des Physik-Departments des Caltech mit einem
großen Picknick seinen Abschluß gefunden. Bei einer dieser Gele-
genheiten hatte er mit Stephen Hawking Ball gespielt. Hawking
war damals für ein Jahr am Caltech tätig – es war kurz nach seiner
Entdeckung, daß Schwarze Löcher Energie abstrahlen. Hawking
war schon auf seinen Rollstuhl angewiesen, verstand es aber, sich
mit diesem behende und fast ungezwungen zu bewegen.

Nach einiger Zeit der Erholung waren die drei Physiker in bester
Stimmung, nicht zuletzt eine Folge des guten kalifornischen
Chablis, den Haller mitgebracht hatte und den selbst Newton nicht
zurückwies.

»Ich sehe schon, Sir Isaac, daß Sie ungeduldig sind«, fing
Einstein an. »Sie möchten erfahren, welchem Geheimnis Edwin
Hubble da drüben bei seinen nächtlichen Eskapaden auf die Spur

gekommen ist. Also lassen Sie mich kurz den Gang der Dinge erzählen:

Im Verlauf der zwanziger Jahre untersuchte Hubble das Licht der fernen Sterne. Mit Hilfe der Spektralanalyse, also einer Analyse der Verteilung der verschiedenen Farben im Sternenlicht, konnte Hubble bestätigen, daß in den Sternen der Nachbargalaxien dieselben chemischen Elemente vorhanden sind wie in unserer Galaxie – Wasserstoff, Helium, Lithium usw. Diese Atome senden, wenn sie stark erhitzt sind, Photonen einer ganz bestimmten Energie aus, die man durch Experimente hier auf der Erde genau kennt.

Wenn man das Licht, das zum Beispiel vom Wasserstoff in einer fernen Galaxie emittiert wird, genau studiert, kann man feststellen, ob die Photonen dieselbe Energie besitzen wie die entsprechenden Photonen, die man bei den Experimenten auf der Erde mißt. Der Witz ist nun, daß diese Energie sich verändert, wenn sich die Galaxie relativ zur Erde bewegt. Entfernt sich die Galaxie von der Erde, wird die Energie etwas kleiner; umgekehrt wird sie größer, wenn sich die Galaxie auf die Erde zubewegt. Durch die Bewegung der Galaxie wird den Photonen gewissermaßen noch eine zusätzliche Energie vermittelt.

Es ist wie bei einer Schiffskanone. Die Energie einer Kanonenkugel, die von einem fahrenden Schiff abgefeuert wird und irgendwo einschlägt, wird größer, wenn das Schiff in Richtung Zielort fährt, und kleiner, wenn es sich in entgegengesetzter Richtung bewegt.«

Newton: Man kann also durch eine Analyse des Lichtes feststellen, wie schnell sich eine ferne Galaxie bewegt. Was hat Hubble nun gefunden?

Einstein: Als ich ihn hier auf dem Mount Wilson besuchte, zeigte er mir die Verteilung der Geschwindigkeiten für eine ganze Reihe von Galaxien. Die Geschwindigkeiten waren ganz unterschiedlich, aber typischerweise im Bereich von Tausenden von Kilometern pro Sekunde.

Newton: Ich nehme an, einige von ihnen bewegten sich in Richtung Erde, andere von ihr weg.

Einstein: Eben nicht. Das erste auffällige Merkmal war: Die fernen Galaxien bewegen sich alle von der Erde weg, zumindest diejenigen, die weit genug entfernt waren.

Haller: Man nennt diesen Effekt oft auch die Rotverschiebung des Lichtes der fernen Galaxien. Wenn die Galaxien von der Erde wegstreben, wird die Energie des Lichts verringert. Dies bedeutet, daß sich die Wellenlänge des Lichts vergrößert. Damit verschieben sich die Farben des Sternenlichts in Richtung der roten Farbe, denn die Energien der Lichtteilchen vom roten Licht sind kleiner als die Energien der Teilchen vom blauen Licht. Der Effekt ist ganz analog dem Effekt, den jeder von der Sirene eines vorbeifahrenden Polizeiwagens kennt: Bewegt sich der Wagen vom Beobachter weg, erscheint der Ton tiefer als der Ton einer ruhenden Sirene.

Newton: Dann wäre also die Rotverschiebung ein Hinweis auf eine kosmische Expansion wie im Friedmann-Modell?

Einstein: Bitte etwas Geduld. Hubble, der nichts von den theoretischen Vorstellungen wußte, tat intuitiv das einzig Richtige – er schaute nach, ob es eine Beziehung zwischen den Fluchtgeschwindigkeiten und den Entfernungen gab. Zwar war es schwierig, die Entfernungen einigermaßen genau zu bestimmen, und es stellte sich später heraus, daß ihm hierbei sogar einige systematische Fehler unterlaufen waren. Das soll uns aber nicht näher interessieren. Hubble bemerkte als erstes, daß Galaxien, die ungefähr gleich weit entfernt waren, dieselbe Fluchtgeschwindigkeit aufwiesen. Das war schon ein erster Hinweis, daß die Geschwindigkeit irgendwie von der Entfernung abhängt. Dann verfertigte er ein Diagramm, in dem er die Fluchtgeschwindigkeiten in Abhängigkeit von der Entfernung auftrug. Es stellte sich heraus, daß sich die Galaxien um so schneller von uns wegbewegen, je größer die Entfernung ist – Fluchtgeschwindigkeit und Entfernung waren einander proportional. Das ist genau der Effekt, den man im Friedmann-Modell erwartet, analog zu unserem Beispiel mit den Rosinen im aufgehenden Hefekuchen.

Als Hubble mir seine Daten zeigte, war ich sofort überzeugt, daß er recht hatte. Das Universum expandiert: Ich hatte also bereits im Jahre 1915 mit meinen Gleichungen der Allgemeinen Relativitätstheorie den Schlüssel zum Verständnis der kosmischen Dynamik in Händen, nur machte ich keinen Gebrauch davon. So kam es, daß Friedmann die richtige Lösung fand, ohne allerdings je zu erfahren, daß die Dynamik unseres Universums tatsächlich durch seinen Ansatz beschrieben wird, denn er starb bereits im Alter von 37 Jahren.

Ohne die Arbeiten Friedmanns zu kennen, leitete der belgische Astrophysiker Abbé Georges Lemaître die Friedmannschen Modelle im Jahre 1927 nochmals ab. Lemaître betonte insbesondere die einfache Beziehung zwischen den Fluchtgeschwindigkeiten der Galaxien und der Entfernung, auf die sich Hubble stützte.

An jenem Tag erfaßte mich eine seltsame Beklommenheit. Ich hatte die Gleichungen der Gravitation aus einfachen Prinzipien und alltäglichen Erfahrungstatsachen abgeleitet, ohne technische Hilfsmittel außer Papier und Bleistift. Plötzlich mußte ich angesichts des mächtigen Teleskops erkennen, daß diese Gleichungen, die ja weiter nichts sind als Erfindungen unseres Geistes, tatsächlich die Dynamik des ganzen Universums zu beschreiben vermögen. Mir kam es so vor, als hätten Hubble und ich die einmalige Gelegenheit gehabt, dem Alten über die Schulter zu schauen und einen Blick auf den Bauplan unseres Universums zu werfen.

Newton: Ich beneide Sie, Mr. Einstein. Es ist und bleibt ein Wunder. Wir erfinden Theorien und Begriffe durch Nachdenken und intuitives Erfassen der Prinzipien der Natur und stellen anschließend fest, daß man damit in der Lage ist, die Dynamik des Kosmos nicht nur in unserem Sonnensystem, sondern weitab in den fernsten Gegenden des Universums zu beschreiben. Zwar ist die Materie ungeheuer vielfältig in ihren Erscheinungsformen, aber die grundlegende Architektur des Kosmos muß letztlich einfach sein und offensichtlich universell für den gesamten Kosmos.

Einstein: Das Einfache, das so schwer zu machen ist, wie Bertolt Brecht mir sagte, als ich einmal in Berlin mit ihm über meine Arbeit sprach.

Newton: Durch die Messung der Fluchtgeschwindigkeiten war Hubble also in der Lage, die Expansionsrate des Raumes zu bestimmen. Wie groß ist diese? Nehmen wir einmal an, ich betrachte

Abb. 20-1 Nach den Messungen von Edwin Hubble und seinem Mitarbeiter Milton Humason bewegen sich die fernen Galaxien, etwa diese Spiralgalaxie, die unserer eigenen Galaxie ähnelt, von der unseren weg – eine Folge der Expansion des Raumes zwischen unserer Milchstraße und der fernen Galaxie.

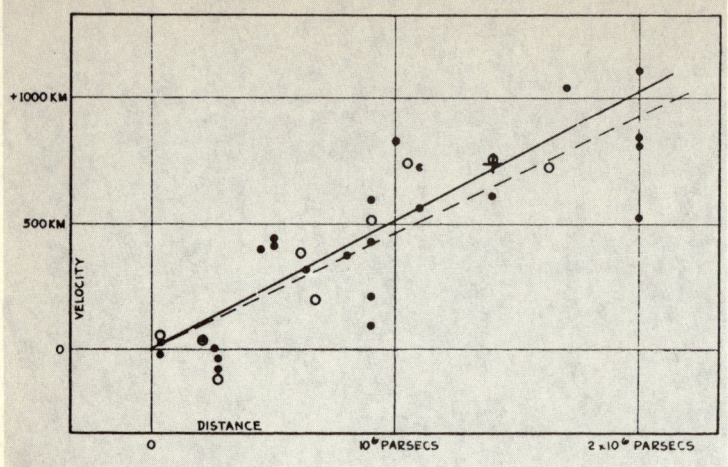

Abb. 20–2 Die von Hubble gefundene Abhängigkeit der Fluchtgeschwindigkeit einer Galaxie von der Entfernung (Stand 1929).

im intergalaktischen Raum eine bestimmte Strecke, die, sagen wir,
so groß sein soll wie der Abstand zwischen London und Berlin,
also etwa 1000 km. Wie verändert sich diese Strecke in einem
Jahr?
Haller: Der exakte Wert ist bis heute nicht bekannt, jedenfalls
höchstens mit etwa 30 % Genauigkeit, aber die ungefähre Größenordnung kann ich angeben: Jede kosmische Distanz vergrößert sich
in einer Milliarde Jahren um etwa 10 %. Die Galaxien, die heute
auseinanderstreben, waren also vor etwa 10 Milliarden Jahren eng
benachbart. Die Größenordnung des Zeitraums der Expansion, den
wir einmal als Weltalter bezeichnen wollen, ist also 10 Milliarden
Jahre, wobei ich allerdings betonen möchte, daß es sich nur um die
Größenordnung handelt, nicht um das exakte Alter. Dieses liegt
vermutlich im Bereich zwischen 9 und 16 Milliarden Jahren.

In einem Jahr vergrößert sich also eine kosmische Distanz um
einen Bruchteil von 10^{-10}. Wenn ich eine Länge wie die zwischen
London und Berlin betrachte, so handelt es sich um 0,1 mm pro
Jahr.

Die Expansionsrate des Universums, die man heute mißt, kann man in Kilometern pro Sekunde pro einer Million Lichtjahre oder pro Parsec angegeben – ein Parsec entspricht 3,26 Lichtjahren. Der von den meisten Astronomen akzeptierte Wert liegt bei etwa 15 km/s je Million Lichtjahre oder 50 km/s je Parsec. Die Endpunkte einer Strecke von einer Million Lichtjahre fliegen also mit einer Geschwindigkeit von 15 km/s auseinander. Ist die Strecke größer, vergrößert sich die Geschwindigkeit entsprechend. Eine Galaxie, die von der Erde 100 Millionen Lichtjahre entfernt ist, flieht also mit einer Geschwindigkeit von $100 \cdot 15 = 1500$ km/s von der Erde weg.

Einstein: Bei kleinen Abständen gilt das Hubble-Gesetz der Expansion nicht, da dann die Expansionsgeschwindigkeit durch allerlei lokale Geschwindigkeiten überlagert wird. Die Andromeda-Galaxie, die der unseren am nächsten gelegene Galaxie, ist zwei Millionen Lichtjahre entfernt. Nach Hubbles Gesetz müßte sie sich also mit 30 km/s von der Erde wegbewegen. Tatsächlich bewegt sich die Galaxie auf unsere Galaxie zu – eine Folge der Gravitation zwischen den beiden Galaxien.

Haller: Dasselbe gilt für die Galaxien in den großen galaktischen Haufen. Innerhalb eines Haufens gibt es keine kosmische Expansion, da die im Haufen herrschende Gravitation die Dynamik des Haufens dominiert. Bei Distanzen über etwa 50 Millionen Lichtjahre kann man jedoch von einer gleichmäßigen Expansion reden. Sie ist heute ein allgemein akzeptiertes Phänomen.

Bei den sehr weit entfernten Galaxien ist es nicht möglich, eine zuverlässige Entfernungsmessung durchzuführen. Deshalb benutzt man die Rotverschiebung, um die Abstände zu erhalten. Auf diese Weise kann man die Entfernung zu den fernen Quasaren bestimmen, die einige Milliarden Lichtjahre von der Erde entfernt sind.

Ich möchte noch kurz erwähnen, daß die Bestimmung der Expansionsrate eine geradezu abenteuerliche Geschichte hat. Hubble bestimmte ursprünglich eine Expansionsrate, nach der das Weltalter etwa 2 Milliarden Jahre betrug. Da bereits unsere Erde älter als zwei Milliarden Jahre ist, war dies nicht akzeptabel – der Kosmos kann schwerlich jünger als seine Kinder sein. In den fünfziger Jahren fanden Hubbles Mitarbeiter Walter Baade und Allan Sandage, daß Hubbles Bestimmungen der Entfernungen um einen Faktor von etwa 10 nach oben korrigiert werden mußten. Ein entscheidender Fortschritt ergab sich insbesondere durch die Messungen von Sandage mit Hilfe des im Jahre 1948 errichteten Observatoriums auf dem Mount Palomar. Trotzdem ist auch heute die genaue Expansionsrate nicht bekannt, die Unsicherheit dürfte etwa bei einem Faktor 1,5 liegen. Es ist zu erwarten, daß sich in absehbarer Zeit ein genauerer Wert mit Hilfe des Anfang der neunziger Jahre gestarteten Hubble-Weltraum-Teleskops ermitteln läßt. So ist es wahrscheinlich, daß etwa zu Beginn des neuen Jahrtausends die Expansionsrate bis auf etwa 10 % genau bekannt sein wird.

Einstein: Wenn Sie von Expansionsrate sprechen, dann meinen Sie die Rate der Expansion zum heutigen Zeitpunkt, also etwa 10 bis

Abb. 20–3 Das Hubble-Weltraum-Teleskop, ein Spiegelteleskop, das im Weltraum 610 km über der Erdoberfläche stationiert ist. Mit Hilfe dieses Teleskops wird es möglich sein, die Entfernungen zu den fernen Galaxien mit wesentlich größerer Genauigkeit zu bestimmen, als dies bisher möglich war. (Foto NASA)

15 Milliarden Jahre nach ihrem Beginn. Nun wissen wir aber, daß entsprechend den Friedmannschen Modellen die Expansion im Laufe der Zeit abnimmt. Die Expansionsrate ist also keine feste Zahl, sondern hängt von der Zeit ab. Im Prinzip könnte man diese Verzögerung der Expansion messen, wenn man die Rotverschiebungen der fernen Galaxien genau mißt, denn wenn wir eine Galaxie heute beobachten, sehen wir die Galaxie, wie sie vor langer Zeit aussah, als das Licht, das heute in das Fernrohr eintritt, die Galaxie verließ und sie noch eine größere Geschwindigkeit hatte. Hat man diesen Effekt der kosmischen Verzögerung beobachtet?

Haller: Was Sie sagen, stimmt zwar, jedoch ist die Verzögerung auf die von Ihnen geschilderte Weise nur dann genau zu messen, wenn man auch die Entfernung genau kennt, und damit sieht es, wie wir wissen, nicht sehr gut aus. Jedenfalls konnte man eine Verzögerung der Expansion bis heute nicht nachweisen; wenn überhaupt, dann nimmt die Expansion nur langsam ab. Auf Grundlage der Friedmannschen Modelle erwartet man dies übrigens. Deshalb sind die Astronomen keineswegs beunruhigt, daß man bis heute nichts beobachtet hat.

Newton: Wenn man die Verzögerung kennen würde, könnte man feststellen, wieviel Materie im Kosmos pro Volumeneinheit vorhanden ist, denn diese bestimmt aufgrund der Gravitation die Verzögerung der sich entfernenden Galaxien. Wir können jedoch auch anders vorgehen und fragen, wieviel Materie nötig ist, um dahin zu kommen, daß der Kosmos in sich geschlossen ist. Wieviel Materie müßte es denn geben, damit der Kosmos gerade den Grenzfall zwischen einem in sich geschlossenen und einem offenen Weltall erreicht?

Haller: Im Grenzfall wäre der Raum euklidisch, also ohne Krümmung. Der genaue Wert der mittleren Materiedichte hängt von der Expansionsrate ab. Nehmen wir an, diese sei, wie oben erwähnt, 15 km/s pro eine Million Lichtjahre. Dann ist die Materiedichte, die nötig wäre, um einen expandierenden Raum ohne Krümmung zu haben, $4,5 \cdot 10^{-30}$ g/cm^3: Das sind etwa 3 Wasserstoffatome pro Kubikmeter. Man nennt diese die kritische Massendichte. Ist die kosmische Massendichte geringer, ist der

Weltraum offen. Übersteigt sie diese, ist der Weltraum in sich geschlossen.

Einstein: Was weiß man heute über die Massendichte, die im Kosmos wirklich vorhanden ist?

Haller: Das Verhältnis von Massendichte zu kritischer Dichte bezeichnet man mit dem griechischen Buchstaben Ω. Wenn man die luminöse Materie, also die scheinenden Sterne und leuchtenden Gaswolken, im Weltraum homogen verteilt, erhält man längst nicht die kritische Dichte, sondern nur einen Bruchteil davon: Ω liegt in der Größenordnung von einigen Prozent.

Newton: Es sieht also ganz danach aus, als wäre unser Kosmos offen, der Raum demnach unendlich. Leider ist Ω eine recht kleine Zahl – ich hätte es bevorzugt, wenn $\Omega = 1$ herausgekommen wäre, also genau der Grenzfall vorläge.

Einstein: Ich kann mir schon denken, was Ihnen daran so gefällt: Der Raum hätte dann keine Krümmung, sähe also aus wie der Raum der Newtonschen Mechanik. Aber danach sieht es ganz und gar nicht aus, Sir Isaac. Entsprechend dem, was Haller gerade sagte, liegt anscheinend ein offenes Weltall vor, eines mit negativer Krümmung.

Haller: Moment, nicht so schnell, Herr Einstein! Ich sprach davon, daß die luminöse Materie nicht ausreicht, um den Raum zu schließen. Es könnte jedoch sein, daß es neuartige Formen von Materie gibt, die nicht in Gestalt von leuchtender Sternmaterie vorliegen, sondern dunkel und damit nur durch ihre Gravitationswirkungen erkennbar sind. Ein Beispiel hierfür haben wir schon kennengelernt, die Schwarzen Löcher. Allerdings kann man sich überlegen, daß Schwarze Löcher, die sich durch Zusammenballungen von Sternmaterie gebildet haben, nicht sehr viel zur kosmischen Massendichte beitragen können. Jedenfalls kann man mit ihnen nicht den Fall $\Omega = 1$ erreichen.

Einstein: Wir sprachen früher schon davon, daß Fritz Zwicky am Caltech Anzeichen von gravitativ wirksamer, aber nicht luminöser Materie in den galaktischen Haufen fand, sozusagen fehlende Materie. Könnte es sein, daß diese Materie, was immer es ist, so viel beiträgt, daß $\Omega = 1$ wird?

Haller: Nach den heute vorliegenden Erkenntnissen trägt die dunkle Materie, von der man nicht weiß, woraus sie hauptsächlich besteht, etwa zehnmal soviel zur kosmischen Materie bei wie die normale Sternmaterie.

Newton: Unglaublich – das bedeutet, daß die gravitative Dynamik der Galaxien und galaktischen Haufen völlig durch die dunkle Materie bestimmt wird. Die Materie, die wir in Gestalt von Sternen sehen, ist damit nur eine kleine Zugabe zu den dunklen Materiewolken, wie das Gewürz in der Suppe, das zwar auffällig schmeckt, aber zur Substanz fast nichts beiträgt.

Haller: Es gibt zudem indirekte Hinweise, daß die dunkle Materie nicht aus Atomen besteht, sondern aus anderen Objekten, möglicherweise Neutrinoteilchen, also den neutralen Verwandten des Elektrons, die ich bereits in meinem Berliner Vortrag erwähnte, oder aus völlig neuartigen Teilchen. Der Phantasie der Teilchenphysiker sind hier keine Grenzen gesetzt.

Jedenfalls ist die Suche nach diesen Teilchen in vollem Gang. Die Klärung des Problems der dunklen Materie ist eines der brennendsten Probleme der heutigen Physik und Astrophysik. Vom Anteil der dunklen Materie hängt es also ab, ob die Expansion unseres Kosmos auf immer fortschreitet oder irgendwann zum Halten kommt und ob der Kosmos unendlich oder endlich groß ist.

Einstein: Welch eine Ironie – eine neue Kopernikanische Wende scheint sich da anzubahnen. Kopernikus fand heraus, daß nicht die Erde, sondern die Sonne das Zentrum der Welt darstellt. Als nächstes erweiterten die Astronomen den Weltraum, als sich herausstellte, daß Giordano Bruno recht hatte und die Sonne nur einer von hundert Milliarden Sternen in der Galaxie ist. Dann kam Hubble, und unsere Galaxie wurde zum einfachen Soldaten einer ganzen Armee von Galaxien degradiert. Und jetzt stellt es sich heraus, daß die Materie im Kosmos vornehmlich aus Komponenten besteht, die nichts oder nur wenig mit der normalen Materie zu tun haben, aus der die Sterne, unser Planet und wir selbst bestehen, also mit Atomkernen und Elektronen. Wir, die wir aus diesen unbedeutenden Teilchen bestehen, haben also allen Grund, bescheiden zu sein.

Newton: Ich würde es jedenfalls vorziehen, wenn der Massendichtefaktor Ω gleich eins wäre. Mit der Krümmung des Raumes bräuchten wir uns dann nicht abzugeben. Eins scheint mir die einzig vernünftige Zahl zu sein, denn wäre Ω kleiner als eins, fragt man sich, warum kleiner als eins und warum gerade so groß und nicht kleiner. Es ist schon erstaunlich, daß man herausfindet, daß Ω überhaupt in der Nähe von eins liegt und nicht ein Millionstel oder zehntausend. Das kann doch kein Zufall sein. Ich plädiere jedenfalls dafür, daß wir den Fall $\Omega = 1$ näher betrachten sollten.

Haller: Ich verspreche Ihnen, Mr. Newton, daß wir bald auf diese Möglichkeit zurückkommen werden. Nur wäre ein wenig Bewegung jetzt gut, und ich plädiere dafür, daß wir unser Gespräch auf einem Spaziergang durch den Wald fortsetzen.

21

Das Echo des Urknalls

> Ich möchte nichts als meine Ruhe
> haben und wissen, wie Gott diese Welt
> erschaffen hat. Seine Gedanken sind es,
> die mich beschäftigen – nicht das Spek-
> trum dieses oder jenes Elementes.
> Solche Dinge sind mir ganz gleichgül-
> tig.
>
> *Albert Einstein* [21.1]

Haller kannte einen Wanderpfad, der unterhalb des Kamms der San
Gabriel Mountains durch den Pinienwald führte. Kurz entschlos-
sen nahmen die drei Gesprächspartner eine längere Wanderung in
Angriff. Nach einiger Zeit setzte die Diskussion wieder ein, als
Newton sich an Haller wandte: »In Ihrem Berliner Vortrag haben
Sie am Ende den Urknall erwähnt, eine Spekulation, die ich damals
für völlig aus der Luft gegriffen hielt. Jetzt, nachdem wir von der
kosmischen Expansion gehört haben, bin ich dabei, meine Ansicht
zu revidieren. Kann man aus der Beobachtung, daß die Galaxien
voneinander wegfliegen und vor etwa 10 bis 15 Milliarden Jahren
nahe beieinander waren, tatsächlich schließen, daß es einen Anfang
der Welt gab, eine kosmische Urexplosion?«
Einstein: Wir haben gesehen, daß der Kollaps eines massereichen
Sterns zu einem Schwarzen Loch führt, also zu einer Singularität
der Raum-Zeit. Stellen wir uns vor, jemand filmt einen solchen
Kollaps mit einer Kamera. Danach läßt er den Film rückwärts
ablaufen. Was sieht er auf der Leinwand?
Newton: Er sieht, daß am Anfang ein Zustand sehr hoher Materiedichte vorhanden ist, der sich rasch ausdehnt. Das Schwarze Loch

bildet sich zurück und verschwindet. Am Ende sehen wir den Stern, wie er vor dem Kollaps aussah.

Einstein: Dieser Prozeß ähnelt ohne Zweifel der kosmischen Expansion. Nehmen wir jetzt an, wir lassen den Film der kosmischen Dynamik rückwärts ablaufen. Aus der Expansion wird jetzt eine Kontraktion. Die Galaxien fliegen aufeinander zu. Schließlich überlappen sie sich, die Sterne der verschiedenen Galaxien verschmelzen miteinander. Am Ende liegt eine dichte Suppe von Kernteilchen und Elektronen vor, ein kosmisches Plasma.

Haller: Und ganz am Ende vielleicht eine Singularität, wie bei einem Schwarzen Loch, also ein Zustand unendlich hoher Dichte und Temperatur.

Newton: Sie sind demnach ernsthaft der Meinung, daß unser Kosmos aus einer Singularität entstanden ist?

Haller: Das ist zumindest eine Möglichkeit. Die Singularität wäre der Anfang der Zeit, des Raumes und der Materie. Von einer Zeit vor dem Urknall zu sprechen hätte dann keinen Sinn, ebenso wie es keinen Sinn macht, von einer Temperatur unter dem absoluten Nullpunkt zu sprechen.

Einstein: Jedenfalls sagen die von Friedmann entwickelten Gleichungen der kosmischen Dynamik aus, daß im Fall eines expandierenden Kosmos am Anfang ein Zustand unendlich hoher Dichte und Temperatur vorlag. Ebenso wie bei einem Schwarzen Loch könnte es allerdings sein, daß die Quantenphysik dafür sorgt, daß keine wirklichen Unendlichkeiten auftreten; im Gegensatz zur Mathematik mag die Natur keine Singularitäten. Das steht aber jetzt nicht zur Debatte. Wichtig ist, daß am Anfang der Kosmos nicht nur sehr dicht gepackt war, sondern vermutlich auch eine sehr hohe Temperatur hatte. Damals ähnelte das Universum einer Granate unmittelbar nach der Zündung. Die kosmische Expansion ist eine Folge der Wucht der Urexplosion.

Newton: Woher wollen Sie denn wissen, daß eine hohe Temperatur vorlag?

Einstein: Ich weiß es nicht, sondern vermute es nur, in Analogie zum Kollaps eines Sterns, bei dem sich ein Teil der Bewegungsenergie der kollabierenden Materie in Wärmeenergie umwandelt.

Haller: Heute weiß man, daß am Anfang im Kosmos tatsächlich eine hohe Temperatur herrschte, und zwar durch die Messung der kosmischen Wärmestrahlung. Die elektromagnetische Strahlung, die beim Urknall ausgestrahlt wurde, kann man heute noch beobachten.

Newton: Soll das ein Scherz sein? Der Urknall fand vor mehr als 10 Milliarden Jahren statt, wenn überhaupt. Die Wärmestrahlung, die damals emittiert wurde, hat sich doch längst verflüchtigt.

Einstein: Nicht so hastig, Sir Isaac. Erinnern Sie sich, was Haller in seinem Berliner Vortrag gesagt hat? Wenn der Kosmos einst sehr heiß war, dann war er angefüllt mit Wärmestrahlen. Seither expandiert der Raum, und die Wärmestrahlen in ihm expandieren auch, was bedeutet, daß die weiten Räume des Kosmos, insbesondere

Abb. 21–1 Die hornförmige Antenne von Penzias und Wilson, mit deren Hilfe im Jahre 1965 die kosmische Radiostrahlung in Holmdel (New Jersey) entdeckt wurde. (Foto Bell Telephone Laboratories)

also die intergalaktischen Räume, nicht wirklich leer sind, sondern angefüllt mit Photonen. Diese Photonen können sich nicht verflüchtigen, denn Photonen im leeren Raum bleiben erhalten, können also weder vernichtet noch erzeugt werden.

Haller: In meinem Vortrag erwähnte ich, daß es heute im Mittel etwa 400 Photonen pro Kubikzentimeter gibt. Die Photonen sind damit die häufigsten Teilchen im Kosmos. Von einer Wärmestrahlung zu reden ist übrigens fast ein Witz, denn durch die Expansion hat sich die Strahlung, die einst viele Millionen Grad heiß war, so weit abgekühlt, daß die Temperatur heute nur bei 2,7 Grad über dem absoluten Nullpunkt der Temperatur liegt – der Ausdruck Kältestrahlung wäre passender, würde nicht in der Physik jeder Körper als warm gelten, dessen Temperatur über dem absoluten Nullpunkt liegt.

Newton: Sie sagten, daß man die Strahlung experimentell gefunden hat. Wie ging denn das vonstatten? Schließlich ist es nicht möglich, Experimente weitab im intergalaktischen Raum durchzuführen.

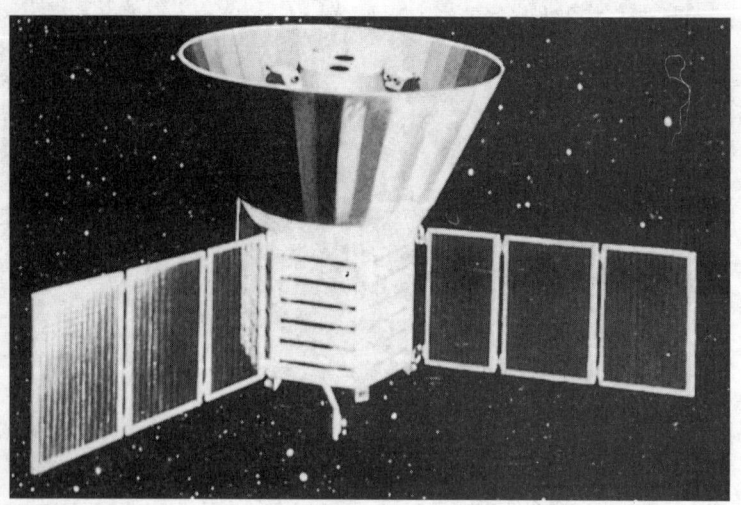

Abb. 21–2 Der COBE-Satellit, mit dessen Hilfe die kosmische elektromagnetische Strahlung gemessen wurde. (NASA)

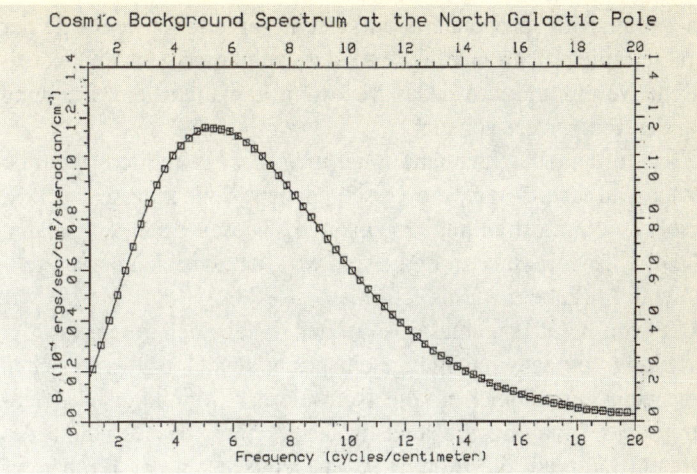

Abb. 21–3 Die von COBE gemessene Verteilung der Wellenlängen. Die ausgezogene Linie entspricht der theoretischen Verteilung (Plancksches Strahlungsgesetz) bei einer Temperatur von 2,7 Grad über dem absoluten Nullpunkt.

Haller: Das braucht man auch nicht. Die Entdeckung fand auf der Erde statt, und zwar im Osten der USA, in New Jersey. Zwei Radioastronomen, Arno Penzias und Robert Wilson, führten Experimente mit einer großen Mikrowellenantenne durch, die insbesondere Radiowellen mit einer Wellenlänge im Bereich von ungefähr 7 Zentimetern registrieren konnte und die hauptsächlich dem Empfang von Signalen der Nachrichtensatelliten Echo I und Telstar diente.

Bei diesen Beobachtungen entdeckten sie im Jahre 1965 zufällig an einem Wochenende eine merkwürdige Hintergrundstrahlung, ein Rauschen, das aus allen Richtungen des Himmels gleichmäßig zur Erde gelangte. Die Strahlung ähnelte derjenigen eines Körpers mit der Temperatur von etwa 3 Grad über dem absoluten Nullpunkt.

Einstein: Wenn es sich um eine Wärmestrahlung handelt, dann müßte die kosmische elektromagnetische Strahlung dem Gesetz genügen, das mein Berliner Kollege und guter Freund Max Planck

337

am Anfang des Jahrhunderts aufgestellt hat. Die Wellenlänge der Strahlung liegt dann nicht fest, sondern zeigt eine ganz charakteristische Verteilung, wobei das Maximum der Intensitätsverteilung von der Temperatur abhängt.

Haller: In den achtziger Jahren hat man einen Satelliten gestartet, dessen Aufgabe es war, die verschiedenen Wellenlängen der kosmischen Wärmestrahlung zu messen. Dieser Satellit, genannt COBE – Cosmic Background Explorer –, hat, wie sich herausstellte, seine Aufgabe mehr als erfüllt.

Die von COBE gemessene Abhängigkeit der Intensität der Strahlung von der Wellenlänge entspricht genau der theoretischen Erwartung. Erstaunlich ist die Isotropie der Strahlung. Die Temperatur der Strahlung, die etwa aus der Richtung des Sternbilds des Großen Bären auf die Erde trifft, ist identisch mit der Temperatur der Strahlung, die aus der Richtung des Kreuzes des Südens kommt.

Einstein: Die 2,7-Grad-Strahlung ist somit eine Art elektromagnetisches Echo der Urexplosion, ein Nachhall des Urknalls. Damit liegt es ziemlich nahe, daß es erstens eine Urexplosion gegeben hat und zweitens, daß bei dieser Explosion die Temperatur sehr hoch war. Ausgehend von dieser Hypothese, hätte man meiner Meinung nach sogar die Existenz der Strahlung voraussagen können.

Haller: Die Entdeckung erfolgte rein zufällig. Die beiden Entdecker wußten nicht, daß es eine kosmische Radiostrahlung geben könnte. Dabei war der Effekt bereits im Jahre 1948 vorausgesagt worden, und zwar von George Gamow in den USA, zusammen mit seinen Mitarbeitern Ralph Alpher und Robert Herman. In der Arbeit, publiziert in der »Physical Review«, ist die Rede von einer Hintergrundstrahlung mit einer Temperatur von etwa 5 Grad. Offensichtlich wurde die Arbeit jedoch von den Experimentalphysikern nicht sehr ernst genommen, denn sonst hätte man die Strahlung mindestens zehn Jahre früher entdecken können. Allerdings sollte nicht unerwähnt bleiben, daß die Voraussage der Strahlung von Gamow und seinen Mitarbeitern verknüpft war mit anderen Voraussagen über die Entstehung der Elemente, die sich in der Folge als nicht richtig herausgestellt haben.

Was die genaue Größe der Temperatur anbelangt, so ist es nicht möglich, diese a priori zu berechnen, denn sie hängt unter anderem auch von der Dichte der normalen Materie ab. Es ist sinnvoll, die Anzahl der Photonen pro Volumeneinheit mit der entsprechenden Anzahl von Kernteilchen zu vergleichen. Im Mittel findet man, daß das Verhältnis der Anzahl der Photonen pro Kubikzentimeter und der Anzahl der Kernteilchen pro Kubikzentimeter in unserem Universum eine Zahl von der Größenordnung 10^{10} ist, also zehn Milliarden. Auf zehn Milliarden Photonen kommt nur ein Nukleon.

Einstein: Wenn am Anfang das Universum sehr heiß gewesen ist, dann gab es also eine Zeit, in der die Materie ein heißer Brei von Kernteilchen, also von Protonen und Neutronen war, der sich dann schnell abkühlte. Ich nehme an, daß die Anzahl der Neutronen und Protonen am Anfang gleich gewesen ist, da die Kernkräfte zwischen diesen beiden Teilchen keine Unterschiede machen. Würde man deshalb nicht erwarten, daß heute im Universum ebensoviele Neutronen, gebunden in den Atomkernen, wie Protonen vorkommen?

Haller: Nein, aber Sie sind auf einer richtigen Fährte. Kurz nach dem Urknall war die Anzahl der Protonen und Neutronen wegen der herrschenden Symmetrie gleich. Wenn sich der Proton-Neutron-Brei abkühlt, verändert sich jedoch das Verhältnis von Protonen zu Neutronen, denn die Masse eines Neutrons ist etwas größer als die Masse des Protons, und zwar genau dann, wenn die Temperatur des Kosmos, ausgedrückt in Einheiten der Energie, vergleichbar mit der Massendifferenz ist, ebenfalls ausgedrückt in Energieeinheiten.

Dies hat zur Folge, daß sich durch Prozesse, die ganz analog dem radioaktiven Zerfall des Neutrons sind, Neutronen in Protonen verwandeln, während die umgekehrte Reaktion nicht mehr stattfinden kann, weil das Proton eine geringere Masse als das Neutron besitzt. Etwa drei Minuten nach dem Urknall, wenn die Temperatur unter etwa 900 Millionen Grad gesunken ist, besteht der Nukleonenbrei letztlich aus nur 13 % Neutronen und 87 % Protonen.

Wenn sich der Kosmos weiter abkühlt, kommt es zur ersten Bildung von Atomkernen. Nach kurzer Zeit findet man deshalb keine Neutronen mehr. Diese sind alle in Atomkernen des Heliums gebunden, die aus zwei Protonen und zwei Neutronen bestehen. Man kann leicht berechnen, daß etwa nach einer halben Stunde nach dem Urknall die Kernmaterie im Universum aus Helium und Protonen besteht. Der Massenanteil des Heliums liegt dabei bei 25 %, der der Protonen bei 75 %. Der Urteig, aus dem später die Sterne und Planeten gebacken werden, ist also vor allem Wasserstoff und Helium.

Einstein: Wunderbar. Der Urknall fabriziert also eine Menge Helium. Könnte das die Erklärung sein, daß man in den Sternen nicht nur große Mengen Wasserstoff, sondern auch große Mengen Helium vorfindet?

Haller: Genau das ist der Grund. Eine andere Möglichkeit gibt es gar nicht, denn es ist nicht möglich, daß sich ein so großer Anteil von Helium an der kosmischen Massendichte erst im Verlauf der Entwicklung der Sterne bildet. Wenn man ganz junge Sterne untersucht, die noch nicht die Zeit hatten, größere Mengen an Atomkernen durch Kernprozesse zu erzeugen, findet man, daß Helium neben dem Wasserstoff der Grundbaustein der Sternenmaterie ist.

Einstein: Mittlerweile sind wir schon mitten in der Kosmologie gelandet. Als ich zu Beginn der dreißiger Jahre mit Hubble die ersten ernsthaften Diskussionen über die Entstehung des Universums im Urknall führte, war das ganze Gebiet völlig offen für alle möglichen Spekulationen, zumal damals vieles nicht bekannt war, etwa wie es mit der Dynamik der Atomkerne steht oder was es für Elementarteilchen gibt – alles Aspekte der Physik, die offensichtlich für die ersten Augenblicke kurz nach der Urexplosion von großer Wichtigkeit sind.

Es ist hier und heute nicht die Gelegenheit, in die Details der Teilchenphysik einzudringen. Ich würde jedoch vorschlagen, daß wir uns heute nachmittag etwas damit beschäftigen, wie die ersten Augenblicke kurz nach dem Urknall aussahen, auch wenn mir bewußt ist, daß wir uns damit teilweise auf eine sehr spekulative Ebene begeben.

Mittlerweile hatten die drei Wanderer einen Felsvorsprung östlich vom Mount Wilson erreicht, von dem aus man einen schönen Ausblick nach Süden und Südosten hatte. In der Ferne sah man die Berge von San Jacinto, rechts davon die leuchtende Kuppel des Mount Palomar, dahinter die Wüstenberge von Anza Borrego. Sie machten es sich, so gut es ging, auf den Steinen bequem, und Adrian Haller begann einen kleinen Vortrag über die Physik unmittelbar nach der Urexplosion.

Haller: Lassen Sie mich die Diskussion über die Kosmologie in zwei Teile zerlegen. Im ersten Teil möchte ich darüber reden, was man erhält, wenn man die Kenntnisse der Teilchenphysik, die uns heute vorliegen, auf die Kosmologie anwendet. Wir werden sehen, daß dies nicht ausreicht, um einige wichtige Aspekte des Kosmos zu verstehen, und sind deshalb gezwungen, theoretische Extrapolationen, die experimentell nicht überprüft sind, zu benutzen, um weiterzukommen. Dies erfolgt im zweiten Teil, den ich vermutlich auf heute abend oder morgen vormittag verschieben muß.

Wir wissen heute, daß der Mikrokosmos der Elementarteilchen durch zwei verschiedene Arten von Kräften regiert wird. Zum einen gibt es die starken Kräfte zwischen den Quarks, die, wie bereits früher erwähnt, durch Gluonen vermittelt werden. Diese Kräfte sind auch der Anlaß für die Kräfte im Innern der Atomkerne, die zwischen den Atomkernteilchen wirken. Die gluonischen Kräfte haben die interessante Eigenschaft, daß sie auch bei sehr großen Abständen nicht abnehmen, wie etwa die elektrische Anziehungskraft. Dies führt dazu, daß die Quarks nicht als wirkliche Teilchen beobachtet werden können. Man kann sie nur indirekt sehen, etwa in bestimmten Streuexperimenten. Drei Quarks verbinden sich stets zu einem Nukleon.

Newton: Daß sich zwei Objekte zu einem zusammentun, wie etwa ein Proton und ein Elektron zum Wasserstoffatom, verstehe ich sofort, wegen der elektrischen Anziehung der beiden Teilchen. Aber der Zusammenschluß von drei Quarks? Wieso binden sich drei Quarks zu einem Proton zusammen, und nicht zwei?

Haller: Diese Frage habe ich erwartet. In der Tat hat sie die Physiker jahrelang beschäftigt, denn man wußte indirekt und später auch aus direkten Experimenten, daß ein Proton drei Quarks enthält, aber die Natur der Kraft, die die drei Quarks zwingt, sich zu einem Proton zusammenzuschließen, war ein Mysterium, bis man schließlich herausfand, daß der Grund in einer völlig neuen Eigenschaft der Quarks zu finden ist. Die Quarks können nämlich im Gegensatz etwa zum Elektron in drei verschiedenen Erscheinungsformen auftreten, so wie Wasser in drei verschiedenen Aggregatzuständen erscheinen kann: als Eis, Wasser oder Dampf. Die drei verschiedenen Formen sind einander völlig gleichwertig. Da es gerade drei sind, bezeichnet man sie in Analogie zu den drei Grundfarben, die zum Beispiel für die Konstruktion des farbigen Bildes beim Fernsehen benutzt werden, nämlich Rot, Grün und Blau, als die drei Farben der Quarks – eine formale Analogie, denn die Eigenschaften der Quarks haben natürlich nichts mit wirklichen Farben zu tun.

Diese Farbeigenschaft ist ähnlich der elektrischen Ladung in der Elektrodynamik, nur gibt es eben drei Farben, aber nur eine elektrische Ladung. Deshalb benötigt man drei Quarks, jedes mit einer anderen Farbe, um ein Proton oder auch ein Neutron aufzubauen. Diese Teilchen sind, wie man sagt, farbneutral, besitzen also selbst keine Farbe, da sich bei drei Quarks die Farben gegenseitig neutralisieren, ganz ähnlich wie in der Optik. So ergibt die Überlagerung der drei Farben Rot, Grün und Blau einen farbneutralen Zustand, nämlich Weiß. In diesem Sinne kann man das Proton und die anderen Kernteilchen auch als »weiße« Teilchen bezeichnen.

Die normale Sternenmaterie oder auch die Materie auf unserem Planeten besteht aus zwei verschieden Quarktypen, die mit u und d bezeichnet werden. Die Kernteilchen lassen sich aus diesen Quarks aufbauen. Das Proton hat die Struktur (uud), das Neutron (ddu). Es gibt jedoch noch weitere Quarktypen, insgesamt noch vier weitere, die ebenso wie u und d in Paaren auftreten. Das nächste Paar besteht aus dem »charm«-Quark, genannt c, und dem »strange«-Quark mit der Kurzbezeichnung s. Das dritte und letzte Paar schließlich besteht aus dem uns bereits bekannten »top«-Quark (t) und dem »bottom«-Quark (b). Alle Quarks tragen selbstverständlich ebenso wie die leichten Quarks u und d die erwähnte Farbeigenschaft.

Einstein: Zwar kenne ich keine Details, jedoch scheinen die Quarks wohl die elementaren Konstituenten der Materie zu sein. Ein wenig mehr Phantasie hätten die Teilchenphysiker schon aufbringen können, um die Quarks mit Namen zu versehen – up und down, top und bottom – die fundamentalen Teilchen der Natur hätten sinnvollere Namen verdient.

Haller: Da mögen Sie recht haben. Ich fürchte jedoch, es ist mittlerweile zu spät, um eine Namensänderung durchzusetzen. Wir werden allerdings in der Folge wie die Physiker meist nur die Kurzbezeichnungen verwenden.

Newton: Wodurch unterscheiden sich denn die neuen Quarks von u und d?

Haller: Vornehmlich durch ihre Masse. Die Massen der nuklearen Quarks u und d sind sehr klein, jedoch sind c und s erheblich schwerer als u und d. Das schwerste Quark ist, wie bereits erwähnt, das t-Quark, das überhaupt das schwerste bislang in der Natur gefundene subatomare Objekt darstellt, begleitet vom b-Quark, dessen Masse 35mal kleiner ist, etwa 5 GeV.

Nur die u- und d-Quarks kommen in stabilen Teilchen vor, also dem Proton oder den stabilen Atomkernen. Alle Teilchen, die eines der »neuen« Quarks enthalten, sind instabil und zerfallen unmittelbar nach ihrer Erzeugung in einer Teilchenkollision in andere Teilchen, so daß am Ende nur die leichten Quarks u und d übrigbleiben.

Die starken Kräfte zwischen den Quarks werden, wie wir wissen, durch Gluonen vermittelt. So wie die Photonen auf die elektrischen Ladungen wirken und dabei die elektrischen Kräfte erzeugen, kommen die starken Kräfte zwischen den Quarks durch das Zusammenwirken der Gluonen mit den Farben der Quarks zustande – das Ganze ist also eine Art Farbdynamik. Deshalb bezeichnen die Physiker die Farbdynamik der Quarks und Gluonen auch als Chromodynamik.

Neben den gluonischen Kräften wirken auf die Quarks jedoch auch noch die anderen Kräfte, die schwachen und elektromagnetischen Kräfte. Die schwachen Kräfte verursachen die radioaktiven Zerfälle, etwa den Zerfall des Neutrons, aber auch die Zerfälle der schweren Quarks. Sie werden durch die W- und Z-Teilchen vermittelt. Die elektromagnetische Kraft wird, wie wir wissen, durch die von Einstein »erfundenen« Photonen vermittelt.

Newton: Jetzt sprechen Sie neben der gluonischen Kraft von den schwachen und elektromagnetischen Kräften, also von drei Kräften, während Sie vorhin nur von zweien sprachen.

Haller: Das hat seinen Grund. Es hat sich nämlich herausgestellt, daß die schwachen und elektromagnetischen Kräfte zwei verschiedene Formen ein und derselben Kraft sind. Der Unterschied, den wir im Experiment zwischen den beiden Arten von Kräften beobachten, ergibt sich nur durch die Tatsache, daß die Mittler der schwachen Kräfte massiv sind und sogar eine recht hohe Masse tragen, das Photon hingegen masselos ist. Dieser Unterschied in den Massen ist jedoch bei sehr hohen Energien, zum Beispiel auch kurz nach dem Urknall, belanglos. Er wird übrigens zumindest in den Vorstellungen der Theoretiker durch dasselbe Feld verursacht, das für die Erzeugung der Massen verantwortlich ist.

Einstein: Sie meinen das mysteriöse »Higgs«-Feld, das Sie in Ihrem Vortrag erwähnten und das die Eigenschaften unseres Vakuums beschreibt?

Haller: Durch die Wechselwirkung der W- und Z-Teilchen mit dem »Higgs«-Feld wird diesen Teilchen die Masse gegeben, nicht aber dem Photon. Wieder ist also die Struktur des Vakuums für ein wichtiges Phänomen verantwortlich, für den Unterschied zwischen den starken und elektromagnetischen Kräften, der ja für das makroskopische Erscheinungsbild der Natur sehr wichtig ist. Wären die W- und Z-Teilchen masselos wie die Photonen, sähe die Welt völlig anders aus, denn es ist die Masse der W- und Z-Teilchen, die verantwortlich dafür ist, daß die schwachen Kräfte bei den Naturprozessen eben schwach sind, viel schwächer als die elektromagnetischen Kräfte.

Einstein: Ihr Plädoyer für die Vereinheitlichung von schwachen und elektromagnetischen Kräften in Ehren, aber ich möchte betonen, daß diese Vereinheitlichung immer noch auf tönernen Füßen steht. Schon vor Tagen in Berlin sprachen wir davon, daß niemand weiß, ob es das »Higgs«-Feld wirklich gibt.

Haller: Für die einheitliche Beschreibung der schwachen und elektromagnetischen Kräfte benötigt man nicht unbedingt ein »Higgs«-Feld. Es könnte durchaus sein, daß die Massen auf andere Weise erzeugt werden, aber an der grundlegenden Idee einer Einheit der beiden Kräfte würde sich vermutlich nichts ändern. Bei dieser Einheit handelt es sich nicht etwa um eine vage und künstliche Zusammenschaltung der entsprechenden Kräfte. Die Theorie sagt zum Beispiel voraus, daß die entsprechenden Kraftteilchen, also die Z- und W- Bosonen auf der einen Seite und die Photonen auf der anderen, in einer ganz spezifischen Weise miteinander in Wechselwirkung treten. Man ist heute dabei, diese Voraussage im Experiment zu überprüfen, mit Hilfe des LEP-Beschleunigers am CERN.

Nun aber noch einige Worte zu einer weiteren Klasse von Teilchen, den Leptonen, zu denen das Elektron zählt. Der Name, diesmal durchaus eine seriöse Bezeichnung, leitet sich von griechisch »leptos«, also »leicht«, ab, denn das Elektron ist im Vergleich zum Proton ein sehr leichtes Teilchen. Leider hat sich dieser Name in der Folge als nicht sinnvoll erwiesen, denn in der Mitte der siebziger Jahre entdeckte man einen schweren Verwandten des Elektrons, das fast doppelt so schwer wie das Proton ist, das τ-Lepton oder Tauon.

Auch die Leptonen erscheinen in der Natur paarweise, und wie bei den Quarks gibt es drei verschiedene Paare. Mithin gibt es drei elektrisch geladene Leptonen: das Elektron, das Myon und das Tauon. Jedes dieser Teilchen besitzt einen neutralen Partner, ein Neutrino. Die Neutrinos sind elektrisch neutral und nehmen deshalb nicht an der elektromagnetischen Wechselwirkung teil. Nur mittels der schwachen Kräfte ist es möglich, ein Neutrino zu beeinflussen.

Einstein: Ich kann mich noch entsinnen, daß Ende der zwanziger Jahre Wolfgang Pauli in Zürich ein Neutrinoteilchen postuliert hat, um die Ungereimtheiten beim Zerfall des Neutrons zu erklären. Ich sprach einmal mit Pauli über sein Teilchen und meinte wohl etwas ironisch, daß er da ein rechtes Geisterteilchen erfunden habe, da niemand es nachweisen könne. Er stimmte mir sogar zu – auch

Pauli nahm an, daß man die Neutrinos wegen ihrer sehr schwachen Wechselwirkung nie direkt würde beobachten können, und war darüber nicht sehr zufrieden. Im Gegensatz zu einem Philosophen ist eben ein Physiker nicht glücklich, etwas zu erfinden, das kein Mensch beobachten kann.

Haller: Pauli würde heute anders darüber denken. Er hat sich nämlich gründlich getäuscht. Zwar kann man Neutrinos wegen ihrer sehr schwachen Wechselwirkung nur sehr schwer registrieren. Ein Neutrino durchquert die Erde oder die ganze Galaxie im allgemeinen ohne Schwierigkeiten. Nur äußerst selten findet eine Reaktion mit einem Atomkern oder einem Elektron statt, und zwar um so häufiger, je größer die Energie des Neutrinos ist. Heute gibt es am CERN und am amerikanischen Fermi-Laboratorium für Teilchenphysik westlich von Chicago intensive Neutrinostrahlen, die für Experimente zur Verfügung stehen. Pauli wußte damals nicht, daß die Physiker ein halbes Jahrhundert nach seiner theoretischen Entdeckung Möglichkeiten haben, sehr viele Neutrinos mit hoher Energie zu erzeugen, so daß eine direkte Beobachtung hin und wieder doch möglich ist. Trotzdem fliegen die meisten der in den Labors durch Teilchenkollisionen erzeugten Neutrinos ungehindert davon. Der Neutrinostrahl des CERN durchquert die nahen Berge des Juragebirges und verläßt kurz darauf unseren Planeten. Seine Neutrinos werden danach zu ewigen Vagabunden im Universum.

Vor 170000 Jahren explodierte in der Großen Magellanschen Wolke, einem Sternhaufen, der unsere Galaxie bei ihrer Reise durch den Kosmos begleitet, eine Supernova. Bei einer solchen Sternexplosion verwandelt sich ein beträchtlicher Teil der Masse des Sterns in Energie, die in Form von Licht- und Neutrinostrahlung emittiert wird. Eine solche Schockwelle, bestehend aus Photonen und Neutrinos, raste mit Lichtgeschwindigkeit durch den interstellaren Raum und traf am 22. Februar 1987 auf die Erde. Astronomen beobachteten die Explosion sofort. Genau um 23 Uhr und 35 Minuten kalifornischer Zeit durchquerten viele Milliarden Neutrinos den Erdkörper. Einige von ihnen wurden mittels zweier Detektoren, die für einen ganz anderen Zweck gebaut worden waren – der eine in Japan, der andere in den USA –, nachgewiesen.

Abb. 21–4 Teil des Untergrunddetektors Kamiokande-II in Japan. Er befindet sich tief unter der Erdoberfläche in einem Zinkbergwerk. Zu sehen sind die Nachweisgeräte für Photonen (Photomultiplikatoren), mit deren Hilfe man Teilchenreaktionen registriert. Mit Hilfe dieser elektronischen Geräte beobachtete man im Jahre 1987 11 Neutrinos, die innerhalb kurzer Zeit Reaktionen im Wasser auslösten, nachdem sie, ausgehend von der Supernova in der Großen Magellanschen Wolke, 170000 Jahre durch den interstellaren Raum gereist waren. Das Bild zeigt einen Ausschnitt des Detektors vor dem Auffüllen mit Wasser.

Das war der Beginn eines neuen Zweigs der Astronomie, der Neutrinoastronomie.

Jedenfalls sind die Neutrinos nicht mehr die geisterhaften Teilchen wie zur Zeit Paulis. Mit einer ganzen Reihe von Methoden ist es heute möglich, Neutrinos direkt oder indirekt nachzuweisen.

Newton: Sie sagten, es gibt genau drei Neutrinos. Woher weiß man das?

Haller: Schon seit geraumer Zeit weiß man, daß es nicht sehr viele verschiedene Neutrinoarten im Universum geben kann. Die genauen Argumente hierfür seien jetzt nicht genannt. Der eigentliche Test kam jedoch, als der LEP-Beschleuniger am CERN in Betrieb ging. Man kann nämlich durch eine genaue Beobachtung des Zerfalls des Z-Teilchens feststellen, ob es zwei, drei oder vielleicht vier verschiedene Neutrinoarten gibt. Je mehr Neutrinoarten für den Zerfall zur Verfügung stehen, um so schneller kann nämlich das Z-Teilchen zerfallen. Die Antwort kam prompt: Es gibt drei Neutrinoarten. Unser Universum bevorzugt also die Zahl drei.

Einstein: Im Zusammenhang mit der dunklen Materie im Kosmos erwähnten Sie, daß Neutrinos eine Masse haben könnten. Wie steht es damit?

Haller: Zunächst einmal – man kann sich im Rahmen der Physik des Urknalls überlegen, daß die Anzahl der Neutrinos pro Volumeneinheit im Kosmos von derselben Größenordnung ist wie die Anzahl der Photonen.

Newton: Es gibt etwa zehnmilliardenmal mehr Photonen als Kernteilchen. Wollen Sie behaupten, daß es auch zehnmilliardenmal mehr Neutrinos als Kernteilchen gibt?

Haller: Das ist die Konsequenz des heißen Urknalls, denn ein ähnlicher Mechanismus wie derjenige, der den Photonensee im intergalaktischen Raum erzeugt, führt auch zur Herausbildung eines Neutrinosees, mit etwa 450 Neutrinos pro Kubikzentimeter, also 150 Neutrinos von jeder der drei Neutrinosorten. Der Neutrinosee besitzt sogar eine eigene Temperatur. Sie ist etwas geringer als die Temperatur der Photonenstrahlung und liegt bei etwa 2,2 Grad über dem absoluten Nullpunkt – das sagt zumindest die Theorie.

Einstein: Jetzt verstehe ich, warum die Neutrinomasse so wichtig ist. Da es viel mehr Neutrinos als Kernteilchen gibt, könnte eine wenn auch sehr kleine Masse der Neutrinos, oder zumindest eines der drei Neutrinos, erheblich zur Massendichte im Kosmos beitragen. Das würde auch für die Photonen zutreffen, jedoch weiß man, daß die Photonen keine Masse besitzen.

Haller: Wenn eines der Neutrinos eine Masse von 30 eV besitzt, in Energieeinheiten ausgedrückt – das ist etwas weniger als ein Zehntausendstel der Masse des Elektrons –, dann hätte man die kritische Massendichte im Kosmos erreicht. Die dunkle Materie wäre

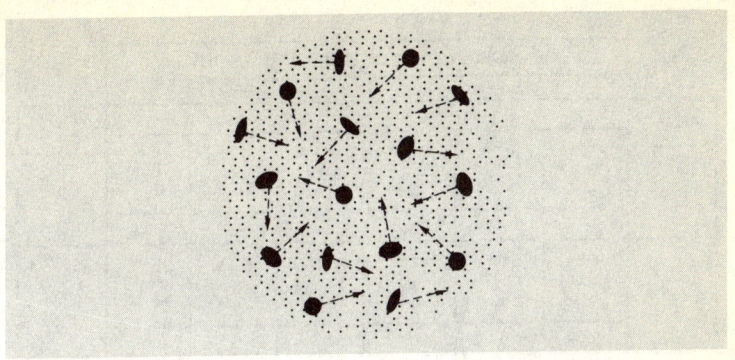

Abb. 21–5 Schematisches Bild eines Galaxienhaufens, dessen Dynamik durch die dunkle Materie bestimmt wird, zum Beispiel durch massive neutrale Teilchen, etwa massive Neutrinos.

also Neutrinomaterie. Die großen galaktischen Haufen wären im Grunde weiter nichts als riesige Neutrinowolken, in denen die Galaxien wie Fische in einem Aquarium herumschwimmen, gefangen von der Gravitation der Neutrinos. Der Hauptteil der vom Haufen ausgehenden Gravitation würde von den Neutrinos herrühren.

Newton: Falls die dunkle Materie aus massiven Neutrinos besteht, werden diese sich zu den eben erwähnten großen Neutrinowolken zusammenfinden. Das würde aber bedeuten, daß die Neutrinodichte im Haufen wesentlich höher als die mittlere Dichte ist.

Haller: Sehr richtig. In einem Haufen könnte man durchaus bis zu 10 Millionen Neutrinos pro Kubikzentimeter finden, die mit vergleichsweise moderaten Geschwindigkeiten von einigen 10 000 Kilometern pro Sekunde herumfliegen, also mit Geschwindigkeiten, die erheblich unter der Lichtgeschwindigkeit liegen.

Einstein: Eine etwas beklemmende Vorstellung. Wir befinden uns hier nicht nur in den San-Gabriel-Bergen, sondern auch innerhalb eines galaktischen Haufens. Die Vorstellung, daß um uns herum in jedem Kubikzentimeter Millionen von Neutrinos eine dunkle Existenz führen, macht mich nervös.

Haller: Nicht nur Sie, sondern auch viele Experimentalphysiker,

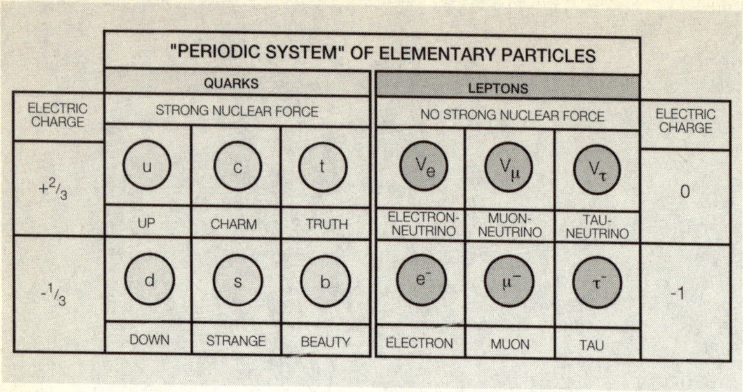

"PERIODIC SYSTEM" OF ELEMENTARY PARTICLES						
	QUARKS			LEPTONS		
ELECTRIC CHARGE	STRONG NUCLEAR FORCE			NO STRONG NUCLEAR FORCE		ELECTRIC CHARGE
$+^2/_3$	u	c	t	v_e	v_μ	v_τ	0
	UP	CHARM	TRUTH	ELECTRON-NEUTRINO	MUON-NEUTRINO	TAU-NEUTRINO	
$-^1/_3$	d	s	b	e^-	μ^-	τ^-	-1
	DOWN	STRANGE	BEAUTY	ELECTRON	MUON	TAU	

Abb. 21–6 Das Schema der Materieteilchen. Insgesamt gibt es in unserem Universum drei verschiedene Paare von Leptonen und Quarks. Nur das erste Paar ist für die beobachtete Sternenmaterie im Kosmos relevant. Für t und b sind hier die alternativen Bezeichnungen »truth« und »beauty« angegeben (statt »top« und »bottom«). (Abbildung CERN, Genf)

die diesen Neutrinosee gerne nachweisen möchten. Nur stehen die Chancen hierfür nicht gerade gut. Da die kosmischen Neutrinos im Gegensatz zu den Neutrinos etwa am CERN eine winzige Energie besitzen, scheint es nicht möglich, sie direkt mittels eines Detektors zu beobachten. Je kleiner die Energie der Neutrinos ist, um so unwahrscheinlicher ist es, daß überhaupt eine Reaktion stattfindet. Vermutlich wird es noch lange dauern, bis man mehr über den See der Neutrinos weiß.

Noch ist nicht einmal klar, ob Neutrinos eine Masse besitzen. Die experimentellen Schranken schließen nicht aus, daß das Myon-Neutrino oder das Tau-Neutrino eine Masse besitzen, die groß genug ist, so daß die kritische Massendichte erreicht wird. Nur beim Elektron-Neutrino weiß man, daß seine Masse nicht größer als einige Elektronenvolt ist und deshalb für die dunkle Materie nicht in Frage kommt.

Eine interessante Möglichkeit erscheint mir auch der Fall, daß alle drei Neutrinos eine Masse von, sagen wir, 3 bis 5 Elektronenvolt besitzen. Die dunkle Materie oder zumindest der Neutrinoteil der dunklen Materie bestünde dann zu 33 % aus Elektron-

Neutrinos, zu 33 % aus Myon-Neutrinos und zu 33 % aus Tau-Neutrinos. Sollte man demnächst in den Labors der Teilchenphysiker feststellen, daß die Neutrinos Massen im Bereich von einigen Elektronenvolt besitzen, hätte dies sofort manifeste Auswirkungen auf die Kosmologie und insbesondere auf die ferne Zukunft unseres Universums – dies Beispiel zeigt deutlich den heute bestehenden engen Zusammenhang zwischen der Welt des Allerkleinsten und der Welt der allergrößten Strukturen, der Kosmologie. Die Suche nach einer Masse für die Neutrinos ist deshalb eine der wichtigsten Aufgaben der Grundlagenforschung innerhalb der Physik in unserer Zeit.

Einstein: Es ist bemerkenswert, daß es anscheinend genau drei Paare von Quarks und drei von Leptonen gibt. Da scheint mir eine Art Parallelismus zwischen Leptonen und Quarks zu bestehen.

Haller: Durchaus. Man vermutet, daß Leptonen und Quarks verwandt sind und daß diese Verwandtschaft die Folge einer großen Symmetrie, einer großen Vereinheitlichung aller Teilchen und

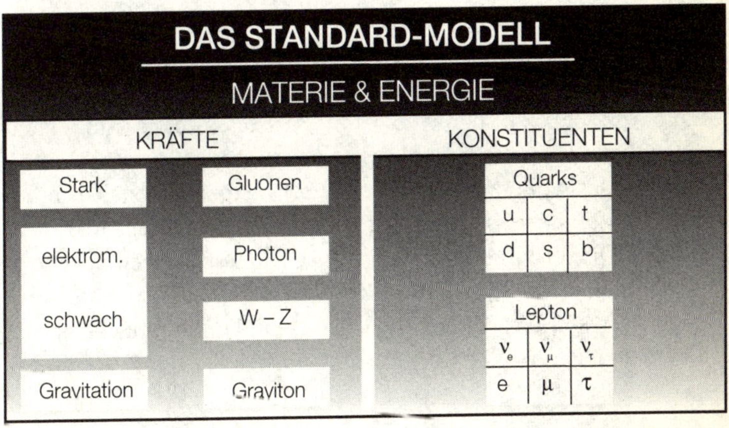

DAS STANDARD-MODELL

MATERIE & ENERGIE

KRÄFTE		KONSTITUENTEN		
Stark	Gluonen	Quarks		
		u	c	t
elektrom.	Photon	d	s	b
schwach	W – Z	Lepton		
		ν_e	ν_μ	ν_τ
Gravitation	Graviton	e	μ	τ

Abb. 21–7 Das Schema des sogenannten Standardmodells der Teilchenphysik. Man unterscheidet zwischen den Materieteilchen, den Quarks und den Leptonen, und den Kraftteilchen. Es gibt drei verschiedene Paare von Leptonen und Quarks und zwei verschiedene Typen von Kräften mit Ausnahme der Gravitation. (Abbildung CERN, Genf)

Kräfte, ist. Aber wie gesagt, das ist eine Vermutung, und über Spekulationen wollten wir zumindest heute nachmittag nicht sprechen.

Lassen Sie mich noch einmal zusammenfassen, wie sich das heutige Bild der Teilchenphysik umreißen läßt. Es gibt zwei Gruppen von Teilchen, die Materieteilchen in Gestalt der Quarks und der Leptonen, und die Kraftteilchen, die für das Zustandekommen der physikalischen Kräfte verantwortlich sind, die Gluonen, die W-Teilchen, die Z-Teilchen und die Photonen.

Damit kann man ein Modell der fundamentalen Teilchen und Wechselwirkungen aufbauen, das oft als das Standardmodell der Teilchenphysik bezeichnet wird – in Analogie zur Einsteinschen Theorie, die als Standardmodell der Gravitationstheorie fungiert. Diese Theorie ist mittels vieler Experimente genau überprüft worden, und man fand nie einen Hinweis auf Effekte, die den Rahmen der Theorie sprengen würden.

Einstein: Nach wie vor ist jedoch der Mechanismus, der die Massen erzeugt, unklar.

Haller: Damit muß man vorläufig leben. Sie erinnern sich, daß ich vor Tagen in meinem Berliner Vortrag darauf hingewiesen habe, daß mit Hilfe künftiger Experimente, insbesondere am neuen LHC-Beschleuniger in Genf, eine Lösung des Massenproblems zumindest in Sichtweite ist. Es liegt jedenfalls nahe, das Standardmodell zu benutzen, um Aussagen über die ersten Augenblicke nach der Urexplosion zu machen.

Einstein: Das wollen wir aber jetzt lieber bleiben lassen. Wir brauchen noch einige Zeit, um zum Auto zurückzukehren, und dann folgt das Dinner im Athenaeum. Newton und ich haben also noch bis morgen früh Zeit, um das spröde Gedankenfutter zur Teilchenphysik, das Sie uns heute nachmittag verabreicht haben, zu verdauen.

22

Die ersten Sekunden

> Was mich eigentlich interessiert, ist, ob
> Gott die Welt hätte anders machen kön-
> nen; das heißt, ob die Forderung der
> logischen Einfachheit überhaupt eine
> Freiheit zuläßt.
>
> *Albert Einstein*[22.1]

Der Treffpunkt der drei Gesprächspartner am nächsten Morgen war wieder die Bibliothek des Athenaeums. Als Haller den Raum betrat, wurde er bereits von Einstein erwartet; nur Newton fehlte noch.

»Guten Morgen, Herr Kollege! Wie gestern abend beim Dinner abgesprochen, wird heute der letzte Tag unserer Diskussionen sein. Das Flugzeug, das Newton nach Europa zurückbringen wird, fliegt morgen am späten Vormittag ab. Ich selbst habe beschlossen, noch einige Tage in Pasadena zu bleiben, was bedeutet: Wir sollten heute mit unserer kosmologischen Diskussion fertig werden.«

Haller: Ich denke, das wird sich doch machen lassen. Was mich betrifft, ich fliege morgen früh über Chicago nach Zürich zurück.

– In diesem Augenblick erschien auch der dritte Gesprächspartner und kam sofort zur Sache.

Newton: Nach allem, was wir gestern hörten, spielt sich die wesentliche Dynamik des Kosmos, zumindest was seine globalen Aspekte wie Materiezusammensetzung, Dichte der Materie usw. betrifft, unmittelbar nach der Urexplosion, sozusagen in den ersten Sekunden oder Mikrosekunden, ab. Alles, was danach kommt, ist nur noch lokales und für die globalen Eigenschaften des Kosmos unwichtiges Geplänkel.

Haller: Da haben Sie recht – die wichtigen Weichen werden ganz am Anfang gestellt. Wenn wir heute vormittag die ersten Augenblicke unseres Universums näher betrachten wollen, möchte ich jedoch darauf aufmerksam machen, daß wir genau zwischen theoretischer Extrapolation und gesichertem Wissen unterscheiden müssen.

Einstein: Für meinen Teil ist das selbstverständlich, trotzdem habe ich nichts dagegen, hin und wieder etwas zu spekulieren. Ohne dies gibt es keine Fortentwicklung unserer Wissenschaft, selbst wenn die meisten Spekulationen sich als Unsinn herausstellen – der Papierkorb ist und bleibt das wichtigste Instrument des Theoretikers.

Immerhin, wir hörten gestern von Ihnen, daß sich alle Teilchenwechselwirkungen im Rahmen des Standardmodells der heutigen Teilchenphysik – welch ein grausiger Name für eine ganz akzeptable Theorie! – beschreiben lassen. Was mich dabei beeindruckte, war die Tatsache, daß im Verlauf der Entwicklung der Physik seit 1930 keine neuen fundamentalen Wechselwirkungen entdeckt wurden.

Zu meiner Zeit gab es die elektromagnetischen, die starken und die schwachen Kräfte, neben der Gravitation, versteht sich, und dasselbe gilt auch heute noch. Geändert hat sich jedoch die Beschreibung der Kräfte, etwa die Beschreibung der starken Kräfte im Rahmen der Chromodynamik. Mit Hilfe der heutigen Teilchenbeschleuniger ist man in der Lage, die Struktur der Materie bis zu einer Energie von etwas über 100 GeV zu beschreiben. Dies bedeutet, daß man die Dynamik der Materie bis zu etwa 10^{-16} cm beschreiben kann, bis zu einem Tausendstel der Ausdehnung eines Atomkerns.

Nehmen wir einmal an, wir wenden dieses Wissen auf die Kosmologie an. Bis zu welcher Zeit nach der hypothetischen Urexplosion könnte man dann die kosmologische Entwicklung zurückverfolgen?

Haller: Wir können genau bis zu jenem Zeitpunkt zurückgehen, bei dem die Temperatur des Universums in der Größenordnung von 100 GeV lag. Das ist der Bereich zwischen 10^{-8} und 10^{-9} Sekunden

Abb. 22–1 Ein Beispiel einer Kollision von Bleiatomkernen. Bei der Kollision werden Hunderte von neuen Teilchen aus Energie erzeugt. Durch eine genaue Analyse der Kollisionen versucht man, Einblicke in die Dynamik des Quark-Gluon-Plasmas zu erhalten, das den Zustand des Universums etwa ein Milliardstel einer Sekunde nach dem Urknall ausmachte. (Foto CERN)

nach dem Anfang, also etwas mehr als ein Milliardstel einer Sekunde nach dem Urknall.

Einstein: Ausgezeichnet. Ich schlage vor, wir gehen von dieser Zeit aus und verfolgen die nachfolgende Entwicklung. Später können wir dann auf die mehr spekulative Seite der Angelegenheit zurückkommen und auch den Zeitraum vor dieser milliardstel Sekunde betrachten.

Haller: Ich kann natürlich auch den umgekehrten Weg gehen und unser heutiges Universum bis zu einer milliardstel Sekunde zurückverfolgen. Dies will ich schnell einmal tun, um den Zustand des Universums zu dieser Zeit zu charakterisieren.

Newton: Tun Sie das. Wie sah der Kosmos damals aus?

Haller: Im Grunde war die Materie damals nichts weiter als eine höllisch heiße Suppe von Quarks, Antiquarks, Elektronen und Positronen, nicht zu vergessen die anderen Leptonen und auch die Kraftteilchen, also die Photonen und Gluonen. Die W- und Z-Teilchen, die eine große Masse besitzen, spielten zu jenem Zeitpunkt nur noch eine minimale Rolle und trugen zur kosmischen Materiedichte fast nichts mehr bei. Der größte Teil der Materiedichte wurde von den Quarks und Antiquarks geliefert, einer Art heißem Plasma von Quarks und Gluonen. Deshalb nennt man einen solchen Zustand auch Quark-Gluon-Plasma.

Man versucht heute, mit Hilfe von Teilchenbeschleunigern wie dem CERN-Beschleuniger oder einem neuen Beschleuniger, der auf Long Island bei New York errichtet wird, den Zustand des Quark-Gluon-Plasmas wenigstens kurzzeitig zu erzeugen, und zwar mit Hilfe von schweren Atomkernen, die auf hohe Energie beschleunigt und dann zur Kollision gebracht werden. Bei solchen Kollisionen werden Hunderte von Teilchen aus Energie erzeugt, ein Vorgang, der an den kosmischen Schöpfungsakt erinnert.

Einstein: Das ist also unser Ausgangszustand. Das Universum expandiert sehr schnell und kühlt sich ab. Was passiert danach?

Haller: Kurz danach passiert eine Art Massenmord – die Vernichtung der Antimaterie im Kosmos. Unser Ausgangszustand besitzt eine Menge Antiteilchen, insbesondere Antiquarks. Teilchen und Antiteilchen vernichten sich ständig, vornehmlich in Photonen, und werden auch ständig wieder aus Strahlungsenergie erzeugt. Wenn der Kosmos jedoch abkühlt, ist es nicht mehr so leicht möglich, inmitten des Quark-Gluon-Plasmas Antiquarks zu erzeugen. Diese sterben relativ rasch aus, und am Ende liegt einfach eine Suppe heißer Quarks vor, und zwar nur von u- und d-Quarks, denn die anderen haben sich auch durch Zerfallsprozesse verflüchtigt.

Einstein: Irgendwann werden diese sich dann zu Protonen und Neutronen zusammenschließen.

Haller: Auch diesen Zeitpunkt kann man einigermaßen genau angeben, und zwar geschieht dies bei einer Temperatur von einigen hundert MeV, was im übrigen etwa 10^{13} Grad entspricht, also zehn Billionen Grad. Etwa ein Hunderttausendstel einer Sekunde nach dem Urknall wird dies erreicht. Zu diesem Zeitpunkt verwandelt sich das Quarkplasma in ein hoch erhitztes Gas von Protonen und Neutronen, denn die Quarks ziehen sich aufgrund der chromodynamischen Kräfte stark an – es bleibt ihnen also nichts anderes übrig, als eine Lebensgemeinschaft zu dritt einzugehen.

Newton: Dieser Prozeß dürfte die erste Ausformung von Strukturen im Kosmos sein.

Haller: Richtig. Die Synthese der Nukleonen aus den Quarks ist der erste Prozeß von Strukturbildung im Kosmos – der erste von vielen, die folgen werden, eingeschlossen die Bildung von solch komplexen Strukturen wie den Herren Newton und Einstein.

Nach Ablauf einer Sekunde nach der Urexplosion passiert etwas mit den Neutrinos. Unmittelbar nach dem Urknall gab es im Universum nicht nur ein Plasma von Quarks, sondern auch ein heißes Gas von Neutrinos, die ständig mit den Teilchen ihrer Umgebung in Wechselwirkung traten. Sie vermochten dies, weil die Dichte der Materie so unvorstellbar groß war, daß selbst die kontaktscheuen Neutrinos nichts anderes tun konnten, als ständig mit ihren Nachbarn zusammenzustoßen, denn das Gedränge der Teilchen in der kosmischen Suppe war immer noch enorm. Etwa eine Sekunde nach dem Urknall hat die Materiedichte jedoch so stark abgenommen, daß eine Wechselwirkung der Neutrinos nicht mehr garantiert ist. Jetzt verabschieden sich die Neutrinos – von nun an bilden sie eine eigene Welt, ein Neutrinogas, das von den anderen Materieteilchen im Kosmos nichts mehr wissen will. Die nachfolgende Expansion des Kosmos führt dazu, daß dieses Neutrinogas immer kälter wird. Heute hat es den Berechnungen zufolge, wie bereits früher erwähnt, eine Temperatur von nur noch etwa 2,2 Grad über dem absoluten Nullpunkt. Die Temperatur der Neutrinostrahlung ist also etwas niedriger als die der Photonenstrahlung.

Etwa eine Minute nach dem Urknall geschieht die nächste Strukturbildung – die Synthese der leichten Elemente, insbesondere von Helium, die wir schon besprochen haben. Ungefähr 300000 Jahre nach dem Urknall hat sich das Universum schließlich auf eine Temperatur von 10000 Grad abgekühlt, eine Temperatur, bei der die typische Energie der Teilchen von der Größenordnung 1 eV ist.

Einstein: Das ist die Temperatur, auf die man Materie erhitzen muß, um die Atome in ihre Bestandteile zu zerlegen, also in die Kerne und die Elektronen der Atomhülle.

Haller: Da wir beim Urknall von der anderen Seite der Zeitskala kommen, die Temperatur also sinkt, passiert jetzt die Bildung der Atome aus den herumfliegenden Kernen und Elektronen. Damit ist jedoch eine qualitativ neue Stufe der Materie im Kosmos erreicht. Nunmehr besteht die Materie nicht mehr aus elektrisch geladenen Teilchen, sondern aus elektrisch neutralen Atomen. Das bedeutet, daß die Photonen nur noch sehr selten mit den anderen Teilchen der Materie in Wechselwirkung treten, denn Photonen reagieren in erster Linie mit elektrisch geladenen Objekten. Man bezeichnet dieses Stadium der kosmischen Entwicklung als das Stadium der Entkopplung der Photonen. Wie schon zuvor die Neutrinos, entkoppeln also jetzt die Photonen von der atomaren Materie.

Einstein: Von nun an existiert der See der Photonen im Universum also unabhängig vom Rest der Welt, wie auch der See der Neutrinos. Nur die Expansion des Kosmos wirkt auf ihn ein, weil die Wellenlängen der elektromagnetischen Wellen ebenso wie jede andere kosmische Distanz gedehnt werden.

Haller: Der See der Photonen, den wir heute im intergalaktischen Raum beobachten, ist ein Fossil aus der Frühzeit des Kosmos, genauer aus der Zeit von einigen 100000 Jahren nach dem Urknall. Der Brummton der Strahlung, den Penzias und Wilson als erste vernahmen, ist das gedehnte Echo des Urknalls. Dieses Echo erfüllt heute das gesamte Universum, nur wird die Energie der Photonen im Photonensee ständig etwas kleiner. Die Strahlung, die in einem Jahr die Erde erreicht, war ein Jahr länger auf ihrer kosmischen Reise unterwegs, und entsprechend wird die mittlere Energie der Photonen etwa um ein Zehnmilliardstel kleiner sein als im Jahr zuvor. Allerdings ist dieser Effekt der kosmischen Abkühlung zu klein, um beobachtbar zu sein.

Die Tatsache, daß die beobachtete Strahlung sehr homogen und isotrop erscheint, deutet darauf hin, daß die Verteilung der

Energiedichte im frühen Universum sehr homogen war. Große Schwankungen der Dichte kann es nicht gegeben haben, denn diese würden sich heute im Photonensee bemerkbar machen.

Newton: Wenn wir das Universum heute betrachten, erscheint zwar die Verteilung der galaktischen Materie einigermaßen homogen auf einer sehr großen Skala, die von der Größenordnung von ungefähr einer Milliarde Lichtjahre ist, also etwa ein Zehntel der Ausdehnung des gesamten heute sichtbaren Kosmos. Bei kleineren Distanzen beobachtet man jedoch eine Menge Struktur – die galaktischen Haufen, die Galaxien, schließlich die Sterne. Irgendwann in der Frühzeit des Kosmos muß es also erste Strukturen größeren Ausmaßes gegeben haben, entstanden durch zufällige Fluktuationen der Materiedichte. Wenn ich Sie recht verstehe, scheint es aber ausgeschlossen, daß solche Strukturen bereits einige hunderttausend Jahre nach der Explosion vorlagen. Dies überrascht mich einigermaßen, denn zur Zeit der Entkopplung des Photonensees sollte es, so würde ich vermuten, schon die ersten Anzeichen von Dichtefluktuationen gegeben haben, weil die normale atomare Materie sich zu diesem Zeitpunkt schon relativ langsam durch den Kosmos bewegte. Die Gravitation würde dafür sorgen, daß sich größere Fluktuationen der Materiedichte ergeben, entweder durch die Gravitation der atomaren Materie selbst oder durch die Gravitation von dunkler Materie, etwa der hypothetischen Wolken massiver Neutrinos, über die wir kürzlich sprachen.

Haller: Sie haben völlig recht. Da man von vornherein davon ausging, daß auf einem wenn auch sehr geringen Niveau erste Schwankungen im Photonensee auftreten sollten, etwa kleine Schwankungen der Temperatur der kosmischen Hintergrundstrahlung, hat man im COBE-Satelliten Detektoren eingebaut, die in der Lage waren, auch sehr kleine Schwankungen zu beobachten. Nach mehrjähriger Suche hat man sie schließlich gefunden.

Einstein: Wirklich? Damit hätte man also einen Schnappschuß vom Kosmos unmittelbar nach dem Anfang.

Haller: So könnte man es ausdrücken. Nach der Bekanntgabe der Entdeckung durch die COBE-Forschergruppe im Jahre 1992 sprach die »New York Times« vom »Fingerabdruck Gottes«.

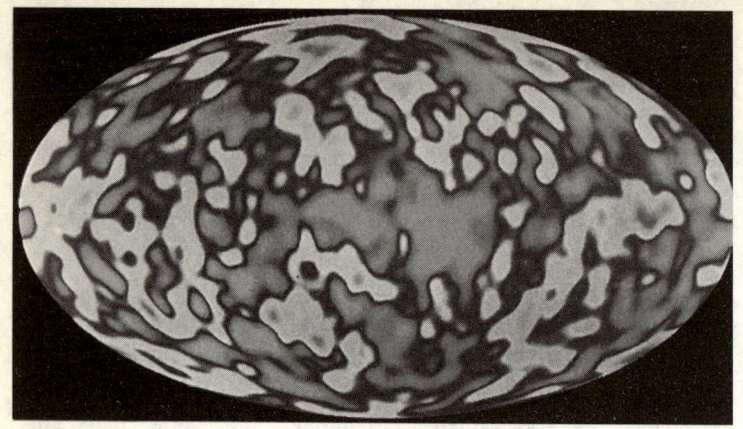

Abb. 22–2 Eine Abbildung der beobachteten Fluktuationen in der Temperatur des Photonensees. (Abb. NASA, COBE-Collaboration)

Newton: Welch ein Unsinn, die Fluktuationen sind doch nichts weiter als die Folge der überall im Kosmos wirkenden Gravitation. Gottes Hilfe ist gar nicht nötig.

Haller: Jedenfalls enthält der COBE-Schnappschuß zwei Überraschungen. Zum einen sind die Fuktuationen etwas schwächer als erwartet. Die Temperatur des Photonensees schwankt um Beträge, die nur etwas kleiner als ein Zehntausendstel der kosmischen Temperatur von 2,7 Grad über dem absoluten Nullpunkt sind. Dies bedeutet, daß die Materieschwankungen zum Zeitpunkt der Bildung der Atome noch relativ schwach ausgeprägt waren. Zum anderen sind die Bereiche, die durch die Schwankungen ausgezeichnet sind, nach dem heute vorliegenden Maßstab ungeheuer groß. Durchmesser von Hunderten von Millionen Lichtjahren sind nichts Ungewöhnliches. Die ersten Materieschwankungen waren also sehr großräumig. Wenn wir uns den heute sichtbaren Kosmos als eine Kugel mit dem Radius von einem Meter vorstellen, dann passierten die ersten Dichteschwankungen auf einer Skala von einigen Zentimetern. Irgendwie – niemand kennt heute die Details – haben sich in der Folge daraus die Galaxien und Sterne entwickelt. Sie merken es schon an meinen Worten: Wir haben jetzt die Grenze der heutigen Forschung erreicht. Noch sind viele Dinge unklar.

Einstein: Das scheint mir auch so. Jedoch ist nicht nur die Bildung der makroskopischen Strukturen im Universum nicht genau verstanden, sondern wohl auch der Zeitraum vom Anfang bis zur ersten Milliardstel Sekunde, jener Grenze in der kosmischen Evolution, die durch die heutige Teilchenforschung gesetzt ist.

23

Ein kosmisches Märchen

Je weniger Kenntnis der Forscher besitzt, um so ferner fühlt er sich von Gott. Je größer aber sein Wissen ist, um so mehr nähert er sich ihm.

Albert Einstein[23.1]

Um 12 Uhr saßen die drei Physiker im Speisesaal des Athenaeums beim Lunch. Einstein, der die Mahlzeiten im Hause sehr schätzte, hatte sich die Spezialität des Küchenchefs bestellt, ein großes Filet Mignon, dazu einen kalifornischen Cabernet. Newton war mit seinem Salat schnell fertig und wurde nervös. Einstein ließ sich jedoch nicht aus der Ruhe bringen... Schließlich sagte Newton:

»Mr. Einstein, mir brennen einige Fragen auf den Nägeln, und ich schlage vor, wir setzen die Diskussion bereits jetzt fort, wenn Sie nichts dagegen haben!«

Einstein: Warum nicht, Sir Isaac, sofern Sie mich hier in Ruhe meinen Lunch beenden lassen. Auch ich habe eine Menge Fragen, aber ich habe meine Zweifel, daß die heutige Wissenschaft darauf befriedigende Antworten zu geben vermag. Vergessen Sie nicht, heute nachmittag haben wir eine Märchenstunde vorgesehen. Haller wird uns etwas erzählen, und wie bei allen Märchen gibt es da Bezüge zur Wahrheit, aber auch viel Phantasie. Also schießen Sie los, wenn Sie nicht warten können.

Newton: Kurz nach dem Urknall, etwa eine milliardstel Sekunde danach, lag die Materie in Gestalt von Quarks, Antiquarks, Leptonen und ihre Antiteilchen, Gluonen und Photonen vor, vielleicht auch noch von anderen Teilchen, die die Physiker bis jetzt noch nicht entdeckt haben. Unmittelbar darauf setzte der, wie Haller sagte, kosmische Massenmord der Antimaterie ein, so daß heute praktisch nur noch Materie im Kosmos vorhanden ist.

Haller: Ich würde sogar vermuten, daß CERN und das Fermi-Labor bei Chicago die beiden einzigen Orte in unserer Galaxie sind, wo es größere Mengen von Antimaterie gibt.

Newton: Nun weiß man auch, daß in den irdischen Laboratorien bei Kollisionen Materie und Antimaterie stets in gleichen Mengen erzeugt werden. In der Mikrophysik gibt es also zwischen Materie und Antimaterie keinen Unterschied.

Haller: Daß bei der Paarerzeugung jeweils Teilchen und Antiteilchen entstehen, ist Ausdruck eines Naturgesetzes, des Gesetzes von der Symmetrie zwischen Materie und Antimaterie. Antimaterie verhält sich ebenso wie Materie. Beispielsweise ist es möglich, am CERN bei Genf Atome des Elements Antiwasserstoff herzustellen, die aus einem Antiproton als Kern und einem Positron bestehen. Die Atomphysik dieser Atome ist identisch mit der Physik der Wasserstoffatome, die seit langem bekannt ist.

Newton: Es ist genau diese Symmetrie, die mir zu schaffen macht. Ich nehme an, daß sie auch kurz nach dem Urknall respektiert wurde. Man würde also erwarten, daß bei der Urexplosion die Materie aus Energie durch Prozesse der Paarerzeugung entstand. Dann müßten wir im Universum zu jedem Teilchen auch ein entsprechendes Antiteilchen finden. Mit anderen Worten: Es müßte genauso viel Materie wie Antimaterie geben.

Haller: Richtig. Wäre die Materie-Antimaterie-Symmetrie im Universum voll gültig, dann wären bei der Urexplosion tatsächlich genauso viele Teilchen wie Antiteilchen entstanden. Dies würde bedeuten, daß weniger als eine Minute nach dem Urknall praktisch alle Teilchen mit den entsprechenden Antiteilchen eine Vernichtungsreaktion eingegangen wären, und der heutige Kosmos würde keine Materie im üblichen Sinn enthalten, sondern nur Photonen sowie Neutrinos und Antineutrinos – ein ziemlich langweiliges Universum also.

Einstein: Mit anderen Worten – hier stimmt etwas nicht. Irgend etwas muß mit der Symmetrie zwischen Materie und Antimaterie falsch sein, oder die Natur hat einen cleveren Weg gefunden, Materie und Antimaterie unmittelbar nach dem Urknall fein säuberlich zu trennen, was zwar unwahrscheinlich, aber vielleicht nicht völlig ausgeschlossen ist. Dann aber müßte man im Universum genauso viel Materie wie Antimaterie finden.

Haller: Es ist sicher legitim zu fragen, ob es im Kosmos größere Mengen Antimaterie gibt, Antisterne oder ganze Antigalaxien. Das ist jedoch beim heutigen Stand der Forschung auszuschließen, zumindest für das unserer Beobachtung zugängliche Universum. Antisterne in unserer Galaxie muß man völlig ausschließen, denn die Vernichtung der Antimaterie mit der Materie in der Umgebung des Sterns würde zu einer exorbitanten Erzeugung hochenergetischer Strahlung führen, die man längst beobachtet hätte.

Aber auch die fernen Galaxien bestehen mit an Sicherheit grenzender Wahrscheinlichkeit aus Teilchen und nicht aus Antiteilchen. Bestünden sie oder zumindest ein Teil von ihnen aus Antimaterie, dann fänden beispielsweise bei Kollisionen von Galaxien, die im Kosmos verschiedentlich beobachtet werden, Zerstrahlungsreaktionen statt. Die dabei entstehende Strahlung könnte man auf der Erde beobachten, jedoch ist nichts dergleichen zu sehen. Man ist deshalb ziemlich sicher, daß auch die fernen Galaxien aus der üblichen Materie bestehen. Antimaterie in größeren Mengen gibt es also in dem der Beobachtung zugänglichen Kosmos nicht. Damit liegt im Universum eine eklatante Verletzung der Teilchen-Antiteilchen-Symmetrie vor.

Einstein: Also verschiebt sich das Problem, so scheint es, von der Makrophysik auf die Mikrophysik, also die Elementarteilchen – auf Ihre Spezialität, Herr Haller.

Haller: Bis Mitte der sechziger Jahre nahmen die Physiker an, daß die Symmetrie zwischen Materie und Antimaterie ein absolut gültiges Naturgesetz darstellt. Zu jener Zeit fand man jedoch bei einer genauen Analyse der Zerfälle von K-Mesonen – das sind kurzlebige Teilchen, die bei Teilchenkollisionen erzeugt werden – heraus, daß die Symmetrie nicht absolut gültig ist, sondern manchmal verletzt ist, allerdings nur äußerst wenig, so daß das für die meisten Teilchenprozesse keine Rolle spielt. Es handelt sich um einen

Effekt der schwachen Wechselwirkung, die durch die W-Bosonen vermittelt wird.

Allerdings muß ich betonen, daß es ein befriedigendes theoretisches Bild dieses Effekts bis heute nicht gibt.

Einstein: Dachte ich es mir doch. Die Symmetrie ist also letztlich verletzt, wenn auch nur wenig, aber vielleicht stark genug, um den gewünschten Effekt zu erzeugen.

Haller: Nichtsdestotrotz stellen die offensichtliche Verletzung der Materie-Antimaterie-Symmetrie im Kosmos und andererseits die in der Mikrophysik beobachtete und fast exakte Symmetrie zwischen den Teilchen und Antiteilchen ein schwerwiegendes Problem für unser Verständnis der kosmischen Evolution dar. In der »Software« des Kosmos, also in den Naturgesetzen, tritt die Materie ganz analog zur Antimaterie auf, jedoch nicht in der »Hardware«, der vorliegenden Materie.

Bis heute ist nicht völlig geklärt, was der tiefere Grund für diese Diskrepanz zwischen Makrophysik und Mikrophysik ist. Es gibt jedoch konkrete Vorstellungen, daß dieses Problem durch ein interessantes Zusammenspiel zwischen der Teilchenphysik und der Astrophysik gelöst werden kann. Um letzteres zu verstehen, müssen wir noch tiefer in die Struktur der Materie eindringen und dabei notgedrungen den sicheren Boden der experimentell überprüften Physik verlassen.

Die kleine Verletzung der Materie-Antimaterie-Symmetrie, wie sie beobachtet wurde, reicht allein nicht aus, um das Fehlen der Antimaterie im Kosmos zu erklären. Das Problem hat mit der Struktur der Atomkerne zu tun. Ein Atomkernteilchen kann nicht einfach verschwinden oder erzeugt werden, weil die Anzahl der Quarks im Kosmos konstant ist. Genauer muß man sagen, daß bei jeder physikalischen Reaktion die Anzahl der Quarks minus der Antiquarks sich nicht ändern kann. Das ist ein wichtiges Gesetz. Es garantiert zum Beispiel, daß ein Proton, das aus drei Quarks besteht, nicht plötzlich zerfallen kann, etwa in ein Positron und ein oder mehrere Photonen. Es wäre fatal, wenn dies passieren könnte, denn dann wäre die gesamte Materie instabil.

Newton: An diese Möglichkeit des Protonzerfalls habe ich noch gar nicht gedacht, aber es stimmt – im Grunde ist es merkwürdig, daß das Proton überhaupt stabil ist. Weiß man denn, daß dieser Zerfall nicht passiert, wenn auch sehr selten?

Haller: Man hat danach gesucht, bislang ohne Resultat. Falls es passiert, muß das Proton aber eine ungeheuer lange Lebenszeit haben, mehr als 10^{32} Jahre. Das sind 22 Größenordnungen mehr als die Lebensdauer unseres Kosmos.

Newton: Wie kann man dann eine solche Aussage machen? Da die Materie erst seit zehn Milliarden Jahren existiert, kann man schwerlich davon reden, daß ein Proton so lange lebt.

Einstein: Doch, doch, Mr. Newton, die Quantentheorie erlaubt das. Es ist wie beim Zerfall eines Neutrons: Das Neutron lebt im Mittel etwa 10 Minuten, aber das ist eben nur eine Aussage im Mittel, gültig für alle Neutronen, wie die Aussage einer Versicherung, daß der Mensch im Mittel 75 Jahre lebt. Es gibt aber Neutronen, die bereits einige Sekunden nach ihrer Freisetzung, etwa in einem Reaktor, zerfallen – die haben sozusagen Pech gehabt. In ähnlicher Weise könnte man nach dem Protonzerfall suchen, indem man sehr viele Protonen beobachtet und nach denjenigen Ausschau hält, die der Tod besonders früh ereilt. Das klingt zwar nach Roulette, aber die ganze Quantentheorie ist ja nichts weiter als ein gigantisches Roulettespiel, mit dem ich mich allerdings auch heute noch nicht anfreunden kann.

Haller: So macht man es in der Tat. Um festzustellen, daß das Proton mindestens eine Lebensdauer von 10^{32} Jahren hat, muß man allerdings mindestens 10^{32} Protonen betrachten, für jedes Jahr mindestens eines. Dazu braucht man einige tausend Tonnen Materie, zum Beispiel 10 000 Tonnen Wasser. Wir werden später darauf zurückkommen.

Jedenfalls ergibt sich die Stabilität des Protons im Standardmodell der Elementarteilchen von selbst. Das bedeutet jedoch, daß die Anzahl der Quarks im heute vorliegenden Universum gleich der Anzahl der Quarks minus der Anzahl der Antiquarks unmittelbar nach dem Urknall gewesen sein muß.

Einstein: Eine kühne Behauptung. Am Anfang war das Universum voll von Antiquarks und Quarks. Woher soll denn das Universum wissen, daß die Differenz der beiden Größen genau dem entsprechen soll, was man heute beobachtet, also nach dem Aussterben der Antiteilchen? Das halte ich für höchst unbefriedigend.

Haller: Nicht nur Sie. Es gibt jedoch einen Ausweg. Vielleicht ändert sich die Anzahl der Quarks minus Anzahl der Antiquarks im Laufe der kosmischen Evolution doch. Dann könnte die Differenz am Anfang Null sein, wie man naiv erwarten würde. Allerdings muß man dann über das heute vorliegende Modell der Teilchenphysik hinausgehen.

Seit fast zwanzig Jahren vermuten die Teilchenphysiker deshalb, daß die Quarks, die Elektronen und die Neutrinos, also die anscheinend strukturlosen Konstituenten der Materie, nichts anderes sind als verschiedene Erscheinungsformen ein und desselben »Urteilchens«. Konkret würde dies bedeuten, daß die Quarks, Elektronen und Neutrinos miteinander »verwandt« sind.

Es gibt eine Reihe von Gründen, die zu dieser Vermutung führen. Einer dieser Gründe hat mit der Struktur der elektrischen Ladungen zu tun. Wenn wir die Konstituenten der normalen Materie im Universum betrachten, so finden wir die beiden Quarktypen u und d – ein Proton besteht zum Beispiel aus zwei u-Quarks und einem d-Quark. Die elektrische Ladung eines u-Quarks beträgt zwei Drittel der elektrischen Ladung eines Positrons, die man als die elektrische Elementarladung bezeichnet. Die Ladung des d-Quarks ist negativ und beträgt ein Drittel der Ladung des Elektrons. Wenn wir die beiden Quarks u und d und das Elektron und sein Neutrino betrachten, so bemerkt man, daß die Summe der elektrischen Ladungen aller dieser Objekte verschwindet. Bei dieser Rechnung muß man allerdings die drei Farben jedes Quarks mit in Rechnung stellen: $3 (2/3 - 1/3) - 1 = 0$. Man faßt deshalb die beiden Quarks, das Elektron und das Neutrino als eine Lepton-Quark-Familie auf. Wie wir wissen, wiederholt sich dieses Bild noch weitere zwei Male – in den Naturgesetzen des Universums sind insgesamt drei Lepton-Quark-Familien bereitgestellt.

Newton: Eine merkwürdige Rolle der Zahl Drei. Gleich zweimal spielt diese Zahl eine tiefere Rolle. Die Quarks kommen in drei

Farben vor und die Lepton-Quark-Familien in drei verschiedenen Ausgaben. Dabei haben vordergründig die Anzahl der Farben und die Anzahl der Familien gar nichts miteinander zu tun.

Haller: Das ist eines der großen Mysterien in der heutigen Mikrophysik. Warum die Zahl Drei? Niemand weiß es.

Einstein: Warum dieser pessimistische Unterton, Haller? Seien Sie doch froh, daß es diese erfrischende Renaissance der Zahl Drei im Kosmos gibt. Drei Farben und drei Familien, und dann auch noch die drei Dimensionen unseres Raumes – drei Mysterien zugleich, warum nicht? Zwei wäre etwas zu mager und vier wohl etwas zu viel. Drei ist also gerade recht.

Haller: Und warum ist die Anzahl der Familien gleich der Anzahl der Farben und diese wiederum gleich der Anzahl der Dimensionen? Soll das Zufall sein?

Einstein: Ich weiß es nicht, aber irgendwann wird man das vermutlich herausfinden. Ich an Ihrer Stelle würde mich über alles freuen, was man noch nicht erklärt hat – da gibt es zumindest noch etwas zu tun. Wie geht Ihre Geschichte weiter?

Haller: Wir können uns vorerst auf die erste Familie beschränken. Um zu verstehen, warum die Summe der elektrischen Ladungen der Mitglieder einer Familie verschwindet, nimmt man an, daß die Leptonen und Quarks über ein großes Symmetrieprinzip miteinander verwandt sind. Die fundamentalen Kräfte zwischen den Elementarteilchen lassen sich, wie wir wissen, durch drei elementare Wechselwirkungen beschreiben: die elektromagnetische, die schwache und die starke Wechselwirkung – die Gravitation wollen wir vernachlässigen, da sie als Kraft zwischen einzelnen Elementarteilchen keine Rolle spielt.

Obwohl die elementaren Naturkräfte in ihrer Stärke ganz verschieden sind – die starke Kraft ist etwa zehnmal stärker als die elektrische Kraft –, stellt man sich vor, daß alle drei elementaren Kräfte nur verschiedene Manifestationen ein und derselben Grundkraft sind. Man spricht von einer großen Vereinheitlichung der Naturkräfte, die sich allerdings erst bei sehr hohen Energien manifestiert, so auch kurz nach dem Urknall.

Die Theorien, die dieser Vorstellung folgen, ergeben jedoch

nicht nur eine Vereinheitlichung der Kräfte. Sie sagen auch voraus, daß bei hohen Energien der Unterschied zwischen den verschiedenen Materieteilchen, also den Elektronen, Quarks und deren Antiteilchen, nicht mehr vorhanden ist – mit anderen Worten: Auch die Elektronen und Quarks und die entsprechenden Antiteilchen sind nur verschiedene Manifestationen ein und desselben Grundbausteins der Materie. Im Grunde gibt es also nur *ein* Materieteilchen, das wie ein Chamäleon mal als Quark, mal als Elektron oder Neutrino auftaucht.

In der ersten Familie gibt es sechs verschiedene farbige Quarks und zwei Leptonen, also insgesamt acht Teilchen. Dazu kommen noch einmal acht Antiteilchen. Damit haben wir es mit 16 verschiedenen Objekten zu tun.

Einstein: Eine interessante Zahl. 16 erhält man, wenn man die zwei viermal miteinander multipliziert: $16 = 2^4$. Vielleicht ist das der Schlüssel zur Lösung des Problems?

Haller: Sie sind zumindest auf dem richtigen Weg. Wenn man sich die Frage stellt, welche Art von Symmetrie in der Lage ist, 16 Ob-

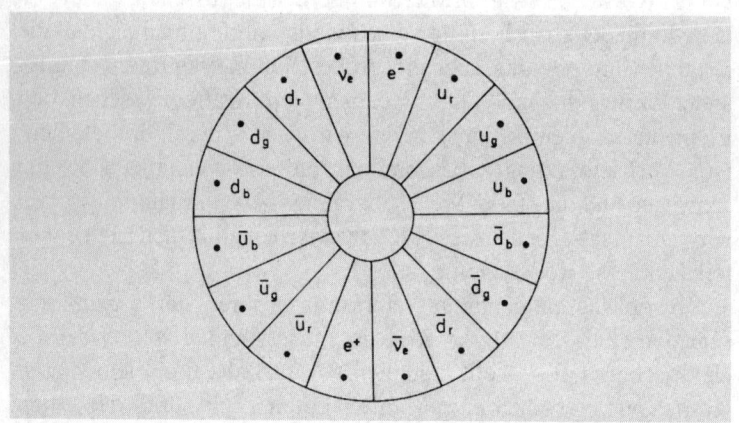

Abb. 23–1 Die 16 elementaren Teilchen einer Lepton-Quark-Familie werden durch eine große Symmetrie miteinander in Beziehung gesetzt. Es handelt sich um eine Symmetrie, die den Drehungen in einem zehndimensionalen Raum entspricht.

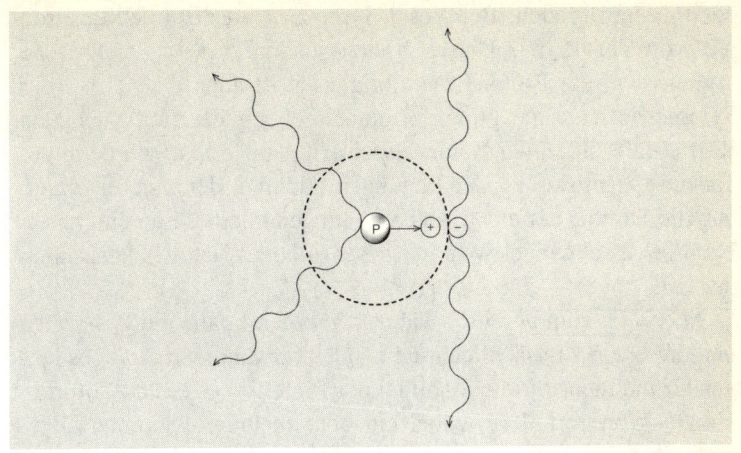

Abb. 23–2 Der hypothetische Zerfall eines Wasserstoffatoms in Strahlung. Das Proton zerfällt in ein Positron unter Emission von Strahlungsenergie in Gestalt zweier Photonen. Das emittierte Positron zerstrahlt mit dem Elektron der Atomhülle ebenfalls in zwei Photonen. Das gesamte Wasserstoffatom hat sich damit in Strahlung verwandelt.

jekte miteinander in eine Verwandtschaftsbeziehung zu setzen, ist die Antwort für einen Mathematiker leicht. Es ist die Symmetrie, die man erhält, wenn man alle Drehungen in einem Raum von zehn Dimensionen betrachtet.

Newton: Zehn Dimensionen? Ich habe schon Probleme, mir Drehungen im normalen dreidimensionalen Raum vorzustellen.

Haller: Vorzustellen braucht man sich das auch nicht. Dieser zehndimensionale Raum ist eine mathematische Hilfskonstruktion, um die 16 elementaren Teilchen und die elementaren Naturkräfte miteinander in Beziehung zu setzen, eine abstrakte Symmetrie also.

Einstein: Was Sie sagen, klingt in der Tat reichlich abstrakt. Es ist aber doch interessant zu sehen, daß durch Ihre Symmetrie Quarks, Antiquarks, Elektronen, Neutrinos und deren Antiteilchen völlig gleichberechtigt sind – eine subnukleare Demokratie par excellence.

Haller: Diese Gleichberechtigung birgt jedoch ein schwerwiegendes Problem in sich. Bei dieser Symmetrie ist auch das Positron mit von der Partie. Dieses besitzt jedoch dieselbe elektrische Ladung wie ein Proton, was übrigens jetzt auch eine Folge der Symmetrie ist. Eine große Vereinheitlichung der fundamentalen Kräfte, falls sie in der Natur tatsächlich realisiert ist, würde in der Tat die Quantisierung der Ladungen erklären, denn sie erzwingt, daß die Summe der elektrischen Ladungen in einer Lepton-Quark-Familie verschwindet. Wie wir gesehen haben, ist dies tatsächlich der Fall.

Aber jetzt zum bereits erwähnten Problem. Falls die Positronen und die Quarks tatsächlich miteinander verwandt sind, gibt es keinen Grund mehr für die Stabilität des Protons – es könnte sofort in ein Positron zerfallen, wobei ein oder mehrere Photonen abgestrahlt werden.

Einstein: Die Angelegenheit wird noch prekärer, wenn wir ein Wasserstoffatom betrachten, also ein Proton, umschwebt von einem Elektron. Wenn das Proton zerfällt und dabei seine Ladung vom Positron davongetragen wird, kann man sich vorstellen, daß das Positron das Elektron der Hülle trifft und dabei ebenfalls zerstrahlt. Vom Wasserstoffatom wäre nichts weiter übrig als Strahlung, Energie pur.

Newton: Moment! Das Universum besteht vornehmlich aus Wasserstoff. Wenn es stimmt, daß das Proton instabil ist, könnte dieser also zerstrahlen. Wäre es dann nicht denkbar, daß der Wasserstoff oder genauer die Teilchen des Wasserstoffs, also die Quarks und die Elektronen, aus Strahlung entstanden sind? Jeder Prozeß in der Natur ist im Prinzip auch umkehrbar. Die Umkehrung des Zerfalls hieße aber Entstehung. Damit hätten wir den Schlüssel in der Hand, den Schlüssel zur Entstehung der Materie aus reiner Energie.

Haller: Sir Isaac, Sie haben vorweggenommen, was ich sagen wollte. Der Protonenzerfall oder, allgemeiner, der Materiezerfall ist notwendig, wenn wir die Entstehung der Materie aus Energie im Urknall verstehen wollen.

Einstein: Wie bei den Lebewesen – Geburt und Tod sind zwei Seiten derselben Angelegenheit. Eines ist ohne das andere nicht möglich. Sie sprachen vorhin von einem Problem, aber wir haben gerade gesehen, daß der Materiezerfall das Problem der Genesis löst. Wo ist also das Problem?

Haller: Vielleicht sollte ich gar nicht von einem Problem reden. Da wir den Protonzerfall nicht beobachten, muß die große Symmetrie von Quarks und Leptonen jedenfalls sehr stark gebrochen sein, so daß die verwandtschaftlichen Beziehungen zwischen den Quarks und den Leptonen, die durch die Symmetrie zum Ausdruck kommen, sich kaum noch manifestieren können. Das bedeutet, daß die Vereinheitlichung der fundamentalen Kräfte, wenn überhaupt, erst bei sehr hohen Energien einsetzt.

Einstein: Wenn Sie schon sagen »sehr hoch«, dann nehme ich an, daß diese Energie geradezu riesig ist.

Haller: Das ist sie auch, nämlich etwa 10^{16} GeV, also eine Energie, die der Ruheenergie von 10^{16} Protonen entspricht, also zehn Billiarden Protonen.

Einstein: Das ist etwa die Masse eines Bakteriums. Sie haben nicht untertrieben, Haller – eine fürstliche Energie fürwahr. Früher sprachen wir einmal davon, daß Newtons Gravitationskonstante eine besondere Längenskala auszeichnet, die Plancksche Elementarlänge, wenn man die Quantentheorie zusätzlich in Betracht zieht. Was wir damals nicht erwähnten, war die Tatsache, daß damit auch eine ganz besondere Energieskala verknüpft ist, die sich zu $1,2 \cdot 10^{19}$ GeV ergibt. Planck sagte mir einmal, daß er beim besten Willen nicht wisse, was es mit dieser unglaublich hohen Energie auf sich habe. Jetzt sagen Sie, die große Vereinheitlichung der Leptonen und Quarks passiert voraussichtlich bei 10^{16} GeV – das ist nur einen Faktor 1000 weniger.

Haller: Möglicherweise gibt es da einen Zusammenhang – eine Brücke zwischen der Newtonschen Konstanten und der Teilchenphysik. Jedenfalls sind die heutigen Physiker wegen dieser potentiellen Möglichkeit durchaus nicht unglücklich, wenn sich die Energieskala der Vereinheitlichung der Naturkräfte als so enorm herausstellt, selbst wenn damit die Chance einer direkten experimentellen Überprüfung sehr klein ist.

Einstein: Der CERN-Beschleuniger erreicht heute mit Mühe zehn

Billiardstel dieser Energie. Mit anderen Worten: Um an die große Vereinheitlichung zu glauben, müssen wir 14 Größenordnungen extrapolieren. Das ist etwa so, als würde ich von der Größe eines Apfels auf die Größe eines Atomkerns extrapolieren – eine geradezu gigantische Spekulation. Und Sie glauben ernsthaft, daß solch ein riesiger Schritt gerechtfertigt ist? 14 Größenordnungen – was kann da nicht alles passieren.

Haller: Kann, aber es muß nicht. Denken Sie an das Atom. Zwischen der Größe des Atoms und der Größe des Kerns liegen fünf Größenordnungen, wo nicht viel passiert. Warum nicht in diesem Fall 14 Größenordnungen?

Newton: Mir erscheint die ganze Sache zwar auch hochgradig spekulativ, aber warum nicht. Man kann es versuchen. Immerhin sagt Haller voraus, daß das Proton nicht stabil ist, und im Prinzip könnte man den Zerfall beobachten.

Haller: Die Vereinheitlichung der Naturkäfte bei hohen Energien geschieht nicht automatisch, sondern wird durch eine neue, also vierte Kraft gewährleistet, die gewissermaßen als Vermittler zwischen den anderen Kräften auftritt. Man nennt sie oft die X-Wechselwirkung, weil die entsprechenden Kraftteilchen als X-Teilchen bezeichnet werden. – Der Hauptunterschied zwischen den X-Teilchen und den anderen Kraftteilchen, etwa den Photonen, ist die Masse der Teilchen. Während die Photonen masselos sind, tragen die X-Teilchen eine enorme Masse, nämlich die oben erwähnten 10^{-8} Gramm. Trotz dieser großen Massenunterschiede sind im Rahmen der vereinheitlichten Theorien alle Kraftteilchen miteinander verwandt, also auch das Photon mit den X-Teilchen.

Einstein: Das zwergenhafte masselose Photon und das riesenhaft schwere X-Teilchen – eine merkwürdige Verwandtschaft. Immerhin,

Abb. 23–3 Die kosmische Evolution – eine Entwicklung vom Einfachen zum Komplexen, von den Quarks und Leptonen zu den Lebewesen, bis hin zum Menschen. In der Frühzeit des Kosmos liegt die Materie in Gestalt eines hocherhitzten Gases von Elementarteilchen vor, das keinerlei Struktur besaß. Schrittweise bildeten sich die Kernteilchen, Atomkerne und Atome heraus. (Graphik CERN, Genf)

The Big Bang

die große Masse der X-Teilchen ist also ein Maß für die Brechung der Symmetrie, also gewissermaßen für die Unterdrückung der Verwandtschaft zwischen den Quarks und den Leptonen.

Haller: So kann man es ausdrücken: Je größer die X-Masse, um so stärker die Brechung der Symmetrie. Die Masse bestimmt letztlich auch die Lebensdauer des Protons, denn die X-Wechselwirkung besitzt eine merkwürdige Eigenschaft: Sie ist in der Lage, ein Elektron in ein Quark oder sogar in ein Antiquark zu verwandeln. Bei hohen Energien verschwinden also die Unterschiede zwischen den Elektronen und Quarks, sobald die X-Kräfte zu wirken beginnen. Damit haben wir eine Möglichkeit, zu verstehen, warum kurz nach dem Urknall Elektronen und Quarks entstanden und nicht gleich viele Teilchen und Antiteilchen.

Zwar gab es unmittelbar nach der Urexplosion tatsächlich gleich viele Elektronen, Quarks und deren Antiteilchen. Jedoch führte eine zunächst kaum wahrnehmbare Unsymmetrie zwischen Materie und Antimaterie zu einem winzigen Überschuß bei den Teilchen: Für je eine Milliarde Teilchen-Antiteilchen-Paare gab es nur ein einziges überzähliges Teilchen. Kurze Zeit darauf kam es zu einer Massenvernichtung der Teilchen und Antiteilchen, und nur diejenigen Teilchen, die keinen Partner zur Vernichtung fanden, überlebten dieses kosmische Inferno. Dies sind die Elektronen und Quarks, aus denen die heutige Materie, eingeschlossen wir selbst, besteht.

Einstein: Ich verstehe – aus einem winzigen Effekt wird wegen der Vernichtung der vielen Teilchen mit ihren Antiteilchen ein gigantischer Effekt, die absolute Dominanz der Materie im heutigen Universum.

Haller: Um diesen Mechanismus zu realisieren, benötigt man erstens die oben erwähnte winzige Verletzung der Teilchen-Antiteilchen-Symmetrie, die man bei den K-Mesonen entdeckte, und zweitens die durch die Vereinheitlichung bewirkte Verwandtschaft zwischen den Leptonen und den Quarks, die jedoch letztlich auch zur Möglichkeit des Protonzerfalls führt. Derselbe Mechanismus, der es heute erlaubt, die Entstehung der Materie im Verlauf der kosmischen Evolution zu verstehen, hat damit katastrophale

Konsequenzen für die Zukunft, denn dann ist die Zerstrahlung der Materie vorprogrammiert.

Leider wird man nie in der Lage sein, im Labor direkt zu sehen, ob eine große Vereinheitlichung der fundamentalen Kräfte bei hohen Energien stattfindet oder nicht. Ein Beschleuniger, der in der Lage wäre, Teilchen auf die erforderlichen Energien zu beschleunigen, müßte etwa die Dimension unserer Galaxie besitzen. Nur beim Urknall selbst kann es Teilchen gegeben haben, die eine solch hohe Energie besaßen.

Günstiger sieht es jedoch mit dem Protonzerfall aus. In Japan ist man dabei, den Kamiokande-Detektor so zu erweitern, daß man 100 000 Tonnen Wasser jahrelang beobachten kann. Findet der Protonzerfall mit einer Lebensdauer im vermuteten Bereich statt, ist es wahrscheinlich, daß man den Zerfall beobachten wird. Damit wäre ein wichtiger Meilenstein in der Entwicklung der Naturwissenschaften erreicht.

Einstein: Lassen Sie mich kurz zusammenfassen. Nach Ihren Worten hat man heute ein ungefähres Bild von der kosmischen Entwicklung kurz nach dem Urknall. Unmittelbar nach der Urexplosion bestand der Kosmos aus einem sehr heißen Plasma von Elementarteilchen, ausgestattet mit einer enormen Energie. Für einen Augenblick nur war das Universum ein Zustand höchster Symmetrie. Es gab weder einen Unterschied zwischen Quarks und Leptonen noch zwischen den verschiedenen Naturkräften, mit Ausnahme der Gravitation.

Der Kosmos expandierte und wurde schnell kälter. Es setzte eine Brechung der vorliegenden Symmetrie ein. Zwischen den Quarks und Leptonen bildeten sich Unterschiede heraus, ebenso zwischen den verschiedenen Wechselwirkungen. Die Teilchen-Antiteilchen-Symmetrie wurde durch einen winzigen Effekt verletzt – es bildete sich ein zusätzliches Quark pro etwa einer Milliarde Quark Antiquark-Paaren. Bruchteile von Sekunden nach dem Urknall vernichten sich die Quark-Antiquark-Paare in Strahlung. Die zusätzlichen Quarks finden keinen Partner zur Vernichtung und verbleiben im Kosmos als Bausteine der künftigen galaktischen Materie.

Newton: Das Bild, das Sie entworfen haben, führt jedoch unweigerlich zu einer anderen Konsequenz: Die heute vorliegende Materie wird im Laufe der Zeit verschwinden – in fernster Zukunft wird der Kosmos ein Ozean von Photonen und Neutrinos sein, ohne Planeten, Sterne und Galaxien. Nichts wird daran erinnern, wie vielgestaltig der Kosmos etwa 15 Milliarden Jahre nach dem Urknall war.

Einstein: Die Schwarzen Löcher sollten nicht vergessen werden. Sie überleben das Absterben der Materie, sind jedoch selbst nichts als Grabsteine gewesener Materie in der Raum-Zeit, bis auch sie in fernster Zukunft verschwinden werden. Die Aussichten für die Zukunft sind also nicht gerade rosig, wenn auch die entsprechenden Zeitskalen außerhalb unserer menschlichen Zeiterfahrung liegen.

Wir sollten jedoch im Auge behalten, daß Ihr Bild, Herr Haller, eben doch eine gewaltige Spekulation ist, fernab von experimentellen Tests – ein kosmisches Märchen, das die Wirklichkeit vermutlich verfremdet und überzeichnet darstellt.

Mittlerweile sind wir jedoch allein hier im Restaurant übriggeblieben – es ist an der Zeit, daß wir zur Bibliothek zurückgehen. Wenn Sie einverstanden sind, treffen wir uns dort in einer Stunde, denn nach all den Spekulationen braucht mein Kopf eine kleine Erholung.

Pünktlich nach einer Stunde begann die letzte Gesprächsrunde in der Bibliothek des Athenaeums.

Einstein: Als ich hier am Caltech mit Hubble zum erstenmal über die von ihm gefundene kosmische Expansion sprach, stellte ich mir hinterher die Frage: Warum expandiert das Universum überhaupt? Was ist es, das den Raum auseinandertreibt, jene kosmische Hefe, die zur Expansion des Universums führt?

Uns als bescheidenen Beobachtern des kosmischen Geschehens bleibt nichts anderes übrig, als den umgekehrten Weg zu gehen. Wir beobachten die Expansion, setzen sie als unabdingbar voraus und extrapolieren rückwärts, in Richtung des Urknalls. Ich habe es bislang vermieden, die Frage zu stellen, weil ich vermute, daß man auch heute die Antwort nicht weiß. Trotzdem möchte ich zum Abschluß unserer Diskussion darauf kommen: Warum, Haller, gab es überhaupt einen Urknall? War dieser wirklich der Anfang des Universums oder nur eine wenn auch recht gewaltsame Episode im kosmischen Geschehen?

Newton: Alles wird die Naturwissenschaft wohl nicht erklären können. Gott hat die Naturgesetze aufgestellt. Er besitzt den Schlüssel zum Universum. Es dürfte für ihn auch ein Leichtes gewesen sein, den Urknall auszulösen. Was mich betrifft, so bin ich nach dem bisher Gehörten zufrieden damit.

Haller: Das sollten Sie nicht sein. Es gibt nämlich in der Kosmologie noch einige schwerwiegende Probleme, von denen ich nur zwei erwähnen möchte. Diese Probleme haben einen Namen: Das erste heißt »Flachheitsproblem«. Wie wir wissen, gibt es im Universum eine kritische Materiedichte. Ist die wirkliche Dichte geringer als diese kritische Dichte, dehnt sich das Universum für immer aus. Ist die Dichte größer als die kritische Dichte, kommt es in ferner Zukunft zu einer Umkehrung des Urknalls, zum Kollaps des Weltraums.

Einstein: Wir hatten schon festgestellt, daß die in unserem Kosmos vorliegende Materiedichte etwas geringer als die kritische Dichte ist, jedoch auf jeden Fall nicht sehr viel geringer, was zur Folge hat, daß die im Universum vorliegende globale Raumkrümmung sehr gering ist, vielleicht sogar verschwindet.

Haller: Genau dies ist das Problem. Warum sind wirkliche Materiedichte und kritische Dichte bis auf einen Faktor zehn oder so gleich? Beide haben nichts miteinander zu tun, könnten sich also um viele Größenordnungen unterscheiden.

Newton: Das könnte Zufall sein.

Haller: Ausschließen würde ich dies nicht, aber es müßte sich dann um einen außerordentlichen Glückstreffer handeln. Wer immer die kosmische Maschine in Gang gesetzt hat, müßte den Urknall und die folgenden Sekundenbruchteile genauestens gesteuert haben, damit sich unser heutiges Universum so herausbildet, wie wir es beobachten. An einen derartigen Zufall vermag ich nicht zu glauben. Vielleicht würde ich es tun – wenn es da nicht noch andere

Probleme gäbe. Das zweite Problem heißt »Horizontproblem«, und das hat etwas mit der Gleichförmigkeit der den Kosmos ausfüllenden Hintergrundstrahlung zu tun.

Einstein: Als kürzlich davon die Rede war, habe ich mir danach überlegt, daß diese Gleichförmigkeit der Strahlung ein Mysterium ist. Betrachten wir einmal die Strahlung, die aus der Gegend des Sternbilds des Großen Bären zu uns kommt; gleichzeitig beobachtet jemand in Kapstadt die Strahlung, die aus der Richtung des Kreuzes des Südens auf die Erde einfällt. Beide Strahlungen sind nicht zu unterscheiden. In beiden Fällen mißt man eine Temperatur von etwa 2,7 Grad über dem absoluten Nullpunkt. In beiden Fällen ist die Strahlung seit etwa zehn Milliarden Jahren unterwegs. Die Bereiche des Alls, aus denen die Strahlung jeweils kommt, hatten jedoch nie etwas miteinander zu tun, auch nicht kurz nach dem Urknall.

Damit bleibt es unverstanden, warum die Strahlung so gleichförmig ist. Man würde erwarten, daß bei einer derart manifesten Explosion wie dem Urknall Unterschiede in den verschiedenen Regionen des sich rasch ausdehnenden Alls auftreten. Man beobachtet jedoch nichts. Es sieht so aus, als wäre der Urknall eine sehr sanfte Explosion gewesen und der Schöpfer hätte in jedem Augenblick in die Explosion eingegriffen, um eventuell auftretende Unsymmetrien von vornherein zu eliminieren.

Haller: Genau das ist das Problem. Die elektromagnetischen Wellen, die uns aus verschiedenen Weltregionen erreichen, standen nie in einer kausalen Wechselbeziehung. Sie haben, wie man sagt, verschiedene Horizonte, wobei letztere nichts mit dem Horizont eines Schwarzen Lochs zu tun haben. Damit besteht kein Grund für die völlige Isotropie und Homogenität der Strahlung, ebensowenig wie es einen Grund dafür gibt, daß die kritische Dichte und die vorliegende Materiedichte vergleichbar sind.

Newton: Haben diese beiden Phänomene möglicherweise etwas miteinander zu tun?

Haller: Durchaus, wenn man die Interpretation akzeptiert, die ich jetzt diskutieren möchte. Bei dieser Gelegenheit will ich, wie versprochen, auf Einsteins kosmischen Term zurückkommen.

Einstein: Den ich verworfen habe, weil er keinen Nutzen versprach.

Haller: Damit sieht es jetzt vermutlich günstiger aus, wie Sie gleich sehen werden. Lassen Sie mich zudem erneut das Massenproblem ansprechen. Wir hatten früher erwähnt, daß die Massen der Teilchen möglicherweise durch deren Wechselwirkung mit einem den gesamten Raum durchdringenden Feld, dem »Higgs«-Feld, erzeugt werden. Auch die Massen der hypothetischen X-Teilchen, die wir im Zusammenhang mit dem Protonzerfall erwähnten, müßten durch ein entsprechendes »Higgs«-Feld erzeugt werden.

Einstein: Was hat denn mein kosmologischer Term mit dem »Higgs«-Feld zu schaffen?

Haller: Unter Umständen sehr viel. Die Massen der Teilchen werden durch den Zusammenbruch einer Symmetrie erzeugt, wobei letzterer ähnlich dem Gefrieren von Wasser ist. Wenn Wasser zu Eis erstarrt, wird dabei Wärme freigesetzt, die im übrigen genau der Wärme entspricht, die man aufwenden muß, um das Eis wieder zu schmelzen. Wasser ist ein sehr homogener Stoff, besitzt also eine Symmetrie. Wenn sich jedoch die ersten Eiskristalle bilden, wird diese Symmetrie zerstört, denn die Kristalle besitzen gewisse bevorzugte Richtungen – ich erinnere nur an die sechseckige Struktur von Schneekristallen.

Newton: Damit gibt es also einen Zusammenhang zwischen Symmetriebrechung und Freisetzung von Energie, ähnlich wie bei

Abb. 23–4   Die sechseckige Struktur eines Schneekristalls ist das Resultat einer Symmetriebrechung. Im Gegensatz zum Wasser sind beim Kristall bestimmte Richtungen des Raumes ausgezeichnet.

dem mechanischen Modell zum »Higgs«-Phänomen, das Sie in Ihrem Berliner Vortrag erwähnten. Die Kugel rollt von der Spitze des mexikanischen Hutes hinunter in das Tal. Es wird Energie freigesetzt, und gleichzeitig wird die Symmetrie verletzt.

Haller: Jetzt zu Einsteins kosmologischem Term. Nehmen wir an, am Anfang der kosmischen Entwicklung erscheint plötzlich das »Higgs«-Feld in seinem labilen, aber symmetrischen Zustand. Die Massen der Teilchen sind null. Das ist ein Zustand, in dem das Vakuum, also der »leere« Raum, eine große Energiedichte aufweist. Das Universum expandiert. Im Gegensatz zur normalen Energiedichte ist diese Vakuumenergiedichte jedoch an die jeweilige Größe des Raumes gebunden. Damit nimmt die Rate der Expansion mit dem Wachsen des Universums nicht ab. Je größer ein bestimmtes Volumen im Universum ist, um so größer ist die Energie, die das Universum auseinandertreibt. Das Universum verhält sich also wie ein fressendes Raubtier, dessen Hunger um so größer wird, je mehr es frißt. Das Resultat ist eine Katastrophe, denn das Tier wird sich zu Tode fressen.

Einstein: Mein kosmologischer Term hatte ähnliche Eigenschaften. Er trieb das Universum auseinander wie das »Higgs«-Feld im labilen Zustand.

Haller: Darauf will ich hinaus. Solange das »Higgs«-Feld im labilen Zustand ist, liegt ein Universum mit einem sogar recht großen kosmologischen Term vor. Mit anderen Worten: Die Kosmologie hat Ihren Term wiederentdeckt, nur auf eine Weise, die Sie nicht voraussehen konnten.

Solange dieser Term die Expansion des Universums regiert, ist das Resultat frappierend. Das Universum expandiert rasend schnell, so schnell, daß die Physiker es nicht mehr als Expansion bezeichnen, sondern als Inflation. Wegen der Stärke der Symmetriebrechung, die immerhin so groß sein muß, daß die riesigen Unterschiede zwischen den Massen erzeugt werden können, kommt es etwa 10^{-35} Sekunden nach dem Urknall zu einer Verdopplung des kosmischen Volumens alle 10^{-35} Sekunden, und dies etwa tausendmal hintereinander, bis das Universum 10^{-32} Sekunden alt ist. In dieser kurzen Zeit hat sich das Universum ungefähr um

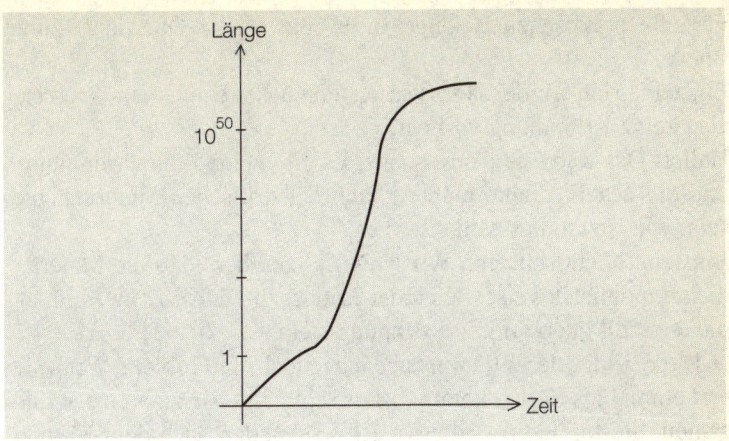

Abb. 23–5 Eine bestimmte Länge verändert sich im Modell der Inflation des Kosmos während der inflationären Phase um viele Größenordnungen.

einen Faktor 10^{50} ausgedehnt. Dies bedeutet, daß das gesamte heute sichtbare Universum von einer kleinen Raumregion herrührt, die am Beginn der Inflation nur einen Durchmesser von 10^{-35} Lichtsekunden hatte.

Einstein: Ich sehe die Konsequenz. Durch den Trick mit der Inflation wird das Horizontproblem gelöst. Die Inflation bewirkt, daß alle Regionen des sichtbaren Kosmos beim Beginn der Inflation in Kontakt standen. Sie treibt den Raum auseinander und bewirkt damit eine Homogenisierung des Universums. Damit ist es kein Zufall mehr, daß die kosmische Hintergrundstrahlung so homogen ist.

Haller: Auch das Flachheitsproblem löst sich automatisch. Ganz gleich, wie stark gekrümmt das Universum vor Beginn der Inflation war – die starke Inflation bewirkt, daß sich die Krümmung nicht mehr bemerkbar macht. Bei einem Fußball sieht man die Krümmung der Oberfläche sofort. Würde dieser jedoch so stark aufgeblasen, daß sich sein Radius um einen Faktor 10^{50} vergrößert, könnte man eine Krümmung der Oberfläche nicht mehr feststellen.

Für alle praktischen Belange wäre eine solche Oberfläche eine Ebene.

Einstein: Man würde also erwarten, daß unser Universum flach ist, also keine Krümmung vorliegt.

Haller: Das wäre die Konsequenz. Es gibt keine Raumkrümmung, und die Materiedichte müßte gleich der kritischen Materiedichte sein, wie Newton es wollte.

Einstein: Nicht schlecht. Wir hatten ja gesehen, daß die Materiedichte möglicherweise gleich der kritischen Dichte ist, wenn man die dunkle Materie mit in Rechnung stellt.

Mit der Idee der Inflation habe ich jedoch ein Problem. Wenn sie erst einmal ins Rollen kommt, ist es schwierig, sie zu bremsen. Sie sagten, die Inflation wird etwa 10^{-32} Sekunden nach dem Urknall gestoppt. Wie soll das gehen?

Haller: Während der Inflation ist der Kosmos im labilen Zustand, der aber nicht auf immer bestehen wird, denn die Natur ist bestrebt, in den Zustand niedrigster Energie überzugehen, und dies ist der Zustand der gebrochenen Symmetrie. In den verschiedenen Modellen, die man studiert hat, geschieht dies etwa 10^{-35} Sekunden nach dem Urknall. Ist der Zustand der gebrochenen Symmetrie erreicht, gibt es keine Inflation mehr. Beim Übergang zum neuen Zustand wird jedoch eine hohe Energiedichte freigesetzt, sozusagen die Schmelzwärme des Vakuums. Diese Energiedichte manifestiert sich in Gestalt eines hocherhitzten Gases von Elementarteilchen – Leptonen, Quarks, Photonen, Gluonen, W- und Z-Teilchen. Auch die hohe Temperatur des Urknalls wird also durch den Übergang zum neuen Zustand erst erzeugt – vorher war das Universum kalt.

Newton: Damit erhalten wir also die Ursuppe von Teilchen, die wir bei der ursprünglichen Diskussion des Urknalls vorausgesetzt haben.

Haller: Genau. Der Übergang von einem Vakuum zum anderen liefert die ursprüngliche Wucht des Urknalls, die man ansonsten als von Gott gegeben voraussetzen mußte. Allerdings möchte ich betonen, daß viele Details des Mechanismus, der die Inflation stoppt, unklar sind.

Interessant ist die Spekulation, daß die Inflation das Resultat

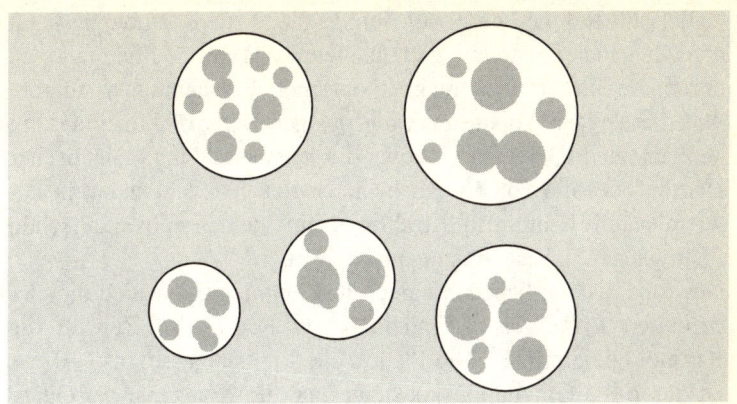

Abb. 23–6 Ein Kosmos aus expandierenden Blasen, von denen jede ein eigenes Universum bildet, bestehend aus galaktischen Haufen.

von Quantenfluktuationen eines Feldes ist, das nicht notwendigerweise mit dem »Higgs«-Feld identisch sein muß. Nach dieser Vorstellung ist das Universum unendlich ausgedehnt. In manchen Regionen kommt es als Resultat von spontanen Fluktuationen des Feldes zur Herausbildung eines großen kosmologischen Terms, der zu einer starken Inflation der betreffenden Raumregion führt, also zur Herausbildung einer Blase, die schnell größer wird.

Das Universum sieht also aus wie ein unendlich ausgedehntes System kochenden Wassers, in dem sich ständig Blasen bilden. Der Weltraum, den wir im Teleskop beobachten können, stellt nur einen Teil einer solchen Blase dar, ist also selbst nur der kleine Teil eines viel größeren Kosmos. Eine solche Blase existiert nicht für immer. In ferner Zukunft, nach einem Zeitraum, der selbst im Vergleich zum heutigen Alter unseres Universums gigantisch ist, kommt es zu einem Kollaps.

Newton: Mit anderen Worten: Man muß zwischen Kosmos und Universum unterscheiden. Ersterer existiert für immer und ist unendlich ausgedehnt, letzteres existiert nur eine begrenzte, wenn auch sehr lange Zeit. Der Urknall selbst wäre nichts anderes als die spontane Bildung einer Universum-Blase.

Haller: Im Rahmen eines solchen Zugangs zur Kosmologie kann man sich auch vorstellen, daß quantenphysikalische Fluktuationen durch die Inflation zu makroskopischen Erscheinungen führen. Auf diese Weise könnte man die riesigen Dichtefluktuationen im beobachteten Universum, etwa die Herausbildung galaktischer Haufen oder die von COBE beobachteten Schwankungen in der kosmischen Hintergrundstrahlung, mit quantenphysikalischen Phänomenen in Zusammenhang bringen.

Newton: Bislang haben wir noch nicht erwähnt, wie sich die elementaren Planckschen Einheiten von Raum und Zeit in die Kosmologie einfügen. Die Plancksche Elementarzeit, also 10^{-43} s, ist durch die Gravitationskonstante und die Konstante der Quantentheorie fixiert. Was passiert, wenn das Universum 10^{-43} Sekunden alt ist?

Haller: Eine glaubwürdige Theorie der Quantenphänomene und der Gravitation liegt, wie wir wissen, auch heute noch nicht vor. Möglicherweise hat es keinen Sinn, von einer Zeit vor der Planckschen Ära zu reden, denn Zeit und Raum unterliegen dann den quantenphysikalischen Schwankungen.

Man sollte sich Raum und Zeit wie die Oberfläche des Ozeans vorstellen. Von großer Höhe aus, etwa vom Flugzeug bei einem Transatlantikflug, ist die Meeresoberfläche völlig eben. Verliert das Flugzeug an Höhe, sieht man zunächst erste größere Wellenformationen, später die Einzelheiten der wellenförmigen Struktur und die Schaumkronen. Vermutlich besitzen Raum und Zeit auch eine komplizierte Struktur, wenn man Dimensionen von der Größenordnung der Planckschen Einheiten erreicht – manche Physiker sprechen von einem Raum-Zeit-Schaum, bedingt durch die Quantenphysik.

Auch die Begriffe wie »Vorher« und »Nachher«, die im Zusammenhang mit der Zeit jedem klar sind, werden jetzt fragwürdig. Manche Physiker neigen zu der Auffassung, daß es keinen Sinn hat, von einer Zeit vor der Planckschen Zeit zu sprechen. Die Geschichte des Universums beginnt sozusagen erst, wenn Raum und Zeit die Turbulenzen der Jugendzeit überwunden haben und in das gesetzte Erwachsenenalter eingetreten sind.

Nach kurzer Pause sagte Einstein: »Meine Herren, ich denke, jetzt haben wir die Grenze der heutigen Forschung und damit das Ende unseres kosmischen Märchens erreicht. Wieviel davon Realität und wieviel Phantasie war, wird sich irgendwann in der Zukunft herausstellen. Eines aber möchte ich abschließend betonen:

In der kosmischen Entwicklung seit dem Urknall offenbart sich ein faszinierendes Wechselspiel zwischen Raum, Zeit und Materie. Was wir heute im Kosmos vorfinden, ist der ausgefrorene Rest einer sehr heißen Phase kurz nach dem Urknall, in der die Materie in Form eines sehr heißen Gases von Elementarteilchen vorlag, das keine Spur von Permanenz und Struktur hatte und in der eine ständige Folge von Erzeugung und Vernichtung an der Tagesordnung war.

Durch das Erkalten dieses Plasmas bildeten sich Strukturen. Die Buntheit und die Vielfalt der heutigen Welt ist damit eine Folge dieses Zusammenspiels von Symmetrie und Symmetriebrechung, aber auch die Folge eines äußerst präzisen und bis heute längst nicht verstandenen Zusammenspiels der Naturgesetze.

Es ist diese Harmonie der Naturgesetze, auf die ich Ihr Augenmerk lenken möchte. Ein sehr geordnetes und aufeinander abgestimmtes Zusammenspiel war nötig, um das Universum hervorzubringen, von dem wir ein Teil sind. Man hat den Eindruck, als habe das Universum von Anfang an gewußt, daß es dereinst Wesen wie uns geben wird, die in der Lage sind, den Geheimnissen der Genesis auf die Spur zu kommen.

Ich wurde einmal gefragt, ob ich an einen Schöpfer des Universums glaube. Meine Antwort möchte ich hier sinngemäß wiederholen: Ich glaube, daß sich wahre Religiosität in der Anerkennung der Harmonie des Seienden offenbart. Das Wissen, daß das Unerforschliche wirklich existiert und daß es sich als höchste Wahrheit und strahlende Schönheit offenbart, von denen wir nur eine dumpfe Ahnung haben können – dieses Wissen und diese Ahnung sind der Kern aller wahren Religiosität.«

Am nächsten Morgen saßen die drei Kollegen lange beim Frühstück im Athenaeum. Danach trennten sich ihre Wege. Haller und

Newton verließen Pasadena noch am selben Tag. Als Haller mit seinem Mietwagen den Parkplatz verließ und in die Hill Street einbog, sah er Einstein unter dem großen Torbogen des Athenaeums stehen. Mit beiden Händen winkte er ihm nach. Haller winkte zurück und nahm sich vor, dieses letzte Bild des großen Gelehrten im Gedächtnis zu bewahren.

Epilog

»Aufstehen, Herr Professor! Sie wollten doch um neun schon weg-fahren.«

Wie aus weiter Ferne hörte Adrian Haller den Ruf der Haushäl-terin, die im Erdgeschoß am Fuß der Treppe stand. Er hatte unge-wöhnlich tief und fest geschlafen. Entsetzt bemerkte er, daß der Wecker bereits 9 Uhr 30 anzeigte. Langsam wurde er wach und erkannte, daß er nicht im Athenaeum des Caltech war, sondern in Einsteins Haus in Caputh. Dann holte ihn die Erinnerung an den soeben zu Ende gegangenen Traum ein.

Als Haller kurze Zeit später beim Frühstück in Einsteins Kaminzimmer saß, schaute er sich mehrfach verstohlen im Zimmer um. Aber weder von Einstein noch von Newton war eine Spur zu entdecken.

Es war schon nach 10 Uhr, als der Taxifahrer klingelte. Kurz darauf war Haller unterwegs. Der Wagen fuhr durch die Waldstraße und bog dann zum See ab; bald fuhren sie am Ufer des Templiner Sees entlang nach Potsdam. Haller saß im Rücksitz des Wagens und bereitete sich auf seinen Vortrag an der Universität Potsdam vor (sie war erst nach der Vereinigung Deutschlands im Jahre 1990 gegründet worden). Das Thema seines Vortrags lautete: »Einsteins Ideen zur Schwerkraft und die Elementarteilchen«.

Anhang

Die Grundideen
der Speziellen Relativitätstheorie

In dem Buch »Eine Formel verändert die Welt« habe ich die Spezielle Relativitätstheorie Einsteins, insbesondere die wichtigste Konsequenz dieser neuen Interpretation von Raum und Zeit, die Äquivalenz von Materie und Energie, dargestellt. Zwar stellt diese Theorie das Fundament dar, auf der Einstein die in diesem Buch beschriebene Allgemeine Relativitätstheorie errichtete, jedoch sind viele ihrer Aspekte für das Phänomen der Gravitation nicht wichtig. Der Leser benötigt deshalb keine fundierten Kenntnisse der Speziellen Relativitätstheorie, um sich im Gebäude der Allgemeinen Theorie zurechtzufinden. Mithin ist auch die Lektüre des eingangs erwähnten Buches keine Voraussetzung für das Verständnis des vorliegenden Buches. Für den Leser habe ich deshalb hier die Grundideen der Speziellen Relativitätstheorie noch einmal kurz umrissen.

Die Theorie, von Einstein im Jahre 1905 aufgestellt, stellt eine revolutionäre Uminterpretation der Begriffe von Raum und Zeit dar. Letztere sind entsprechend der Mechanik Newtons universell und unabhängig vom Bewegungszustand des Beobachters. Der Fluß der Zeit ist universell im gesamten Universum. Newton sprach deshalb von einem absoluten Raum und einer absoluten Zeit.

Als man gegen Ende des vergangenen Jahrhunderts entdeckte, daß die Geschwindigkeit des Lichtes nicht vom Zustand des Beobachters abhängt, wie man es im Rahmen des Newtonschen Mechanik erwarten würde, realisierte Einstein als erster, daß sich dieses merkwürdige Phänomen nur durch eine neue Interpretation von Raum und Zeit verstehen läßt. In seinem Zugang ist die Lichtgeschwindigkeit im Vakuum eine universelle Naturkonstante, die in jedem Bezugssystem den gleichen Wert besitzt – ein Sachverhalt, der im Widerspruch zur Newtonschen Mechanik steht. Hieraus ergibt sich, daß Raum und Zeit nicht mehr unabhängig vom System sein können, denn wären sie es, wie von Newton vorausgesetzt, muß man schließen, daß es eine universelle Geschwindigkeit für das Licht nicht geben kann.

Gemäß Einstein ist der Fluß der Zeit in einem ruhenden Bezugssystem anders als in einem System, das sich relativ zum Beobachter bewegt, etwa in einem fahrenden Zug. Auch die Struktur des Raumes ist vom Beobachter abhängig. Die Länge eines Objekts hängt ebenso wie der Zeitfluß vom Bewegungszustand ab. Allerdings sind diese Abweichungen von den Konzeptionen der klassischen Mechanik über Raum und Zeit nur dann merklich, wenn die auftretenden Geschwindigkeiten nicht sehr klein im Vergleich zur Lichtgeschwindigkeit (etwa 300000 km in der Sekunde) sind. Aus diesem Grunde kann man die Effekte der Einsteinschen Mechanik für die Beschreibung der Bewegung eines fahrenden Autos völlig vernachlässigen, nicht aber für die Beschreibung der Dynamik von sich schnell bewegenden Teilchen in einem Beschleuniger, etwa im HERA-Beschleuniger am DESY-Labor in Hamburg, denn hier sind die Geschwindigkeiten der Teilchen nur sehr wenig kleiner als die Lichtgeschwindigkeit (weniger als ein Prozent).

Eine der Schlußfolgerungen, die man aus der Speziellen Relativitätstheorie ziehen muß, ist: Kein materieller Körper im Universum kann sich schneller als mit Lichtgeschwindigkeit bewegen. Auch diese Folgerung steht im Widerspruch zur Newtonschen Theorie, in der es eine obere Grenzgeschwindigkeit für die Bewegung von Körpern nicht gibt. Eine weitere und sehr wichtige Konsequenz der Einsteinschen Theorie ist, daß die Masse eines Körpers gleichzeitig ein Maß für den Energieinhalt des Körpers ist. In der Mechanik Newtons ist die Masse etwa eines Teilchens eine universelle und unzerstörbare Eigenschaft. In Einsteins Theorie ist die Masse jedoch eine besondere Form von Energie. Unter geeigneten Bedingungen läßt sich die Masse in Energie, zum Beispiel in Lichtstrahlung, umwandeln, wobei Einsteins bekannte Gleichung $E = mc^2$ den Wechselkurs zwischen Masse und Energie bestimmt. So bilden ein Proton und das zugehörige Antiteilchen, das Antiproton, zusammen ein System mit der Masse von $3,346 \cdot 10^{-27}$ kg. Bringt man die Teilchen in Kontakt, kommt es zur Zerstrahlung. Die beiden Teilchen vernichten sich in Strahlungsenergie, wobei Photonen, die Teilchen des Lichts, entstehen. Die Summe der Energien der Photonen ist gemäß der Einsteinschen Beziehung 1877 Millionen Elektronenvolt (abgekürzt MeV). In der Teilchenphysik ist es heute üblich, auf die Angabe der Masse eines Teilchens in Masseneinheiten (z.B. in Kilogramm) überhaupt zu verzichten, sondern die Masse entsprechend der Einsteinschen Relation in Energieeinheiten anzugeben. So entspricht die Masse eines Elektrons 0,511 MeV, die Masse eines Protons 938,3 MeV.

Die neue, von Einstein gegebene Interpretation von Raum und Zeit läßt sich folgendermaßen verstehen: Wir beschreiben unseren dreidimensionalen Raum durch ein Koordinatensystem, dessen drei Achsen, die x-Achse, die y-Achse und die z-Achse, aufeinander senkrecht stehen. Jeder Punkt des Raumes ist durch die Angabe seiner drei Koordinaten eindeutig festgelegt. Das Quadrat der Länge einer geraden Strecke mit den Endpunkten A und B ist gegeben durch

$$\ell^2 = (x_A - x_B)^2 + (y_A - y_B)^2 + (z_A - z_B)^2,$$

wenn x_A die x-Koordinate des Punktes A ist usw. Diese Länge ℓ ist zwar hier ausgedrückt durch die Koordinaten, jedoch ist sie nur abhängig von den beiden Endpunkten, nicht vom gewählten Koordinatensystem. Wird letzteres verschoben oder verdreht, ändern sich zwar die Koordinaten der beiden Punkte, nicht jedoch die Länge zwischen ihnen. Letztere ist eine vom System unabhängige Größe. Man sagt auch, der räumliche Abstand zwischen den beiden Punkten ist invariant bezüglich Änderungen des Koordinatensystems. Die Länge der Strecke ist analog zum Wert etwa eines Gemäldes, der eine unabhängige Größe darstellt, also nicht abhängt von der Währung, in der man diesen Wert beschreibt.

In der Speziellen Relativitätstheorie ändert sich jedoch die Situation, sobald man bewegte Bezugssysteme, also bewegte Koordinatensysteme zuläßt. Der Abstand zwischen zwei Punkten im Raum ist jetzt keine invariante Größe mehr, sondern hängt von der Geschwindigkeit des Beobachters ab. Einem bewegten Beobachter erscheint die betrachtete Strecke kürzer. Die Ursache dieses merkwürdigen Phänomens ist die Tatsache, daß im Rahmen der Speziellen Relativitätstheorie auch die Zeit in die Diskussion mit einbezogen werden muß. Neben den drei Raumdimensionen tritt die Zeit als eine weitere Dimension auf. Raum und Zeit existieren nicht mehr unabhängig nebeneinander, wie in der klassischen Mechanik Newtons, sondern werden als Raum-Zeit zusammengefaßt. Die Punkte dieses Raum-Zeit-Kontinuums, also Punkte des Raumes an einem gewissen Zeitpunkt, heißen Ereignisse. Ein Ereignis ist durch die Angabe eines Punktes im Raum und die Angabe der betreffenden Zeit charakterisiert. Das Ausfüllen amtlicher Formulare bedeutet oft auch die Beschreibung eines Ereignisses: die Angabe des Geburtsortes und des Geburtsdatums.

In der Relativitätstheorie ist es nun wesentlich, daß man in der Raum-Zeit, also in der Gesamtheit aller möglichen Ereignisse, auch einen Abstand festlegen kann, ganz analog zum Abstand zwischen zwei Raumpunkten im dreidimensionalen Raum. Er ist durch die Differenz der Quadrate von Zeit und Raum gegeben. Man betrachte zwei verschiedene Ereignisse, die durch die Angabe der Raum-Zeit-Koordinaten (t_1, x_1, y_1, z_1) und (t_2, x_2, y_2, z_2) beschrieben sind. Der Abstand zwischen diesen beiden Ereignissen, genauer das Abstandsquadrat s^2, ist gegeben durch:

$$s^2 = c^2(t_1 - t_2)^2 - (x_1 - x_2)^2 - (y_1 - y_2)^2 - (z_1 - z_2)^2$$

(c: Lichtgeschwindigkeit)

Wie man leicht sieht, kann dieser sog. relativistische Abstand zwischen zwei Ereignissen, in dem auch die Lichtgeschwindigkeit auftritt, sowohl positiv wie auch negativ sein, je nach der Größe der ver-

schiedenen Beiträge. Er ist positiv, wenn der erste Beitrag über-
wiegt, also der Zeitanteil. So ist der Abstand zwischen zwei Ereignissen, die am selben Ort stattfinden, etwa der Abstand zwischen
dem Oktoberfest in München im Jahre 1995 und dem Oktoberfest
im Jahre 1996, positiv. Man bezeichnet solche Ereignisse als zueinander zeitartig. Ist der Abstand jedoch negativ, dominiert also der
Raumanteil, spricht man von zueinander raumartigen Ereignissen.
So war das Ereignis des Jahreswechsels zu Silvester des Jahres
1995 in München raumartig zum entsprechenden Ereignis in
Hamburg.

Wesentlich ist, daß der Abstand zwischen zwei Ereignissen, die
durch ein Lichtsignal miteinander verbunden sind, null ist. In diesem Fall heben sich nämlich der Zeitanteil und der Raumanteil
gegenseitig auf. So ist der Abstand zwischen dem Ereignis »Aussendung eines Laserstrahls vom Münchner Physikinstitut zum
Mond« und dem Ereignis »Ankunft des Strahls auf dem Mond eine
Sekunde später« gleich null.

Wesentlich ist nun, daß in der Speziellen Relativitätstheorie der
Abstand zwischen zwei Ereignissen nicht vom Bezugssystem ab-
hängt. Beim Übergang zu einem neuen, bewegten System ändern
sich zwar die Koordinaten von Raum und Zeit, nicht aber die
Abstände zwischen den Ereignissen. Dies hat zur Folge, daß die
Geschwindigkeit des Lichtes nicht vom System abhängt, wie in der
Newtonschen Mechanik erwartet, sondern eine universelle Größe
ist. Sie ist es, weil sie in der Festlegung des Abstands in der Raum-
Zeit auftritt und somit den Status einer fundamentalen geometrischen Größe erhält.

Da der relativistische Abstand beim Übergang zu einem anderen
Koordinatensystem ungeändert bleibt, ist es nicht möglich, daß bei
einem solchen Übergang die Zeit allein oder die Länge einer
Strecke im Raum ungeändert bleiben. Man kann nicht beides
haben, d. h. sowohl Zeit und Raum ungeändert lassen, wie es in der
Newtonschen Mechanik der Fall ist, und den relativistischen
Abstand ebenfalls nicht verändern. Da die Experimente eindeutig
dafür sprechen, daß die Lichtgeschwindigkeit unabhängig vom
System ist, ist es der relativistische Abstand, der ungeändert blei-

ben muß, also die in der Festlegung des Abstandes zum Ausdruck kommende Einheit von Raum und Zeit, und nicht Raum und Zeit separat.

Da sich Raum und Zeit beim Übergang zu einem neuen System ändern, mithin also vom Beobachter abhängig sind, spricht man von der Relativität von Raum und Zeit. Einstein betonte immer, daß es nicht auf Raum und Zeit selbst ankommt, sondern auf die in seiner Theorie zum Ausdruck kommende Einheit von Raum und Zeit, die sich darin manifestiert, daß sich der relativistische Abstand nicht ändert, also nicht relativ ist. Er sprach deshalb anfänglich oft von einer Absolutheitstheorie, also nicht von der Relativitätstheorie. Trotzdem hat sich die letztere Bezeichnung für seine Theorie durchgesetzt. Jedenfalls ist es der Abstand zwischen zwei Ereignissen in der Raum-Zeit, der allein für die geometrische Struktur der Raum-Zeit relevant ist, insbesondere auch beim Übergang zur Allgemeinen Relativitätstheorie. Das Phänomen der Gravitation, das im Rahmen dieser Theorie erfolgreich beschrieben wird, ist nichts weiter als eine Krümmung der Raum-Zeit, wobei die Geometrie der Raum-Zeit mit Hilfe des relativistischen Abstands zwischen Ereignissen beschrieben wird.

Glossar

Absoluter Nullpunkt: Nullpunkt der absoluten Temperaturskala. Entspricht der Temperatur, bei der ein Körper keine Wärmeenergie mehr besitzt.

Anderson, Carl: Amerikanischer Physiker (geb. 1905). Entdeckte 1932 das erste Antiteilchen, das Positron. Erhielt hierfür 1936 den Physik-Nobelpreis. Professor am California Institute of Technology in Pasadena.

Antimaterie: Materie, die aus Antiteilchen besteht.

Antiproton: Antiteilchen des Protons.

Antiteilchen: Zu jedem Teilchen gibt es ein Antiteilchen, das die gleiche Masse besitzt, aber die entgegengesetzte elektrische Ladung, sofern das Teilchen geladen ist. Zum Beispiel ist das Antiteilchen des Elektrons das elektrisch positiv geladene Positron.

Äther: Ein hypothetisches Medium, mit dessen Hilfe man im 19. Jahrhundert die in der Natur auftretenden Fernkräfte, etwa die Gravitation oder die elektromagnetische Kraft, auf Nahewirkungskräfte zurückzuführen hoffte. Im Rahmen der Einsteinschen Relativitätstheorie ist der Begriff des Äthers unhaltbar.

Atom: Die Materie besteht im Normalfall aus Atomen. Diese wiederum setzen sich zusammen aus einem elektrisch positiv geladenen Kern, der seinerseits aus den Kernteilchen, den Protonen und Neutronen, besteht, und aus der Atomhülle, bestehend aus den elektrisch negativ geladenen Elektronen.

Becquerel, Antoine Henri: Französischer Physiker (1852–1908). Seit 1892 Professor in Paris. Entdeckte 1896 die radioaktive Strahlung bei der Untersuchung von Uranmineralien. Erhielt 1903 gemeinsam mit dem Ehepaar Pierre und Marie Curie den Nobelpreis für Physik.

Beschleunigung: Änderung der Geschwindigkeit eines Körpers pro Zeiteinheit.

Bogensekunde: Eine Winkeleinheit, der 3600ste Teil eines Grades oder der sechzigste Teil einer Bogenminute.

Bolyai, János B.: Ungarischer Ingenieur, Offizier und Mathematiker (1802–1860). Entwickelte unabhängig von C. Fr. Gauß und N.I. Lobatschewskij die Grundlagen der nichteuklidischen Geometrie.

Bruno, Giodano: Italienischer Naturphilosoph (1548–1600). Vertrat ein einheitliches Weltbild auf der Grundlage eines unendlich ausgedehnten Kosmos, das im Widerspruch zum damals herrschenden Dogma der Kirche stand. Wurde in Rom auf dem Scheiderhaufen verbrannt.

CERN: Abkürzung für »Conseil Européen pour la Recherche Nucléaire«. CERN ist das größte Forschungslabor für Elementarteilchenphysik in der Welt. Es wurde 1954 von den Regierungen von 12 westeuropäischen Staaten gegründet.

Chandrasekhar, Subrahmanyan: Amerikanischer Astrophysiker indischer Herkunft (1910–1995). Ab 1942 Professor in Chicago. Untersuchte als erster die Probleme der Sternentwicklung mit Hilfe der Atomphysik.

Chromodynamik: Die Theorie der Kräfte zwischen den Quarks, die durch Gluonen vermittelt werden.

DESY: Kurzbezeichnung für das Deutsche Elektronensynchrotron in Hamburg, das deutsche Forschungszentrum für Elementarteilchenphysik.

Dirac, Paul Adrien Maurice: Englischer Physiktheoretiker (1902–1984). Professor in Cambridge. Begründer der Quantenelektrodynamik.

Eddington, Arthur Stanley: Englischer Astrophysiker und Astronom (1882–1944). Professor in Cambridge und Direktor der dortigen Sternwarte.

Elektrodynamik: Lehre von den in der Natur auftretenden elektromagnetischen Erscheinungen und Kräften.

Elektron: Leichtes, negativ geladenes Elementarteilchen, neben dem Proton und Neutron einer der Bausteine der Atome und damit der Materie. Seine Masse beträgt $9,109389 \cdot 10^{-28}$ g, entsprechend 0,511 MeV. Träger der negativen Elementarladung.

Elektronenvolt: Energie, die ein Elektron erhält, wenn es durch eine Spannungsdifferenz von einem Volt beschleunigt wird. Einheit: eV. 1 MeV = eine Million eV; 1 GeV = eine Milliarde eV (Gigaelektronenvolt).

Elementarteilchen: Neben den Konstituenten der Atome kennt man heute viele andere Teilchen. Obwohl man sie aus historischen Gründen als »Elementarteilchen« bezeichnet, sind die meisten dieser Teilchen nicht wirklich elementar, sondern bestehen aus den Quarks.

Energie: Hiermit bezeichnet man in der Physik die Fähigkeit eines Systems, Arbeit zu leisten. Energie kann in verschiedenen Formen auftreten, etwa als kinetische Energie der Bewegung. Entsprechend der Speziellen Relativitätstheorie sind Energie und Masse ineinander umwandelbar. Gemessen in den Einheiten Joule (J) oder Wattsekunden (Ws). In der Teilchenphysik wird die Energie meist in Elektronenvolt (eV) angegeben.

Ereignis: Ein Punkt im Raum-Zeit-Kontinuum, der durch die Angabe des Ortes und der Zeit fixiert ist.

Euklid: Griechischer Mathematiker, um 300 v. Chr. Wirkte am Museion in Alexandria. Verfasser der »Elemente«, des bekanntesten Lehrbuchs der griechischen Mathematik. Es war für mehr als 2000 Jahre die Grundlage der Mathematikausbildung.

Euklidischer Raum: Ein Raum, für den die Axiome von Euklid gelten, z.B. der normale dreidimensionale Raum unserer Anschauung.

Feld: Ein ausgedehntes physikalisches System.

Fermi-Labor: Amerikanisches Forschungszentrum für Hochenergiephysik westlich von Chicago. Kurzbezeichnung FNAL (Fermi National Accelerator Laboratory).

Fermion: Nach dem italo-amerikanischen Physiker Enrico Fermi benannte Sammelbezeichnung für Teilchen mit halbzahligem elementarem Drehimpuls (Spin). Zu den Fermionen gehören die Elektronen, die Protonen und Neutronen, die Neutrinos und die Quarks.

Franklin, Bejamin: Amerikanischer Politiker, Naturwissenschaftler und Schriftsteller (1706–1790). Als Naturforscher wurde er vor allem durch seine Forschungen auf dem Gebiet der Elektrizität (ab 1746) bekannt, die u.a. zur Erfindung des Blitzableiters führten.

Friedmann, Alexander: Russischer Mathematiker und Astrophysiker (1888–1925). Entwickelte in den Jahren 1922–1924 seine Theorie der Kosmologie, aufbauend auf den Einsteinschen Gleichungen der Gravitation.

Galaxie: Größere Ansammlungen von Sternen, die durch die Gravitation zusammengehalten werden.

Galilei, Galileo: Italienischer Mathematiker, Physiker und Philosoph (1564–1642). Begründer der klassischen Mechanik.

Gammastrahlen: Elektromagnetische Wellen von sehr kurzer Wellenlänge. Entstehen beispielsweise bei Kollisionen von Elementarteilchen oder beim radioaktiven Zerfall.

Gauß, Carl Friedrich: Deutscher Mathematiker, Astronom und Physiker (1777–1855). Einer der vielseitigsten Mathematiker aller Zeiten. Seine Untersuchungen über Kartenprojektionen waren der Anlaß für die wichtigen Arbeiten über Flächentheorie, Differentialgeometrie und nichteuklidische Geometrie (um 1828).

Gell-Mann, Murray: Amerikanischer Physiker (geb. 1929). Bekannt durch seine Forschungsergebnisse auf dem Gebiet der Teilchenphysik. Schlug 1964 zusammen mit George Zweig die Quarks als elementare Konstituenten der Atomkernteilchen vor. Nobelpreis 1969.

Geodäte: Die kürzeste oder längste Verbindungslinie zweier Punkte in einem Raum mit vorgegebener Metrik. In einem euklidischen Raum sind die Geodäten gerade Linien.

Gluon: Subnukleares masseloses und neutrales Teilchen, das die Kräfte zwischen den Quarks vermittelt.

Gravitation: Das Phänomen der Anziehung massiver Körper untereinander. In der Allgemeinen Relativitätstheorie ist sie die Folge der Veränderung der Raum-Zeit-Struktur durch die vorliegenden Körper.

Guericke, Otto von: Deutscher Naturforscher (1606–1686). Seit 1646 Bürgermeister von Magdeburg. Zählt zu den Pionieren der Erforschung des Luftdrucks und der Vakuumtechnik.

Hawking, Stephen William: Englischer Astrophysiker (geb. 1942). Seit 1977 Professor in Cambridge. Wichtige Arbeiten über Schwarze Löcher und Kosmologie.

Heisenberg, Werner: Deutscher Physiktheoretiker (1901–1976). Grundlegende Arbeiten zur Begründung der Quantenmechanik. Ab 1958 Professor in München. Nobelpreis 1932.

Higgs-Teilchen: Ein nach dem englischen Theoretiker Peter Higgs benanntes hypothetisches Teilchen, dessen Wechselwirkung die Massen der Elementarteilchen erzeugt.

Hubble, Edwin Powell: Amerikanischer Astronom (1889–1953). Begründer der modernen extragalaktischen Astronomie. Formulierte 1929 das Prinzip der kosmologischen Expansion.

Impuls: Die Größe der Bewegung eines Körpers. Wurde von Isaac Newton eingeführt und ist im einfachsten Fall das Produkt aus Masse und Geschwindigkeit.

Inertialsystem: Ein physikalisches Bezugssystem, in dem die Bewegungslinie eines freien Körpers eine Gerade ist.

Inflation: Eine hypothetische, kurz nach dem Urknall einsetzende schnelle Expansion des Kosmos.

Kepler, Johannes: Deutscher Astronom und Mathematiker (1571–1630). Entdeckte die Gesetze der Planetenbewegungen.

Kernfusion: Die Verschmelzung zweier Atomkerne zu einem größeren Kern.

Kernkraft: Die Kraft, die die Atomkernteilchen zum Atomkern zusammenfügt. Heute versteht man diese Kraft als eine indirekte Konsequenz der Kräfte zwischen den Quarks.

K-Mesonen: Instabile Mesonen, die ein s-Quark oder s-Antiquark beinhalten. Werden bei Kollisionen von Protonen oder Atomkernen erzeugt.

Lemaître, Abbé Georges: Belgischer Astrophysiker (1894–1966). Domherr und Universitätsprofessor in Löwen.

LEP: Kurzbezeichnung für »Large Electron Positron«-Beschleuniger, ein am CERN errichteter Beschleuniger, mit dessen Hilfe Elektronen und deren Antiteilchen, die Positronen, auf Energien von mehr als 50 GeV beschleunigt werden.

LHC: Kurzbezeichnung für»Large Hadron Collider«, im Bau befindlicher Beschleuniger am CERN, der im Tunnel des LEP-Beschleunigers installiert wird und mit dessen Hilfe Protonen auf eine Energie von etwa 8000 GeV beschleunigt werden sollen.

Lichtenberg, Georg Christoph: Deutscher Physiker und Schriftsteller (1742–1799). Seit 1770 Professor in Göttingen. Wichtige Forschungsergebnisse auf dem Gebiet der Experimentalphysik, vor allem der Elektrizitätslehre und der Astronomie.

Lobatschewski, Nikolai Iwanowitsch: Russischer Mathematiker (1792–1856). Seit 1814 Professor in Kasan. War neben Bolyai und Gauß einer der Entdecker der nichteuklischen Geometrie.

Masse: Physikalische Grundgröße, die ein Maß für die Trägheit gegenüber Änderungen des Bewegungszustandes eines Körper ist. Einheit: Kilogramm.

Mesonen: Stark wechelwirkende Teilchen mit ganzzahligem Spin.

Metrik: Die Maßbestimmung eines Raumes. Legt den Abstand zweier Punkte eines Raumes fest.

Minkowski, Hermann: Deutscher Mathematiker (1864–1909). Professor in Zürich und Göttingen. Schuf die Grundlagen der mathematischen Beschreibung der relativistischen Raum-Zeit.

Mößbauer, Rudolf Ludwig: Deutscher Physiker (geb. 1929). Entdeckte den nach ihm benannten Effekt der rückstoßfreien Emission und Absorption von Gammaquanten. Nobelpreis 1961.

Myon: Ein mit dem Elektron verwandtes instabiles Teilchen mit einer Masse, die etwa 200mal so groß wie die Elektronmasse ist.

Neutrinos: Neutrale Partner der geladenen Leptonen.

Neutron: Neutrales, stark wechselwirkendes Teilchen. Neben dem Proton Konstituent der Atomkerne.

Neutronenstern: Ein aus Neutronen bestehender kalter Stern.

Oppenheimer, J. Robert: Amerikanischer Atomphysiker (1904–1967). War wissenschaftlicher Leiter des amerikanischen Atombombenprojekts in Los Alamos (New Mexico) während der Zeit des Zweiten Weltkriegs.

Parsec: Ein Parsec (pc) ist die Entfernung, aus der der mittlere Abstand der Erde zur Sonne unter einem Winkel von einer Bogensekunde (1/3600 Grad) erscheint. 1 pc = 3,087 · 10^{13} Kilometer oder 3,26 Lichtjahre.

Pauli, Wolfgang: In Österreich geborener schweizerisch-amerikanischer Physiktheoretiker (1900–1958). Seit 1928 Professor in Zürich. Entdeckte das nach ihm benannte Ausschließungsprinzip der Atomphysik, für das er 1945 den Nobelpreis erhielt.

Pauli-Prinzip: Das von W. Pauli entdeckte Prinzip, daß Teilchen, die halbzahligen Spin besitzen, etwa das Elektron, nicht im selben Zustand sein können, z.B. nicht dieselbe Geschwindigkeit und Position haben können.

Penrose, Roger: Englischer Mathematiker und Physiktheoretiker (geb. 1931). Wichtige Arbeiten über die Allgemeine Relativitätstheorie und Schwarze Löcher.

Penzias, Arno: Amerikanischer Astrophysiker (geb. 1933). Entdeckte zusammen mit R. Wilson die kosmische Hintergrundstrahlung.

Photon: Teilchen des Lichtes. Das Photon ist masselos und Träger der elektromagnetischen Kraftwirkungen.

Planck, Max: Deutscher Physiktheoretiker (1858–1947). Begründete 1900 die Quantentheorie durch die Aufstellung des nach ihm benannten Strahlungsgesetzes. Ab 1888 Professor in Berlin.

Positron: Antiteilchen des Elektrons, Träger der positiven Elementarladung.

Quantenmechnik: Die Theorie der Quantenphänomene in der Mechanik. Grundlage der modernen Atomphysik.

Quantentheorie: Die Theorie der Quantenphänomene, insbesondere in der Atomphysik.

Quarks: Bausteine der Atomkernteilchen. Die Protonen und Neutronen bestehen jeweils aus drei Quarks. Insgesamt hat man sechs Quarktypen entdeckt, wobei nur zwei, das u- und d-Quark, als Bausteine für die Kernmaterie agieren. Die anderen vier Quarktypen manifestieren sich als die Bausteine neuer, instabiler Teilchen. Die Quarks besitzen eine Masse, wobei die Masse der u- und d-Quarks sehr klein ist. Das schwerste Quark, das t-Quark, besitzt eine Masse von etwa 180 GeV und ist damit das schwerste elementare Objekt, das bislang entdeckt wurde. Die Quarks wurden im Jahre 1964 von den amerikanischen Physikern M. Gell-Mann und G. Zweig in die Physik eingeführt, um die beobachteten Symmetrien der Elementarteilchen auf einfache Weise zu beschreiben.

Quasar: Stark leuchtender Kern einer weit entfernten Galaxie.

Radioaktivität: Eigenschaft einer Reihe von Atomkernen, sich spontan, d.h. ohne äußere Einwirkung, in andere Kerne umzuwandeln, wobei Energie durch die Aussendung radioaktiver Strahlen freigesetzt wird. Letztere bestehen entweder aus Heliumkernen (Alphateilchen, Alpha-Elektronen) oder Positronen (Betastrahlung) oder aus Photonen (Gammastrahlung).

Riemann, Berhard: Deutscher Mathematiker (1826–1866). Ab 1859 Professor in Göttingen. Schuf im Rahmen seiner Habilitationsschrift »Über die Hypothesen, welche der Geometrie zugrunde liegen« (publiziert 1867) das geometrische Fundament, auf dem später Einstein seine Allgemeine Relativitätstheorie aufbaute.

Russell, Bertrand: Englischer Mathematiker, Philosoph und Schriftsteller (1872–1970).

Sandage, Allan: Amerikanischer Astronom (geb. 1926). Wichtige Arbeiten zur extragalaktischen Astronomie.

Schwache Wechselwirkung: Fundamentale Naturkraft, die u.a. für das Phänomen der Radioaktivität verantwortlich ist. Sie wird durch die W- und Z-Bosonen vermittelt.

Schwarzes Loch: Eine Raum-Zeit-Region, in der die Gravitation so stark ist, daß selbst Licht nicht entweichen kann.

Schwarzschild, Karl: Deutscher Astronom (1873–1916). Professor für Astronomie in Göttingen (seit 1902). Von 1909 an Direktor des Astrophysikalischen Observatoriums in Potsdam. Wichtige Arbeiten zur Photometrie und zu den Bewegungen der Sterne. Entdeckte 1915 die nach ihm benannte Lösung der Einsteinschen Gleichungen zur Allgemeinen Relativitätstheorie.

Sommerfeld, Arnold: Deutscher Physiktheoretiker (1868–1953). Grundlegende Arbeiten zur Atom- und Festkörperphysik. Ab 1906 Professor in München.

Supernova: Sternexplosion, bei der der größte Teil der Sternmaterie in den Weltraum hinausgeschleudert wird.

Tensor: Verallgemeinerung des Vektorbegriffs. Ein Vektor ist ein Tensor erster Stufe. Einen Tensor zweiter Stufe erhält man z.B. durch Multiplikation der Komponenten eines Vektors.

Unschärferelation: Eine von W. Heisenberg entdeckte Beziehung, die es ausschließt, daß die Position und die Geschwindigkeit eines Teilchens mit beliebiger Genauigkeit fixiert werden können.

Vektor: Eine Größe, die durch einen Zahlenwert und eine Richtung bestimmt ist. Im dreidimensionalen Raum wird ein Vektor durch einen Pfeil dargestellt.

Weißer Zwerg: Ein kalter Stern, dessen Stabilität durch das zwischen den Elektronen wirkende Pauli-Prinzip gewährleistet wird.

Wheeler, John Archibald: Amerikanischer Kernphysiker (geb. 1911). War maßgeblich am amerikanischen Wasserstoffbombenprojekt beteiligt. Wichtige Arbeiten über Astrophysik und Schwarze Löcher.

Wigner, Eugene Paul: Amerikanischer Physiktheoretiker (1902–1994). Seit 1938 Professor in Princeton. Wichtige Arbeiten zu Symmetrieprinzipien in der Physik.

Wilson, Robert W.: Amerikanischer Astrophysiker (geb. 1936). Entdeckte zusammen mit Arno Penzias die kosmische Hintergrundstrahlung.

W-Teilchen: Fundamentales Elementarteilchen, das zusammen mit dem Z-Boson als Träger der schwachen Wechselwirkung agiert. Man unterscheidet positiv und negativ geladene W-Teilchen. Masse rd. 81 GeV.

Zeldovich, Yakov Borisovich: Sowjetischer Astrophysiker (1914–1987). Wichtige Arbeiten über Schwarze Löcher. War maßgeblich am sowjetischen Wasserstoffbombenprojekt beteiligt.

Z-Teilchen: Fundamentales Elementarteilchen, das zusammen mit den W-Teilchen als Träger der schwachen Wechselwirkungen agiert. Elektrisch neutral, Masse rd. 91 GeV.

Zwicky, Fritz: Schweizerischer Astrophysiker und Astronom (1898–1974). Seit 1927 Professor am Caltech in Pasadena. Sagte die Existenz von Neutronensternen voraus.

Nachweis der Zitate

Vorwort zitiert in: A. Hermann, Die Neue Physik. München 1979, S. 67.

1.1 Zitiert in A. Fölsing, Albert Einstein. Frankfurt a.M. 1993, S. 417.

1.2 In: »Über Kottlers Abhandlung: ›Einsteins Äquivalenzhypothese und die Gravitation‹ «, Annalen der Physik, 51, 1916, S. 639–642, zitiert auch in Fölsing (1993), S. 535.

1.3 Einstein an James Franck, zitiert in: C. Seelig, Albert Einstein. Zürich 1960, S. 72.

2.1 In: B. Hoffmann, Albert Einstein. Zürich 1976, S. 164.

3.1 Ebenda, S. 172.

4.1 In: C. Seelig, Albert Einstein. Zürich 1960, S. 397.

5.1 In: B. Hoffmann, Albert Einstein. Zürich 1976, S. 297.

5.2 Dieses Kapitel ist die überarbeitete Fassung eines Beitrags des Autors mit dem Titel »Vakuum« im P.M.-Magazin Nr. 11/1991, S. 40–54 (mit freundlicher Genehmigung von P.M.-Magazin).

6.1 In: C. Seelig, Albert Einstein. Zürich 1960, S. 281.

7.1 In: Origins of the General Theory of Relativity, Gibson Lecture an der Universität Glasgow am 20.6.1933, Glasgow Univ. Publ. Nr. 20, zitiert in: Fölsing, Albert Einstein, S. 419.

8.1 A. Einstein, Mein Weltbild. Zürich 1953, S. 173.

8.2 I. Newton, Opticks. 1704, Nachdruck New York 1952.

8.3 Siehe A. Fölsing, Albert Einstein, S. 501.

9.1 In: C. Seelig, Hg.: Helle Zeit – dunkle Zeit. Zürich, u.a. 1956, S. 73.

10.1 In: C. Seelig, Albert Einstein. Zürich 1960, S. 119.

11.1 Brief an Walter Dallenbach vom 31.3.1915, siehe auch: A. Fölsing, Albert Einstein, S. 414.

11.2 In: M. Grüning, Ein Haus für Albert Einstein. Berlin 1990, S. 469.

11.3 In: M. Grüning, ebenda, S. 528.

12.1 In: A. Sommerfeld, Gesammelte Schriften, Band 4, S. 646 (Braunschweig 1968).

13.1 In: C. Seelig, Albert Einstein, S. 304.

14.1 A. Einstein, Briefe. Zürich 1981, S. 34.

15.1 In: A. Einstein – M. Besso, Correspondance 1903–1955, Paris 1972, S. 538.

16.1 B. Hoffmann, Albert Einstein. Zürich 1976, S. 17.

17.1 In: Albert Einstein als Philosoph und Naturforscher, hg. von P.A. Schilpp, Stuttgart 1955, S. 155.

18.1 A. Einstein, Briefe, S. 24.
19.1 Albert Einstein, hg. von P.C. Aichelburg und R.U. Sexl, Braunschweig 1979, S. 57.
20.1 In: A. Einstein, Aus meinen späteren Jahren. Stuttgart 1979, S. 56.
21.1 In: C. Seelig, Albert Einstein, S. 318.
22.1 In: C. Seelig, Hg.: Helle Zeit – dunkle Zeit. Zürich u.a. 1956, Kap. 22.
23.1 In: C. Seelig, Albert Einstein, S. 336.

Personen- und Sachregister

Adams, John Couch 15
Aleph-Detektor 63, 65
Alpher, Ralph 338
Anderson, Carl 88, 397
Andromeda-Galaxie 77, 306, 327
Antigravitation 40
Antimaterie 42
Antiproton 41, 88
Antiwasserstoff 364
Äquivalenzprinzip 124, 184, 188, 191
Äther 101, 124
ATLAS-Detektor 105
Augustinus 189

Baade, Walter 328
Becquerel, Henri 56, 397
Birkhoff, George 244, 245
Bolyai, János 159, 398
Brecht, Bertolt 324
Bruno, Giordano 144, 331, 398

Caltech 203, 229, 298, 303
CDF-Detektor 70
CERN 10, 41, 60, 103, 356, 364, 373
Chandrasekhar, Subrahmanyan 237, 398
COBE (Satellit) 336, 386
Cygnus X–1 270

Dante Alighieri 254
Deuteron 50

Dicke, Robert 118
Dirac, Paul 80, 81, 82, 83, 85, 87, 88, 89, 96, 398
Doppelsternsystem 268, 290
Doppler, Christian 184
Doppler-Effekt 188

Eddington, Arthur S. 9, 138, 398
Einstein, Albert (nur Abbildungen) 20, 26, 36, 136, 180, 207, 239, 305, 309
Einstein, Elsa 26, 28
Elektron 45, 356
Elementarlänge 261, 373
Elementarzeit 261
Eötvös, Roland von 117, 118
Euklid 17, 80, 146, 399

Farbdynamik 343
Fermi-Laboratorium 103
»Flachheitsproblem« 379, 383
Fontane, Theodor 113
Franklin, Benjamin 45, 86, 399
Friedmann, Alexander 312, 313, 316, 324, 334, 400

Galilei, Galileo 117, 400
Galle, Johann Gottfried 15
Gammastrahlen 187
Gamow, George 338
Gauß, Carl Friedrich 147, 148, 151, 158, 159, 165, 400

Gell-Mann, Murray 400
Geodäte 149, 197
Gluon 107, 341, 342, 356
Gravitationskollaps 241, 275
Gravitationslinse 226
Gravitationswelle 288, 292, 297
Guericke, Otto von 75, 76, 88, 400

Hale, George Ellery 137, 304
Haller, Albrecht von 22
Hauptmann, Gerhart 26
Hawking, Stephen 257, 258, 280, 281, 321, 400
Heisenberg, Werner 81, 89
Helium 340
Herman, Robert 338
Hertz, Heinrich 117
Higgs, Peter 93
Higgs-Feld 344, 381
Higgs-Teilchen 93, 102
Hilbert, David 205
»Horizontproblem« 380
Hubble, Edwin 23, 302, 304, 306, 308, 309, 315, 321, 322, 323, 324, 325, 327, 331, 340, 401
Hubble-Weltraum-Teleskop 328
Humason, Milton 302, 325
Humboldt-Universität 73

Inertialsystem 33, 118
Inflation des Kosmos 97, 382

Kamiokande-II 347
Kant, Immanuel 304
Kayser, Rudolf 179
Kepler, Johannes 14, 401
Kernfusion 235
Kernteilchen 263
K-Meson 365
Kollwitz, Käthe 26
Kopernikus 304, 331
kosmische Evolution (Graphik) 374, 375

Kosmologie 78
Krümmungstensor 159, 205

Ladung 45
Landau, Lev 238
Laplace, Pierre Simon 250
Lemaître, Georges 324, 401
LEP-Beschleuniger 60, 61, 62, 92, 103, 345
Lepton 232, 352
Le Verrier, Urbain Jean Joseph 14, 15
LHC-Beschleuniger 96, 103, 105, 352
Lichtenberg, Georg Christoph 43, 402
Liebermann, Max 26
LIGO 298, 299
Lobatschewski, Nikolai I. 159, 402
Lorentz, Hendrik A. 174

Mach, Ernst 117
Mann, Heinrich 26
Masse, schwere 116
Masse, träge 116
Materie, dunkle 349
Maxwell, James Clerk 288
Merkur 15
Metrik 402
Michell, John 249, 250
Michelson, Albert A. 297
Michelson-Experiment 297
Millikan, Robert 239
Minkowski, Hermann 141, 193, 402
Mößbauer, Rudolf 187
Myon 64

Neutrino 78, 232, 346, 378
Neutron 45, 232, 367
Neutronenstern 238, 294
Newton, Isaac (nur Abbildung) 21

Oppenheimer, J. Robert 238, 240, 243, 245, 253, 254, 255, 402

Paarerzeugung 87
Parsec 327
Pauli, Wolfgang 83, 85, 89, 345, 346, 403
Pauli-Prinzip 84
Penrose, Roger 257, 403
Penzias, Arno 335, 337, 358, 403
Periheldrehung 223
Photon 76, 343, 358, 374, 378
Planck, Max 11, 260, 261, 337, 373, 403
Positron 88, 366
Pulsar 238
Pythagoras 152

Quantenfeldtheorie 89
Quantenphysik 84, 259, 334, 386
Quantentheorie 80, 367
Quark 42, 68, 69, 232, 239, 263, 341, 352, 356
Quark-Gluon-Plasma 356
Quark-Materie 235
Quasar 225, 272

Raum-Zeit-Schaum 386
Ride, Sally 115
Riemann, Bernhard 159, 165, 205, 404
Rosat-Satellit 269
Rotverschiebung 323
Russell, Bertrand 177, 404

Sandage, Allan 328
Schrödinger, Erwin 81
Schwarzer Zwerg 237
Schwarzes Loch 248, 267, 293
Schwarzschild, Karl 213, 214, 244, 250, 252, 404
Schwarzschild-Radius 218, 219
Snyder, Hartland 253
Sommerfeld, Arnold 203, 405

Sonnenwind 268
Spezielle Relativitätstheorie 391ff.
Standardmodell 354
Steinberger, Jack 63
Supernova 291, 296
Symmetriebrechung, spontane 94

Tagore, Rabindranath 26
τ-Lepton 79, 345
Tauon 345
Tensor, metrischer 157, 405
Thomson, Joseph John 138
Tolman, Richard 239
t-Quark 69, 71
»Tunneleffekt« 278

Unschärferelation 84
Urankern 40
Uranus 14
Urknall 62, 78, 348, 355, 369, 379

Vakuum 72, 80
Vektor 405
Virgo-Haufen 275, 276

Wachsmann, Konrad 28
Weißer Zwerg 237
Wheeler, John 240, 241, 248, 405
Wigner, Eugene 180, 405
Wilson, Robert W. 335, 337, 358, 405
W-Teilchen 57, 344, 352, 356

X-Teilchen 374

Zeitdilatation 182
Zeldovich, Yakov 240, 279f., 405
Z-Teilchen 57, 344, 352, 356
Zwicky, Fritz 226, 231, 232, 239, 271, 306, 330, 406
Zwillingsparadoxon 12

Harald Fritzsch

Eine Formel verändert die Welt

Newton, Einstein und die Relativitätstheorie. 346 Seiten mit 82 Abbildungen. SP 1325

Einsteins Relativitätstheorie und ihre Folgen sind das Thema dieses Buches. Harald Fritzsch beschreibt die Grundideen der Theorie so, daß ein fachlich nicht vorgebildeter Leser sie nachvollziehen kann. Nach einer Diskussion der klassischen, von Newton geprägten Ideen über Raum und Zeit und der Rolle des Lichts in der Physik führt Fritzsch die Leser behutsam an die neuen Vorstellungen Einsteins über Raum und Zeit heran. Der Hauptteil des Buches befaßt sich mit den vielfältigen Beziehungen zwischen Energie und Masse. Diese werden wichtig bei allen Naturprozessen, bei denen die Geschwindigkeiten der beteiligten Teilchen der Lichtgeschwindigkeit vergleichbar sind – zum Beispiel bei Kernreaktionen und bei den Prozessen der Elementarteilchenphysik. Der größte Teil des Buches ist in Form fiktiver Dialoge zwischen Newton, Einstein und dem – frei erfundenen – Berner Physikprofessor Haller abgefaßt.

QUARKS

Urstoff unserer Welt. Vorwort von Herwig Schopper. 320 Seiten mit 91 Abbildungen. SP 1655

In der Physik hat sich seit 1970 eine Revolution vollzogen: Kleinste Teilchen – die Quarks – erwiesen sich als die eigentlichen Akteure im Geschehen der Elementarteilchenphysik. In großen Beschleunigerlabors werden sie erforscht. Harald Fritzsch ist an der theoretischen Interpretation dieser Forschungsergebnisse aktiv beteiligt. In seinem grundlegenden Buch bietet er Wissenschaft aus erster Hand. Quarks kann man allerdings nicht isoliert als wirkliche Teilchen beobachten. Der Physiker erhält indirekt Aufschluß über sie durch das Studium von Elementarteilchenprozessen bei höchsten Energien. Man weiß heute, daß auf die Quarks innerhalb der Kernteilchen starke Kräfte wirken. Es gelang den Physikern, diese geheimnisvollen Kräfte zu entschleiern, und sie sind auf dem Weg, eine einheitliche Theorie der Materie zu entwickeln.

»Dem mit physikalischen Grundprinzipien vertrauten Leser wird dieses Buch eine Fülle neuer Einsichten vermitteln.«
Süddeutsche Zeitung

SERIE PIPER

Ernst Peter Fischer

Aristoteles & Co.

*Eine kleine Geschichte der
Wissenschaft in Porträts von der
Antike bis ins 19. Jahrhundert.
235 Seiten mit 12 Abbildungen.
SP 2326*

Wir kennen ihre Taten, denn
sie haben die Welt verändert.
Doch wer die Menschen wa-
ren, die Bahnbrechendes in
Physik und Chemie, Philo-
sophie und Biologie heraus-
fanden, bleibt der Öffentlich-
keit meist verborgen. Ernst
Peter Fischer hat die Lebens-
linien der »stillen Stars« nach-
gezeichnet. Von Aristoteles
über Albertus Magnus, Nico-
laus Copernicus, Francis Ba-
con, Galileo Gallei, René Des-
cartes, Isaac Newton bis zu
Michael Faraday und Charles
Darwin werden hier dreizehn
faszinierende Persönlichkeiten aus dem Schatten ihrer
Leistung ans Licht geholt.

Einstein & Co.

*Eine kleine Geschichte der
Wissenschaft der letzten hundert
Jahre in Porträts. 230 Seiten mit
13 Abbildungen. SP 2491*

Wissenschaft wird zwar von
Menschen gemacht, aber aus
unerfindlichen Gründen weiß
kaum jemand wirklich über
sie Bescheid. Wir scheinen
uns nicht besonders für die
menschlichen, privaten Seiten
der großen Naturwissenschaftler zu interessieren. Dabei
kann man soviel aus ihrem Leben lernen – und Überra-
schungern erleben und Spaß
haben! Nach »Aristoteles &
Co.« folgt hier der zweite
Band mit den Porträts dreizehn großer Forscher der Moderne. Von James Clerk Maxwell, dem viktorianischen Ge-
nie, über die großen Physiker
Hermann von Helmholtz und
Ludwig Boltzmann und die
herausragenden Frauen – Lise
Meitner und die Nobelpreis-
trägerinnen Marie Curie und
Barbara McClintock – bis zu
den Giganten der modernen
Physik: Albert Einstein und
Niels Bohr. Ebenso sind die
Großen der jüngsten Vergangenheit vertreten: Linus Pau-
ling, John von Neumann, Max
Delbrück und Richard P.
Feynman.

Richard P. Feynman

»Sie belieben wohl zu scherzen, Mr. Feynman!«

Abenteuer eines neugierigen Physikers. Gesammelt von Ralph Leighton. Herausgegeben von Edward Hutchings. Vorwort zur deutschen Ausgabe von Harald Fritzsch. Aus dem Amerikanischen von Hans-Joachim Metzger. 463 Seiten. SP 1347

»Interessieren Sie sich für Physik? Nein? Dann sollten Sie unbedingt das Feynman-Buch lesen. Interessieren Sie sich für Physik? Ja? Dann sollten Sie unbedingt das Feynman-Buch lesen. Ein Feuerwerk von Pointen und Überraschungsgags, von spitzen Formulierungen und vielen Streichen.«
Frank Elstner, Die Welt

»Kümmert Sie, was andere Leute denken?«

Neue Abenteuer eines neugierigen Physikers. Gesammelt von Ralph Leighton. Aus dem Amerikanischen von Siglinde Summerer und Gerda Kurz. 244 Seiten mit 41 Abbildungen. SP 2166

QED – Die seltsame Theorie des Lichts und der Materie

Aus dem Amerikanischen von Siglinde Summerer und Gerda Kurz. 175 Seiten mit 93 Abbildungen. SP 1562

»Feymans Talent, komplexe Vorgänge einfach und packend darzustellen, zeigt sich auch in diesem Buch auf anschauliche und äußerst vergnügliche Weise.«
Österreichischer Rundfunk

Vom Wesen physikalischer Gesetze

Vorwort zur deutschen Ausgabe von Rudolf Mößbauer. Aus dem Amerikanischen von Siglinde Summerer und Gerda Kurz. 212 Seiten mit 33 Abbildungen. SP 1748

Auch in diesem Buch erweist sich der geniale Physiker Richard P. Feynman als großer Lehrer, der naturwissenschaftliche Zusammenhänge verständlich und unterhaltsam darzustellen vermag.

Hier erfahren die Leser in sieben Kapiteln, was physikalische Gesetze sind und welche allgemeinen Wesensmerkmale diesen zugrundeliegen. »Unsere Epoche ist das Zeitalter der Entdeckung der fundamentalen Naturgesetze – eine aufregende, eine wunderbare Zeit, die aber nicht wiederkehren wird.« In diesem Buch können die Leser teilhaben an Feynmans Entdeckertreude.

SERIE
PIPER